정기용   사람·건축·도시

정기용 지음

사람
건축
도시

현실문화

7   사람을 위한 건축과 도시를 위해

부분과 전체

12   지구 위에 사는 인간들, 우주에서 부엌까지
20   당신은 '대합실'에 사는가
24   꾸밈없는 삶의 흔적이 살아 있는 공간
32   삶을 위한 '영역' 회복
42   근대유적과 파괴사회
50   위기의 거주와 거주의 위기
60   방의 도시
66   휴대전화

건축과 풍토

70   외가, 사라진 천국의 기억이여
74   가장 실존적이며 넉넉한 집, 너와집
78   산을 닮고 내음을 풍기며 맛을 내던 우리네 초가집
83   잊혀진 한국의 전통민가, (토)담집
89   풍경 끌어들이기: 병산서원 만대루
92   제3의 문명과 동양사상
94   흙건축과 공동성
96   흙과 건축: 잊혀진 정신
103   우아르자자뜨의 아이트벤하두에서 만난 흙건축, 그리고 슬픈 구르나 마을
117   사라져가는 소금밭: 네거티브 필름의 이미지
122   도시건축의 미래와 땅의 재발견

도시공간의 정치학

132   도시공간의 정치학
154   공간의 정치학
159   파리의 대형 건축물: 대통령의 프로젝트
175   도시와 기억: 개발과 보존
180   도시 읽기, 건설과 파괴의 이미지
211   '길'은 도로가 아니다
216   두 명의 왕과 두 개의 미로

도시와 공공성

- 220　도시·공간·정의
- 223　공적 공간과 시민의 경관권
- 228　현대 도시공간과 환경미술의 과제
- 239　공간·문화정의실천협의회를 상정하며: 가칭 '공정협' 결성 제안서
- 243　공공성의 회복과 지역 공간문화의 활성화

현대건축의 문제

- 248　느끼는 건축
- 256　현실과 신화
- 264　읽혀지지 않는 소설: 한국의 현대건축
- 269　종합과 해체의 변증법
- 274　보이는 것과 보이지 않는 것
- 279　건축이론의 종말: 신경제와 건축 디자인
- 286　파리의 아랍세계문화원: 빛과 공간이 만들어내는 음향

건축, 건축가, 사회

- 294　건축, 건축가, 그리고 사회: 부동산시대의 건축과 복제시대의 건축가
- 303　건축의 도구화: 1990년대 한국의 건축과 사회
- 314　건축, 사회, 행위자
- 316　큰바위 얼굴, 그 우상과 허상: 독립운동 인물조각 자연공원 설립계획에 부치는 글
- 322　선묘낭자와 이교도
- 324　날마다 기적, 나는 행복했노라
- 330　대학 캠퍼스와 난개발
- 338　화해와 협력시대의 개발을 위하여: DMZ를 손대지 마라
- 343　건축계의 불행한 침묵
- 347　전쟁기념관: 권력과 물신주의

건축과 소통

- 360　반복과 차이로서의 건축
- 370　건축과 기호학
- 384　도시와 일상건축의 기호학
- 388　보이지 않는 도시들
- 390　기억의 재생
- 391　제3의 건축언어
- 395　예술과 생활: 현상과 본질
- 397　건축기호학에 대하여
- 410　반복과 차이

- 416　감응의 건축과 정기용: 정기용 전집 출간에 관해 • 홍성태
- 420　'공간의 시인' 정기용 • 강내희
- 428　출원

사람을 위한 건축과 도시를 위해

지난 20여 년 동안, 여기저기 썼던 글들을 수집해보니 '사람·건축·도시'라는 주제로 대분류가 가능해 보인다. 글의 총량은 늘었으나 내용은 제자리걸음을 하거나 반복하고 있고 관심의 영역 또한 일정한 한계가 느껴진다. 그럼에도 바로 여기 지금, 한국사회의 특수한 공간과 시간의 한계 속에서 한 걸음이나마 뛰어넘으려는 조그만 열정을 담아 이 글을 책으로 엮어보는 것이 좋겠다는 의견이 모아졌다. 여러 부족한 점들이 많은 줄 알면서도 내 글을 감히 이렇게 세상에 책으로 묶어 내놓는 또 다른 이유는, 건축에 관한 한 개별적 발화(파롤parole)는 있으나 전체가 공유할 소통의 언어(랑그langue)가 부재한 이 시대에 우리가 던져야 하는 근원적 질문들을 탐색하기 위함이다. 개별적 건물의 취향은 난무하나 올바른 건축문화의 생성이 어려운 것은 사회가 진정으로 요청하는 건축과 도시가 무엇인지, 현재 우리가 생산해내는 건축과 도시는 또한 어떤 사회를 지향하고 있는지에 대한 논의가 제대로 이루어지지 않기 때문이다.

그리고 건축과 도시의 문제를 다루는 것은 비단 건축가나 도시 전문가들만의 전유물이 아니라는 점을 염두에 둔 것이다. 건축과 도시는 인간의 삶을 다루되 공간을 매개로 하기 때문에 흔히 사람들은 착각에 빠진다. 즉 건축이나 도시를 바라볼 때 공간의 '형태'라는 시각적 대상이 먼저 눈에 들어오기 때문에 이를 감각적으로 또는 감성적으로만 대하는 오류를 범한 나머지 심지어 건축을 조형예술의 한 분야로 생각하는 경우도 있다. 건축을 구태여 학문적으로 분류하자면 예술이나 기술이 아니라 오히려 인문·사회과학의 영역에 포함시키는 것이 적절해 보인다. 왜냐하면 건축과 도시는 궁극적으로 사람의 삶을 조직하고 사회를 다루는 분야로 인문·사회과학과 그 궤를 같이하기 때문이다.

나는 10여 년 전 서울건축학교(SA: Seoul Association of Architects) 운영위원으로 활동하면서 한국의 건축과 학생들이 걸린 세 가지 병을 치료하는 하나의 약을 제안한 적이 있다. 그 약은 지금도 유효하다. <삼병일약三病一藥>이란 글에서 진단한 세 가지 병은 첫째, 건축과에만 들어오면 막연히 문화인이 된 듯한 '문화병', 둘째, 끊임없이 대가의 건축만을 건축으로 알고 있는 '대가병', 끝으로 자신의 프로젝트만이 세상을 구원할 것 같은 '유토피아 병'이다. 그리고 이를 단번에 치유할 약이 있는데 그것은 '현실', 그 자체라고 처방한 적이 있다. 서양의 대가들의 건축과 도시 속에 우리들의 해법이 있는 것이 아니라 지금 여기 현실의 구체성 속에 우리들의 문제와 해법이 동시에 있음을 역설한 것이다.

어쨌든 건축과 도시에 관한 학제 간의 연구는 너무 미약한 수준에 머무르고 있는 듯하다. 만일 이 책이 인문·사회과학 등 여러 분야의 논의를 촉발시키는 데 조금이나마 일조를 하고 건축학도들의 생각의 지평을 넓히는 데 도움이 된다면 다행이겠다.

다만 양해를 구해야 하는 것은 조금은 들쭉날쭉한 문체와 문장 때문에 매끄럽게 읽히지 않는다는 점이다. 글을 쓰던 시점의 생생함을 그대로 두기 위해 첨삭을 자제하였다. 그래서 다소 서툰 표현이 있더라도 독자들은 행간에 숨은 의미를 읽어주길 바란다. '글은 말의 그늘'이란 점을 고려하면서 말이다.

끝으로, 여러 해를 두고 망설이던 일을 결심케 하여 성사시키는 데 결정적인 계기를 마련해준 상지대학교 홍성태 교수에게 고마움을 전하고, 용기 있게 출판을 단행한 현실문화의 김수기 대표에게 감사한다. 그리고 많은 시간을 내어 기꺼이 수많은 원고를 분류하고 정리하는 수고를 감내한 서정일 박사와 그의 후배들, 그리고 신혜숙과 김유경에게도 감사의 말을 전한다. 마지막으로, 디자인이란 것이 책의 또 다른 가치를 창출하는 작업임을 일깨워준 시립대학교의 최성민 교수 부부에게도 감사의 마음을 전해야 할 것 같다.

2008년 1월
동숭동에서 정기용

정기용, 순천 기적의 도서관. 324~329쪽.

부 분 과

전체

지구 위에 사는 인간들,
우주에서 부엌까지

그림 1. 안동 하회마을 충효당忠孝堂의 며느리와 필자가 대화 중이다. 충효당 맏며느리의 취미는 조각보를 만드는 것이다. 보자기를 필자에게 기념으로 주었다. 집은 나와 세계를 이어주는 관계의 시작이며 근거다. 충효당 사랑방에서 밖을 바라본다는 것은 다차원적인 이야기다. 안과 밖을 구분 짓고, 내면과 외면을 구분 짓고, 인간과 자연의 삶을 구분 짓고, 따뜻함과 차가움을 구분 짓는 근거는 집에 있다. 집과 건축은 사람과 우주를 관계 맺어주는 장소다. 지구 위에 내던져진 불안정한 존재에게 안정적인 장소가 바로 집이다. 조각보도 마찬가지다. 무의미하게 흩어져 있는 천의 조각들을 이어서 하나의 조각보로 만듦으로써 비로소 쓸모가 생기는 것이다. 이를테면 도시, 마을, 집, 방 등은 일종의 보자기와 같은 것들이다. 삶을 끌어안는 그릇이나 보자기인 것이다. 방은 보자기다. 도시 또한 여러 집들을 싸는 조각보다. 흩어진 집들을 꿰어내어 사람의 삶을 끌어안는다. 울퉁불퉁한 물건을 싸면 보자기 또한 울퉁불퉁해진다. 집은 또한 의식과 무의식의 세계다. 그래서 안은 늘 어둡고 은은하며 밖은 밝다. 전통적 집들은 본능적으로 밝은 곳을 바라보고 있다. 눈은 항상 밝은 쪽을 향한다. 밝고 어두운 대비를 집이 만들어내는 것이다.

모든 사람은 집에 산다. 자신의 집이든, 잠시 세들어 살든, 지하철 복도에 거적을 두르고 하룻밤을 보내든, 지구상의 어느 한 지점, 하늘과 땅을 잇는 어느 곳에 산다. 그러나 그곳—농촌, 도시, 산간지방 어느 곳이든—은 일정한 특질을 갖는 영역에 소속된다. 그곳은 도시에서는 어느 동네, 농촌에서는 어느 마을 가운데 어느 지점에 소속된다. 또한 동네나 마을은 또다시 대단위의 지역에 소속되고, 지역은 넓은 의미로 한 나라 또는 한 대륙에 소속되는 어느 지점이다. 더 넓게는 지구라는 별 속에, 다시 더 넓혀서 생각한다면 우주의 한 점 속에 귀속되는 것이다. 하나의 집으로부터 '동네→지역→나라→대륙→지구→우주'로 확장해서 집을 들여다본다는 사실은 지금 우리 시대의 상식으로는 참으로 꿈꾸는 사람들이나 하는 소리라고 힐책을 들을지도 모른다. 그러나 우리의 거주환경을 되돌아볼 때 도대체 '집'이란 무엇인지 적어도 지금쯤은 깊게 반추해야 한다고 생각한다. 왜냐하면 인간이야말로 다른 동물과는 달리 지구 표면을 자신들이 편한 대로 변형시키면서 살아가는 유일한 생명체이기 때문이다. 단순히 지구의 생태계를 보존하자거나 지구환경이 살아야 우리도 살 수 있다는 생명사상의 논리 때문만이 아니다. 집이 곧 우주라는 개념으로부터 집을 생각하고 그 가치를 살펴보는 것과 단지 평당 가격으로 집을 생각하는 것에는 하늘과 땅의 차이가 있기 때문이다.

집과 관련된 우리 주변의 일상을 잠시 돌아보자. 과연 우리가 집 속에 살고 있는지 가늠해보기 위해서 우선 잠정적으로 '집'이라는 것과 '산다'는 것이 무엇인지 각자가 정의하는 가정 속에서 우리들 현재의 주생활과 '집'을 들여다보면 참으로 놀라운 결과에 이르게 된다. 우선 일상적인 말 속에 우리의 현실이 숨어 있다. 일이 끝나고 어디 가느냐고 누가 물으면 사람들은 익숙하게 '집'에 간다고 한다. 이때의 집은 우리의 삶을 지탱해주고, 가족의 따뜻한 보살핌이 있으며, 각자의 존재를 가능케 해주고, 신원이 보장되며, 고통과 슬픔을 함께하며, 자신의 친숙한 오브제들이 있어 낯설지 않으며, 항상 다음날의 삶이 보장되는 공간을 말한다.

그러나 우리가 이런저런 계기로 집을 구입하거나 팔 때, 세를 들거나 세를 놓을 때, 집은 여러 가지로 둔갑한다. 아파트인가 단독주택인가, 빌라인가 연립인가, 다세대주택인가 다가구주택인가, 닭장인가 판잣집인가, 어느 동네인가, 어느 건설회사에

서 지었는가, 평당 얼마인가 따위. 이때의 집은 위에서 말한 집이 아니라 '집이라는 상품'을 지칭한다. 따라서 집도 모든 상품과 마찬가지로 포장은 잘되었는지(건물의 외관), 내용물의 판매기한이 지나지 않았는지(건물의 내구성), 크기와 가격은 적절한지(평당 가격), 제품생산회사는 신용이 있는지(건설회사)를 살펴보게 된다. 이것은 경제생활의 기본적인 태도이며 상식적인 이야기에 속한다. 그러나 불행하게도 바로 이 상식 때문에 우리들의 '집'과 '삶'은 변질되기 시작한다.

어느 글에선가 발표했던 대로, 사람들은 이제 어느 동네에 살고 있다기보다는 재벌회사들의 이름 속에 살고 있고 그것으로 자신들의 주생활을 저당 잡혀 있는 셈이다. 도대체 어느 나라 사람들이 어디 사느냐고 물으면 "나는 현대에 살고, 너는 삼성에 살며, 그 친구는 대우에 살고, 저 친구는 우성에 산다"라고 말할 수 있단 말인가! 동네가 아니라 대기업체의 이름 속에 당당하게 살기 시작하면서부터 우리는 각자의 삶을 살기보다는 (집이라는) 상품을 소비한다고 말할 수밖에 없다고 생각한다. 이것은 과장된 표현이 아니라 그동안 지은 수많은 아파트의 실내를 들어가 보면 더 명백해진다. 가전제품과 인테리어 풍경, 국적을 알 수 없는 가구들, 과학이란 이름으로 판매되는 침대들, 그 사이를 피해 다니며 남편은 바닥에 부인은 침대에서 자는 모습들. 이런 모습들은 우리가 각자의 삶 속에서 판단한 가치나 삶의 지혜로운 시간의 축적이 아니라 온갖 진열품과 상품에 밀려나 이웃과 비슷하게 사는 연습을 하고 있는 꼴이 아니고 무엇이란 말인가?

아마도 우리나라처럼 생활의 편리함이 속속들이 갖춰진 나라도 없는 듯하다. 20층에 살든 1층에 살든 전화 한 통화면 자장면이 배달되거나 세탁물을 거둬가고, 24시간 편의점이 턱 밑에 있고, 패스트푸드와 온갖 외국산 먹을거리들이 지천이고, 집안에 행사가 있으면 출장뷔페가 온갖 음식을 준비해주고, 물과 식품들은 문 앞까지 배달되고, 오직 돈만 갖고 있으면 손가락 하나 까딱 않고 모든 것을 살 수 있는 곳이 우리나라다. 아니 산다기보다 '돈'의 위력을 확인하고 즐긴다는 표현이 맞을 것이다. 이런 사회적 시스템과 일상성 속에서 현대인들은 사실상 "집에서 산다"라고 하기보다는 화폐경제를 움직이는 존재로서 교환가치의 편리함을 나날이 증명한다고 하는 편이

그림 2. 방의 집합이 집이고 집의 집합이 마을이다. 전통적인 집의 개념은 형체에 있지 않다. 대신 집과 마을은 정령으로 둘러싸여 있다. 마을길에도, 부엌에도, 뒤꼍에도, 동구 밖에도 신이 거주하고 있다.

그림 3. 집은 질서 만들기다. 땅과 하늘이 만나는 법칙이 정제된 질서의 총화다. 기단을 만들고 주춧돌이 있고, 자연을 순환시키고 회전시키는 자연의 총화다. 또한 집에는 중심과 주변이 있으며, 아무렇게나 지어진 것이 아니라 삶을 조직해내는 내면화된 질서가 있다.

나을 것이다. 그래서 집이란 이런 류의 '삶'을 지속시키기 위해서 화폐를 벌어들여 한 곳에 저장하는 금고인지도 모른다. 물론 이런 현상을 너무나 일반화시킨 나머지 그렇지 않은 사람들을 모독해서는 안 될 것이다. 그러나 사실상 우리 모두는 지난 30여 년 동안의 변화를 거쳐 이렇게 일반화된 기형적 '삶과 집'의 현상에서 자유롭지 못하다.

사실상 이 시대를 사는 우리는 진정한 삶보다는 산업사회, 봉급생활자시대, 소비사회의 여러 가능한 조합의 삶을 실험당하고 있는지 모른다. 진정한 삶이라고는 말할 수 없는, 관습화되어 버린 이 시대에 연습당하는 삶을 담는 그릇인 온갖 종류의 집은 차라리 '부동산'이라는 재화로 전락했다고 해도 과언이 아니다. 따라서 지불능력이 많은 사람과 그렇지 못한 사람의 차이는 있어도 안팎으로 드러나는 집의 모습이란 전통을 이어받고 문화적 향기를 풍기는 집이라기보다는 마치 야전사령부에 생존과 복수를 위해 마구잡이로 가설한 혼돈 자체인 듯하다. 그러나 이 혼돈과 연습 속에서 제2의 전통적 삶이 영글어 마련되는 것임에는 틀림없을 것이다. 바로 이 치열한 전쟁터 같은 삶 속에서, 시행착오와 우리의 정신이 아닌 것으로부터 오는 서글픔 속에서 우리는 서서히 자각증상으로 돌아올 것이다. 집이란 단지 가족이 있고 친숙한 오브제들이 있는 '장소'가 아니라 삶을 정신적으로 풍요롭게 하고 나아가 부엌과 도시, 나라와 지구는 후손이 인간답게 살 수 있는 '공간共間'과 '공간空間'임을 깨닫기 시작한다면, 지금의 괴이한 소비행태들로 생겨난 환경이란 잠정적일 수 있기 때문이다.

잠시 산업화 이전의 우리의 삶과 집을 되돌아보자. 부엌에는 정화수 떠놓고 빌던 조왕신이 있었고, 대들보나 뒤꼍에는 신줏단지가 있었으며, 마을 어귀에는 서낭당이, 뒷산에는 산신령이 있었다. 우리가 살던 집의 울타리 안에는 여러 신령과 신이 있었다. 아니 우리 조상들 마음속에 있던 '신성한 것'들이야말로 집의 깊은 의미였다. 그것은 다만 미신이라든가, 애니미즘이라고 말하는 민속학적 의미의 수준이 아니라 가장 일상적인 삶의 중심에 가장 신성한 것을 공존시키던 옛사람들의 지혜로움이었다. 그들이야말로 집이 우주의 중심이며 동시에 우주가 그들의 삶과 맞닿아 있었다. 이것은 과거 농경시대에 걸맞은 삶의 지혜에서 온 것이라기보다는 지구라는 별 위에 사는 사람들의 자연스러운 축복이었다.

그림 4. 경주 양동마을에 있는 회재晦齋 이언적李彦迪(1491~1553)의 향단香壇의 며느리방이다. 한순간 방으로 들어온 빛을 보며 향단 며느리의 삶을 상상해본다. 며느리의 삶이 어떠했는지 유추해볼 수 있는 공간이다. 빛을 특별하게 맞이할 수 있는 것은 집이 우리에게 주는 선물이다.

그림 5. 향단의 부엌이다. 솥이 사라진 부엌의 풍경 속에서도 세월은 살아 있다. 일상의 풍경이 사라진 모습은 을씨년스럽다. 삶이 제거된 풍경이 소중한 이유는 이곳을 바라보며 삶을 떠올릴 수 있기 때문이다. 이 공간에서 개인의 삶을 떠올릴 수 있다. 이 집을 살다간 사람들을 떠올림으로써 비로소 장소성이 살아가는 공간으로 탈바꿈한다. 그것이 시간이다. 과거의 시간만이 아니라 현재도 떠올릴 수 있는 곳이기 때문에 소중하다.

그림 6. 여기가 '어디'인지는 중요하지 않다. 이 아파트는 저 아파트가 될 수도 있고 아닐 수도 있다. 여기가 바로 저기고, 따라서 그 어느 곳도 아니다. 아파트에서 장소는 중요하지 않다. 아파트는 정령으로 둘러싸여 있지 않고, 돈의 기류가 흐르는 곳이다. 사람들이 살기 위해서가 아니라 이사하기 위해 잠시 머무는 곳이다. 마치 대합실 같은 곳이다.

그러면 산업화를 지나 소위 정보화시대를 사는 사람들의 삶과 집은 어떤 것이어야 할까? 부엌에 놓아 둔 텔레비전에서 아프리카 난민들의 죽음을 보면서 외식할 식당에 예약 전화를 거는 주부의 삶이야말로 이 시대에 걸맞은 '신성한' 삶인 것인가? 그건 오히려 잘 설치된 '한샘'이나 '에넥스' 또는 수입제 부엌 가구 속에서 도시의 한복판에 있는 것이지 집 속에 있다고 할 수는 없지 않은가? 사실상 우리들은 집 속에 있으면서 끊임없이 변하는 외부세계에 장단을 맞추며 끊임없이 변신하고 옮겨 다녀야 하는 도시 유목민들은 아닌가? 정보화시대가 약속하는 집은 농경시대 정주민의 집이 아니라 어디에서든 삶이 가능한 새로운 유랑민의 한시적 장소일지도 모른다. 따라서 우리는 '집'을 고전적 의미로 살기 위해 선택을 해야 할 시점에 와 있는 듯하다. 그것은 사회의 선택이며 또한 우리 삶의 선택이다.

이 글에서 제일 많이 사용한 단어인 '삶'은 사람의 살아감을 의미하며, 살고 있음은 시간과 공간 속에 던져진 인간을 의미한다. 적어도 우리가 '사람으로서 살아감'이 누적된 시간 속에 배어나온 공간이야말로 '집'이라고 부를 수 있을 것이다. 그렇다면 우리 각자의 집 속에 있는 그 수많은 물건들과, 우리 이웃들이 정말로 사람들이며 그들이 축적한 시간의 무게와 깊이가 가슴속에 지구라는 별을 느끼게 하는가 한 번쯤 진지하게 생각해볼 것이다. 우리의 부엌이 우주가 되기 위해서.

당신은 '대합실'에 사는가

그림 1. 지금 우리는 가족끼리 행복하게 살던 집을 때려 부수는 것을 경축하는 사회에서 살고 있다. 자신이 살고 있는 집이 안전하지 않다는 것을 증명해주는 "경축! 재건축, 안전진단 통과!"라는 말로 위안 받는 역설적인 사회에 우리들은 살고 있다.

며칠 전 인테리어 관련 잡지사의 젊은 기자가 사무실로 찾아와 인터뷰를 했다. '건축가들이 생각하는 주택과 주생활'이란 고정란에 싣는다고 했다. 나는 지금 이 순간 '주택'에 대해서 말한다는 것이 무슨 의미가 있을까 자문해가며 답하려 애쓰고 있었다. "좋은 집이란 어떤 것입니까?" "지금까지 설계하신 집 중에서 어떤 것이 제일 마음에 드십니까? 그리고 이유는 무엇인지요?" 이런 식의 질문에 갑작스레 답하자니 궁색하기도 하고 느닷없어 보이기도 했는데, 결국 나는 내 입으로 쏟아내는 답변들에 놀라움을 감출 수 없었다. 왜냐하면 그런 비슷한 질문에 대해 한두 번 말로 한 것이 아니기에 거의 자동적으로 튀어나온 대답들이 공허하게 들렸기 때문이다. 나는 대답했다. "좋은 집이란 거주하는 사람의 삶의 흔적이 서서히 누적되어 그 사람의 향기가 배어나오는 그런 집이지요"라고. 상투적인 나의 대답은 주택건축에 대한 형태나 양식, 외관에 대한 것이 아니라 집 속에 거주하는 사람의 삶에 대해서 이야기한 것으로, 기자가 원할 것 같은 집의 모양새에 대해서는 답을 거부한 셈이었다. 그래선지 나는 즉각적으로 한마디를 덧붙였다. "그런데 말이죠. 집을 이야기할 때 사실은 이것을 알아야 합니다. 사람들은 거주할 줄 알게 되어서야 비로소 집을 지었고 집을 지은 다음 비로소 인간이 되었다는 말을 깊이 새겨야 합니다"라고.

거주하는가, 대기하는가

그러면 거주할 줄 안다는 것은 무슨 의미이며 집을 지을 줄 알아야 비로소 인간이 된다는 것은 도대체 무슨 의미인가. '거주할 줄 안다'는 말은 한 사회 공동체의 구성원으로서 혼자 생존하는 것이 아니라 이웃과 더불어 살며, 이런 공동성의 원리 안에서 가족과 화목한 삶을 영위하는 것을 의미한다. 그렇게 한 가족이 한 지붕 아래 살며 서로를 보살피고 의지하며, 이런저런 가족사에 대해 공통의 기억으로 결속될 때 비로소 인간다운 인간이 된다는 이야기다. 다분히 현상학적이고 실존적인 인간의 모습을 집과 연관해 말할 수 있는 적절한 표현일 수 있다.

그런데 이런 말뜻이 지금 이 시대 한국 땅에서도 여전히 유효한 것인가? 전 국민의 60~70퍼센트가 거의 획일적인 아파트에 거주하고 있을 뿐 아니라 핵가족의 변형이 다양하며 정주시대의 삶의 환경이 완전히 뒤바뀌어 도시 유목민시대가 도래한 지금 우리의 거주 모습은 어떠한가? 우리가 선택한 것이라기보다 지금까지 성공의 신화를 누리는 아파트는 언제쯤 변화하는 우리의 다양한 삶을 담아내며 더 인간적인 얼굴을 할 것인가?

아마도 지금이 이제는 더 늦출 수 없는 우리 모두의 문제 상황인 듯싶다. 거주에 대한 얄팍한 시장조사에는 응했는지 모르지만 우리가 좋은 환경에서 거주할 주거권을 포기한 채 말없이 아파트에 사는 것으로 끊임없이 아파트 공급자들에게 수동적으로 동조해온 '공범자'로부터 언제나 우리는 탈출할 수 있는가? 아니 그럴 자세는 되어 있는가 물어야만 한다. 거주의 가치보다는 부동산의 가치에 집착하고, 인간적 삶을 사는 것이 아니라 '면적'을 위해서 산다고 해도 과언이 아닌 이런 상황을 우리는 언제까지 묵과할 것인가?

주택의 사용가치보다는 교환가치가 훨씬 우월한 사회에서 공동체는 살아남을 수 없는 것은 아닌가? 모든 시민들이 살기 위해 아파트에 거주하는 것이 아니라 팔기 위해 아파트를 구입한다는 것은 늘 이사갈 준비를 하는 것을 의미하며, 이는 '이웃과 더불어 살' 시간과 공간을 포기하는 일이다. 그래서 이는 사는 것이 아니라 대기하는 것이다. 거주하는 집을 '대합실'처럼 활용하는 것이다. 거칠게 얘기하자면, 이 나라 사람들은 집 속에 살고 있는 것이 아니라 모두 대합실에서 '대기'하고 있는 것이나 다름없다. 대기하는 대합실 속에서의 삶이란 '임시적'이고 '즉흥적'이며 연속성이 없다. 시간이 되면 모두 떠날 준비가 되어 있는 유목민들의 모습이다. 이런 도시에서 '공동체'니 '이웃관계'니 하는 이야기들은 성립하지 않으며 난센스같이 들린다.

그렇다면 우리가 각자 돌아가서 사는 실제의 모습은 또한 어떠한가? 낯선 가구들 틈새에서 가구들이 군림하도록 우리는 작아져가고 있는 것은 아닌가? 어느 집이나 비슷한 우글쭈글한 바로크식 소파가 거실을 차지하고 6인용, 8인용 식탁은 손님 올 때나 쓰고 그집 사람들은 앉은뱅이 밥상 앞에 퍼질러 앉아 편안하게 라면을 먹고 있는 것은 아닌가. 침실은 더 가관이다. 좁은 방에 침대가 24시간 주인이고 사람들은 요리조리 피해다니다 모퉁이에 정강이를 다친다. 거실에는 나폴레옹 코냑 병과 여행과 삶의 전리품들이 전시되어 있고, 벽에는 터무니없이 큰 텔레비전이 허한 눈짓을 하고 있다.

어느 것 하나 우리의 삶이 배어나온 흔적은 드물다. 삶의 기억은 지저분한 것처럼 치워버리고 늘 깨끗하고 번질거리는 새것 같은 것만이 대접을 받는다. 이런 광경이 어느 집이나 비슷한 것은 사는 모습이나 태도가 비슷해서 그러기도 하거니와 사는 목적이 남들에 뒤지지 않아야 한다는 강박관념의 소산은 아닌지 묻지 않을 수 없다.

우리 신체는 아직 좌식생활의 DNA를 갖고 있으며, 입식생활이 강요되는 현대생활을 온전히 수용하기를 거부하고 있는지도 모른다. 한마디로 우리는 사는 연습을 수십 년 강요당하고 있을 따름이다. 그래서인지 가족끼리 오순도순 살던 집을 재건축이란 이름으로 때려 부술 때 우리는 이를 경축하는 사람들이 된다. 아파트 정문에 '경축! 재건축, 안전진단 통과!'라는 플래카드는 한국에서만 볼 수 있는 진풍경이다. 자신들이 살던 집이 안전하지 않다는 것을 경축하는 사람들은 지구상에서 대한민국이 아니면 찾아볼 수 없을 것이다. 사람들은 아파트 분양에 당첨되기 위해 새벽부터 줄을 서고, 나라는 이를 방관하고 지속하도록 내버려두는 데가 대한민국 말고 또 어디 있겠는가? 옆 동네에 임대아파트가 지어진다고 걸어놓은 "우리 동네에 임대아파트가 웬 말인가!"라는 플래카드는 또 얼마나 우리를 서글프게 하는가!

경축! 재건축, 안전진단 통과!

8월 23일이면 행정중심복합도시의 '첫마을' 계획안이 세계 여러 나라 건축가들로부터 답지할 것이다. 9월 1일 당선안을 발표한다고 한다. 이 설계경기는 아마도 우리의 주생활을 변화시킬 수 있는 중요한 계기를 마련할지도 모른다. 우리가 진정으로 거주할 줄 안다면 모두 관심을 갖고 지켜볼 일이다. 이제 더는 미룰 수 없는 우리의 자유로운 거주권을 위해서 말이다.

꾸밈없는 삶의 흔적이 살아 있는 공간

그림 1. 현관을 들어서면 바로 의자 두 개가 놓여 있다. 이 의자는 앉기 위해서라기보다 장식적인 의미로 집 입구의 평온한 분위기를 만들어주고 있다.

그림 2. 2층으로 오르는 계단이다. 양쪽 벽면에 걸려 있는 한국의 전통매듭 장식과 작은 그림액자들은 이야깃거리를 만들어준다. 벽면의 모든 것들이 이 집의 역사를 말해준다.

외국의 가정집을 소개하기 전에 한 번쯤 우리네 가정집 실내를 돌아보고 싶다. 굳이 외국의 경우를 보여주는 까닭도 여기에 있기 때문이다. 우리의 실내는 외국잡지의 모방사진과도 같은 국적불명의 호화로움, 지나칠 정도로 깨끗이 정리된 실내에 모방한 것을 다시 모방한 유럽풍 가구들, 그 옆에는 세계를 돌며 수집해온 값진 장식품들, 잡다한 모조품들이 마치 이삿짐을 풀어놓은 듯 제자리를 못 찾고 전시장 풍경을 보여주고 있지는 않은가. 또 좁은 마루에 터무니없이 큰 소파들과 필요 이상 거창하고 조잡한 가구들, 빈틈없이 들여놓은 집기들로 앉지도 서지도 못하고 이리저리 피해다녀야 하는 처지는 아닌지.

이런 모습들은 불균형과 불평등, 그리고 실내장식에 대한 잘못된 오해에서 생겨난 것으로 우리 주변에서 쉽게 볼 수 있다. 이렇듯 국적불명의 모방은 이제 전통적인 삶의 방식보다 더 중요해졌다. 국적불명의 모방이 '인테리어'라고 불리며 현재 우리 생활에 침투한 원인은 시간의 자연스러운 가치를 우리들이 망각했기 때문이다. 실내를 꾸민다는 것은 자신의 신분이나 재력을 과시하기 위한 수단이어서는 안 된다. 실내장식은 오직 각자의 생활 속에서 자연스럽게 자리 잡은 삶의 흔적이다. 이런 경우에만 우리는 실내장식 속에 전락된 소도구가 아니라 진정한 삶의 주인으로서 진정 편안함을 느낄 수 있다.

바로 이런 이유로 여기 프랑스의 전형적인 실내풍경을 소개한다. 완벽하고 위생적인 외국의 실내를 보여주기 위한 것도 아니고, 잘못 알려져 있는 '프랑스 유행병'을 부추기기 위한 것은 더욱 아니다. 단지 조용한 가정의 실내를 음미하면서 그들의 가식 없는 삶의 흔적을 명상해보기 위해서다.

평소 친분이 있는 파리 중심부의 한 가정을 필자가 방문했을 때, 남편이 오길 기다리는 동안 부인은 부엌에서 점심식사를 준비하고 있었다. 이 집은 프랑스 왕립 태피스트리 아트리에에 속해 있는 관사로 아담한 2층집이다. 여러 번 왔던 집이지만 처음으로 자세히 집 안을 살펴본 순간, 그곳에 있는 가구들이며 벽면의 그림들 사이에서 배어나오는 은근한 속삭임이 들려오기 시작했다. 집 입구에 들어서면 왼쪽으로 적당한 간격을 두고 소박한 밀짚 의자 두 개가 놓여 있고, 그 가운데 서랍이 있는 작은 가구가 놓여 있다. 작은 가구 위쪽으로 공간을 채우는 그림 한 점이 걸려 있고, 양쪽에는 촛불 같은 조명이 있다. 소품들의 이런 배치는 천장은 높지만 폭이 좁은 현관을 안정감 있게 해주기도 하지만, 무엇보다 집의 원래 의미를 환기시켜주는 장식이 되고 있다. 의자에 앉는다는 것은 쉬는 것이며, 쉰다는 건 바로 집의 본질이다. 현관을 들어서면 보게 되는 두 개의 의자는 단순히 앉기 위해서라기보다는 그런 깊은 뜻의 표현이다.

　거실로 들어가기 전, 왼쪽에 있는 계단은 2층으로부터 밝은 빛을 받고 있는데 벽면에는 좁고 긴 거울과 자그마한 그림들이 장식되어 있다. 집주인이 그림과 인연을 맺고 오랫동안 문화성에 근무했던 탓이기도 하지만, 프랑스 가정에서는 흔히 볼 수 있는 풍경이다. 작은 그림들을 적절히 모아서 걸어두는 것은 장식적인 의미와 함께 그림의 내용이나 성격에 따라 마치 단편영화를 본 후의 이야깃거리를 제공해준다. 그림이 꼭 명작이어서가 아니라 현관을 들어서거나 계단을 오르며 이야깃거리를 만들어주기도 하고 기억을 담아두는 작은 창고 역할도 하는 것이다. 마치 연극의 1막이 시작되면서 조명 속에 드러난 무대장치와도 같다. 테이블 위에 길게 놓인 소품들은 저마다의 추억을 간직할 소중한 것들이리라.

그림 3. 푸른색 카펫 위에 소박한 모습으로 자리 잡은 작은 식탁 세트. 그 뒤로 그림 한 점과 작은 샹들리에가 어우러져 있다.

그림 4. 천장까지 높은 거실의 창문으로 빛이 쏟아져 들어오고 있다. 프랑스 중산층 주택의 정형화된 실내풍경이다.

거실 오른쪽, 높은 창이 둘 있는 벽면에는 뚜껑을 여닫는 작은 책상이 놓여 있고, 그 위쪽으로 선이 굵은 루오Georges Roualt의 그림 한 점이 지그시 책상을 내려다보고 있다. 누군가 책상에 앉아서 편지라도 쓰고 있는 듯 살아 있는 풍경이다. 주로 서재에 놓이는 이 책상이야말로 자기 자신의 모습으로 돌아오는 순간을 마련해주는 거울 같은 것이지 단순한 가구만은 아닌 듯하다.

무대장치 같던 원탁에 햇빛을 쏟아주던 유리창은 그 옆 또 하나의 창과 함께 실내에 밝은 햇살을 전해주는데, 빛을 통과시키지 못하는 벽과 같은 음영을 이루며 극적인 느낌으로 시선을 끌고 있다. 거의 천장까지 높은 세로로 긴 이 격자창은 실내외 공간을 좋은 비례로 연결해주고 있다. 반대편의 서가는 벽난로와 함께 가족과 친지가 편안히 앉아 담소하는 장소다. 프랑스에서는 집을 메종maison이라 하는데 또 다른 말로 프와예foyer라 하는 것이야말로 벽난로 또는 불을 중심으로 살아온 프랑스의 전통적인 농촌의 실내를 표현하는 말이기도 하다.

거실 오른쪽 벽면의 찬장이나 왼쪽 벽면에 있는 작은 옷장은 프랑스 농촌의 침실에서 흔히 볼 수 있는 가구들이다. 이러한 것들은 프랑스인들이 근본적으로 농업에 그

그림 5. 거실에 있는 편지 쓰는 책상.
그 위로 루오의 그림이 걸려 있다.

그림 6. 서가와 벽난로.

뿌리를 두고 있음을 말해주며, 이는 아마도 농촌에 대한 향수를, 아니 그 뿌리를 가까이에 두고 싶은 심정에서 비롯된 것이리라. 또한 파리 시내에는 아파트를, 농촌에는 주말주택을 갖고자 하는 파리시민들의 꿈을 말해준다. 벽면과 창, 천장 높이에 따라 저마다 특성을 지니고 있어 마치 여러 개 방의 벽을 터서 한 공간으로 만든 듯 보이지만 전체가 조화롭게 보이는 것은 아마도 여러 종류의 그림이나 태피스트리tapestry를 아주 적절한 크기로 벽면을 장식했기 때문인 것 같다. 단순히 물리적인 물체로서의 벽면이 아니라, 시선이 머물고 대화하거나 명상하는 즐거움을 누리기 위해서 취향에 따라 자연스럽고 아주 적절하게 걸어놓은 그림과 태피스트리들이 이 집 안을 더욱 풍요롭게 하는지도 모른다. 그것들은 이미 그림이 아니라 집 속에 있는 또 다른 집, 다시 말해서 오직 자신만이 들어가 쉴 수 있는 정신의 안식처일 수도 있다. 침대 머리맡의 작은 그림들과 서랍장의 표정은 잠들면 찾아가는 꿈나라의 입구처럼 보인다. 소박한 화장실을 차가운 타일보다는 정감 있는 꽃무늬 벽지로 마감한 데는 그곳이 은밀한 실내이긴 해도 자연을 기억나게 하려는 의도가 담겨 있다.

그림 7. 햇살을 받은 거실 창가의 원형 테이블과 팔걸이의자.

그림 8. 기억의 오브제들. 저마다 추억을 간직한 소품들은 따스한 햇살을 받으며 서로 소곤대고 있는 듯하다.

이 사진들은 누군가에게 보여주기 위해 찍은 것이 아니다. 나 자신이 이 공간을 잊고 싶지 않아 기록한 순간이다. 진실로 버리고 싶지 않은 빛과 시간을 간직하는 것이야말로 우리들이 너무 쉽게 잊고 있는 것은 아닌지. 삶과 일체가 되어 그 흔적들이 배어 있는 자신의 분신을 사랑한다면 어떻게 그토록 쉽게 실내장식이란 환상과 오해에 빠져 자신들의 기억을 담보로 잡힐 수 있겠는가. 이제 우리 주변을 둘러보자.

짧은 후기

고블랭 가에 있던 이 집은 한국의 예술인들을 많이 도와주었던 안토니오즈 씨 내외가 살던 관사다. 필자 또한 프랑스 유학 시절 그에게 많은 도움을 받았다. 처음 프랑스로 유학을 갔을 때 필자는 어려운 사정 때문에 팔을 뻗치면 양쪽 벽이 닿을 듯한 좁은 방에서 지내며 생활하고 있었다. 어느날 우연히 안토니오즈 씨를 만나 이 집으로 이사를 가 한동안 지냈었는데, 이때 그에게서 많은 은혜를 입었다. 이 원고를 정리하면서 안토니오즈 씨와 맺었던 인연이 생각났다.

그림 9. 전형적인 프랑스 가정집 거실의 장식장.

그림 10. 침대 머리맡 모습.
그림 11. 소박한 욕실 모습.

삶을 위한 '영역' 회복

문제는 우리가 어떤 특정인의 노력이 아니라 우리의 '합치된' 노력으로 이루어진 사회 속에 살고 있다는 것이다. 타르코프스키Andrei Tarkovsky, «시간 속의 조각»(*Sculpting in Time*, 1989)

사라지는 '영역'

사람들은 살기 위해 도시로 모여든다. 사람들은 도시 속에서 일하고 저녁이든 낮이든 각자 '집'으로 돌아간다. 셋집이든, 자기 소유의 집이든 사람들은 거의 모두가 '나의 집'으로 발걸음을 향한다. 돌아갈 집이 없는 사람들을 우리는 부랑민 또는 유랑민이라 부르지만, 그들도 '가급적'이면 일정한 장소—이를테면 지하철 역 같은 곳—를 거처로 삼는다. 집에서 나왔다 다시 집으로 되돌아가기까지 사람들은 무수히 여러 켜로 중첩된 사적인 공간과 공적인 공간을 넘나든다. 공적인 공간, 이를테면 지하철이나 도로를 지나 어느 지점을 통과하는 순간 "이제 집에 다 왔다"라고 생각하는 지점들에 도달한다. 전통적인 마을에서 '마을 어귀'라 부르는 곳은 동구 밖에서 마을 안으로 들어오는 지점이다. 그런 지점에는 으레 성황당이나 돌무덤, 또는 느티나무 같은 표식들이 있기 마련이다.

도시에서는 흔히 구멍가게나 과일상점, 서민들의 경우에는 쌀가게나 연탄집 등과 같이 영세한 상점들, 또는 시장이나 다리 같은 것들이 이정표 구실을 대신하고 있다. 이런 지점에서 '집'까지의 거리란 가깝게는 수십 미터에서 길게는 수백 미터가 될 수도 있다. 이 거리는 물리적인 거리의 중요성보다는, 무수하게 반복되는 일상 속에서

그림 1. 모든 사회에는 신성한 곳과 일상적인 곳을 구분하는 금기가 존재한다. 사적인 영역과 공적인 영역은 때론 교차하거나 구분 짓는다. 모든 영역의 한계는 내면화되어 있고 개별적이다. 이 내면화된 영역을 보존하는 방식에 따라 사회는 안정적일 수도 있고 불안정할 수도 있다. 가만히 내버려두는 것이 많을수록 우리는 풍요로운 사회 속에서 살 수 있다.

그림 2. 작은 도시의 큰 나무 한 그루는
오랫동안 영역의 지표가 된다.

그림 3. 지금 우리는 사는 연습을 하고 있다.
이 시대의 어려움은 사는 방법과 형식을
동시에 만들어내야 한다는 데에 있다.
그래서 우리의 일상은 항상 이중적이다.
마룻바닥에 퍼질러 앉기도 하고 의자에
다소곳이 앉기도 한다. 그리고 침대에서
자기도 하고 온돌방에서도 잔다.

하는 수없이 거쳐야 하는 공적인 공간을 여러 공간의 연속성에서 개별적으로 인지하고 관계 맺으면서 자신만의 특별한 영역으로 길들여 사유화하는 과정이란 점에서 중요하다. 따라서 이 지점은 주로 걷는 사람들이 도로의 속도로 느끼게 되는 영역이지 '자동차'를 타고 빨리 스치고 지나가는 단순한 통과지역은 아니다. 느린 화면으로 전개되어 아주 미세한 변화에 대해서도 반응하고 기억하는, 그리고 흔히 몇몇 사람들의 습관까지도 알아차릴 수 있는 그런 교감의 지대인 것이다. 다시 주거의 영역은 바로 이 지점부터 집까지다. 그러나 이 영역은 보통 한가로운 주말이나 휴일날 느끼는 주거의 영역보다는 대체로 작을 수도 있으며 비교적 선형적이다.

어쨌든 분명한 것은 우리들이 거주하는 곳이 '집'만은 아니라는 점이다. 어떤 의미에서 도시 속의 집은 도시와 별개로 존재하는 것이 아니라 도시의 연장선 속에서의 '집'인 것이다. 다만 집 속에서 사람들은 가족을 만나고 자신의 몸을 누이고 잠든다. 사람들을 자신의 '내면'으로 돌아오게 하는 이 영역은 항상 그 자리에 있다는 안도감을 주고, 때로는 불편한 가족 간의 갈등에서 오는 존재의 고통, 또는 행복을 느끼게 하는 곳이다. 거주한다는 것은 그렇게 집에 머물고 산다는 것을 의미한다. 그러나 도시의 종착역 같은 의미의 집보다, 집을 더 집답게 만드는 곳, 그리고 거주의 의미를 확인시켜 주는 곳은 사실 그 '집'이 아니라 그 밖이다. 곧 도시다. 사람들이 어느 날 집에서 나온 순간 도시가 일시에 사라져버리고 황야에 서 있는 자신을 발견한다면 얼마나 당혹해하고 상심할 것인가? 그 순간 사라졌다고 느끼는 것은 도시만이 아닐 것이다. 거주하는 행위와 그것을 담은 집도 사라질 것이다.

따라서 도시주거는 단순히 거주하는 집만이 아니라 도시까지를 내포하며, 더욱 좁혀서 생각하자면 꼭 알 수는 없어도 어느 정도 자신의 집과 연계되어 있는 이웃들을 포함하는 일정한 영역을 내포한다. 이 영역에서 일어나는 모든 사건들은 단순한 사건이 아니라 특별한 '이벤트'이며, 이 영역은 오래 살면 살수록 역사가 이루어지는 곳이다. 커다란 의미에서의 도시와 '집'을 연결해주는 이 영역의 특질에 따라 도시 속에서의 삶은 풍요로울 수도 있고 빈곤할 수도 있다. 물론 이 영역은 개인차도 있고 '동네'에 따라 아주 다양한 모습으로 나타날 것이다. 일반적으로 자기 집을 약도로 그려서 나타내려 할 때 큰길에서 첫 번째로 표현되는 것 다음부터가 '영역'의 출발점이 된 다고도 할 수 있다. 서울과 같이 길 이름이나 번지수로 집을 찾을 수 없는 곳에서는 영역의 표식들이 중요한 좌표의 역할을 수행하고 있다. 우리는 '어디쯤' 살고 있는 것이지, 누구나 즉각 인지할 수 있는 바로 '거기'에 살고 있는 것은 아니다. 바로 그렇기 때문에 동네는 마치 포도송이처럼 여러 영역으로 분산 개별화되면서도 큰길에서 만나게 된다. 영역을 은밀하고 다양하게 만드는 역할을 구도심에서는 '골목길'이 담당해왔다. 좁고 굽은 곳, 누구나 쉽게 마주칠 수도 있고, 아이들이 뛰어놀던 정감 어린 골목길들은 삶의 궤적이 자연스레 만들어낸 서울과 같은 도시공간의 마지막 유적이자 특질이기도 하다. 그러나 지금의 현실은 어떠한가? 이렇게 다소 추상화시켜 본 주거, 영역, 골목의 이미지들이란 아직도 간혹 몇 군데 남아 있긴 하지만 대체로 20년 전 한옥이 밀집되었던 시절의 이야기로만 남아 있다. 당시의 모습은 뿌리를 내리고 살던 사람들의 공동체적 삶의 모습이었다. 이 영역 안에서 사람들은 다소간의 애정을 갖고 관심을 갖되 간섭하지 않았다.

그러나 서서히 이 땅에는 복수의 계절이 찾아오고 사람들은 온통 '발전'의 신화에 매료되어 전 국토를 도시화시키고 전 국토의 공사장화를 통하여 까부수고, 파헤치고, 살인하고, 쫓고 쫓기며 끝없는 미로에 빠져 들었다. 사람들은 흔히 이런 현상의 근저에 '군사독재'의 독소가 있었음을 개탄한다. 한편으로는 부정할 수 없다. 그러나 그보다 더 중요한 것은 모두가 복수의 칼을 갈게 되었다는 사실일 것이다. 보다 더 잘 살기 위해서.

모의실험의 역동성

지난 30년 동안 우리는 개별적으로 체험해온 세계였지만 사실 그 세계는 거대한 모의실험의 역동성을 지지해온 기반 위에서 기능했다. 그 결과물이 바로 지금 우리 삶의 모습이다. "싸우면서 건설한다"와 "하면 된다"라는 구호로 결의를 다지고, 긍정적 사고

대신 무엇인가를 반대하며, 막히면 뚫고 구멍이 나면 막는 식으로 그렇게 기를 쓰며 살아왔다. 이런 사회를 안팎의 모든 사람들은 한국사회의 역동성이라 설명해왔다. 그러나 그러는 동안 사람들은 사실상 가치판단의 복합성 중에서 양적인 것에만 기대를 걸어왔다. 이러한 현상은 당연히 도시화와 그 주거의 문화에서도 여실히 드러난다. 오직 주거공간을 소유하기 위한 전쟁이 벌어진 것이다. 그것이 고층이든 평지든 획일적이든 가리지 않고 우선 아파트라면 당첨을 해야 집 안의 행복이 다가온다는 믿음에 온갖 것을 버린 것이다. 사람들은 자신의 삶을 사는 것이 아니라 모두가 한통속이 되어 '아파트'라면 물불을 가리지 않고 벌 떼처럼 '상자' 속으로 몰려든 것이다. 아파트가 경관을 파괴하든 '골목'을 소멸시키든 또는 논밭을 날려버리든 상관하지 않고 짓는 대로 들이닥쳤다. 그리고 그 속을 채우기 시작했다. 우글쭈글 목각이 된 '루이왕조풍(롯데호텔풍?)의 의자'와 나폴레옹 시대의 탁자, 미로의 판화, 장의사 같은 커튼, 입식 부엌, 온갖 제품… 그리고 또 침대. 사람들은 바닥에도 앉았다가 의자에도 앉기 시작했고, 부인은 침대에서, 남편은 온돌에서 자며 동거형 별거를 시작했다. 그래서 사람들은 가구 사이를 비켜 다니며 앉지도 서지도 못하는 엉거주춤한 시대를 지나고 있다.

전통적인 가옥에서 온돌방이란 시간에 따라 다채로운 용도로 사용되었다. 가구로 공간을 일정하게 구획하였고, 쓰임새를 고정한 것이 아니라 항상 열려 있었으며, 모든 것을 수용하였다. 그 특질은 비워두는 데 있었던 것이다. 그러나 이제는 침대 하나만 보아도 방의 용도가 달라졌다. 침대는 방을 점령하고(8시간 잠자는 시간을 제외하고) 다른 가능성을 배제한다. '가구'라는 것은 그 속성상 쓰이지 않는 동안은 공간을 점유하게 마련이다. 따라서 전통적인 관점에서 보자면 현재 많은 가구를 동반하고 사는 사람들은 사실상 가구에 의해 축출당하고 있는 셈이다. 그래도 사람들은 소파가 편안하다고 한다. 바닥에서 좌식생활을 하던 사람들이 이제 의자생활로 한 걸음 '진화'하였다. 서양 생활방식의 장점을 취하고, 한국 온돌의 장점을 취하여 삶을 전통의 '현대화'로 승화시킨 것이다. 그것이 어디에서 무슨 연유로 거기에 있든 간에 그들은 모두 행복한 것이다. 지나간 세계의 역사를 사유화하기 시작한 것이다. 그러나 사람들은 꼭 사용하기 위해서라기보다는 남에게 보이고 자족하기 위해서, 마치 복수의 계절을 승리로 이끈

것을 자축하기 위하여 전리품들을 데리고 산다. 서양에서 이미 그 '가치'가 증명되어 특별히 해설이 불필요한, 곧 공중된 오브제는 사람들의 삶을 참으로 풍요롭게 한다는 믿음을 갖고 말이다. 과연 그렇기만 한 것인가? 집이란 개인의 삶의 흔적이지 모의실험장은 아니다. 마치 아파트 안에서 사람들은 여러 소도구를 바꿔가며 사는 연습을 하는 것이지 살고 있는 것 같지가 않다.

사람들의 무비판적인 이런 태도는 바로 우리들의 내면에 있었던 삶의 영역을 황폐화하고 있다. 윗목, 아랫목으로 앉을 자리를 가늠하던 내면의 질서는 무너지고 오브제(가구)는 공간을 지시하고 명령하며 자신들의 질서(나는 이것을 요새 유행하는 홈인테리어라고 부르고 싶다)에 사람들을 편입한다. 주거공간에 대해서 반응하는 방식이 이렇게 물질에 쏠려 있고, 비우기보다는 채우는 데 현안이 되어 있는 것은 앞서 보아온 '골목'에서도 마찬가지다. 사람들은 골목에서 '정취'를 만나는 것이 아니라 다른 두 가지를 만난다. 하나는 주차된 자동차이고, 또 다른 하나는 이곳에는 주차를 금지한다는 푯말이다. 도시와 주거지를 연결해주던 전이공간의 영역은 파괴되고, 또한 자동차들에 의해 사람들이 축출당했다. 여유 있게 걷던 길은 이제 비켜 다녀야 한다. 그리고 사람들은 이사를 한다. 집 없는 사람은 집을 장만하고, 집 있는 사람은 더 좋은 동네로 옮겨 간다. 집 속에서 삶은 뿌리내릴 수 없고 아파트는 정주의 공간이 아니다. 여기가 거기고 거기가 여기다. 이런 심성을 잘 깨닫고 활용하는 사람들이 소자본가들이다. 이들에 의해 도시 주거는 해체되고 다시 도시에 편입되어 새로운 관습을 만든다. 도시 이곳저곳에 보여지는 '방房'은 여러 다른 행위와 결합되어 공적인 공간이면서 사적인 공간을 만들어낸다. 다방, 여관방, 노래방, 비디오방, 독서실, 룸살롱 등등. 개인 주거공간에서 부족하거나 더는 불가능한 것. 그러나 욕망하는 것들을 채워줄 이 공간들을 몰아낸다면 도시는 위기에 처할 것이다. 이렇게 도시주거는 도시적 해체를 가져와 삶의 여러 기능을 분담하여 주거영역은 소멸하고 오브제화하고 상품화되었으며 그 속에 사는 사람들은 지멜Georg Simmel이 이야기하는 '추상화'의 길을 걷게 되었다.

주거는 찢어 발겨졌고 그 영역은 도시 전체에 널려 있다. 오늘도 사람들은 살기 위한 명목으로 새로운 실험의 음모를 꿈꾸고 있다. 그것을 꿈꾸는 자는 누구인가? 새로운 신화를 상품으로 쏟아내는 사람은 누구인가? 그들은 다름 아닌 우리 모두가 아는 아파트 건설업체, 주로 우리가 말하는 재벌그룹들이다. 물론 주민들과 공모하여 벌이는 것이지만 이 땅에는 이제야 그 진정한 면모를 알아볼 수 있는 이제는 낡은 주생활의 얼굴이다. 선택의 여지가 없는, 강요된 공동주거 속에서 재생산되고 파괴되는 것은 자본이고 숫자이며 우리들의 운명적 삶인지도 모른다. 공동주거에서 공동체적 삶이 부재하는 모순, 이것이 아마도 우리들의 새로운 역사인지도 모른다.

일상성을 담는 형식으로서의 건축문화

건축이란 말을 결합시켜 생각하게 되는 것은 건축을 건축의 자율적인 체계 내에서 폐쇄적으로 보려는 태도를 지양하고 보다 넓은 의미 속에서 포괄적이고 총체적인 사회적 표현으로 읽어내려 하기 때문이다. 또한 한 시대의 문화 상황을 가장 잘 집약해서 드러내주는 건축이 폭넓게 수행할 수 있는 특질이 있기 때문이다. 우리는 '문학문화'나 '미술문화'라는 말에는 익숙하지 않다. 그것은 문학이나 미술이 문화 일반에 포함되지 않아서도 아니고 문학이나 미술이 시대적 표현으로 부적당해서도 아니다. 그러면 '문학문화'라는 말은 왜 이리 낯선 것일까? 문학이나 미술이 수용하는 사람들과 각별한 관계를 가질 때만 체험되는 예술 형식이며, 일상적이지 않기 때문이다. '일상성'이야말로 건축이 사람들과 관계 맺는 특질이며 특권이다. 그러나 바로 이러한 특질과 특권을 갖는 건축문화에 대한 현재 우리나라의 상황은 여러 가지 면에서 회의적이다.

우선 건축문화를 주도하는 주체가 건축이라기보다는 건설을 담당하는 시공자(주로 대기업이 이끄는)들에서부터 영세한 집장사들에 이르는 집단으로, 이들은 건축을 문화적 산물로 간주하는 것이 아니라 '상품'으로 제조하는 사람들이다. 건축가들이 그동안 세상에 내놓은 건물 또한 '작품'이라기보다는 상품이나 특수한 계층이 요청하는 주문생산품임에는 틀림없다. 그러나 양적으로는 물론 일반적으로 수용되는 질적인 면에서도 건축가들의 '작품'—그렇게 불리고 싶은—은 상업적인 생산품과 대적할 만한 힘이 없다.

그러나 주도권이야 어찌 되었든, 문제는 15년 안팎에 건설된 우리들의 건축환경은 두 가지를 탐색해왔다는 점을 다시 음미해볼 필요가 있다. 주거 분야 하나만 보더라도 1980년대 이후와 그 이전의 종류를 다 합치면 그 다양성에 놀라게 된다. 단독주택과 아파트로 구분되던 것이 빌라, 최고급빌라, 빌라트, 임대아파트, 고층아파트, 다가구주택, 다세대주택, 연립주택, 국민주택 등 그 이름이 무성하다. 물론 이름마다 삶의 형식과 건축형식이 꼭 일치한다고 말할 수는 없다. 주거공간에 붙은 이름들은 보통의 가전제품들과 같이 상표명이 붙은 것이지 특별한 차이점이 발견되는 것이 아니다. 그럼에도 사람들에게는 각기 다른 이름의 차이만큼이나 질적인 차이가 있다고 믿는 환상이 있다. 모두가 엇비슷한 평면이지만 명칭을 구분하는 잣대가 되는 것은 '면적'과 '평당 가격' 또는 '소유관계' 그리고 밀도와 관련된 것들이다. 그러나 이것은 건축과 별개의 개념이 아니라 오히려 보통사람들에게는 가장 중요한 우선적 개념이 된다. 아무리 졸부라도 은행의 예금 잔고를 복사해서 대문에 붙여 부유함을 자랑할 수는 없다. 자신의 지불능력을 시각적으로, 공개적으로 과시할 수 있는 표현방법으로 가장 적절한 것이 '면적'이며 '품위'와 관계되는 재료이며 담장의 높이다.

물론 이런 것들은 상식적인 이야기에 속한다. 바로 이런 상식적인 것들은 허공에 떠다니는 것이 아니라, 또 누군가가 그러한 규모에 구체적 형태를 주고 건축적 형식을 만들어 우연히 모든 것이 일어나는 것이 아니라 여러 층위에 걸친 판단에 근거하는 것이다. 그러나 판단의 기준이 있었는가? 그것은 공유된 것이었나? 판단의 기준. 그것은 질적인 것이 아니라 양적이며, 이 양적인 것은 질을 지배해버렸다. 사람들은 말한다. "나는 현대에 살고, 너는 한양에 살며, 그는 럭키에 산다"고. 그리고 집에 산다고 말하지 않고 꼭 25평에서, 36평에서, 60평에서 산다고 하며, 그것은 단지 면적만을 의미하지 않고 평당 얼마하는 숫자와 곱셈을 위한 중요한 변수가 된다. 건축문화 내지는 주거문화의 핵심은 결국 '돈'이다.

사람들은 더 이상 동네에 살지 않고 대기업의 이름 속에 살고, 집에서 살지 않고 면적 속에 갇혀 있으며, 삶을 사는 것이 아니라 돈을 살고 있는 셈이다. 바로 집의 끊임없는 생산과 재생산을 위해서 우리들은 세계에서 가장 **빠르게** 이자 계산을 해낼 수 있는 민족이 된 것이다. 돈을 타고 도달하는 전 국민의 중산층화, 프티 부르주아화, 소시민화, 이것은 우리들이 지향해온 유토피아다. 행복이다. 영역은 불필요하다. 영역은 수직상승 엘리베이터로 대치되고 사람들은 서로 볼까 두려워 허공에 시선을 옮긴다. 이것만이 오직 우리들을 외부로부터 보호하는 누에고치다. 개인이다.

삶을 위한 '영역'의 회복

지난 30여 년 동안 우리들은 취향을 만들고 찾고 길들이며, 서로가 서로를 시험해왔다. 변화하는 것이 무엇인지 알아차릴 판단능력을 마비시킨 채 어느덧 모두 도시 속에서 살게 되었다. 아니 죽게 되었다. 이 죽음은 삶의 영역들을 파기하여 얻은 부산물이다. 계속 이 죽음을 추구할 것이 아니라면 이 땅에서 계속 살아남을 가능성을 탐색해야 한다. 그렇게 하기 위해서 아직도 남아 있는 우리들의 참 모습을 꼼꼼히 읽어내고 기록하고 보존하는 것이 필요하다. 구체적인 삶의 켜들을 축적하는 것이 필요하다. 삶의 켜는 '영역'에서 쌓인다. '영역'의 회복 없이 삶은 없다. 살기 위하여 우리가 무엇을 해야 할지는 자명하다.

근대유적과 파괴사회

그림 1. 한국은 현재 공사 중이다. 모든 건설현장에 세워져 있는 타워크레인은 파괴의 상징물이다. 왜냐하면 모든 건설은 파괴를 전제로 하기 때문에.

파괴와 건설공화국

한국은 공사 중이다. 공사는 늘 파괴를 전제로 한다. 특히 2001년 봄부터 이 나라는 전 국토를 온통 공사현장으로 만들고 있다. 이는 마치 전쟁터를 방불케 한다. 아니 분명한 전쟁이다. 전쟁이란 사람을 죽이는 것을 말한다, 어린아이까지도 말이다. 이 살벌한 전선에서 우리는 도대체 무엇을 죽이고 있는가? 생명을 횡단하는 역사와 기억을 닥치는 대로 처형하고 있는 것은 아닌가. 그리고 침묵하는 다수는 이 참혹한 광경을 멀거니 뜬눈으로 바라만 보고 있는 것은 아닌가. 이것은 물론 30년 넘게 지속되어온 현상이라 새로울 것이 없어 보인다. 경기회복에 일조하면서 전체 경제시스템을 정상적으로 운용하기 위해서는 '건설'이란 이름의 공룡에게 '파괴'라는 먹이를 주어야만 한다는 논리인가 보다. 외국인들에게 비춰지는 한국민의 열기란 파괴하면서 건설하는 광란의 몸짓이다.

이런 증세는 이미 박정희 정권 시절부터 앓게 된 불치병이다. 군사 쿠데타를 일으키고 나서 박정희 정권이 전 국민에게 다그친 구호 중 하나가 바로 '싸우면서 건설하자'라는 것이었다. 참으로 격렬한 구호이면서도 불가능을 실현시키려는 의지의 선동적 표현이다. 그리고 이런 열기는 오늘날까지 지속되고 있다. 작게는 동네마다 한옥이든 아니든 때려 부수고 다가구 다세대 건축이 한창이다. 돈암동쪽 아리랑고개에서는 도로 확장공사를 위해 3, 4층 건물들을 케이크 자르듯 동강 내어 건물의 단면이 드러나 있고, 도시 곳곳에 있는 아파트 현장에선 철골조를 세우는 크레인들이 춤을 추며 마무리 공사가 한창이다. 산자락은 다음 공사를 기다리며 온통 파헤쳐져 벌건 속살을 드러내고 있고, 서울에서 부산까지 단군 이래의 대역사인 경부고속 전철공사가 한창이다. 가는 곳마다 공사판이고 보이는 것마다 공사 중이다. 도시에도 들판에도 산에도 바다에도 온통 공사판이다. 아! 대한민국이여, 건설공화국이여!

이런 이 나라의 참모습을 가장 근사하게 기록한 책이 역설적이게도 칼비노Italo Calvino의 «보이지 않는 도시들»(*Le citta invisibili*, 1972)인지도 모른다. 책에는 건설하지 않으면 죽을병에 걸릴 것처럼 도시 전체를 건설만 하고 있는 도시가 그려져 있다. 청계

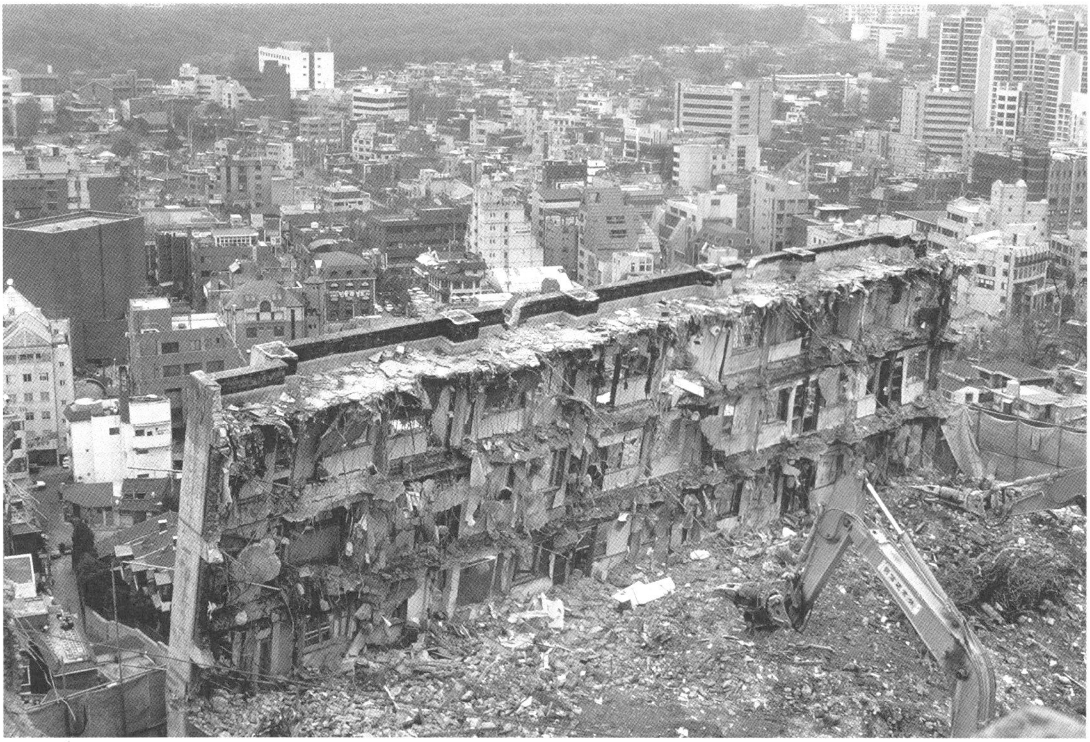

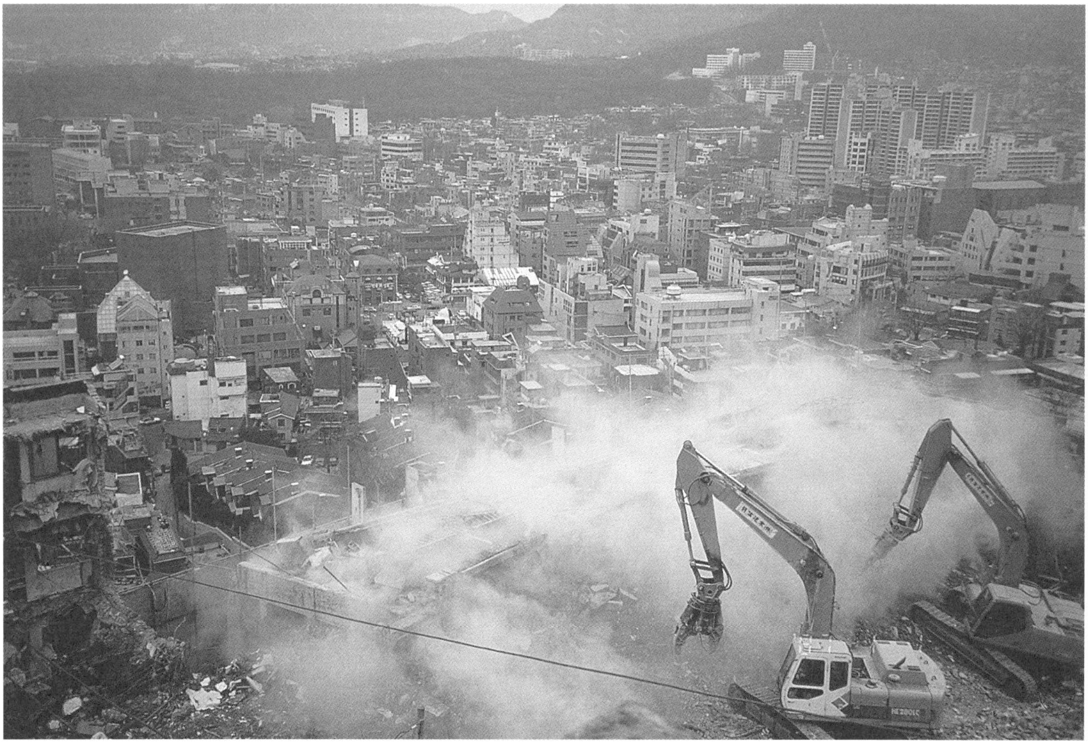

천 8가 뒤쪽에서 보이는 폐허나 미아리고개를 넘으면서 마주 보이는 정릉골 산자락의 폭탄 맞은 듯한 풍경들은 칼비노 소설의 배경들이다. 아마도 또 나홀로 아파트들이 들어설 채비를 하고 기존 주택들을 대량살상한 땅들일 것이다. 그 많은 사람들이 살다간 흔적들은 이제 더 이상 찾아볼 수 없게 되었다. 그렇다. 이 나라 사람들은 늘 새롭게 시작하는 것을 최고의 선으로 생각하고 있는 듯하다. 이미 있던 것을 무조건 쓸어버리고 다시 시작한다는 것은 지나간 과거에 대해서 일말의 가치를 두지 않는 것을 의미한다. 미래만이 우리들의 희망을 보장한다면 지금을 살고 있는 우리들은 과연 누구란 말인가?

얼굴 없는 땅

이런 열기를 10여 년 지속하다가는 이 땅에 남은 것이라고는 폐허뿐일 것이다. 어느 쓰레기 하치장도 받아들이길 거부하는 쓰레기만 남을 것이다. 아니 이 나라 전체가 거짓 욕망과 전도된 가치의 쓰레기 하치장이 될 것이다. 이런 속도로 파괴와 건설이 지속되다가는 궁극적으로 과거와 현재가 실종되고 오직 미래만 남을 것이다. 완료되지 않은 미래만 남는다는 것은 현재가 가상현실로서만 작동함을 의미한다. 그래서 사이버 스페이스란 지금 바로 이 한국 땅의 실체를 말하는 것인지도 모른다. 늘 건설만 하면서 살아 있어야 할 도시는 실종되고, 앞으로 태어날 도시란 늘 그 얼굴을 볼 수 없다는 말이다. 지금 서울이 그렇고 이 나라 전체가 그런 모습이다. 알 수 없는 도시, 알 수 없는 나라, 더 이상 무엇이 되려 하는지 가늠할 수 없는 땅 한복판에 우리가 서 있다.

더 이상 이런 상태가 지속되는 것을 거부하기 위해선 이제 우리에게 두 가지 선택만이 남게 된다. 이 땅을 떠나든가 아니면 혁명적인 전환점을 모색하든가 해야 하는 것이다. 결과적으로 건축인들은 '있는 것', '있어온 것'으로부터 어떻게 새롭게 건축을 할 것인지 고민해야 하고, 그 기반을 다져나가야 한다. 아무리 작은 계획안에서라도 지속시킬 가치를 찾는 것은 이 땅에 대한 예의를 갖추는 일이기도 하다.

그림 2, 3. 낙산에 세워졌던 영세민을 위한
시영아파트는 영원히 사라졌다. 삶은 오래
지속되고 철거는 한순간이다.

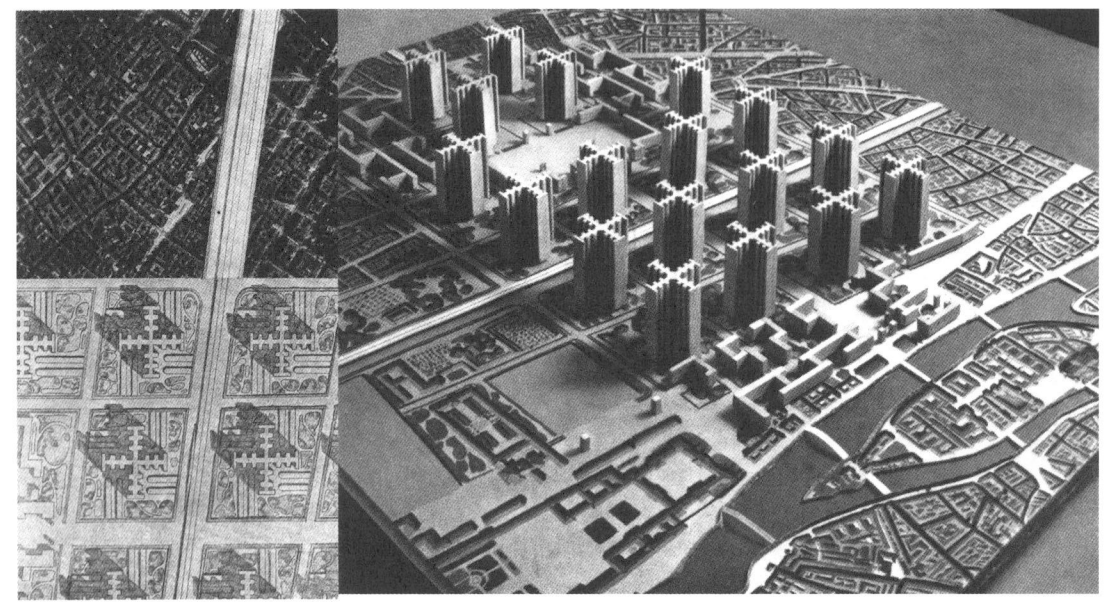

그림 4. 르 코르뷔지에는 파리의 오래된 중심지 마레 지구를 철거하고 그 위에 새로운 도시(빛나는 도시)를 계획하였다. 르 코르뷔지에의 도시에 대한 생각의 결함은 시간의 문제를 제외시켰다는 데에 있다. 중요한 문제는 철거와 건설의 모든 시간들을 시민들이 어떻게 견디는가에 있다.

잃어버린 시간을 찾아서

지우기보다는 있는 것으로부터 가치를 찾으려는 태도가 실종된 것은 모더니즘의 기수들의 오해에서도 비롯된 것이다. 특히 르 코르뷔지에Le Corbusier가 제안한 파리를 대상으로 한 '빛나는 도시Ville Radieuse'는 지속되는 삶의 시간성을 배제한 극단적인 제안이었다. 파리의 오래된 중심지인 마레Le Marais 지역을 쓸어내고 220미터 높이의 고층빌딩으로 가득 찬 업무지구로 전환시키려는 제안은, 르 코르뷔지에 자신의 건축적 의지를 실현하려는 대가로 중세 이래로 축적된 도시의 흔적과 기억을 제물로 바치려는 것과 같다. 그것은 가상적인 제안이 아니라 의도된 살인 행위다. 이는 비단 르 코르뷔지에에게만 국한된 이야기는 아니다.

보존과 파괴, 파괴와 건설은 20세기의 많은 사람들이 공유한 문제다. 이런 대립관계를 극명하게 드러낸 일이 1930년도 아테네에서 벌어졌다. 1930년대 초 연속해서 열렸던 두 개의 국제회의에서 우리는 상반된 두 얼굴을 보게 된다. 하나는 1931년 지식인협동국제회의(SDN) 주관으로 개최된 역사유적의 보존에 대한 회의였다. 유적의 보존에 대하여 초국가적으로 대응하고자 개최된 이 회의에서 참석자들은 특히 고대 유적 주변의 다소 부차적인 도시 조직들의 보존 문제를 논의하였다. 이들은 소위 전문가의 눈을 비켜간, 하찮을 수도 있는 유적지 주변까지도 보존하려는 태도를 보여주었다.

그리고 1933년에는 CIAM(근대건축국제회의)에서 과거를 말끔히 지워버리고 '새로운 건축', '새로운 도시'의 개념을 확장시킬 그 유명한 '아테네 헌장'을 채택하게 된다. 과거 유산 중 '위생적이고 유용한 것'은 보존할 것이라는 단서를 달고서 말이다. 그들에게는 문화유적 부근의 대수롭지 않은 영역들은 녹지로 대체하는 것이 더 바람직해 보였던 것이다.

한 시대에 열린 두 회의는 도시와 유적에 대한 각기 다른 두 양상을 보여주고 있으며, 그 갈등은 지금까지 지속되고 있는 셈이다. 쇼에Françoise Choay는 유럽사회가 자행한 현대도시의 파괴를 두 가지로 분류하여 지적한다. 하나는 전쟁을 통해서 도시 전체를 송두리째 쓸어버리는 것이고 또 다른 하나는 CIAM으로부터 촉발되어 현대화와 부동산 투기의 이름으로 자행되어온 점진적인 파괴다. 그리고 뒤이어 발발한 제2차 세계대전과 1960년대부터 불기 시작한 문화와 역사유적의 보존의 의미를 다시 한 번 되새기게 해준다. 쇼에는 역사유적의 개념이 서구적 발명품이라고 말하면서 현대사회에서 과거 유적을 보존한다는 것은 창조와 개혁에 필수적인 '뿌리와 기억들을 갖기 위함'임을 강조한다. 즉, 유적을 보존하는 행위는 창조와 개혁을 정체시키는 것이 아니라 오히려 그 원동력이 됨을 역설하는 것이다.

  그러나 무엇을 보존하고 어떤 동기로 가치를 부여할 것인지 하는 문제는 여전히 숙제로 남는다. 그러나 우리가 분명히 해둘 것은 우리 주변에서 사라지고 있는 근대의 유적들이란 누가 선정해주는 것이 아니라 우리가 만들어나간다는 사실이다. 그것들은 의외로 우리 가까이에 있던 것으로 새로운 생명을 부여받아 재창조되어 또 다른 시간대로 지속된다. 역사적 가치란 다시 생산될 수도 없고 대체할 수도 없는 가치를 말한다. 따라서 삶의 연속선상에서 지속되어야 할 '시간의 가치'가 거주하는 공간이 바로 유적들이다. 유적에는 오래된 과거의 것만이 아니라 우리가 보편적으로 역사적 가치로 인식하는 가까운 과거들도 포함된다. 그것은 시간의 길이로 재는 것이 아니라 공유하는 기억의 무게로 결정하는 것이다. 오스트리아의 미학자이며 미술사가인 리글Alois Riegl은 바로 현대인들이 직면한 유적에 관한 개념을 최초로 설정하였다. 그는 알베르티Leon Battista Alberti 이후 건축가의 이론적 기반으로 연구되어온 유적에 대한 생각이나 유적 보존을 위한 열정적 지식인들과는 달리 객관적인 시각에서 유적을 통해서 거론되지 않은 가치와 의미들을 개발한 최초의 학자다. 그의 작은 저서 《유적과 현대인의 우상》(*Der moderne Denkmalkultus, sein Wesen, seine Entstehung*, 1903)은 유적을 숭배하는 현대인들의 관심사 중에서도 세 가지 가치를 환기시킨다. 곧 오래된 가치, 역사적인 가치, 그리고 의도적으로 수행된 회상의 가치다. 그리고 진행형인 동시대적인 작품들의 사용 가치와 예술적 가치를 분류하여 유적들의 의미를 정립하고 있다.

  지금까지 이 나라에는 독재정권이나 권력이 정치적 목적으로 선동에 사용한 조작된 가치만 있었다. 정권이 지시하는 것이 유물이 되고 유적이 되어온 풍토에서 진정한 유적이 살아남기는 어려웠다. 더욱이 정보화시대 속에서 유적은 메모리칩 속에나 내장되는 것이 바람직한 것인지도 모른다. 현대인들이 더 이상 기념비를 만들 줄 모르게 된 데에는 기념비를 만들어 공유할 가치가 결여되어 있기 때문이다. 또한 '파괴'만이 구원의 길을 열어줄 것 같은 착각 속에 빠져 있기 때문이기도 하다. 강원도 태백시가 폐광지역의 문화적 가치를 인정해 근대의 유적으로 재창조해내지 못하고 카지노로 쉽게 해결책을 모색한 것은 반역사적 선택이다. 비슷한 처지의 독일 뒤스부르크Duisburg 탄광촌에서는 탄광지역의 산업시설을 그대로 사용하여 '산업풍경(industrial landscape)'을 만들어냈다. 용광로는 물을 채워 스쿠버다이버들의 연습장으로 만들었고, 쿨링타워는 백합의 정원으로, 라벤더 향기가 그윽한 보랏빛 색깔로 장식하였다. 철강제품은 표면이 산화되어 소멸되어가지만 그 속에서도 새로운 생명이 돋아나게 하여 폐기된 산업시설들에게 다시 탄생의 기쁨을 맞이하게 한 것이다. 산업시설을 녹색 풍경으로 전환시켜 관광의 명소를 만든 뒤스부르크 탄광촌의 사례는 태백시의 카지노와 너무나 큰 대조를 이룬다. 전국의 지방자치단체들이 기획의 빈곤 속에서 무엇인가 새로운 아이템을 개발하여 명물을 만들려는 욕망 속에는 파괴의 음모만 가득하다. 최근 서울의 정수공장이 있던 한강 선유도를 시민의 공원으로 만들어가고 있는 노력은 메마른 땅에 한 줄기 희망으로 다가온다. 파괴와 건설로 사라져가는 근대의 유적은 도처에 있다. 그것들이 단순한 회상이나 기억의 대상이 아니라 다시 생명을 불어넣을 창조적 힘이 가해질 때 유적은 단순한 유물이 아니라 동시대의 예술적 가치로 환원될 것이다. 파괴로부터 시작하는 건설이 아니라 있는 것으로부터 재창조되는 것이 절실한 시점이다. 건축인들이야말로 그들이 이 시대에 사회적 소명이 있다면 바로 이런 일들을 그의 개별적 작업에서 실천해내는 것이다. 시간은 선형적인 것이 아니라 원래 순환한다는 사실을 자각하면서 말이다. 우리들은 이제 파괴의 발톱에서 신음하는 시간과 기억들을 구출하여 그들이 존재할 공간을 만들어주어야 한다. 왜냐하면 시간과 기억은 우리들이 거주하는 집이기 때문이다.

위기의 거주와 거주의 위기

"별이 빛나는 창공을 보고, 갈 수가 있고 또 가야만 하는 길의 지도를 읽을 수 있던 시대는 얼마나 행복했던가?" 이런 시대에서 모든 것은 새로우면서도 친숙하고, 또 모험으로 가득 차 있으면서도 결국은 자신의 소유로 되는 것이다. 그리고 세계는 무한히 광대하지만 마치 자기 집에 있는 것처럼 아늑한데, 왜냐하면 영혼 속에서 타오르는 불꽃은 별들이 발하고 있는 빛과 본질적으로 동일하기 때문이다. 다시 말해서, 세계와 자아, 천공天空의 불빛과 내면의 불꽃은 서로 뚜렷이 구분되지만 서로에 대해 결코 낯설어지는 법이 없다. 그 까닭은 불이 모든 빛의 영혼이며, 또 모든 불은 빛 속에 감싸여 있기 때문이다. 이렇게 해서 영혼의 모든 행위는 의미로 가득 차게 되고, 또 이러한 이원성二元性 속에서도 원환적 성격을 띠게 된다. 다시 말해 영혼의 모든 행위는 하나같이 의미 속에서, 또 의미를 위해서 완결되는 것이다. 영혼의 행위가 이처럼 원환적 성격을 띠는 이유는 행동을 하고 있는 동안에도 영혼은 자기 자신 속에서 편안히 쉬고 있기 때문이고, 또 영혼의 모든 행위는 영혼 그 자체로부터 독립되는 과정에서 독립적으로 되면서 자기 자신의 중심점을 발견하고서는 이로부터 자신의 둘레에 하나의 완결된 원을 그리기 때문이다. "철학이란 본래 고향을 향한 향수이자 어디서나 자기 집에 머물고자 하는 충동이다."[1] 루카치 György Lukács, «소설의 이론»(*Die Theorie des Romans*, 1916)

우리는 거주할 줄 알아야 집을 건축할 수 있으며, 집을 지어야 그 속에 거주할 수 있다.[2]
하이데거 Martin Heidegger, «존재와 시간»(*Sein und Zeit*, 1927)

1. 게오르크 루카치 지음(1916), 반성완 옮김, «소설의 이론», 심설당, 1985.

2. 마르틴 하이데거 지음(1927), 이기상 옮김, «존재와 시간», 까치글방, 1998.

그림 1. 1980년대 막 입주한 잠실 주공아파트 복도에서 서울 시내를 바라보았다. 사진 속에 있는 아파트들은 현재 대부분 철거되었다. 사진 속에는 있지만 현실에는 없다. 신기루 같은 세상이다.

거주의 본질

거주한다는 것은 사람(인간)이 주체가 되어 집 속에 머무는 것이다. 여기에서 주체란 자신이 자기의 주인이라는 말뜻과 개체화하는 개별성으로서의 주체다. 개체와 개인이 성립하는, 또한 성립시키는 공간이 집이다. 그리고 그 속에는 대체로 가족이 더불어 살고 있다. 그래서 거주한다는 것은 사적인 공간과 공적인 공간을 동시에 공존시키는 것이다. 또는 양립시킨다. 그러기 위해 경계 만들기는 필수적이다. 외부세계와 차단하며 동시에 자신을 에워싸는 사적인 영역을 만들고, 그 속에서 영혼과 마음을 내려놓는다. 그리고 머무는 동안 삶의 하루하루의 역사는 시간 속에 기록되고, 공간에 흔적을 남기며, 장소를 만들게 된다. 그래서 거주한다는 것은 장소에 산다는 것이고, 장소성을 뛰어넘을 때 거주는 소멸된다. 다시 말해서 집은 특별한 장소이고, 존재는 장소에 거주한다. 그래서 사람들은 집에 들어오면 신발을 벗는다. 이는 한국인들이 거주하기 위한 첫 번째 의식儀式이다. 특별한 장소에 자신의 육신을 내던지는 존재의 참모습이다. 그래서 시인 김기택은 <맨발>[3]이란 시를 통해 집에 돌아온 존재의 가벼워짐을 읊었다.

> 집에 돌아오면
>
> 하루종일 발을 물고 놓아주지 않던
> 가죽구두를 벗고
> 살껍질처럼 발에 달라붙어 떨어지지 않던
> 검정 양말을 벗고
>
> 발가락 신발
> 숨쉬는 살색 신발
> 투명한 바람 신발
> 벌거벗은 임금님 신발
>
> 맨발을 신는다.

---

3. 김화영 엮음, 《흔적》, 시와시학사, 2002, 26쪽.

신체와 집, 정신과 주거, 개인과 대도시 사이의 관계는 필연적으로 자아와 타자 사이의 친숙함의 정도로 측정될 수 있다. 잘 알려진 친밀한 것과 낯설고 이상하며 두려운 것(uncanny) 사이에 집의 경계가 있다. 정주와 유목의 갈림길이 있다. 친숙하고 길들여 있으며 친근하고 내밀한, 그리고 다정한, 그래서 확실한 보호와 평안을 자아내는 집 속에는 동시에 은밀하고 폐쇄적이며 사람들의 눈에 안 보인 채 숨어 있는 비밀스러운, 그래서 때로는 유령이 나올 것 같은 분위기의 장소도 있다. 이렇게 양극으로 이어져 있는 집 속에 의식의 세계와 무의식의 세계가 공존한다. 바슐라르Gaston Bachelard는 다락이라는 의식의 세계와 지하실이라는 무의식의 세계 사이에 현존하는 집이 있다고 했다. 어린 시절 다락방에서 발견한 새로운 세계와 컴컴하고 축축한 지하실에서 등 떠밀리는 듯한 오싹함을 체험하지 않고 어떻게 우리가 집에서 자라고 거주했다고 말할 수 있겠는가?

집은 본래 가족의 연극(삶)을 위한 무대이자 사람들이 태어나고 성장하며 살아가다 죽는 장소다. 이 모든 것을 우리는 낭만적이고 전통적인 의미에서 거주한다고 하는 것이다. 이 공간을 우리는 집 또는 가정(home)이라고 부르고, 이를 가능하게 하는 공간 형식을 가옥(house)이라고 부른다. 근대화와 도시화 과정을 거치며 집은 해체되었고, 분열되고 있다. 우리가 거주의 위기를 말하는 것은 내부와 외부 사이의 균열을 말해주는 하나의 징후다. 자아와 세계가 본질적으로 서로 다르고, 영혼과 행위는 서로 일치하지 않음을 말해주는 하나의 표지다. 별이 빛나는 창공을 보고 갈 수가 있고 또 가야만 하던 시절은 이미 종말을 고한 지 오래되었다. 우리가 맞이한 거주의 위기는 어떤 빛을 받아 갈 길을 밝힐 것인가? 하이데거가 말하던 존재론적인 거주는 이제 더 이상 불가능한 것인가? 이러한 질문에 답하기 전에 적어도 우리는 위기 속의 거주를 되돌아볼 필요를 느낀다. 그 실체를 더욱 깊게 잘 가늠해봄으로써 우리가 지금 여기에서 어떻게 거주하고 있는지를 알 수 있을 것이다. 그리고 이제 우리는 또 다른 거주의 방식을 배워야 할지도 모른다.

해체와 분화

거주의 위기는 가족의 해체로부터 출발하여 공동체의 와해로 이어졌고, 공동체는 사람들의 새로운 집적의 모습으로 도시를 만들어냈다. 분열된 개체는 장소보다 중성적인 공간 속에서 더 자유롭다. 여기가 저기이고 저기가 여기인 셈이다. 서울이 부산 같고, 청량리가 광주 같고, 광주는 대구 같은 장소성의 부재 속에서 모든 도시는 익숙하면서 동시에 낯설다. 이제 우리는 어디를 가나 동일한 아파트를 만나고, 그 밖에서도 똑같은 도시를 만난다. 사람들은 여기에도 있고, 또한 저기에도 있음으로 결국 아무 데도 없다.

지금 우리는 우리가 만들어낸 현대적 일상성을 문제 삼지 않을 수 없게 된 것이다. 사람들은 일상 속에서 인간의 자질마저 잃어버린다. 일상인은 아직 사람인가? 그는 잠재적으로 하나의 로봇이다. 그가 인간의 자질과 성질을 되찾기 위해서는 일상의 한가운데에서, 그리고 일상성에서부터 출발하여 일상을 극복해야만 한다. 르페브르 Henri Lefebvre가 현대세계의 일상성을 인간의 종말로까지 보는 것은 사람들이 살기 위해서 일상을 만드는 것이 아니라 죽기 위해서 도시에 몰려들고 있는 듯 보기 때문이다. 사람들은 더 이상 집 안에서 죽지 않고 병원에서 죽음을 맞이하고, 집에서 탄생하는 것이 아니라 병원에서 태어난다. 사람들은 더 이상 동네에서 살지 않고 대기업의 이름(현대, 삼성, 코오롱)들 속에 살고 있으며 자기의 삶을 사는 것이 아니라 면적과 평당 가격을 살아가고 있다.

주택이 상품으로 시장에 나오면서 사람들은 시장의 노예가 되었다. 존재론적인 집은 복권처럼 확률 게임의 대상이 되어 온 가족은 새벽부터 아파트에 당첨될 꿈을 안고 줄을 선다. 거주는 확률 게임이면서 동시에 재산 증식의 테크닉이다. 사람들은 더 이상 집에 거주하는 거주자가 아니라 재산관리인이 되고 말았다.

주거 자체에 생존이 걸려 있지 않은 사람들일수록 문제는 더 심각하다. 위장전입이란 말은 현재의 사태를 잘 말해준다. 거주하는 것으로 되어 있으나 거주하지 않는 것, 서류상의 거주와 실재의 거주라는 이중적 거주는 테러리즘을 닮아 있다. 주거의 생산과 소비 양식의 억압, 회피, 강제, 소유 등의 복잡한 게임은 자본주의를 전혀 자본주의의 모습을 띠지 않은 채 미끄러져 들어가게 하였다. 이렇게 만들어진 게임은 수많은 유행과 모델을 재생산해내고 드디어 사람들은 거주를 상실하게 된다. 거주할 줄 알아야 건축할 수 있다는 말뜻이 사실이라면 우리는 더 이상 건축할 수 없게 된 셈이다. 집을 지을 수 없음으로 우리는 거주할 수 없게 된 것이나 다름없다.

강혁 교수는 《이상건축》[4]에서 "진정 거주할 줄 모르는 우리는 집에서도 진정한 평안(at home)을 얻지 못한다. 나는 나의 집을 장소로 만들지 못하고, 친근한 공간으로 만들지 못한다. 즉 나의 집은 나와 하나가 되지 못한다. 나의 동네, 나의 도시와 그렇지 못함은 말할 것도 없다. 일치는커녕 그것은 내게 낯설고 불편한 공간으로 다가온다"라고 말하면서 현대인들은 육체적으로 집에 있어도 정신적으로는 집 없음(homelessness)을 경험하고 있다고 지적했다. 이 집 없음을 그는 근대성의 근본적인 체험이라고까지 말하고 있다.

부동산으로 집을 소유하고 있으나 거주할 줄 모르는 집주인은 홈리스나 다를 바가 없는 것이다. 그는 정주하는 유목민인 셈이다. 거주 또는 정주의 반대 개념이 유목이며 거주의 역의 개념은 비거주라고 할 때, 그리고 유목의 역의 개념이 비유목이라고 가정할 때 사람들은 거주에서 빠져나와 비거주도 아니고 비유목도 아닌 상태를 살게 된다. 그리고 가정(home)의 반대가 수용소 또는 감옥이라고 할 때 이 세상에는 가정도 아니고 수용소도 아닌, 가정이 아니면서 수용소도 아닌 곳에 사는 가출 청소년들을 만나게 된다. 가족도 때로는 남보다 더 심한 타인他人처럼 대하면서 남도 아니고 가족도 아닌 사람들 틈새에 우리는 서 있다.

해체된 거주는 거주 자체를 소멸시켰다기보다는 거주의 경계를 모호하게 하면서 동시에 새로운 거주의 의미망을 형성했다. 도시 속에 분화되고 확장된 수많은 방—비디오방에서 PC방에 이르기까지—들은 이러한 새로운 의미망을 수용하는 공간들이다. 같은 게임을 하는 타인이 더 가족 같고 방랑하는 생활이 더 거주하는 듯싶은 세상. 집이 수용소나 감옥같이 느껴지는 세상은 전통적 의미의 거주가 공중분해된 세상이다.

---

[4] 강혁, 〈정주와 유목 사이 II: 그 이론적 탐색〉, 《이상건축》 2001년 8월호.

그림 2. 도시는 사람들을 모두 유목민으로 만든다.

이런 모든 현상들을 자연스럽고 친숙하게 받아들이도록 길들어 있는 것은 사람들이 모두 소비의 사회에서 기호에 의해 보호받고, 매스컴이 제공하는 현실 그 자체가 아니라 현실의 현기증을 살고 있기 때문이기도 하다. 이미지, 기호, 메시지, 우리가 소비하는 이 모든 것은 현실세계와의 거리에 의해 봉인된 우리들의 평온이며, 이 평온은 현실의 폭력적인 암시에 의해 위험에 처하기는커녕 오히려 위로받고 있을 정도이기 때문이다.

보드리야르Jean Baudrillard가 소비사회의 신화와 구조 속에서 언급하는 이 말은 소비사회가 새로운 인식의 차원에서가 아니라 하나의 오인誤認의 차원에서만 가능함을 지시하는 말이다. 그래서 바로 이 오인을 극복하고 사라진 거주의 양식을 되찾으려는 노력들, 양식(style)의 잔재와 폐허와 추억 속에서 자리 잡으려는 눈물겨운 노력들은 실패했다. 자신의 행동에 의미를 부여해줄 양식이 사라진 오늘날 새로운 삶의 양식은 도대체 어디에서 찾을 수 있는 것인가? 욕망의 위험보다는 차라리 권태를 선택할 수밖에 없는 것인가? 모델하우스를 찾는 단순한 방문객이나 관광객으로서가 아니라 새로운 거주의 주체가 되기 위해서 우리는 무엇을 더 생각해야 할 것인가? 전자통신 시대의 전자 공간은 순간의 속도로 공간을 연결함으로써 진정한 의미의 시공간(space-time)의 개념을 확장시켰고, 사이버 기술의 발전은 형태 없는 건축의 출현을 예고한다. 공간의 기술은 거주의 개념을 전혀 예기치 못한 곳으로 운반하고 있다.

종합 과정

삶의 외형적 방식이 변화하는 것은 밖으로부터 오는 것이다. 지금 이 시대의 기술은 그 첨병 노릇을 하고 있는 셈이다. 더욱이 도시 전체가 거주의 단위가 되고 세계가 거주의 영역이 되어 궁극적으로 거주한다는 것은 삶을 조직하는 기술을 습득하는 것으로 전락했는지도 모른다. 가족에서 사회로, 사회에서 시장으로, 개체의 삶을 조직하는 주체가 바뀌면서도 변치 않고 남아 있을 존재의 생기는 무엇인가? 전통적 의미의 거

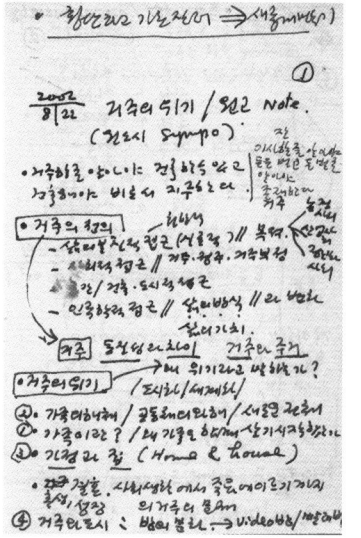
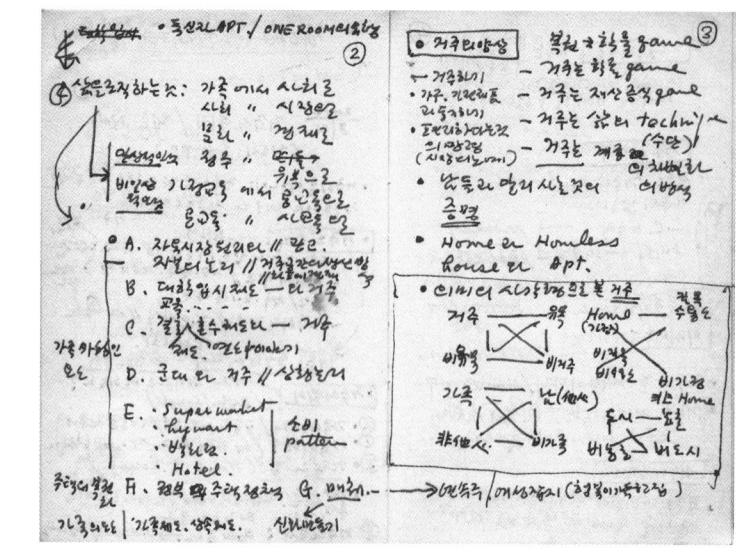
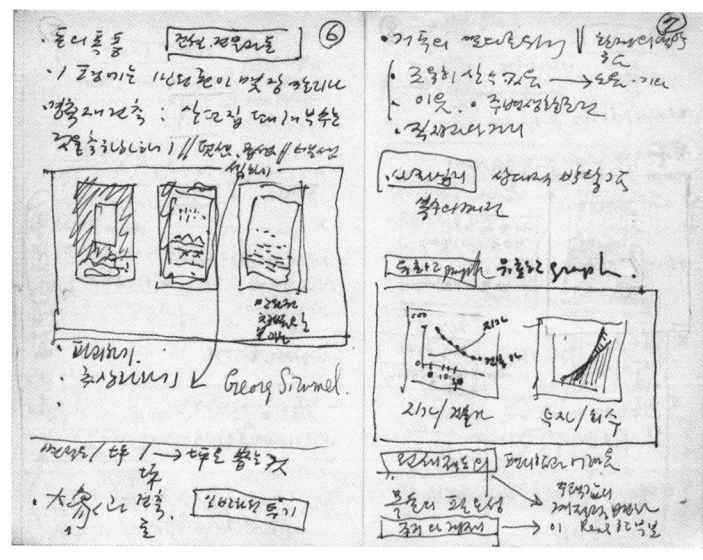

주의 실존적 모습은 더 이상 불가능한 것일까? 다시 묻지 않을 수 없다. 루카치의 말대로 유사 이래로 세상사의 무의미함과 슬픔의 양은 증가하지 않았고, 다만 위로의 노래만이 커지거나 약해졌을 뿐이다. 거주의 위기에서 그래도 우리가 부를 희망의 노래가 있다면, 그것은 위기를 바라만 보는 것이 아니라 위기를 기회로 삼는 합창이다. 그 합창의 제목은 기술과 기계가 인간을 지구상에서 추방하기 전에 '별이 빛나는 창공을 보고, 갈 수가 있고 또 가야만 하는' 인간의 새로운 출발이다. 거주한다는 것은 인간이 땅 위 하늘 아래에서 태어나서 죽을 때까지 방황함을 어떻게 채우는가를 의미한다. 탄생과 죽음 사이에, 하늘과 땅 사이에 어느 곳에서나 방황하는 것은 머무른다는 것과 함께 거주의 본질이다. 본질은 변하지 않고 다만 그 외형만 바뀔 뿐이다. 지금 우리는 해체된 거주의 새로운 종합을 만들어가고 있을 뿐이다.

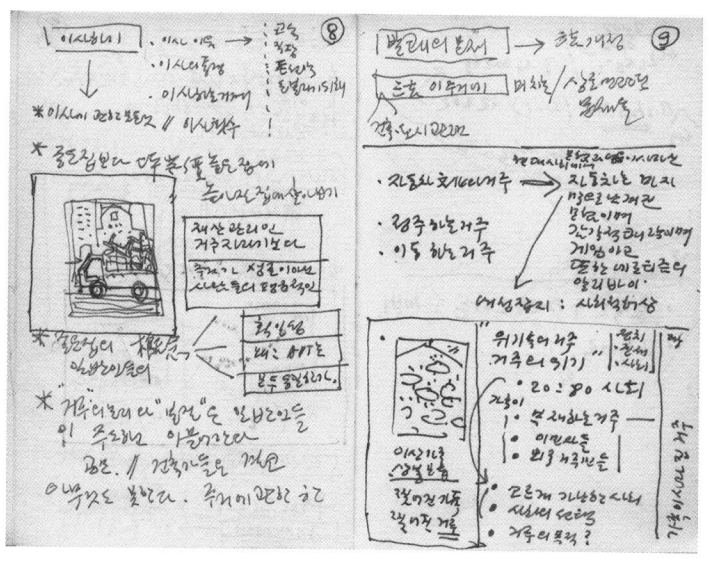

그림 3. 2002년 9월 5일에 있었던 '원도시 건축세미나'를 준비하면서 메모한 노트.

방의 도시

건축의 일차적 본질, 그 시작은 외부와 차단되는 내부공간을 만드는 일로 비롯되었고, 그것은 지금도 유효하다. 칸Louis Khan은 건축을 방(room)의 집합으로 빗대어 말하고 있고, 한국에서는 통칭해서 '방(bang)'이라 부른다.

    방은 살기 위해서 사유화하는 사적인 공간이다. 그러나 지금 이 시대에는 이 고독하고 내면화된 방이 근원적으로 균열되고 있음을 본다. 그 균열은 도시에서 시작되었다. 아주 오래전 차를 마시고 사람을 만나던 다방과 세를 주고받는 방을 알선하던 복덕방으로부터 사적인 방의 의미는 균열되기 시작했다. 일부 거주 공간들은 도시로 빠져나와 도시생활의 새로운 욕구를 충족시키는 공간들로 분화되기 시작한 것이다. 도시에 출현한 이 새로운 방들은 방의 고유한 의미를 서서히 퇴색시키고 그 속에 사람들을 모으기 시작한다. 사적이었던 공간의 사용이 공적인 공간으로 변용(metamorphose)되기 시작한다. 그리하여 이러한 방의 변용은 이제 한국의 도시에서 광범위한 현상으로 부상하였다.

    그리고 균열들은 복덕방[1]이 도시에 확산되어 급기야 아주 빠른 속도로 고전적 의미의 방들을 해체하게 되는데, 그것은 바로 정보화사회라는 이름으로 보급되는 쌍방향 통신세계의 출현이다. 컴퓨터의 세계와 인터넷으로 조직된 세계로 전환되면서 이 현상은 더욱 촉진되었고, 급기야 지금까지 체험한 적이 없는 공간을 구축하기 시작하였다. 이를 촉진하는 힘은 상업적 정신에서 시작되었지만 그 결과는 우리가 존재하는 방식에까지, 그리고 공간을 만들고 도시를 만드는 방식, 심지어 생각하는 방식에까지 광범위한 영향을 미치고 있다. 더욱이 한국과 같이 인터넷이 거의 전체 시민에게 보급되면서 도시의 일상성은 상상을 초월하는 속도로 전환되고 있다. 건축가들과 도시계

---

1. 부동산을 매매하는 전문가로 분화하기 전 복덕방은 한국에서 이웃에게 세놓을 방을 소개하고 구전을 받는 노인과 그 친구들이 소일하는 장소를 지칭한다.

획가들은 이러한 일상적 혁명을 공간 속에 형식화하고 조직화하기에 엄두를 낼 수 없는 반면, 상업자본과 시민들은 상호 결탁하여 무서운 속도로 사이버세계 속에 방들을 구축하기 시작한 것이다.

그래서 이제 방은 사적인 영역이 아니라 그 자체로 세계가 되었다. 우리는 방에 들어가 세계와 만난다. 방은 사회의 개체화가 되고, 고립되고, 막다른 사적인 영역이 되면서 동시에 세계를 향해 열려 있고, 지식의 바다에 부유하는 새로운 공간이 되고 있다. 방은 '지금 여기'이면서 즉각적으로 '저기'이고 또한 '미래'다. 나의 방 속에는 셀 수 없이 수많은 방들이 겹쳐져 있다는 이 사실을 주목하는 것이 바로 '베니스 비엔날레 국제건축전' 한국관에서 깊이 들여다볼 관심사인 것이다.

현실세계의 방과 사이버세계의 방들이 접속해서 만들어내는 즉각성, 폭발적인 동시성, 그리고 새로운 복합성은 이 시대의 새로운 신화를 만들어내고 있다. 이 신화는 존재를 담고, 삶을 담고, 또한 역사를 담는 그릇으로 변환하고 있다. 이제 성찰적으로 다시 '방'을 바라보고 우리는 이 현상이 삶의 본질과 건축의 본질마저 바꾸는 중임을 감안하여 전 세계의 건축인들과 공유하는 질문을 만들고자 한다. 이러한 전환시대에 미래가 앞당겨져 있는 사회에서, 실물대의 실험실 속에서 우리가 공유할 가치나 참조할 질문은 없는가 하고 말이다.

물론 이 모든 것은 한국사회만의 고유한 현상은 아니다. 그러나 한국사회가 근대화와 산업화사회로 전환되는 과정에서 압축 성장을 이룩하면서 나타난 현상이었다. 그러는 사이 공적인 영역은 지속적으로 보류되거나 배제되어왔다. 한국사회에서 이러한 현상은 특이하게도 새로운 공적인 영역을 여는 힘이 되고 있다. 이는 아마도 자본주의 세계의 강화와 함께 민주사회로 전환되는 체제의 변화가 급격히 일어나는 현대 한국사회를 특징짓는 일이기도 하다. 세계화라는 급물살 속에서 한국인들이 만들어내는 지역의 독특한 현상이기도 하다. 이러한 현상은 언어와 역사의 동질성을 기반으로 한 한국인들이 밀도 높은 도시적 삶에 익숙해지고 정보화사회라는 새로운 기술이 접목되었을 때 폭발하는 잠재적 공동성(commoness)은 아닌가 반문하게 된다.

그림 1. 노래방, PC방, 비디오방의 도시. 사진: 김광수.

그림 2. 찜질방은 방의 종합편이라 할 만하다. 사진: 김광수.

사적이면서 공적인 것과의 결합. 즉 신체는 사적인 세계에 머물면서 의식과 시선은 공적인 세계와 만나는 독특한 방식의 '우리들의 광장'이 성장해왔다. 온라인상에서 일어난 모든 것을 오프라인에서 확인하는 '두 개의 방의 현상'이 한국에서처럼 이렇게 두드러진 경우는 드물다. 여기에다 휴대전화까지 대량보급되면서 사람들은 '집으로 돌아가는 방(room)', '또 다른 세계와 만나는 방(internet)' 그리고 '걸어다니는 방(mobilephone)'까지 갖게 되었고, 이 세 영역은 서로 다른 영역을 '탈영토화(de-territorialization)'하거나 '재영토화(re-territorialize)'를 거듭하면서 전방위적인 '접속(commutation)'의 다양한 집합을 만들어낸다. 이 새로운 삶의 양식은 이제 한국 현대인들의 제의적(ritual) 행위가 되었고, 이는 다시 새로운 사회계약이나 새로운 정치적 힘으로 작동하고 있다.

도시 도처에 있는 노래방에서 사람들은 낮이고 밤이고 전자기기 앞에서 각자 자기 식대로 노래를 부른다. 노래를 가수들처럼 자기화한다. 노래의 자기영토화다. 그 방들에는 노래의 소절만큼 바뀌는 동영상의 멀티스크린이 있다. 노래에 따라 비춰주는 낯선 이미지들은 그 어떤 노래든 잘 포장해내는 자동기계다. 그리고 모든 방들의 집합이라 부를 만한 찜질방에서 사람들은 비로소 모두 똑같이 알몸 위에 유니폼 같은 가운을 걸치고 하나가 된다. 그들은 한식구처럼 공중탕에 들어가거나, 땀을 흘리거나, 각기 다른 시설이 장치된 방에서 쉬거나, 먹거나, 이야기를 나누거나, PC방에서 인터넷을 한다. 때로는 가족끼리 때로는 친구와 함께, 또는 연인끼리, 마치 서로가 찜질방에서 제공하는 모든 서비스 시스템에 동의한 적이 있는 것처럼 정신분열증적 도시의 삶을 느리게 붙잡아둔다.

이 지점에서 사적인 기능으로 분리되던 '방'이라는 한국어의 의미는 패러독스에 부딪힌다. 그 방은 공유되는 방이면서 동시에 사유화(appropriated space)되는 방이기도 하기 때문이다. 이 느슨한 동시성, 사적인 것과 공적인 것의 느슨한 경계를 상업적 기술이나 책략만으로 설명할 수 없는 그 무엇이 있다. 도시 속에서 완전히 사라졌다고 생각하던 '공동체'의 아주 미약한 회귀로도 볼 수 있고, 소위 자유로운 시민사회의 풍속도처럼 볼 수도 있다. 한국도시의 이 '움직이는 풍경(paysage mouvant)'[2]들은 지구라는 '방'

---

2. "우리들(유럽인)에게 도시는 무엇보다도 과거다. 그러나 그들(미국인)에게 도시란 미래다. 그들이 도시에서 사랑하는 것은 도시에 아직 존재하지 않는 것이고, 앞으로 이루어질 그 모든 것"이라고 말한 것을 상기해보자. 지속적으로 있는 것을 때려 부수고 새 건물을 짓는 데 열중인 미국 풍경을 바라본 사르트르는 미국의 풍경을 '움직이는 풍경'이라고 표현하며 이렇게 말했다. 이는 지금 바로 한국도시들의 풍경이기도 하다. 다만 다른 것이 있다면 한국도시는 지속적으로 '방'의 문화를 만들어낸다는 것이다.

속에 사는 세계인들이 맞이할지도 모르는 풍경이기도 하다. 어찌 되었던 이 도시는 가장 원시적인 것과 가장 문명적인 것을 적절히 섞어 변종을 만들어내는 역량을 과시하고 있다. 그러므로 이제는 더 이상 고전적인 모더니즘 건축언어로 설명할 수 없는 공간들이 이 도시 속에 배열되고 배치되면서 도시를 바라보는 시각에 또 다른 관점을 상정해야만 한다. 이탈로 칼비노의 《보이지 않는 도시들》 속에서 누락된 마지막 도시는 아마도 지금 한국에서 만날 수 있는 '방의 도시'일 것이다.

휴대전화

지하철이 지상으로 빠져나갈 때쯤 삐삐거리고 휴대전화 신호음이 울렸다. 만원 지하철은 아니었지만 그래도 빈자리 없이 꽉 차 있었다. 한 남자가 문 앞에 기대어 전화를 받는다. "여보세요. 응! 나야... 전철 안! 그런데, 어제 안 했어. 믿을 수가 있어야지. 지금 가면 오전 안에 할 수 있을 거야. 그래. 아니...." 갑자기 목소리가 커진다. "그리고. 걔 있잖아.... 응. 그 친구 내가 약 좀 올려놨거든!" 큰 소리로 웃으며 신나게 떠들어댄다. 차 안의 승객들은 갑자기 그 남자의 거실에 강제로 초대되었다. 사람들은 모두 그의 대화를 공개적으로 도청하면서도 각자 듣지 않고 있는 듯한 태도를 취하는 것이 예절인 양 침묵을 지킨다. 차가 다시 역사로 들어가면서 그 남자가 더 큰 소리로 외쳐댄다. "응? 뭐? 잘 안 들려! 이따가 다시 걸게!" 상대편이 마지막 대화를 다 못 들었다고 생각했는지 찜찜해하며 그 남자는 휴대전화를 접는다. 동시에 그의 거실도 접는다. 승객들은 다시 전철 안으로 돌아온다.

승객들은 그 남자가 누군가에게 휴대전화로 개인적 용건을 떠들어대는 것을 듣는 사이 두 가지 곤혹스러운 체험을 하게 된다. 하나는 내가 향유하던 공적 공간을 기습적으로 침범당한 불쾌감이고, 또 하나는 그의 대화를 쫓아가야 하는 갑갑함이다. 알 필요도 없고 알려고 하지도 않는데도 그의 대화에 참여할 수 없는 상태로 끼어들게 되는 거북함을 우리는 어떻게 넘겨야 하는가.

일상적으로 마주치는 이런 광경은 휴대전화의 편리함에도 불구하고 몇 가지 생각을 떨쳐버릴 수 없게 한다. 무선통신이 사유화하는 과정 속에서 일어나는 공간의 교란이다. 여기가 거기고 거기가 여기이며 또한 아무 곳도 아니다. 공간의 교란은 장소성의 교란이다. 만일 우리가 도시 속에서 전통적으로 부여하던 각기 다른 장소성의 고유한 특질을 상실할 때 사람들은 바로 현실공간을 부정하게 된다.

모든 공간이 중성화된 상태, 그것은 전통적 도시의 부정이다. 도시는 건물과 도로의 단순한 집적물이 아니라 공적인 공간과 사적인 공간이 중첩되는 켜다. 그것이 도시를 인간이 살 만한 공간으로 만들어내는 도시성이다. 만일 이전 공간의 켜가 하나씩 붕괴하기 시작한다면 그것은 단순한 공간의 교란이 아니라 도시, 공간, 장소성에 대한 새로운 접근을 필요로 한다. 현실공간이 비현실 또는 가상의 공간으로 전락하는 과정에서 우리는 아마도 많은 침묵을 폭력으로 맞바꿔야 할 것이다. 그것은 예의 바른 시민으로서가 아니라 서서히 함몰하는 산업사회의 모습이기도 하다. 길을 걷다가 엉거주춤 휴대전화를 들고 있는 남자, 여자, 차 안에서 휴대전화를 움켜잡고 운전과 대화를 동시에 하는 시민들의 몸짓은 21세기를 맞이하는 준비운동인지도 모른다.
　　지하철에 휴대전화를 받는 사람들의 특별한 공간을 만든다면 너무 어처구니없는 요청일까? 나는 정말로 조용한 지하철을 타고 싶다.

건축과

풍토

외가, 사라진 천국의 기억이여

그림 1. 이 땅을 살다간 모든 사람들은 지금쯤 어디에 있을까?

어린 시절, 이른 봄날 내가 시골 외갓집 툇마루에서 느낀 농촌의 풍경은 깊이 각인되어 50년이 지난 지금까지도 나를 쫓아다닌다. 그때 그 시절의 외갓집 마을 풍경은 내 마음에 늘 현존하는 농촌의 원형으로 존재한다. 충청북도 남단, 영동군 양강면 말그리. 마셔도 좋을 만큼 맑은 금강이 마을 앞으로 흐르고 강을 에워싼 높고 낮은 산들이 세계의 끝만 같았던 곳.

봄날 멀리 상여 지나가는 소리가 들린다. 강을 따라 난 깎아지를 듯한 벼랑길로 상여가 지나간다. 벼랑길을 휘몰아 돌며 계곡을 따라 깊이 접어들어 가면 상여꾼들의 소리가 엷어지고 다시 강 쪽으로 돌아 나오면 라디오 볼륨을 키우듯 또렷이 소리가 들린다. 강 건너 툇마루에 서 있는 나의 귓전까지. "이제 가면 언제 오나, 어흥~ 어흥~." 그리고 뒤이어 상여잡이의 종소리가 들린다. '딸랑, 딸랑….' 상여꾼들의 모습이 멀리 보일 듯 말 듯 희끄무레해져도 소리는 조용한 봄 아지랑이를 뚫고 내 귓가에 와서 맴돈다. 그때, 나는 어린 나이에도 불구하고 "여기가 천국인데 그들은 도대체 어디로 가는 것일까?"라고 생각했다.

내 마음의 천국, 지옥이 되다

아직 죽음이 무엇인지는 고사하고 세상도 모르던 어린 나에게 그 순간 내 외갓집 마을을 천국이라고 느끼게 한 것은 무엇일까? 그렇게 각인된 기억이 지금까지도 생생하게 보존된 이유는 도대체 어떻게 설명할 수 있을까? "우리 존재는 늘 장소에 거주하고, 장소는 궁극적으로 기억 속에 존재한다"라는 말 말고는 달리 표현할 방법이 없다.

천국처럼 느껴졌던 마을이 여지없이 나의 내면에서 해체되었던 경험 또한 잊을 수 없다. 1970년대에 유학길에 올랐다 잠시 귀국했을 무렵, 박정희 군사정권의 서슬이 시퍼런 때, 새마을운동이 전국에 걸쳐 진행되고 있었다. '잘살아 보세'란 구호 속에 마을길이 포장되고, 초가지붕이 없어지고, 양철지붕과 슬레이트지붕으로 교체되고, 그 위로 빨간색, 파란색 페인트가 덧칠될 때, 농민들은 마치 자신들이 초가집에 살아서 가난했다는 듯이 수대에 걸쳐 살던 집을 얄팍한 산업제품으로 갈아치웠다. 때로는 꽁지 빠진 새처럼 생긴 박공지붕의 '농촌 표준주택'을 자랑스럽게 수용했다.

새마을운동의 광풍으로 마을길은 넓어졌지만 수백 년간 지속된 집의 원형은 농민 스스로 '농촌주택개량사업'이란 이름으로 훼손했다. 인류학을 들먹이지 않더라도 집은 분명 한 민족이 전통적인 사회 안에서 수백 년에 걸쳐 만들어낸 문화의 표상이다. 문화란 삶을 지속시키며 시간과 공간상에 누적하여 공유해온 가치다. 그것이 아무리 지금은 초라해 보여도 말이다. 그리고 세계의 농민들은 본래 아름다움을 입으로 말하지 않고 자신들의 손끝에서 본능적으로 길어냈다. 이러한 농민들의 능력이 조국의 근대화와 산업화의 기치 아래 거세되었고, 새로운 사회의 재편이 누구를 위한 어떤 세상인지 알아차리기도 전에 농민들은 자기부정을 정당화한 채 도시로 떠나버렸다. 지금도 모두 명절 때면 이미 물리적으로 해체된 농촌의 유적으로 대이동을 감행한다. 유목민같이 사는 도시적 삶을 보상받으려는 듯 삶의 뿌리를 가진 고향에 대해 향수를 느끼고는 있으나, 이는 심리적이고 대단히 감상적인 것에 기반을 둔 것일뿐 전통적인 농촌 문화가 어떻게 붕괴되었는지는 가르쳐주지 않는다. 이렇게 해체된 농촌의 풍경 속에 철골로 만든 축사나 비닐하우스가 비집고 들어오는가 싶더니, 세계화가 어떻고 쌀 시장을 개방해야 한다고 난리를 치다가 이제 농촌은 그 누구도 존재 이유의 해법을 갖고 있지 않은 질문의 땅이 되어버렸다. 내 마음속에 존재하던 천국이 지옥이 된 셈이다. 이제 농촌도 없다. 이 나라에는 오직 도시와 농촌 '사이'만 있다.

상여도 사라지고 상여꾼들의 소리도 사라지고 아이들 울음소리도 사라진 농촌에서 낯선 소리가 들려온다. '기업도시'라는 이름으로 골프장 건설의 진군 나팔소리가 들린다. 소문인가 싶더니 여기저기서 대량으로 토지를 수용하면서 일어나는 농촌 주민들의 갈등이 외침으로 들려온다.

쌀 나무가 자라던 땅 위에 돈이 자란다

이제 농촌에서의 개발이란 '땅값이 뛰면 팔아치우고 도시로 이주하는 것'이 정석처럼 되었고, 농업의 전통적 기반이었던 '땅'은 골프장이나 위락 공간의 대상지로 전락했다. 쌀 나무가 자라던 땅 위에 돈이 자라고 있다. 국가경쟁력 강화, 균형발전이란 이름만 붙이면 어떠한 파괴도 정당화되는 시대에 도달했다. 그러나 이런 때일수록 나는 내 안에 살아 있는 천국을 돌아보고 싶어진다. 막연하게 어린 시절 한순간의 기억을 사랑해서만이 아니라 그 기억 속에 나만의, 개인적인 것이 아닌 '집단적 기억'이 함께한다는 믿음이 있기 때문이다. 그것은 잃어버린 시간을 찾아서 떠나는 향수와 추억이 아니라 이 나라, 이 땅의 풍토에서 자란 역사와 문화의 향기다. 돈으로 살 수 없는 우리의 유산이다. 작지만 소중한 음식문화나 수공예품에서부터 밭 사이에 있던 돌무덤과 돌담들, 마을의 구조나 민속놀이에서부터 우리가 미신이라고 믿는 수많은 의식儀式들에 이르기까지 아직도 생생한 '우리만의 신화'가 있다.

만일 지역을 살려야 한다는 당위성이 인정된다면, 우리가 제일 먼저 던져야 하는 질문은 자기 인식, 자기 존중, 내가 나인 것에 대한 자부심을 회복시킬 실마리를 찾는 일이다. 도시와 지방이 불균형하므로 균형발전을 이루자고 할 것이 아니라, 근대화의 짧은 역사에서 실종된 존재의식의 균형을 먼저 이루어야 하는 것은 아닐까? 좁은 땅덩어리지만 뿌리 깊고 다양한 삶의 켜와 역사와 유산이 배어 있는 주변을 섬세히 돌아볼 필요를 느낀다. 세계화와 경제논리로 축출시킨 것들, 무엇이 실종되었는지조차 잊어버린 이 땅에 새겨진 정신문화를 찬찬히 뜯어보고, 기록하고, 보존하고, 논의해 우리가 지속시켜온 가치의 실마리들을 찾아내야 할 것 아닌가? 기억상실증에 걸린 사람들에게 문화는 없다. 수많은 자연부락들이 농경사회에 축적한 땅의 흔적, 인식의 흔적, 이야기들의 흔적, 즉 우리들 마을의 생태지도를 그리지 않고 개발의 로드맵을 따라 서두르는 것은 이제 마지막 남아 있는 존재의 기억들마저 지워버리는 일이다.

내가 아직도 나의 외가를 천국으로 기억하는 것은 그때가 정말로 천국이었기 때문인지도 모른다.

가장 실존적이며 넉넉한 집,
너와집

너와집은 한국의 전통민가에서 산간지역의 특성을 가장 잘 반영하였으면서도 잘 알려져 있지 않다. 지붕을 판으로 해 이은 집을 통틀어 칭하는 너와집은 너와의 재질에 따라 여러 가지 유형이 있다. 대표적으로 산림이 울창한 산간지방에서 널빤지를 개와蓋瓦처럼 해 잇는 나무너와, 청석靑石을 쉽게 구할 수 있는 지역에서 얇은 청석을 비늘처럼 지붕 위에 덧씌운 청석너와가 있다.

그러나 대체로 너와집이라면 나무너와집을 말하는 경우가 더 흔하다. 청석너와집이 돌기와집으로 불리는 것을 보아도 그렇다. '황해도에서는 돌기와를 '너에'라고 부르며 돌기와의 수명이 매우 오램을 '너에 만 년에 기와 천 년'이라고도 표현하며, 너와가 내구성이 큰 지붕재임을 강조하기도 했다. 그러나 청석너와집(돌기와집)은 일반적인 전통가옥 구조를 하고 평면에서 각별한 특징을 보이고 있지 않으므로 지붕재가 '자연석재'라는 점을 제외하고는 특기할 만한 것이 없다. 다만 풍성한 무게를 느끼게 해주는 개와 대신 얇게 판석이 깨어진 듯 흩어져 있는 모습이 집 전체를 다소 낯설고 빈약하게 보이도록 하는 것이 특징이라면 특징이라 하겠다.

황해도와 대청도, 소청도, 보은, 문의 등지에 한정적으로 분포하고 있는 청석너와집(이하 편의상 나무너와집을 너와집으로 부르기로 함)은 개마고원을 중심으로 함경도 지역과 낭림산맥 및 강남산맥을 중심으로 한 평안도 산간지역, 태백산맥을 중심으로 한 강원도 지역, 그리고 울릉도 등지까지 반도 동쪽 산간지역에 광범위하게 분포하고 있었음을 상기하면 그 중요성은 더 크다 하겠다.

강원도 지방에서는 너와를 '느에' 또는 '능에'라고도 한다. 너와는 지름 30센티미터 이상의 나뭇결이 바르고 잘 쪼개지는 적송赤松 또는 전나무 등의 수간樹幹에서

그림 1. 지붕에 너와를 올려 만든 너와집.
사진: 이경아.

밑둥치와 윗부분을 잘라낸 다음 토막을 내서 사용하며, 쪼개는 방향은 생목이 서 있던 향의 동서 방향에 평행하도록 사용하였다. 그 크기는 가로 20~30센티미터, 세로 40~60센티미터, 두께 4~5센티미터 정도로 처마 부분에서 물매에 따라 용마름을 향해 이어가며, 판석이나 목재의 질, 규격에 따라 이어지는 형상이 촘촘하게 걸리기도 하고, 다소 뜨게 이어지기도 한다. 특히 나무껍질로 이은 지붕을 '굴피지붕'이라 하고 그런 지붕을 이은 집을 '굴피집'이라고 하는데, 이 경우 나무껍질(상수리나무 껍질)의 크기가 다소 불규칙하여 지붕 모양이 누더기를 걸친 것처럼 심한 불균형을 이룬다. 너와집이든 굴피집이든 바람에 날리는 것을 방지하기 위하여 무거운 돌을 얹어놓거나, 통나무를 처마와 평행으로 지붕면에 눌러놓기도 하는데, 이런 통나무를 '너시래'라 부른다. 수명이 10~20년 정도 간다고 하지만 2, 3년마다 부식된 너와를 교체해야 한다.

너와집은 평면상 겹집이 많으나 홑집도 있으며, 벽체의 구성 재료에 따라 귀틀집, 판잣집, 토벽집 등이 있다. 즉, 너와집은 너와의 무게가 초가보다 크기 때문에 벽체나 기둥이 하중을 이겨낼 만큼 튼튼해야 한다. 너와집의 내부공간은 대개의 경우 온돌방에만 지붕 밑에 별도로 고물반자를 만든다. 나머지 부분인 봉당부엌, 마루 등은 삿갓천장이기 때문에 굴뚝이나 까치구멍(지붕 상부 측면의 합각부위)으로 미처 빠져나가지 못한 연기는 지붕의 너와 틈 사이로 빠져나오게 되므로, 밖에서 보면 집 전체가 불이 난 듯 자욱한 연기에 휩싸여 독특한 경관을 이룬다. 어쨌든 배연과 환기가 잘되며 단열효과도 좋아 여름에는 시원하고 눈 내린 겨울에는 내부 열을 밖으로 쉽사리 빼앗기지 않는다.

한서의 차가 심한 산간지방 기후에 알맞고 주변에서 쉽게 구할 수 있는 목재를 사용한 너와집은 새마을운동, 무단벌채 금지 등으로 점점 사라져갔고, 지금은 중요 민속자료로 강원도 삼척군 도계읍 신리에 몇 채 남아 있다. 주로 화전민들이 정착해 살던 너와집은 일제시대 화전민 단속 이후 이제 민속자료로나 알려지고 있다. 코쿨[1]에 관솔로 불을 밝히고, 긴긴 겨울밤에 감자를 구워 먹던 너와집도 이제 옛 이야기가 되어버렸다.

초가집이나 개와집은 그래도 문전옥답이 있는 일반인들의 집이었다. 쌀이 있고, 짚이 있으며, 동네가 있는 평민들의 살림집이었다. 반면 너와집은 갈아먹을 논뙈기나

---

1. 고콜 또는 고쿠리라고도 한다. 방 귀퉁이에 설치된 등잔불 대용의 소나무 옹이를(광솔) 잘게 쪼개어 불을 밝히던 구조물이다.

밭도 없는 자, 속세를 등진 자, 도망자, 소외된 계층이 산속으로 파고들어 자신들의 삶을 위탁한 거처였다.

산은 그들을 품에 안고 맑은 물로 씻어주고 척박하지만 갈아먹을 흙을 주었다. 그들에게는 땔나무가 있고, 잡아먹을 들짐승이 있었으며, 별빛 쏟아지는 날 꿈을 꾸었고, 달빛 쏟아지는 날 외로움을 달랬다. 그들은 산속의 온갖 풀벌레 소리를 들으며 철 따라 변하는 나무와 대화하며 그렇게 살았다. 누구에게 보여주기 위한 것도 아니고 옆집을 의식하지도 않고 오직 삶을 영위하기 위한 순수한 집, 너와집을 지었다.

한국에서 가장 실존적인 집이 있다면 아마도 그것은 이제 몇 채 남지 않은 너와집일 것이다. 이름같이 넉넉한 집 너와집이다. 나무를 자르고 너와를 가를 때 살아나는 결들, 그 나무 속에 감춰졌던 나뭇결들은 비바람에 씻기고, 타는 듯한 태양으로 몸을 달구고, 긴 겨울의 찬 눈을 맞으며 깊은 홈이 파인다. 단단한 결은 위로 서서히 더 드러나고 연한 육질은 조금씩 파이면서 지난 계절들의 기억을 되새긴다.

너와집은 그래서 산을 닮은 집이다. 고립된 산간에서 약초를 캐고, 양봉을 하며, 때로는 사냥도 하면서 근처 텃밭에서 감자를 갈던 화전민들. 그들이 해질 무렵 저녁을 지을 때, 연기는 온통 집을 감싸며 너와집은 산속으로 사라진다. 그리고 산이 된다. 코쿨 가까이에서 잠을 청할 때, 몇 날 며칠 내린 폭설 속에서의 고립감으로 주위가 조용할 때 그들은 가장 인간적이었다. 그렇게 생각하고 싶다. 그들을 만나고 싶다. 그들이 사는 것을 보고 싶다. 그들은 지금 너와집에 살아 있어야 한다.

산을 닮고 내음을 풍기며 맛을 내던 우리네 초가집

삼국시대에 벼농사가 시작되면서 본격적으로 번창했을 것으로 추정되는 초가집. 1960년대 중반 군사정권이 들어서면서 새마을운동으로 대다수 농민들이 살던 초가집이 이 땅에서 흔적도 없이 사라져버린 지금, 초가집은 과연 어떤 의미로 남아 있는가? 용인 민속촌에 그 원형의 명맥이 관광이란 이름으로 보존되고 있으며, 변두리 이발소의 한 폭 그림으로 목가적 전원 풍경 속에 남아 있는 초가집은 이제 더 이상 우리 서민의 살림집이 아니며 애써 기억해야 하는 향수의 집이 되고 말았다.

    농경시대가 끝나고 산업시대에 접어든 후 농민들의 손끝에는 흙보다는 비닐이, 볏짚보다는 시멘트 슬레이트가 더 소중한 재료로 남은 지 오래다. 이제는 30대 후반이나 40대가 넘은 사람들이나 초가집에 대한 가냘픈 기억이 겨우 있을 뿐, 또다시 10여 년이 지나면 아마도 초가집을 제대로 기억해낼 사람들은 그리 많지 않으리라. 이것은 남과 북이 다 같이 자신들의 오랜 전통인 민가의 한 모습을 철저히 장례 지낸 결과이다. 이러한 사실은 역사의 진보라고 해설하기로는 충분치 않은 대가를 우리에게 지불할 것이다. 자연과 더불어 주거문화 속에 깃들었던 한민족의 '정서'의 말살이며 시쳇말로 '재활용'을 포기한 자연재의 낭비다.

    초가집을 가능케 했던 짚은 벼를 수확한 후 남은 줄기로서 이것으로 이엉을 이어 지붕을 덮었으며, 비옷을 해 입었고, 곡식을 넣는 가마니도 짰으며, 소의 여물로도 사용했다. 그들이 땀 흘려 농사지은 벼는 그 열매와 줄기를 하나도 버릴 것 없이 귀중한 소재로서 의식주를 해결하는 큰 역할을 맡았다. 초가집은 이렇게 집의 모양새를 결정했던 재료뿐만이 아니라 농경사회의 지혜를 총체적으로 상징하는 의미를 전해주고 있다. 자신들의 식생활을 위해 생산한 것으로 지붕을 이었던 농민들은 이제 수확한 쌀

그림 1. 초가집.
그림 2. 경상도 지방의 까치구멍집은 환기를 위해 초가지붕을 뚫어 놓았다.

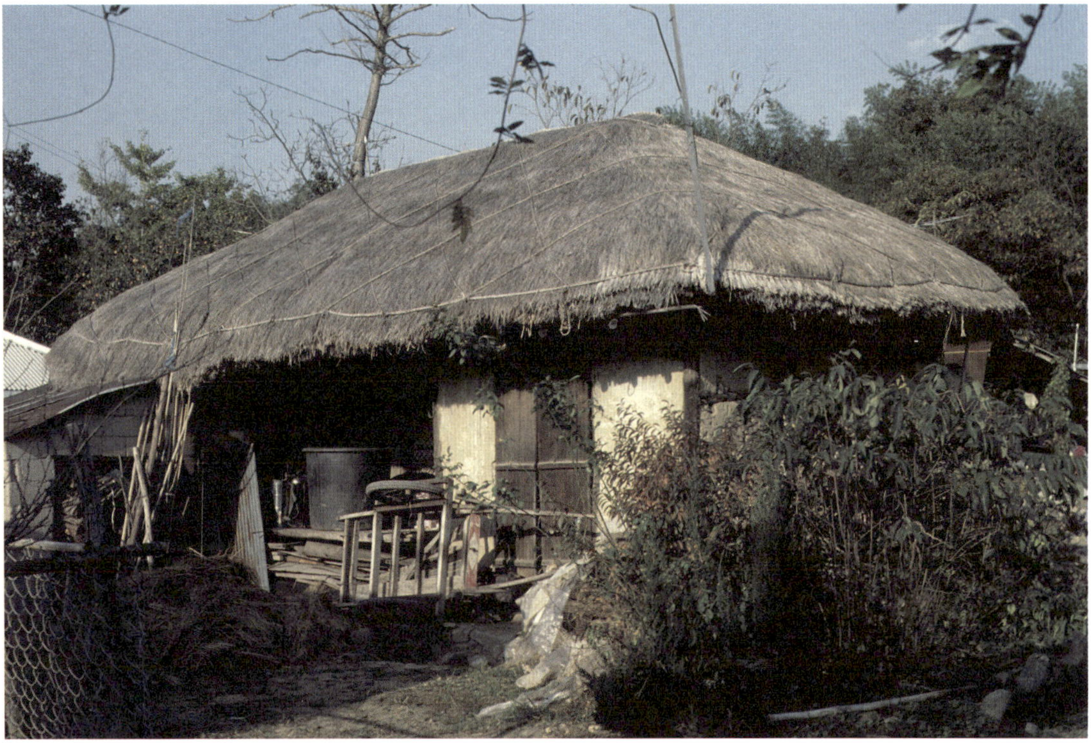

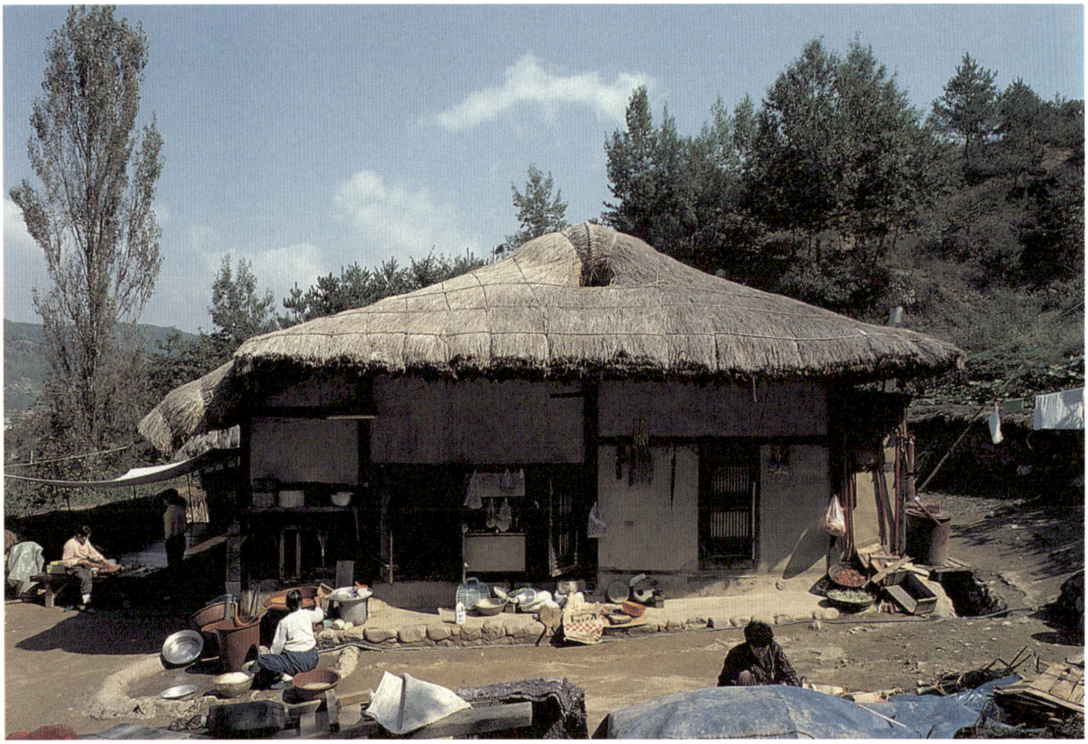

을 팔아서 시멘트기와를 사들여야만 한다. 이것이 도시주택의 평등이며, 생산자의 소비자화이며, 전 국민의 봉급생활자화(?)이며, 산업사회의 행복(?)인 것이다.

초가집이 가난한 것이었던가, 아니면 토지제도가 농민을 가난하게 했던가 하는 것에 대한 질문은 무의미하다. 초가집을 가난의 상징으로 일시에 갈아엎은 군사정권의 정치적 당위성 속에서 이제 초가집(빈곤)이 없다는 경쟁심이 작용했던 것은 아닌가. 초가집이 정치적 이데올로기의 쟁점이 되었던 시절이 있었음을 이제 우리는 되새겨 볼 일이다. 지구촌 어디에도 수백 년 동안 몸담아 살아왔던 대다수 서민들의 거처를, 그것도 지붕만 슬레이트나 양철지붕(단열 효과가 전혀 없는)으로 대체한 역사는 찾아보기 힘든 일이다. 근대화의 수단 중 하나가 초가집이었다는 아이러니는 이제 서서히 이 땅에 그 반대급부를 요구하고 있다. 그것이 전 국토에 만연한 '환경파괴'의 문제이며, 그것에 대한 '농경시대'의 지혜를 되새겨보는 일이다.

가. 산을 닮은 집

텃밭이 모자라면 고추도 말리고 둥근 박을 키우던 초가지붕은, 물매가 얕은 서까래 위에 비늘이엉법이나 사슬이엉법으로 둥근 형상을 했다. 볏짚 자체가 속이 비었기 때문에 지붕두께가 30센티미터 이상이 되어 단열층을 이루었고, 빗물이 흐르는 것을 도와주었다. 배산임수하며 서 있는 초가집들, 특히 마을을 이루어 멀리 보이는 한 동네는 마치 산의 일부처럼 작은 언덕들의 어우러짐으로 우리들 심성의 편안한 자리를 마련해주었다. 꼭 산을 닮았다고는 볼 수 없지만 주변에서 모은 자연스러운 목재와 자연재(볏짚)의 기능적 사용법은 결과적으로 그 주위 환경과 충돌할 이유가 없었.

가난한 집의 상징으로 불리는 '초가삼간'은 사실상 문명화된 삶의 분화 과정의 입면을 지칭하는 것이기도 한데, 곧 부엌과 기타 주생활 공간의 분리를 이야기해준다. 본래 땅을 파고, 가운데 고주를 세워 움집을 짓고 살았던 원시적 단일 공간으로부터, 움집의 지붕이랄 수 있는 부분이 벽체로 등장하고 본격적으로 지붕이 되면서부터 생활공간은 외부공간과 더 많이 접촉하게 된다. 바로 벽체가 평면을 가늠하기 시작하면서부터 지방별로 기후와 특성(자재, 농업방식, 부유한 정도, 신분 지위 등)에 따라 다양한 평면을 탄생시킨다.

겹집 중에는 함경도식과 경상도 지방의 까치구멍집 등이 있다. 신분에 따라서는 토담집을 주로 짓고 살던 노비들의 '호지집'(전라도) 또는 '가랍집'(경상도) 등이 있으며 평면이 ㅁ자로 된 경기도나 황해도 지방에는 모서리가 없이 지붕을 둥글게 한 '똬리집'(뚜아리집)이 있다. 이들은 위에서와 같이 때로는 초가집 지붕 형태에 따라 붙인 이름도 있고, 평면이나 신분에 따라 붙인 이름도 있으나 모두가 초가로서 그 둥근 형상은 같았다고 할 수 있겠다. 단지 전북에서 보이는 '쐐집'(샛집)은 야생풀로 지붕을 해 이었고, 한 번 덮으면 30년이 갈 정도로 수명이 길었으며, 지붕이 높아 보통 초가집과는 달리 집 자체가 우뚝 솟고 웅장한 느낌마저 주었다. 일본이나 서유럽의 초가와 비슷한 모양새이기도 하다. 전남 장흥이나 강진·보성 지역에서 김광언 씨가 채록한 초가 지붕 위의 유지기는 마치 상투 같은 모양으로 용마루 끝에 하나나 둘을 돌출시킨 경우도 있다.

추수가 끝나고 새로 하얗게 해 잇는 초가지붕의 모습은 그 번거로운 결과로서 해마다 새로 태어난다. 항상 새로워지는 초가지붕의 빛은 늘 거기 가까이 있는 뒷산들과 함께 서로가 서로를 닮아 한 몸이 된다.

나. 짚 내음 깊은 집

초가집은 지붕만이 아니다. 지붕은 집의 원초적 기능이자 상징이며 집의 전부다. 그러나 그것은 건축 원론적 이야기다. 그 밑에는 사람과 가축이 함께 산다. 논두렁에서 벤 꼴과 짚을 작두로 썰고, 등겨를 섞어 사랑방 옆 가마솥에서 끓이는 쇠죽의 구수한 향기가 마당에 퍼지며, 집 전체를 감도는 부엌의 연기가 스밀 때 하루의 고된 노동을 잠재우며 집과 사람과 가축은 하나가 된다.

다. 짚 소리 끊이지 않던 집

여물을 써는 소리, 짚을 한 움큼 뽑아서 새끼를 꼬는 소리, 부엌에서 후르륵 하며 짚단 타는 소리, 새끼줄 꼬다가 모자라면 짚단에서 짚을 빼내는 소리 그리고 한 줌 재가 되어 부스스 날아가는 소리 등 집 안 곳곳에서 짚소리는 끊일 줄을 몰랐다.

라. 어루만지던 집

벽을 새로 칠하며, 지붕을 해 이으며, 창호지를 새로 갈며, 마루를 훔치며, 허물어진 담장을 고치며, 삽작거리(집 주위)를 추스르며 온통 어루만지던 집, 초가집은 곧 우리 자신의 몸뚱아리였다.

마. 구수한 맛 속의 집

짚의 맛, 흙의 맛, 된장의 맛, 살구의 맛, 곶감의 맛, 손두부의 맛, 콩죽의 맛, 보리밥 속에 박힌 감자의 맛, 고구마의 맛, 우물의 찬 물 맛 등 집은 온통 맛으로 감싸이며 바가지로 긁은 숭늉의 맛을 마신다.

바. 기억 속에만 있는 집

우리들의 오감五感 속에 남아 있는 집, 초가집을 이제 돌이킬 수는 없다. 그 맛과 냄새와 소리와 빛은 영원히 이 땅에서 사라졌다. 집은 겉모양만이 전부가 아니다. 그것은 모양이자 삶이며 우리들의 얼굴이다. 우리들의 일그러진 '산업시대의 얼굴'을 닮은 집은 어디에 있는가? 우리들 기억 속에는 초가집과 추악한 얼굴을 닮은 시멘트집을 함께 갖고 있다. 언젠가는 시멘트 블록집이 아마도 우리들의 향수 속에 남아 있을지도 모른다. 초가집은 기억에서 영원히 사라진 채로.

잊혀진 한국의 전통민가, (토)담집

구조체로서의 담집

토담집이란 벽체를 흙으로 지은 집이다. 대체로 사람들은 전통민가를 떠올릴 때 흔히 개와집이나 초가집과 같이 지붕을 먼저 생각하게 된다. 그것은 지붕의 재료가 중요해서가 아니라 집을 외형상으로 구분하는 데 가장 중요한 부분이기 때문일 것이다. '비와 눈을 피하는 지붕'이 집의 본질적 개념으로 중요한 것은 사실이다. 그러나 우리가 일반적으로 잊어버리고 있거나 특별히 생각지 못하고 지나치는 것은, 그 중요한 지붕의 무게를 어떤 부분이 감당해내고 있는가 하는 점이다. 바로 그 역할을 담당하는 것이 일반적으로 우리가 알고 있는 기둥이다.

그러나 토담집이란 그 지붕의 무게를 벽체가 그것도 흙벽(토담)이 감당해내는 집을 일컫는다. 대체로 한국의 전통민가라 하면 목구조에 심벽으로 지은 집을 연상한다. 심벽이라 하면 기둥과 기둥 사이의 벽체에 중깃을 걸치고 대나무나 수수깡 등으로 심을 촘촘히 얽어 맨 다음 그 위에 흙과 짚을 이겨서 바른 벽체를 말한다.

이러한 집을 우리가 흙집이라 부르지 않은 이유는 구조체, 즉 집을 견고히 유지하는 기본틀이 벽체가 아니라 목재이기 때문이다. 물론 이런 구조적 문제 때문에 토담집을 일반 민가와 구분하는 것은 아니다. 왜냐하면 일반적으로 토담집에 기거하던 사람들과 일반 목구조(그것이 초가집이든 기와집이든 간에)에 거주하던 사람들은 신분상으로도 차등을 두고 있기 때문이다. 토담집에 살던 사람들은 대체로 노비 신분의 농업 노동자들이었던 것이다.

'도둑집' 또는 흙은 가난한가?

19세기에 신분의 혼란이 있기 전까지만 해도 노비들은 물론 평민들까지도 대다수가 완벽한 목구조보다는 최소한의 삶터로서 토담집에 거주했을 가능성이 큰 것으로 보인다. 대다수의 평민이나 노비들이 농업 노동에 종사하며 자신들의 신분에 과분한 대목이나 소목의 품을 대며 집을 마련한다는 것은 손쉬운 일이 아닐 것으로 추측되기 때문이다.

필자는 경상도 안동 하회마을에서 양반의 집을 보호하고 지키던 노비들의 집이 어떻게 지어졌는지를 채집한 적이 있다. 이들은 낮에는 들에서 일하며 틈틈이 서까래로 쓸 나무 등을 하나둘 마련했다가 어느 시점엔가 모든 준비를 갖추었다고 판단되었을 때, 주인으로부터 담틀(벽이나 담을 치는 나무틀) 곧 생산수단을 빌려 비로소 집을 짓기 시작했을 터이다.

이들은 낮 동안의 고된 노동 후 동료 노비들과 함께 횃불을 밝혀 들고 집짓기를 시작하였다. 거창한 입사기초立砂基礎가 필요 없었으며, 지점돌(돌달고)로 터를 다지고 잡석과 흙으로 지표면보다 다소 높게 담(벽체) 받을 자리(담부자리)를 마련한 다음 집터나 가까운 주변에서 흙을 채취하여 담틀에 넣고 공이로 다져서 ㄷ자형으로 벽체를 우선 만들었다. 물론 이때 흙은 지중에 있던 자연적 수분 상태의 흙을 그대로 사용하였으며 물을 섞지 않았다. 그다음 목기둥을 집 칸수에 따라 건물 전면에 세우고 약식도리를 친 다음 서까래를 얹어 골격을 완성하였던 것이다. 대체로 길어야 사나흘이면 집을 완성했다고 한다. 바로 이렇게 야밤을 이용해서 후딱 해치우듯 짓는 이런 토담집을 두고 사람들은 '도둑집'이라고 불렀다. 도둑질하듯 빨리 지을 수 있었던 것은 같은 처지의 마을 사람들의 도움과 단순하면서도 효율이 높은 담틀의 사용 방식 때문이었다. 여덟 자 길이에 두 자나 되는 높이의 벽체를 한꺼번에 세울 수 있었기 때문이다. 이러한 벽체는 여름에는 단열효과로 실내를 신선하게 해주고, 겨울에는 축열된 열을 실내로 보내어 따뜻하게 해주었다.

그림 1, 2. 땅속에 잠들고 있던 흙을 일으켜 세워 토벽으로 집을 짓고 사는 것은 지구인에게는 자연스러운 일이다. 흙은 지구의 피부이고 그 피부로 집을 짓고 사는 것이 당연한 일이기 때문이다.

흙의 이러한 속성 때문에 아랍지역이나 남미 또는 유럽에 이르기까지 지구상의 많은 인구가 지금도 흙집에 살고 있으며, 흙이 단순한 마감재로서가 아니라 건축의 주요한 구조체로서 애용되고 있는 것이다. 단지 우리나라에서 토담집에 살던 거주자의 신분이 낮다고 해서 흙집 자체를 가난하고 비문명적인 것의 상징으로 생각했던 것이다. 그래서 이제는 하회마을에 몇 채, 그리고 전라도와 예산 지역의 몇 채를 빼고는 완전히 사라져버릴 위기에 놓인 것이다.

흙건축은 가능한가?

흔히들 사람들은 나에게 이렇게 묻는다. "흙집을 지을 수 있다는데 비가 오면 어떻게 하느냐?" "지붕은 무엇으로 하느냐?" "정말로 튼튼한가?" 또는 "정말로 싸게 지을 수 있는가?"라고. 요약하자면 현대생활을 수용할 만큼 내구성과 경제성을 겸비하고 있는가 하는 데 대한 의구심들이다.

우리나라와 같은 기후에서도 우리 조상들의 토담집들은 의연했었다. 지금의 지혜와 기술을 합친다면 문제될 것은 하나도 없다. 흙건축이 발전한 프랑스 리옹 근처의 신도시 일 다보Ile d'abeau에서는 한 동네 전체를 흙집으로 지은 사례도 있다. 비가 오면 흙집이 무너질 것을 염려하는 사람들에게 "모자를 씌우고 장화를 신기면 된다"라는 말을 해주고 싶다. 지붕(모자)은 적절히 넓게 벽체보다 밖으로 내밀면 위에서 내리는 물을 막을 수 있고, 옆으로 들이치는 빗물을 막기 위해서는 벽체 밑부분을 자갈이나 돌(장화)로 쌓아 흙을 보호했었던 단순한 사실을 떠올린 이야기다.

그림 3. 프랑스 리옹 부근 농가에 있는 토담창고. 지표면 가까이에서 장화(돌)를 신고 머리에 모자(지붕)를 쓰면 흙건축도 물에 잘 견딘다.

그림 4. '리옹 신도시 일 다보' 흙건축 마을은 프랑스 전통 흙건축 농가들을 참조하였다.

그림 5, 6, 7. '리옹 신도시 일 다보' 흙건축
마을의 현대판 흙건축 사례.

전통건축이 지향해온 자연적인 공해가 없는 해결과는 대조적으로, 제조된 욕구를 끝없이 인위적으로 충족시킬 수밖에 없는 제도화된 삶, 제도화된 노비문화에 젖은 현대인들에게 콘크리트만이 현대의 전통인 것인가? 흙집 하면 가난과 궁핍의 상징이요, 콘크리트와 철은 풍요와 진보의 대명사로 불리는 상황 속에서 우리는 흙의 무한한 잠재력을 다시 일깨울 필요가 있다. 시멘트문화가 진정한 우리의 새 전통인지 아닌지를 가늠해보기 위해서가 아니라, 덫에 걸린 현대인에게 실존적 삶의 참모습을 되돌려주기 위해서다.

흙은 가난할 수 없다. 오직 우리들의 정신이 가난했던 것이다.

풍경 끌어들이기: 병산서원 만대루

안동 하회마을 부근의 병산서원은 배치에서 중심축이 강조된 전형적인 서원 형식을 취하고 있어서 향교의 권위적인 면모를 물씬 풍긴다. 그러나 복례문을 지나 누마루인 만대루에 올라서면서 사람들은 정면의 긴 일곱 칸을 통해 펼쳐지는 산과 강의 파노라마에 경탄을 금치 못하게 된다. 사람들은 서원을 보러 왔다가 실상은 그들이 등지고 들어왔던 자연경관을 다시 한 번 각별한 시선으로 음미하게 되는 것이다.

손에 잡힐 듯 다가서는 앞산과 강변, 그리고 멀리 펼쳐지는 소나무를 보면 방문객들은 저절로 넋을 잃고 마루에 올라앉게 되고, 그러면 산도 따라서 더 크게 다가온다. 다시 일어나 적절한 장소로 옮겨가면 눈앞에 펼쳐지는 경관에 감동되어 '보는' 피동적인 자세를 지나 관조의 경지로 나아가게 된다. 특히 여름 한낮이나 가을 해질 무렵이면 누마루로 불어오는 미풍과 자연의 깊은 내음에 빠져 거기에 그대로 오랫동안 머물고 싶어진다.

만대루의 무엇이 우리를 이렇게 감동적으로 만드는 것일까? 거기에는 어떤 지혜와 뜻이 숨어 있는 것일까? 만대루는 정면이 긴 일곱 칸, 측면 두 칸의 누마루(다락처럼 높게 만든 마루)로 되어 있으며 벽체가 없이 툭 트여 있을 뿐 건축적으로 특이할 것은 전혀 없는 평범한 건물이다. 그러나 이렇게 사람들에게 경탄을 자아내게 하는 데는 숨은 비결이 있다. 그것은 서원을 나와서 강가로 걸어가 보면 알게 된다. 조금 전 만대루에서 그렇게 가깝게 만져질 듯 다가오던 산과 강이 얼마나 멀리 떨어져 있는 것인지를 실제로 확인한 다음 다시 만대루로 올라가보는 것이다. 곰곰이 생각할 것도 없이 여기에는 세 가지 요소가 작용하고 있음을 알 수 있다. 그 하나는 기둥과 도리가 만들어내는 시각적 틀의 작용이고, 또 하나는 적절한 누마루의 높이로 인한 단축법의 사용이며, 마지막 하나는 바로 스케일의 법칙인 것이다.

풍경 끌어들이기: 병산서원 만대루

우리가 들판에서 강이나 산을 보는 순간은 우리들 스스로가 자연 속에 있으므로 자연을 보되 현실적인 거리 속에서 특별한 시각적 제한을 두지 않고 보기 때문에 모든 것이 보인다. 만대루 내부에서는 시각적 틀, 즉 '프레임'을 통해 경관에 불필요한 거리를 누마루의 높이로 제거함으로써 산과 강은 '보다 가까이' '각별한' 시각으로 다가서게 되는 것이다. 그러나 이는 이 '프레임'만으로 이루어지는 것은 아니다. 거기에는 사람들의 크기와 이 '프레임'의 크기 간에 상응하는 적절한 스케일이 보장되어 있어야 한다. 즉 '픽처 프레임'의 법칙과 누마루의 높이가 만들어가는 축지의 법칙은 스케일의 원리가 작용함으로써만 효과를 거두는 것이다.

   빼어난 경관을 건물 내부로 끌어들인다는 것은 자연에 순응하고 자연을 생명체로 보던 옛사람들의 특권만은 아니다. 지금이라도 우리가 원하는 만큼 옛 조상들의 지혜를 활용할 수 있다. 다만 요즘 사람들은 전통건축을 밖에서 쳐다보려고만 할 뿐 안에서 밖을 보려 하지 않는다. 전통건축에서 조상들의 지혜를 찾는다면 그것은 건물을 밖에서 감상하는 태도—관광객처럼—에 있지 않고, 안에서 밖으로 '무엇이 어떻게 보이는지'를 가늠하는 데에 있다. 왜냐하면 우리 조상들은 건물을 감상하기 위해서가 아니라 그 안에서 살기 위해 지었기 때문이다. 그래서 우리들은 옛 건축을 답사하며 집밖에서 집을 사진 찍으며 집으로 다가서지 말고 우선 앉을 수 있는 데에 앉아서 주변에 무엇이 보이는지, 주변과 관계 맺기 위해서 어떻게 집을 배치하였는지, 찬찬히 뜯어볼 때 옛사람들의 '숨은 뜻'을 알게 될 것이다.

그림 1, 2. 만대루에 올라가 앉으면 앞산도 따라 앉고, 일어서면 주변의 풍경도 따라 일어선다. 밖의 경관을 집 안으로 끌어들이는 일, 그것이 한국 전통건축의 매력이다.

제3의 문명과 동양사상

후기산업사회를 지나 정보화시대에 접어들면서 서양문명의 지적 모험의 선두 주자들은 자신들이 당면한 이성적 사회의 붕괴와 기계론적 세계관이 몰고 온 황량함으로부터 탈출할 실마리를 찾고 있다. 그 많은 해법을 고대 동양사상에서 다행스럽게 재발견해내고 있음은 주지의 사실이다. 그러나 새로운 문명의 전환기에서 동양의 후예들은 불행하게도 서양의 새로운 발견들을 뒤쫓고 있을 따름이다.

    현대 물리학과 이 고대 동양철학 속에서 그 유사점을 찾아내고 있는 것은 이미 오래전의 일이다. 20세기에 들어와서 물리학이 다루게 된 극대세계와 극미세계의 현상은 인간 경험의 좁은 영역의 세계에서 이루어진 기계론적 자연관으로서는 설명될 수 없는 것이므로 이제 그 기계론적 자연관을 유기체적 자연관으로 대체하지 않을 수 없게 되었다. 서구 과학은 객관적으로 관찰하기 위하여 관찰의 관점에서 모든 주관적인 것을 배제했으며 그 결과 가치중립의 과학이 되었던 반면, 동양의 학문은 그 궁극적 목적을 선의 실천에 두고 주관적인 마음을 항시 수련함으로써 도덕성을 함양하여 인격의 관성을 기하는 것을 학문의 지침[1]으로 삼았다. 즉 객관적으로 관찰하고 탐구하는 대상으로서 자연을 바라본 것이 아니라 자연 속에서 바로 주체의 통일을 이루려는 가치에 초점을 두고 있었던 것이다. 서양이 몰고 온 산업문명이 지구를 오염시킨 것은 바로 객관적 지식이라는 가치중립의 과학적 태도에서 연유한 것이다. 그들은 바로 이러한 오류를 극복하기 위하여 스스로 동양사상을 연구할 뿐만 아니라 새로운 학문을 만들어낼 토대로 사용하고 있기도 하다. 이를테면 최근 유럽에서 '풍경학'의 정립을 위해 동아시아 문명 이전을 연구하는 진지한 열기는 놀랍기까지 하다. 르네상스시대에서야 풍경의 개념이 새롭게 대두되었고, 모더니즘과 함께 도래한 환경 파괴로부터

---

[1] 프리초프 카프라 지음(1975), 이성범·김용정 옮김, 《현대 물리학과 동양사상》, 범양사출판부, 1994.

새로운 '자연관'을 정립하면서 이미 기원전 3세기 때부터 일기 시작했던 중국 한대漢代의 풍경관을 연구하고 있는 것이다.[2] 유럽인들이 알프스 산의 웅장함을 자연의 아름다움으로 깨닫기 시작한 것이 겨우 18세기 이후임을 생각하면 인간과 자연을 하나로 보고 자연을 명상함과 동시에 산수화로 담아낸 오랜 역사를 지닌 중국이나 한국, 일본은 풍경에 관한 한 원조나 다름없다. 풍경이 단순한 관조의 대상이 아니라 종교이자 하나의 윤리이기까지 했던 동양의 정신을 그들의 새 풍경학에 접속시키고자 하는 것은 현대문명의 병을 치유하려는 의지로도 보인다. 누가 먼저 시도하느냐는 의미가 없는 듯하다. 이제 도래하려는 제3의 문명은 그 지혜의 샘을 동양에서 찾아 현대 문명사회와 접점을 찾아내는 길일 것이다. 물리학뿐 아니라 풍경학, 심지어는 미술에서도 이제 남아 있는 인간이 이룩한 새로운 문명의 향방은 보는 시각에 따라서는 여기 이 땅 동양에 있다고도 한다. 우리들이 두터운 역사의 먼지 속에 묻어둔 우리의 망각 속에.

---

2. Augustin Bergue, et al. (eds.), *Cinq propositions pour une théorie du paysage*, SOS Free Stock.

흙건축과 공동성

건축이 도구화되고 상품화되면서 건축생산에서 문화의 논리보다는 경제나 취향의 논리를 더 선호하게 된 것은 우연이 아니다. 많은 건축가들이 모더니즘의 자율성에 경도되어 작가주의로 빠져들고 있고, 때로는 하이테크 건축이라는 이름으로 건축이 기술을 선도해나가고 있는 듯한 착각을 불러일으키고 있다. 그동안 대다수의 사람들은 개인적인 욕망을 건축을 통해 투사하고, 대자본가들은 더 기념비적이고 더 정교한 장치를 자신들의 사옥을 통해 과시한다. 이런 현상은 다시 동시대를 사는 다수에게 자연스럽게 취향의 모델로 제공되고, 언론이 부채질하며 건축 전반의 경향을 주도한다. 그러나 때로는 석유파동에 의한 에너지 문제를 거론하고, 오염된 지구환경을 다시 생각해야 한다는 토론을 벌여 건조환경의 현실적이고 지배적인 경향의 반대편에 이 세계를 구원할 또 다른 가능성이 있음을 역설해왔다. 그래서 생겨난 말들이 아마도 생태주거(eco habitat), 로테크건축(low-tech architecture), 녹색건축(green architecture) 또는 환경건축(environmental architecture)들일 것이다. 이 모든 말은 한마디로 환언하자면 '지속가능한 건축(sustainable architecture)'으로 부를 수도 있을 것이다. 그러나 중요한 것은 용어의 개념이나 용어의 정의에 있는 것이 아니라 이렇게 이분화되어 있는 현실을 인정하고 어떻게 그 거리를 구체적이고 현실적인 장 속에서 좁히느냐 하는 실천에 있다.

따라서 나는 건축가로서 내가 할 수 있고 개입할 수 있는 한도 내에서 가장 오래된 건축재료인 흙을 통해서 현대인들의 삶을 수용해보고자 했다. 특히 한국의 옛 건축의 물성을 살펴보면 흙의 역할이 목재나 다름없이 중요한데도 불구하고 그에 관한 연구나 실험은 미미한 듯하다. 오히려 일반대중이 복고적 취향을 불러일으켜 무조건 '옛 것은 중요한 것이고 우리 것은 좋은 것'이라는 유행을 만들어내기도 한다.

그러나 나는 흙을 단순히 자연의 건축재료로만 가치를 부여하는 것이 아니라 환경의 중요한 인자로써, 우리들 삶의 따뜻한 풍경으로서, 그리고 우리 모두가 먼 옛날부터 공유하던 하나의 가치로서 그 의미를 더하고 싶다.

　개별화된 욕망의 집적이 아니라 공유하는 가치가 '상품'이 될 때 우리는 비로소 그것을 문화라고 부를 수 있을 것이다. 녹색건축이든 환경건축이든 문제가 되는 것은 논의의 수준에 머무는 것이 아니라 현실세계에서 그것을 필요로 인식케 하고, 그래서 삶의 관습을 바꾸고, 드디어 세상을 새롭게 보게 하는 내면세계의 문제다. 일상을 바꾸는 것이야말로 거대담론이 사라진 이 시대의 진정한 혁명이다. 소수가 아니라 다수가 바라는 우리들의 혁명이다. 그것은 보이는 곳에서가 아니라 보이지 않는 내면의 조용한 개조로부터 출발한다.

흙과 건축: 잊혀진 정신

우리가 건드리지 않고 내버려두는 것이 많으면 많을수록 우리의 삶이 부유해진다.
소로Henry David Thoreau

그림 1. 1986년 안동 하회마을 이규성 씨 댁은 바로 내가 찾던 토담집이었다. 연기로 그을린 두툼한 토벽, 뒤뜰로 난 은은한 창문 등은 감동적이었다.

오래된 가치

내가 흙과 건축을 결합하여 생각하게 된 것은 비교적 오래전부터다. 그것은 단순히 흙이라고 하는 물성에 대한 특별한 애정에서 비롯된 것이라기보다는 오히려 '오래된 기술의 현재화'라는 경이로움 때문이었다. 그것은 내가 프랑스에서 건축수업을 받던 때 모든 학생들이 마치 성서처럼 읽던 책으로부터 비롯된 것이다. 이집트의 건축가 하산 화티Hassan Fathy가 오래된 흙건축의 기술로 재현한 《이집트 구르나 마을 이야기》(*Gourna: A Tale of Two Villages*, 1969)를 읽고 나서 나는 전통과 현대, 기술과 건축, 삶과 건축, 건축과 사회, 건축가와 윤리 등의 문제를 접하게 되었고, 그런 것들이 특히 당시 제3세계로 분류되던 나라들에서 부족한 것들이라고 인식하였다.

나는 프랑스에서 모더니즘의 건축을 배웠지만, 세계 여러 나라 소위 개발도상국들에서 진행되던 모더니즘의 양상이 어색할 뿐만 아니라 어느 곳에서도 적절하게 뿌리내리지 못하고 있음을 보았다. 그것은 바로 각 지역마다 오랜 역사 동안 일구어낸 그들의 삶과 건축을 변화하는 시대에 맞도록 재구성할 기회를 만들 겨를도 없이 모더니즘이라는 급물살에 내던져졌기 때문이었다. 모더니즘의 강요된 수용은 비단 건축만의 일이 아니라 역사, 정치, 경제 그리고 일상적인 삶 속에까지 침투하는 세계사적 물결이었다.

그러한 물결 가운데 내가 목격한 큰 충격은 '새마을운동'을 통해 이루어졌던 소위 농촌주택환경개량사업이었다. 60년대 초가집은 가난의 상징이었고, 전근대의 표상이었다. 농촌의 근대화 작업은 전통문화의 청소 작업이었고, 농민들 스스로를 근대화의 지진아로 만들어 의식을 개조하는 사업이었다. 그런 격동기에 지구상 유래가 없던 농촌주거의 개조사업은 나에게 농촌지역의 옛 살림집들을 돌아보게 하였다. 당시만 해도 고건축연구의 대상 속에는 소위 토속건축이라 할 농가건축은 누락되어 있었을 뿐만 아니라 간혹 있어도 평면에 대한 분류 정도만 있었지 어떻게 지었는지에 대한 자료는 없었다. 그리고 한국에는 하산 화티와 같은 건축가도 없음을 알게 되었다. 그것은 참으로 곤혹스러운 일이었다. 특히 몇 가닥의 목재를 제외하면 온통 흙으로 만들어진

그림 2, 3. 이규성 씨 댁은 농촌의 살림집이 아니었다. 이 집이야말로 한반도에 마지막 남은 토담집의 원형이 아닌가 생각된다. 나는 이규성 씨의 토담집을 지은 담틀을 하회마을 북촌댁 다락에서 찾아냈다.

토담집에 대한 기록은 전무하다시피 하였다. 수백 년 동안 이 땅에 세워졌다 사라졌을 수많은 사람들의 삶의 흔적들이 흙속에 묻혀버리고 만 것이다.

바로 흔적조차 없이 사라진 흙집에 대한 추적은 나를 안동 하회마을 이규성 씨 댁으로 인도하였고, 거기에서 미처 상상하지 못했던 잊혀진 정신과 만나게 되었다. 연기로 그을린 두툼한 토벽, 뒤뜰로 난 조그만 창, 방에서 느끼는 안온한 채취, 부엌 문틀 사이에 누워 있는 흙들, 벽체마다 남겨진 북촌댁 쪽담틀 자국. 어느 하나 내가 그때까지 상식적으로 알던 농촌의 살림집이 아니었다. 그리고 그 집에 살던 할머니의 거침없는 말씀은 심벽집에서 기거하며 느꼈던 기억을 말끔히 씻어주었다. 할머니는 이렇게 말씀하셨다. "이런 집은 여름에 시원하고 겨울엔 정말 따뜻하지"라고 말이다. 다소 과장되었다 할지라도, 만일 그렇다면 그것은 정말 이상적인 집인 것이다.

그렇게 해서 나는 여러 지역에서 담집들에 대한 공부를 시작하였다. 정읍 근처에서, 그리고 예산 구억말에서. 흙을 담틀에 넣고 다져서 만들어낸 벽체가 드러날 때마다 나는 큰 감동에 사로잡혔다. 땅에 누워 있던 흙을 길어 신체에서 나온 힘으로 다지고 땅 위에 수직으로 세운다는 것, 그렇게 해서 공간을 만들어나간다는 것은 위대한 일처럼 보였다. 지구의 살과 피부로 사람의 집을 짓는다는 것처럼 자연스러운 일은 없는 듯 보였다. 특히 지금 이 시대와 같이 환경과 생태의 문제가 심각할 뿐만 아니라, 소위 지역주의 건축이 여러 각도에서 논의되고 있는 상황에서 말이다. 물론 그것은 단순히 전통을 현재화한다는 의미를 넘어서는 일이다. 흙의 본래적인 속성들을 이 시대의 삶 속에 투영하는 일, 지속가능한 '오래된 가치'를 지금 여기 이 땅에 복원하는 일, 그것이 중요한 일이다. 그것은 흙으로 어떻게 건축할 것인가가 아니라, 왜 건축을 해야 하는가 하는 물음들에 대한 비유적인 답을 찾는 일이기도 하다. 그것은 또한 우리들이 공유해야 할 가치들의 복원이기도 하다. 이것은 비단 건축만의 문제가 아니라 이 시대를 다시 한 번 가늠해보아야 할 인식의 문제이기도 하다.

상식의 명령

흙과 건축은 이 시대를 바라보려는 또 다른 태도다. 많은 사람들이 21세기에 대해 말하고 있지만 정작 중요한 것은 우리가 어떻게 미래를 예측하는가 하는 데 있다기보다 지금 경과 중인 우리들의 일상 속에 미래가 있음을 알아차리는 일이다. 그리고 그 속에서 우리가 견고히 해야 할 방향들을 짚어보는 것이다.

정보화시대가 왔다고 한다. 그러나 무엇을 위한 정보화인가? 정보화기술이 진정한 의미의 이성적 사회를 건설하는 데 이바지하지 않고 인간을 지구상에서 축출하는 데 기여한다면 그것은 무슨 소용이란 말인가? 신자유주의와 무한경쟁시대라는 협박 앞에 다수의 사람들은 어떤 세계를 염원할 수 있는가? 고삐 풀린 말처럼 질주하는 세계경제 체제를 제어할 또 다른 대안은 없단 말인가. 고뇌하지 않을 수 없다.

최근에 «녹색평론»(2000년 11·12월호)에 실린 조이Bill Joy의 글은 큰 충격으로 다가온다.[1] 그는 세계적으로 알려진 컴퓨터 과학기술자로서 미국의 대표적인 컴퓨터 기업의 하나인 '선 마이크로시스템Sun Microsystems'사의 대표 과학자이자 공동 창립자이기도 하다. 빌 조이는 <미래에 왜 우리는 필요없는 존재가 될 것인가>(Why the Future Doesn't Need Us)라는 글에서 자신이 그토록 신봉하던 현대기술에 대해서 큰 회의를 던지고 있다. 빌 조이는 "21세기의 테크놀로지―유전공학, 나노테크놀로지, 로봇공학―는 너무도 강력한 힘을 가진 것이기 때문에 그것들은 전적으로 새로운 종류의 사고와 오용을 낳을 수 있다"라고 경고하고 있다. 즉 20세기의 대량 파괴 무기로 사용된 NBC(핵Nuclear, 생물Biological, 화학Chemical)기술들은 대부분 정부기관의 실험실에서 개발된 군사용으로 비교적 통제 가능하였으나 21세기의 GNR(유전자기술Genetic engineering, 극소기술Nano technology, 로봇기술Robot engineering) 기술들은 명백히 상업적인 용도를 갖고 거의 예외없이 기업들에 의해 개발되고 있음을 지적했다. 상업주의가 기승을 부리는 이 시대에 테크놀로지는 일찍이 볼 수 없었던 엄청난 돈벌이가 되는 마술적인 발명품들을 거의 끊임없이 내놓고 있다는 것이다. 그리고 우리들은 그 속에 빠져들고 아무런 도전을 받지 않고 전 지구적 자본주의 체제 속의 다양한 경제적 인센티브와 경쟁 압력 내

1. «와이어드»(*Wired*, 2000년 4월호)에 수록된 글을 번역, 게재.

에서 이들 새로운 테크놀로지들이 제시하는 약속들을 공격적으로 추구하고 있다는 것이다. 그래서 급기야 만일 급진적인 기술이 기계들의 자기복제시대를 앞당겨 인간이 기계에 복종하는 것이 더 편하다고 느껴지는 시기에 인간은 더 이상 지구상에서 필요 없는 존재일 것이라는 경고다. 중단할 수 없는, 브레이크 없는 기술의 시대에 우리는 그들을 지상으로 내려오게 하여야 한다.

조이도 결국은 아탈리Jacques Attali의 《합리적인 미치광이: 자크 아탈리의 21세기 형제애 유토피아 제안》(*Fraternités: une nouvelle utopie*, 1999)이라는 책과 달라이 라마Dalai Lama의 '새 천 년을 위한 윤리'(Ethics for the New Millenium)라는 강연에서 앞으로 갈 길을 제안한다. "시장사회의 진화를 보면서 일부 인간의 자유는 다른 인간의 소외를 초래한다는 것을 이해하였고, 그들은 평등을 추구하였다"라는 말에서 인간들이란 바로 형제애를 존중하는 인간이며, 형제애만이 개인의 행복과 타인들의 행복을 조화시킬 수 있다는 것이다. 또한 달라이 라마가 이야기하는 타자에 대한 사랑과 자비심을 형제애와 공명하는 것으로 보고, 그는 우리 사회가 보편적인 책임과 우리 존재의 상호의존성에 대한 보다 강력한 개념을 발전시켜 개인과 사회를 위한 적극적인 윤리적 행동의 표준으로 삼고자 하였다.

이타주의란 타인을 인정할 뿐만 아니라 남에게 이利가 되게 행동하는 것이다. 이 말은 상식적이면서도 의미심장함을 담는 말이다. 그것은 바로 서구문명이 실증주의에 기초한 인식론의 극복을 의미하는 것이다. 서구 합리주의의 토대를 이루고 있는 이분법과 삼단논법을 허물면서 비선형적, 비대칭적 시간관에 기초한 인간의 또 다른 가능성들을 인정하는 태도다.

21세기는 바로 뒤랑Gilbert Durand이 말하듯 "다양한 인류학적 가치들이 회복되는 시기가 될 것이다. 하나의 문화의 이름으로 짓누르던 시대가, 20세기에 인류가 행하고 겪었던 범죄 및 실패와 함께 영원히 종말"을 고하고 각기 다른 문화를 새로운 반열 위에 위치시켜야 할 것이다. 그것은 거창한 이념에서가 아니라 우리들의 매일매일의 일상 가까이에서, 개인의 참된 가치를 상품 속에서가 아니라 그 외의 여러 관계 속에서 이루어내는 것이다. 이는 "나를 한 영토에, 한 도시에, 그리고 내가 다른 이들과 공유하는 자연환경에 연결시켜주는 모든 것들이다. 바로 이것이 하루하루의 자그마한 역사들인 것이다. 공간 속에 결정되는 시간, 이렇게 하여 한 장소의 역사가 개인적인 역사로 되는 것이다." 일상 속의 아주 사소한 형상들, 하찮은 것들, 덧없는 것들, 현재의 정복자, 시사적인 것들에 주목하는 '사회학적 미학'의 창시자인 마페졸리Michel Maffesoli가 한 말이다.

그래서 나는 먼 데서가 아니라 아주 가까운 우리들의 땅과 역사와 그 속의 일상적 호흡 속에 우리들이 의연하게 지속시켜야 할 우리들의 건축이 있다고 믿는다. 그리고 그것들은 바로 저 흙 속에서도 길어낼 수 있는 것이다. 그렇게 해서 우리는 잊어버린 우리들의 신화를 되찾아야만 할 것이다. 이것은 상식의 명령이다. 그렇게 해서 우리는 이 시대의 의미 있는 물줄기를 형성해 가야 한다. 그러기 위해 우리는 옛집을 되돌아볼 필요가 있다.

참고문헌

미셀 마페졸리, <공간의 강조>, 서울대학교 환경대학원 강의록, 1997
빌 조이, <미래에 왜 우리는 필요없는 존재가 될 것인가>, «녹색평론» 2000년 11·12월호
질베르 뒤랑 지음, 진형준 옮김, «상상력의 과학과 철학», 살림출판사, 1997
질베르 뒤랑 지음, 유평근 옮김, «신화비평과 신화분석», 살림출판사, 1998

우아르자자뜨의 아이트벤하두에서
만난 흙건축, 그리고 슬픈 구르나 마을

모로코의 대지

모로코, 그곳엔 아름다운 땅이 있었다. 올리브 숲과 밀밭나무 사이로 오렌지 향이 나부끼는 들판, 카사블랑카에서 페스Fes로 가는 길에 펼쳐진 평원과 부드러운 녹색의 구릉들, 우아르자자뜨Ouarzazate(사막의 문)에서 마라케시Marrakesh로 가는 길목의 거친 아틀라스Atlas 산맥과 드라Draa 계곡, 우아르자자뜨 밤하늘의 별들, 그리고 강렬한 태양에 타오르는 황량한 사막, 그 한가운데 펼쳐진 마을들, 그리고 흙으로 다진 최초의 집들, 이 모든 것은 수십 년간 나의 상상 속에 있던 막연한 모로코를 몰아냈다. 천 년 이상 모로코 사람들을 지배해온 이슬람의 율법과 이를 도구 삼은 지배계층의 지속된 보수주의도 사막과 들판과 민초들의 흙집을 변화시킬 수는 없었다. 광활하고 척박한 자연 속에서 일으켜 세운 최초의 벽들을 허물어낼 수는 없었던 것이다. 그것은 인간이 만들어낸 최소한의 집이며, 작은 건축의 위대한 힘 때문이기도 하다. 그곳엔 페스에서와 같이 아직도 중세기적 삶이 지속되고 있고 그들의 집 속에는 여전히 축적된 시간의 냄새와, 어둡지 않을 정도의 은은한 빛이 스며 있다.

    물론 모로코에서도 지난 2세기에 걸친 소위 문명세계의 변화의 물결을 피할 수는 없었으나 두터운 전통적 삶의 두께는 이에 쉽게 굴복하는 것을 허락하지 않는 듯했다. 상상을 뛰어넘은 변화의 속도에 휘말려 있고, 보이는 것으로 넘쳐나는 거대도시 속에 살고 있던 한국의 한 건축가에게 모로코의 사막과, 사막 가운데의 흙집 마을들은 강력한 감동으로 다가왔다. 그것은 굳이 흙건축이기 때문이라기보다는 우리가 잊었던 깊고 푸른 하늘과 맑은 공기 가운데 펼쳐진 대지의 숨결 때문이며 흙의 색깔 때문일 것

이다. 그리고 대자연 속에 빚어진 삶의 흔적으로써 맞이하게 되는 최소 주거(minimum shelter)들 때문일 것이다.

    자연이 해낼 수 없는 것들의 자연과의 공존은 자연을 더욱 자연답게, 건축을 더욱 건축답게 하는 상호 보완적 긴장에 있다. 이런 풍경이란 거대도시에서는 발견되지 않는다. 우리가 여행을 떠나는 것은 바로 잊혀진 눈, 순수한 눈을 회복하기 위해서인지도 모른다. 모로코에서 만난 사람들과 집들은 그들이 딛고 서 있는 대지를 닮았고, 그리고 그들의 웃음과 그들이 살고 있는 집들은 오랫동안 잊고 있던 또 다른 세계를 열어주었다. 우리는 아는 것만큼만 보는 것이 아니라 우리가 느낄 수 있는 만큼 더 보게 된다. 닫힌 눈을 열게 하는 것은 눈이 하는 일이 아니라 가슴이 하는 일이며, 가슴을 열게 하는 것은 늘 원초적인 것과의 교감 속에서 이루어진다. 모로코의 대지와 그 위에 구축된 건축가 없는 건축이 바로 그런 교감을 가능하게 했던 것이다.

베르베르 족의 짧은 역사

대서양에 면한 카사블랑카에서 우아르자자뜨 내륙까지는 450킬로미터 정도 떨어져 있다. 아틀라스 산맥과 드라 계곡으로 떠나는 출발점에 위치한 이 작은 도시는 사하라 사막을 예고한다. 이 도시에는 사하라의 원주민인 베르베르Berber 족이 많이 살고 있다. 용맹하고 낙천적인 이들의 선조들은 11세기경 아틀라스 산맥을 넘어 마라케시에 당도한다. 모리타니아Mauritania를 점령한 베르베르의 족장인 아부 베크르Abou Bekr는 내부의 반란을 잠재우기 위해 그의 심복이었던 조카 유세프Youssef에게 군사를 내어주어 마라케시에 주둔시키고 자신은 모리타니아로 돌아간다. 야심찬 유세프는 우선 지하수를 개발하고 도시의 제반 시설을 만들어내며 알모라비데Almorávide 왕국을 세운다. 알모라비데 왕국은 북으로는 알제리에서부터 남쪽으로는 세네갈까지 세력을 확장하나, 유세프의 사망 후 왕국은 약화되고 중동지방에서 학문과 종교를 습득하고 돌아온 압델 무멘Abdel Moumen이 반란을 일으켜 결국 왕국은 무너진다. 압델 무멘은 지금도 마

그림 1. 우아르자자뜨에서 마라케시로 가는
길에서 본 아틀라스 산맥. 우주에 대한
기억이 산맥에 주름잡혀 있다.

그림 2. 우아르자자뜨 인근 마을에 있는
최소 주거의 집.

우아르자자뜨의 아이트벤하두에서 만난 흙건축, 그리고 슬픈 구르나 마을

라케시의 상징으로 남아 있는 쿠투비아Koutoubia 회교사원과 메나라Menara 정원 등을 건설한다.

어느 역사나 마찬가지로 권력의 투쟁과 지혜의 싸움은 그 자취를 땅에 남기고 또한 그것은 지속된다. 베르베르 족은 아틀라스 산맥을 중심으로 양쪽, 우아르자자프와 마라케시 지역에 거주하며 아이트벤하두Ait-Ben-Haddou와 같은 기념비적 마을도 건설하였다. 왕권을 쥔 사람들의 건축이 외세(스페인 안달루시아 또는 중동지역)의 영향을 주고받았다면, 아이트벤하두나 우아르자자프의 민가들은 말 그대로 토착민들의 토속적인 건축을 이룩하였다. 양식의 답습이나 권력의 표상으로서가 아니라 삶을 영위하기 위한 최소한의 구축 작업을 이룩한 것이다. 베르베르 족이 대지에 정착하여 흙과 만났을 때 그들은 기후를 극복하고 가축들과 더불어 살 집을 건축하였으며, 지구상의 다른 어떤 토속건축보다도 명쾌한 건축의 본질을 실현하였다. 그것은 현상이자 동시에 본질인 것이다.

우아르자자프: 건축의 원형으로서의 집

우아르자자프 일대와 아이트벤하두로 가는 길목엔 여러 마을들이 있고, 간혹 몇 채의 집들이 모여 있다. 그 집들은 거의 모두 토담으로 지어졌다. 흙을 담틀에 넣고 다지는 피제pise 방식은 전 세계에 분포하고 있다. 본래 피제 방식이 그렇듯, 두꺼운 벽체는 낮에는 덥고 밤에는 추운 사막의 기후에 수월하게 견딜 기능을 갖고 있을 뿐 아니라 집터에서 곧바로 길어낸 흙을 소재로 하고 있어 땅의 연속을 이룬다.

비가 거의 오지 않는 지역에서는 지붕을 나무로 엮고 흙을 바른다고 해서 쉽게 상하지도 않는다. 빗물을 흐르게 할 경사진 지붕을 필요로 하지 않기 때문에 지붕은 평평한 테라스로 되어 있다. 따라서 모든 집들은 최소한의 육면체로서 견고한 박스 형상을 하고 있고 테라스의 선들은 지평선을 향해 달려간다. 흙의 입자들과 작은 자갈들이 뒤섞여 담틀 속에서 다져진 벽체는 다질 때의 응고된 힘을 지속적으로 보존하며, 햇볕

그림 3. 우아르자자뜨 마을의 담장.
그림 4. 우아르자자뜨 마을의 민가.

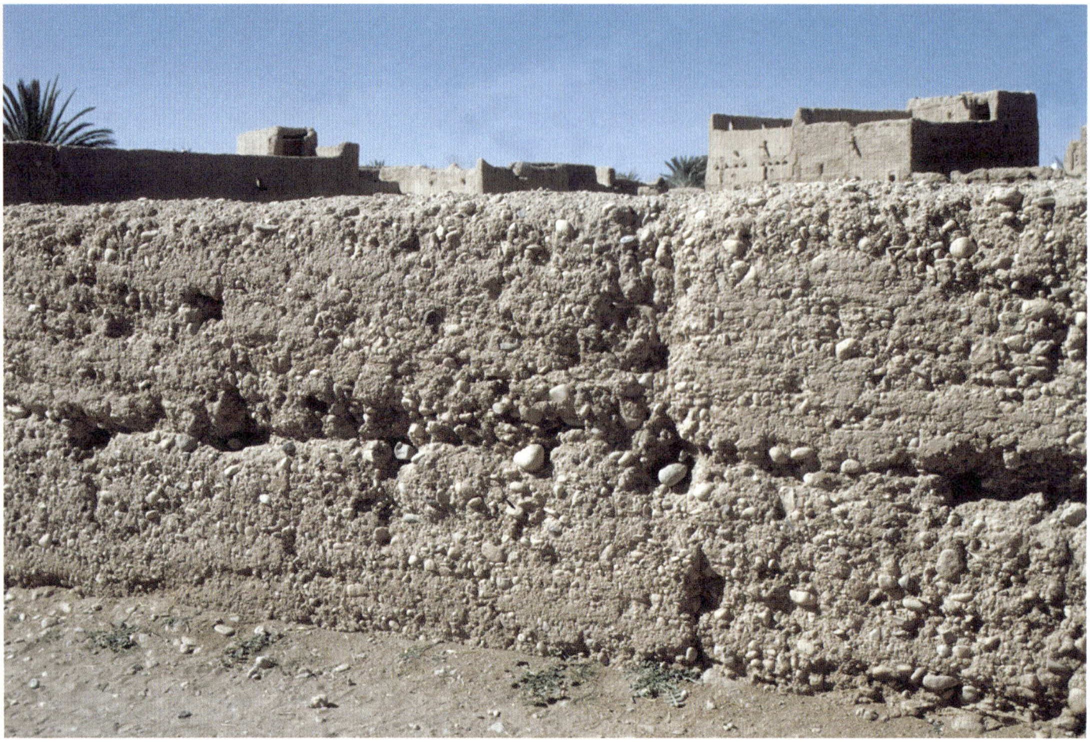

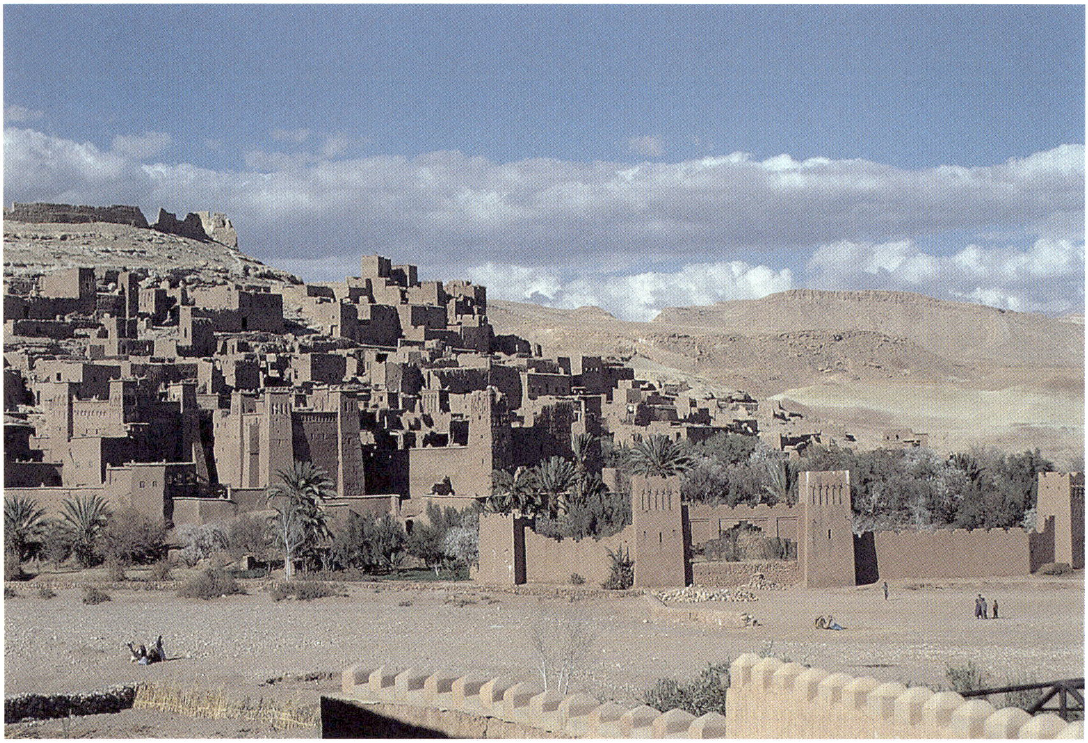

과 달빛과 별빛의 그늘을 만들어준다. 한낮의 격렬한 햇볕은 격렬한 그림자를 만들고, 이 강렬한 대비는 타오르는 땅과 집을 존재케 한다. 우아르자자뜨 집의 원형은 사막 가운데 흙으로 사방에 울타리를 쳐서 영역을 만들고 그 안을 다시 채운 것(방)과 빈 것(마당)으로 구획한다. 이러한 원형이 다양한 방식으로 확장되고 조합되면서 마을을 이룬다. 더함도 없고 덜함도 없이 적절하게 비운 마당과 정숙하고 아늑한 비례로 이룩된 방들은 그 상부에 사용 가능한 테라스를 이고 있다. 지붕이라는 요소를 별도로 추가하지 않은 전체 매스mass는 미니멀리즘의 작품들과 다르지 않다. 그러나 미니멀리즘 계열 작업들이 그 자체로서 순수한 작품이라면, 이 집들은 사람들이 사는 공간으로서 더욱더 빛난다. 다소 높아 보이지만 가로로 긴 벽체는 긴장감을 준다. 더욱이 창들은 외부로 나 있지 않고 중정이나 빈 마당을 향해 열려 있으므로 창이 없는 외벽의 실존적 힘은 더욱 강렬하다. 이런 힘을 우리는 도처에서 발견하게 된다.

집 안의 조용한 마당. 완벽하게 비워둔 마당으로는 늘 강력한 빛과 그림자를 만들며 이를 향해 열려 있는 창에 빛과 그림자가 섞인 빛의 입자를 실내로 보내준다. 집 안으로 드나드는 문은 하나 아니면 두 개이며, 이것들은 넓은 벽면에 외부세계로부터 나의 집으로 들어가는 틈을 만든다. 그것은 흙벽이 단순한 담이 아니라 집을 상징하는 표식임을 강조한다. 또한 아무나 마음대로 들어갈 수 없다는 것을 의미하는 영역의 표시이기도 하다.

외부에서는 극단적으로 폐쇄된 집처럼 보이지만 집 안으로 들어가서 방에 들어서면 마당으로 뚫린 작은 창과 옥상 테라스에 뚫린 개구부 천장天窓으로부터 빛이 내려온다. 마당에서 반사해서 들어오는 빛과 하늘에서 내리는 빛은 걸러져 은은한 빛으로 제공되고, 방들은 명상적이고 평화롭게 만든다. 이러한 일련의 장치들은 태양이 내리쬐는 거친 황야 한가운데에서 어슴푸레하고 아늑한 안식처를 만들어주는 것이다. 장식으로 요란하거나 터무니없이 허세를 부린 흔적 없이 적절한 스케일의 방과 방들은 인간이 만든 최초의 방과 닮아 있다. 이러한 방들이 연속된 외부가 바로 마을의 길들을 형성하고, 그 길들은 간혹 대추야자로 그늘을 드리우고 때로는 붉은 벽체 사이로 파란 하늘을 끌어들이며, 때로는 방이 길 위를 가로질러 한순간의 그늘을 만들기도 한다. 마을 전체가 사막 가운데 만든 마을 주민들의 큰 방인 셈이다.

그림 5. 아이트벤하두 부근의 토담.
그림 6. 아이트벤하두의 기념비.

그림 7. 원경으로 바라 본 아이트벤하두.
그림 8. 아이트벤하두 입구의 민가.

옥상 테라스에서 때로는 차도 마시고 아이들이 놀기도 한다. 하늘을 만나고 마을을 내려다보는 이 장소는 교감의 장소다. 하늘과 별과 이웃과 대화하는 연결의 땅이다. 때로는 이웃끼리 벽체로 연속되어 블록을 형성하고, 때로는 길로 떨어져 있으면서 흙이라고 하는 한결같은 소재로 마을은 전체가 동질성을 이룬 덩어리가 된다. 이 덩어리는 다시 대지와 일체가 되면서 최초의 최소한의 방으로부터 인간만이 이룩할 수 있는 최초의 문화이자 최상의 문화를 가시화한다. 땅으로부터 일탈하거나 땅을 지배하는 것이 아니라, 대지와 하나가 되면서 진정한 의미의 공동체적 삶을 만들어낸 것을 의미한다. 진정한 의미의 공동체란, 사람과 방의 관계에서, 방과 방의 관계에서, 방과 길의 관계에서, 마을과 대지의 관계에서 의도적이고 강제적으로 의미를 만들어낸 것이 아니라, 거부할 수 없는 자연의 조건으로부터 최소한의 것들로 집합을 이룬 것을 의미한다. 특히 가공된 사유의 결과나 인위적인 율법으로서가 아니라 해와 별과 하늘이 지시하는 것을 땅에서 길어내었을 뿐이다. 가장 미세하고 서로 떨어져 있는 흙의 입자를 땅 위에 세워 방의 공동체를 만들어낸다는 것은 그 자체가 위대한 상징이다.

우아르자자뜨에서 아이트벤하두로 가는 길목의 집들은 간혹 침묵과 푹 가라앉은 슬픔 같아 보이기도 한다. 그것은 사람이 보이지 않는 길 한가운데 서 있는 집들의 외로움 때문이다.

사막의 기념비 아이트벤하두

원경에서 본 아이트벤하두는 그 명성만큼이나 놀라움을 자아낸다. 유네스코의 국제문화유산으로 지정되어서가 아니라 아무런 정보 없이 접하게 될 경우에도 최초로 이 마을을 본 사람은 입이 다물어지지 않는다. 언덕 위에 건설된 이 작은 도시는 붉은 대지와 파란 하늘 사이에 입방체들의 집합된 그림자를 함께 보게 된다. 그것은 거대하면서도 미세한 조각품처럼 보인다. 발밑에는 우닐라 강과 함께 오아시스 특유의 야자수들의 생명이 넘치는 꿈속의 도시와 같다. 비현실적인 모습은 도시 안에서 더 그렇다.

그림 9. 아이트벤하두의 미니멀리즘.
그림 10. 우아르자자뜨 마을의 민가 마당.

사람들이 다 떠나고 대여섯 세대만 마을을 관리하게 된 경위를 알 수 없으나 텅 빈 도시는 유령과 같고, 사진을 찍으면 돈을 달라고 끈질기게 달려오는 몇몇 어린아이들의 모습은 바로 그 비현실적인 도시의 아픔을 닮았다. 사람이 살지 않는 도시는 그것이 겉으로 아무리 아름다워도 죽은 것이나 다름없다. 형상은 있지만 폐허 같은 도시, 그것이 바로 유령도시다. 간혹 흙벽돌을 만들고 담틀에 흙을 넣고 다지는 시늉을 하지만, 그것은 도시를 지속적으로 보수하는 광경일 뿐이었다.

탑상의 건물들이 멀리서 더욱더 기념비적인 효과를 보여주고, 그 실내의 목재로 된 수평 부재들은 노출되어 약점을 해결하고 있다. 우아르자자프에서 본 작은 마을의 감동보다 아이트벤하두가 덜한 것은 단층이나 2층 정도로 대지에 힘 있게 뿌리내린 수평적인 요소가 없어서이기도 하지만, 과다하지는 않으나 양식적이고 장식적인 요소가 첨가되어서이기도 하다. 우아르자자프 근처의 티플투트Tifltoute 카스바Casbah(아랍인 거주지역의 성채)와 상가 건축은 흙으로 다층건물이 되었을 때의 모습을 보여준다. 상부의 네 모서리를 위로 돋아 무거움을 완화시킨 것이나 옥상 상부에 통로를 두고 각기 다른 테라스를 연결한 것들이 일반 민가와 다르다. 흙으로 규모가 큰 건물을 만들어낼 수는 있으나 남예멘의 '사막의 마천루'에서 보았던 웅장함은 덜한 듯하다.

이집트 구르나 마을에서

이번 여행에서 가장 기대하고 내심 흥분했던 것은 필자가 학창시절에 탐독하고 번역했던 책 《이집트 구르나 마을 이야기》(2000)의 현장을 방문할 수 있을 것이라는 기대감 때문이었다. 그러나 룩소르Luxor에 도착하여 현지 안내인의 말을 듣고는 크게 실망했다. 한마디로 안전을 보장할 수 없다는 것이었다. 경찰도 가기 싫어하는 곳이라며 못 들은 척하는 안내자의 얼굴에는 정말로 달갑잖은 주문이라는 게 쓰여 있었다. 우리는 다만 옛 구르나 마을을 스치듯 지나가는 것만 할 수 있었다. 피라미드를 도굴해서 살던 후예들이 여전히 마을을 지키고 있는 듯했다.

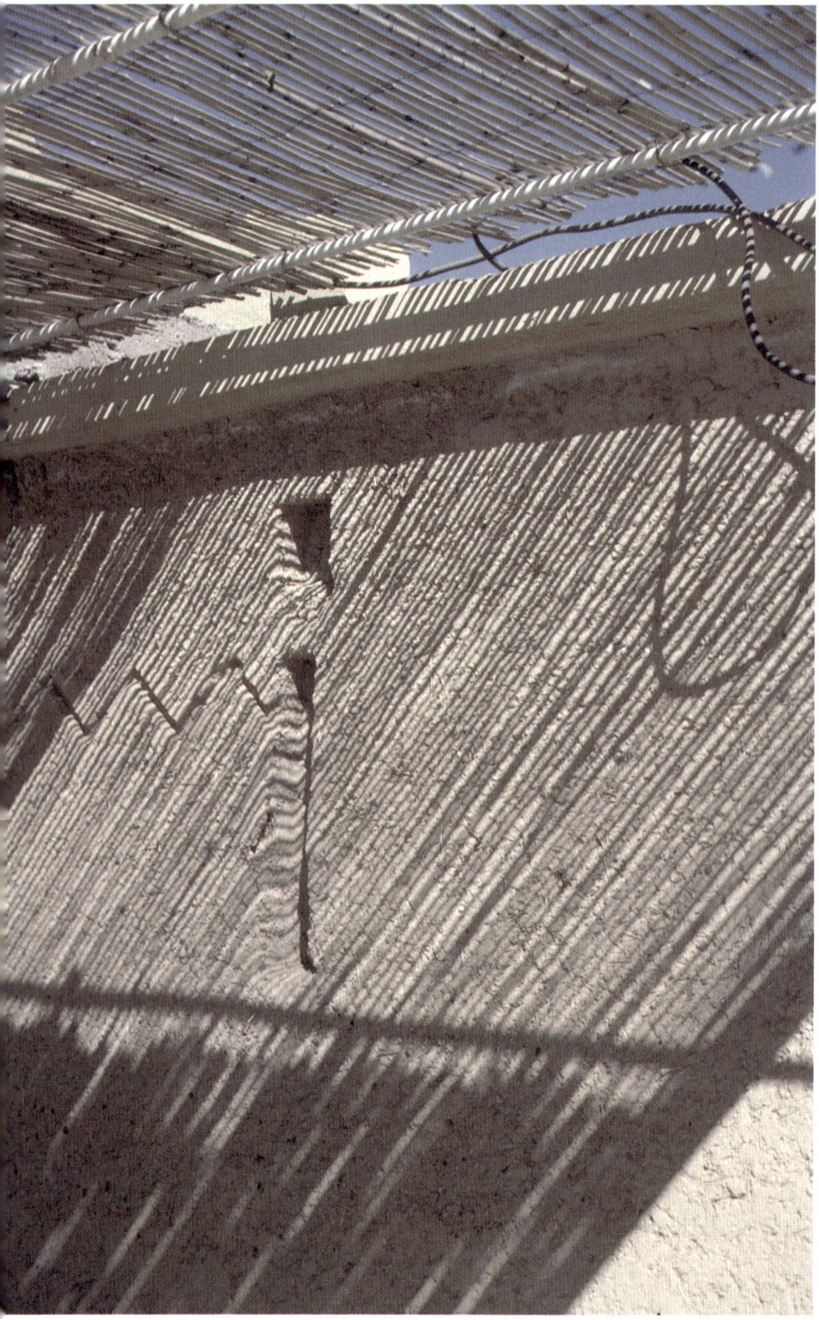

그림 11. 우아르자자뜨의 토담과 그늘.
그림 12. 와르자자자테 민가의 거실.

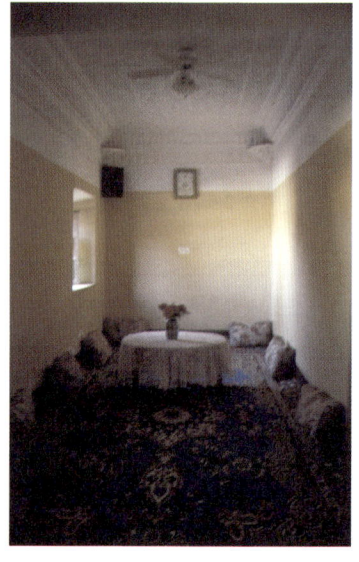

그림 13. 아이트벤하두의 최소 단위인 흙벽돌 만들기.
그림 14. 아이트벤하두의 흙벽과 나무.

이집트의 오랜 흙건축 전통[1]을 이집트 구르나 마을 이주계획에서 현대화하려는 하산 화티의 노력은 완벽한 성공을 거두지 못했다. 하지만 그의 정신은, 그가 건설하면서 남긴 기록으로서의 '구르나 마을 이야기'는 우리에게 늘 감동을 준다. 건축가란 과연 한 사회 속에서 무엇을 어떻게 해야 하는지 여러 각도에서 분석하기도 한 그 현장을 눈앞에서 방문할 수 없다는 것은 큰 슬픔이기도 했다. 그가 그토록 되찾고자 하는 것을 옛 구르나 마을에서는 찾아볼 수 없었다. 요즈음 식으로 말하자면 이집트의 진정한 생태건축을 이룩하려는 지혜를 옛 구르나 마을에서는 찾아볼 수 없었다. 돔이나 아치는 사라지고 폐허와도 같은 마을에서 아이들이 놀고 있었다. 집으로 들어가는 문과 핫쉐프수트Hatshepusut 신전 입구의 흙벽돌 아치는 서로 닮아 있었다. 폐허로 이행하고 있는 사실들이 말이다.

여행에서 얻은 질문

이번 여행에서 나는 세 차례의 감동을 받았다. 하나는 이집트 카르낙Karnak 신전에서이고, 두 번째는 모로코의 우아르자자뜨에서 본 흙집들이며, 마지막으로 바르셀로나에서 방문한 미즈 반데로에Ludwig Mies van der Rohe의 독일관이다.

카르낙 신전은 우리들의 감성을 넘어서는 것이었다. 인간을 뛰어넘으려는 절대적인 권력의 초월적인 것에 대한 염원을 실현한 기념비적 건축과, 대지를 향해 대지에 다져진 민초들의 흙집과, 현대건축가가 새로운 시대의 새로운 건축공간을 긴장감 넘치게 만들어낸 절대적인 공간의 힘이다. 이 모두를 하나의 건축이라고 말할 수는 있으나 우리의 건축은 과연 어느 쪽으로 지향하고 있는가 하는 질문하고 싶다. 이 세 종류의 건축은 큰 감동을 주는 것과 동시에 이렇게 묻는다. "너는 어느 쪽인가?"라고. 또는 "이 시대가 원하는 건축은 어떤 것이냐"라고 말이다.

1. 흙벽돌로 홍예틀 없이 아치arch나 돔dome을 만든 기법은 목재가 귀한 이집트에서 수천 년 전 만들어낸 흙건축 기법이다.

사라져가는 소금밭:
네거티브 필름의 이미지

그림 1. 해가 있는 날 염전은 네거티브 필름 이미지와 같다. 얕은 수면 위에 쏟아지는 햇볕과 물과 하늘은 서로 침투한다.

사라져가는 소금밭: 네거티브 필름의 이미지

염전은 그 전체 이미지가 네거티브 필름과 같다. 이유는 시선이 머물 데 없는 광활한 수평면과 얕은 수면 위에 쏟아지는 햇볕 때문인 듯하다. 염전 속을 걷다보면 사람들은 수평면 위로 사라진다. 써래질하는 염부들만이 돋보인다. 사람들의 밝은 얼굴은 육지에서와 같이 드러나지 않고 그늘진 모습이다. 빛은 형상을 지우고 사람들마저 소금으로 녹이는 것 같다. 바닷물이 숨겨둔 흰 결정체는 빛을 만나 그 실체를 드러낸다. 그곳에는 두 개의 빛이 있다. 대기중에 있는 빛과 수면 뒤편으로 반사되는 빛. 여기에서 국토는 바다와 만나는 접점으로부터 하늘과 만나는 다른 법칙을 연출한다.

변모하는 현장을 찾은 것이다. 우리는 대체로 염전에 대해서 아는 것이 별로 없다. 쓰러져가듯 일자로 줄지어 서 있는 검정색 소금창고가 기억에 있을 뿐이다. 그곳에서 우리는 불을 때서 소금을 만드는 전오煎熬제염과 햇볕으로 바닷물을 증발시켜 만드는 천일天日제염이 있다는 것을 알게 되었다. 천일제염이 1907년 일본인 기사들에 의해 전파된 것임을 알게 되었고, 수입염과 간척사업, 그리고 도시화에 의해 염전들이 서서히 종말을 맞고 있음을 목격했다. 또한 본래 염전의 터는 만조 때 수면보다 2~2.5미터 아래에 위치한 간척지가 적당하며 토질은 점토질 40퍼센트 내의 미사토질이 적절하다는 것도 알게 되었다. 바닷물을 모으는 저수지로부터 대동 저수지로 이동시켜 좁은 도수로를 통해 증발지(함수로)로 들어온 물은 결정지에서는 완벽한 소금이 되어 저염장(소금창고)에 저장된다. 저염장은 육로와 연결되어 있고 그 길은 대체로 곧고 끝이 보이지 않는다.

염전의 소금창고는 광장공포증을 제거시키는 표지이며, 바닷물 속을 유영하던 소금들의 안식처다. 희고 작은 결정체들은 극미한 복합주거의 매스 모델과도 같이 내 손바닥 위에서 지구의 긴 역사를 그리워한다.

우리는 해질 무렵 허물어져가는 소금창고를 지나 하늘과 염전이 맞닿는 사이를 뚫고 시내로 들어갔다. 언젠가 사라질지도 모르는 빛과 노동과 결정체의 역사를 뒤로 하고 네거티브 필름은 그대로 둔 채로....

그림 2. 염전에서 바다를 이어주는 물길.
그림 3. 바닷가에서 세월을 붙잡는 유일한 건축인 소금창고는 서해안 수평면의 광장공포증을 제거하는 위안이며, 바닷물 속을 유영하던 소금들의 안식처다.

그림 4. 바다 공기를 호흡하는 집, 소금창고.   그림 5. 염전을 걷다보면 사람들은 네거티브필름 속으로 사라지고 써래질하는 염부들만이 돋보인다.

도시건축의 미래와 땅의 재발견

그림 1. 땅의 논리에 순응한다는 것은 하늘의 이치를 따르는 것이다. 하늘의 이치란 지구 위에서 살아가는 인간들이 우주와 관련하여 만들어낸 신화다. 고대 이집트에서 현대에 이르기까지 모든 문명은 신화를 만들어내는 문명이다. 현재 우리는 어떤 신화를 도시에서 만들고 있을까?

도시와 하늘 3

테클라에 도착하는 사람은 널빤지 울타리 너머의 삼베가리개, 비계, 철근 보강재, 밧줄에 매달려 있는 좁은 나무 통로에 가려 도시의 모습을 거의 볼 수가 없습니다.

"테클라의 건설 공사는 왜 이렇게 오랫동안 계속되는 겁니까?"하고 주민들에게 물어본다면, 그들은 여전히 양동이의 끈을 감아올리고, 납줄을 내려뜨리며 긴 붓을 위, 아래로 움직이면서 이렇게 대답할 겁니다.

"파괴가 시작되지 않았으니까요."

비계가 철거되자마자 곧 도시가 무너져 내리고 산산조각날 텐데. 두렵지 않느냐고 물어보면 그들은 서둘러 작은 목소리로 덧붙일 겁니다.

"도시만이 아닙니다."

만약 대답에 만족을 느끼지 못해 어떤 사람이 방벽의 갈라진 틈에 눈을 갖다 댄다면 다른 기중기를 끌어 올리고 있는 기중기, 다른 비계들을 에워싸고 있는 비계, 다른 대들보들을 지탱해주고 있는 대들보를 볼 수 있을 겁니다.

"당신들의 건축은 무슨 의미가 있나요? 건축 중인 도시의 목적이 도시가 아니라면 뭔가요? 여러분이 보는 설계도는 어디 있죠. 청사진은?"

"오늘 공사가 끝나면 바로 보여드리지요. 지금은 일을 중단할 수 없습니다."

그들이 대답합니다.

해 질 녘에 일이 끝납니다. 건설현장에 밤이 찾아옵니다. 별이 총총히 뜬 밤입니다.

"이게 바로 청사진입니다."

그들이 말합니다.[1] 이탈로 칼비노, 《보이지 않는 도시들》

칼비노의 《보이지 않는 도시들》은 우리에게 깊은 의미를 시사해준다. 그것은 다만 도시에 관한 깊은 성찰뿐 아니라 삶의 지향점까지도 암시해준다. 끊임없이 건설되는 도시의 감춰진 계획이란 바로 별들이 총총히 반짝거리는 하늘이라는 말, 이 말이 암시하는 것은 지상의 모든 도시들이 욕망으로 부글거리는 지옥과도 같은 양상에 대한 구원이기도 하다. 그러나 이 구원은 다만 문학적 상상력에서만 가능할 것인가? 물론 그렇

---

1. 이탈로 칼비노 지음(1972), 박상진 옮김,
《보이지 않는 도시들》, 청담사, 1991.

지 않다. 우리들이 정말로 땅과 하늘의 논리를 존중한다면 역사 이래로 현대의 산업사회가 태동하기 전까지 지구상의 모든 도시들은 땅의 논리에 인간의 논리를 맞추어 왔던 것이 사실이다. 땅의 논리에 순응한다는 것은 바로 하늘의 섭리를 따르는 것이기도 하다.

  그러나 하늘과 땅 사이에 존재하는 인간은 땅의 개념은 물론 그 본질까지도 바꿔놓았다. 이제 땅은 사라지고 경제 단위의 '토지'가 되었다. 예부터 모든 땅에 무조건 건축이 가능했던 것도 아니다. 집 지을 '터'와 아닌 장소를 구분해내던 지혜는 이제 사라져버렸다. 그것이 논밭이든 경사진 산허리든 절벽이든 닥치는 대로 필요하다면 전후좌우 가릴 것 없이 파헤쳐왔다. 등고선 지도를 그리는 사람들은 끊임없이 펼쳐지는 땅의 훼손의 속도를 따라잡지 못하고 있다. 그것은 비단 한국 땅만이 아니라 산업화를 서두르는 지구상의 모든 나라들이 똑같이 안고 있는 문제다. '터'는 사라지고 '개발'할 면적(땅)만 남아 있다. 더 이상 땅이 자연에 속한 일부분이 아니라 부의 확대재생산을 가능하게 해주는 토지가 되었고, 가장 신뢰할 수 있는 교환가치의 척도가 되었다. 따라서 토지는 자연에 속하는 것이 아니라 '도시'에 종속되었으며, 도시가 필요로 하다면 어떠한 명목으로도 '개발'될 대상으로 전락하였다. 자연의 땅으로부터 변질된 도시의 땅은 급기야 화폐가 되었고, 자본의 포로가 되었다. 자본증식의 논리를 위해서라면 어떠한 추악한 건물도 받아들일 수밖에 없는 천박한 땅이 되어버렸다. 농경시대에 지모신地母神으로 추앙받던 대지는 도시의 한가운데서 물 한 방울 적시지 못하는 석녀石女가 되어 온갖 굉음을 머리에 이고 추악한 냄새로 가득한 부패의 표상이 되었다.

  우리들은 이런 땅의 변신을 두고 '근대화'된 도시라고 말한다. 그것은 땅에 대한 모독이고 자연에 대한 현대인간의 거만함이다. 그러므로 지진이란 어떤 의미에서는 인간에 대한 지구 혹성의 단죄일지도 모른다. 땅의 갈라짐, 균열, 흔들림, 이것은 인간들이 땅을 오직 정지태로서 보는 관습을 뒤엎는 중대한 경고이기도 하다. 지진은 도시민들이 살고 있는 지점이 어느 다른 곳이 아닌 바로 지표면 위에 있음을 환기시켜주기도 한다. 그러나 불행하게도 인간들은 지진대를 밝혀내고, 그 지진의 시기를 예고할 줄 아는 지식으로 무장하고 있음을 과신하고 있다. 그러나 사람들은 땅에만 지진이 있는 것으로 착각을 하고 있다. 사실은 하늘에도 갈라짐이 있음을 모르고 있는 것이다. 하늘의 갈라짐은 천지개벽을 의미하는 것이 아니라 오존층의 파괴와 같은 대기권의 흔들림에 있다. 땅이 병들면 하늘도 병들게 되어 있는 법이다.

 이렇게 땅의 존재론적인 재해석으로부터 출발하는 것만이 미래의 도시를 보는 우리의 시각을 새롭게 할 것이다. 그것은 단순히 생태학적인 이론적 접근을 강조하기 위함도 아니고, 풍수지리설이나 옛 조상들의 자연관을 재현하려는 의도도 아니다. 또한 20세기 인간문명의 상징인 지구 전체의 도시혹성화가 불러올 재앙에 대한 예언자적 경고를 하기 위함도 아니다. 나아가 흙에 대한 향수를 불러일으키려는 소박한 꿈도 아니다. 도시를 개발하고 운용하고 꿈꾸는 여러 방법론의 상위개념 속에 숨어버린 '땅의 순수한 논리'를 극복하는 것, 그래서 인공환경 속에서 끊임없이 땅의 실체를 환기시키는 것, 그것은 도시에 사는 시민들의 또 다른 권리인 것이다. 시민들이 땅 위에 사는 권리를 잊도록 부추기는 온갖 감언이설들은 범죄행위와 다름없다.

 그러면 '땅의 순수한 논리'란 무엇이며, '땅의 실체'란 무엇을 의미하는 것인가? 그것은 한마디로 말하자면 한 도시를 있게 해온 땅의 커다란 틀로서의 생김새와 적절한 관계맺음이다. 도대체 땅이 자체로 무슨 논리가 있으며, 땅의 실체를 과연 정의내릴 수 있는 것이란 말인가? 그것은 문학적 상상력에 관한 것이 아니다. 현존하는 도시에 관한 한 우리들이 견지해야 하는 태도는 막연히 땅에 대한 사랑(?)을 읊조리는 것이 아니라 바로 실재하는 '자연으로서의 땅'에 대한 역사적 관계맺음이다.

 여기서 역사적 관계 맺음이란 도시가 건설된 땅이 단순한 삶의 자취가 아니라 커다란 의미에서의 '장소성'을 통시적으로 가능케 한 것을 말하며, 이를 두고 우리는 한 도시의 변치 않는 고유한 '풍경'이라고 말할 수도 있다. 따라서 지금까지 도시 속에 건립된 여러 지역들 중에는 그 고유한 풍경의 존속을 위해서 제거되어야 할 부분도 있거나 강조해야 할 부분도 있는 것이다. 또한 소단위에서 볼 때, 우리들이 흔히 이야기하는 '콘텍스트' 속에서 늘 간과하는 것이 있다면, 그것은 바로 도시 전체의 조직 속에서의 소단위가 어떻게 궁극적으로 대단위의 풍경과 연속되어 있는지를 아는 것이다. 구체적인 예를 들어보자. 서울을 만일 대단위로 본다면 가급적 철거해 드러내야 하는

그림 2, 3, 4. 우리들에게 집이란 본래 영원한 것은 아니었다. 지구 위에 잠시 머물다 가는 '터'가 바로 집이다. 터는 땅이고 계절이고 시간이다.

지역이 있는데, 그곳이 바로 청계천 같은 곳이다. 지금은 복개되어 부패하고 있는 곳, 1960~70년대는 동서를 잇는 충실한 교통로로서의 역할을 했던 곳. 그리고 청계천은 지금도 그 소임을 어느 정도 해내고 있는 것은 사실이다. 그러나 온갖 하수가 넘쳐나면서 서울의 구도심 한복판은 썩어가고 있다. 그곳을 우리는 똑바로 보려 하지 않고 있다. 청계천이 본래의 모습으로 복원되는 날 서울은 자신의 참 모습을 정직하게 보이게 될 것이다. 그리고 사람들은 말할 것이다. "어떻게 우리들이 이렇게 부패한 곳 위에서 살 수 있었단 말인가!"라고.

도시를 비판하는 많은 사람들이 흔히 비유해서 쓰는 말이 있다. "도시가 병들었다"는 말이다. 도시를 생체에 비유하는 이 말은 그리 틀린 것 같지 않다. 다만 사람들은 도시는 병이 좀 들어야 도시다운 게 아닐까 하는 기대를 하고 있는 듯하다. 청계고가도로의 가치는 바로 도시의 화농증상을 기꺼워하도록 잠재우는 수면제인지도 모른다.

또 다른 예를 들어보자. 신물이 나게 비아냥거려서 더할 말이 없지만 분당이나 일산 신도시의 어떤 지점에 도시계획자들의 숨은 도면이 있었던 것일까? 분당과 일산 하늘 위의 별자리가 그들을 인도하였는가, 아니면 주위의 산자락이 그들에게 계시를 내렸는가? 그런 심오한 뜻은 절대 보이지 않는다. 도시계획 도면 속에 적절히 배치한 녹지대는 땅의 실체를 실현함인가, 아니면 의례적인 도면 미화작업인가? 없는 것보다는 있는 것이 그럴듯해 보이는 공원(?)의 의미란 과연 무엇인가? 주택 200만 호 건설이란 무자비한 정책의 배려로 탄생한 이 도시들은 순수한 땅의 논리를 가장 철저하게 거부하는 좋은 본보기임에 틀림없다. 땅에 도전하는 거대한 기념비인 셈이다. 그것은 근대화의 신기루이며 모든 도시에 대한 역사적 거부행위다.

뉴욕의 거대한 센트럴파크는 마천루의 무게와 맞먹는 땅의 구원이며, 아토스 산의 그리스 신전과 잉카의 옛 도시 마추픽추Machu Picchu는 땅과 인간을 얽어매는 찬양시다. 이탈리아의 크고 작은 중세도시들은 아직까지도 지중해의 바람을 맞으며 옛 땅의 속삭임을 오늘도 골목길마다 전해주고 있다. 그들에게 특별한 풍수이론이 있어서가 아니라 땅과 부드러운 관계 맺음의 논리를 아직까지도 견지할 줄 아는 지혜로움이 있어서일 것이다.

소단위로부터 큰 줄기에 이르기까지 부분은 전체를, 전체는 부분을 감싸안으며, 그런 태도를 보듬고 애무하며 어우러지던 지혜가 한국 땅에도 있었음을 우리는 잊고 있는 것은 아닌가?

그렇다. 우리가 참조해야 할 교훈은 도처에 있다. 다만 우리 후손이 과연 지구에 머물기를 기대한다면 땅의 새로운 발견, 아니 땅과 건조물의 조화로운 결합을 다시 한 번 이룩해야 할 것이리라. 하지만 해결해야 할 문제는 너무나 많다. 우선 제일 큰 문제는 공룡과 같은 대도시의 비대함이다. 그리고 어떤 것보다도 우위를 점하는 도시 메커니즘의 현실주의다. 자본재화한 땅의 문제이며 생존의 논리다. 이를 비집고 간혹 대두되는 '환경' 문제 제기는 당연하면서도 외곬으로 치닫는 '오염'에 관한 이야기들뿐이다.

이런 상황하에서 땅의 논리를 되찾는 데 기여해야 할 사람들은 적어도 지표면 위에 물리적 환경을 조성하는 직업을 가진 건축가들이며 도시설계자들일 것이다. 또한 그들과 적대함이 아니라 협업을 이뤄야 할 도시·건축 관련 행정가들일 것이다. 물론 모든 것이 이들만의 몫은 아니다. 그러나 적어도 건축가 각자는 자신이 한 건물을 설계하기에 앞서 하나의 두려움을 의식해야 할 것이다. 그들은 건축주 소유의 땅에 집을 짓는 것이 아니라 자연에 귀속되는 지구 표면에 하나의 건축물을 설치한다는 사실을 잊어서는 안 될 것이다. 그것은 정말 끔찍한 일이다. 건축문화 전반의 미약함을 탓하기 전에 각자 자신이 임해야 되는 건물이 과연 땅의 어떤 논리에 귀 기울여야 하는지 자문해보아야 할 것이다. 그것은 단순히 도시의 역사를 실천하는 것만이 아니라 땅과 인간과의 관계 맺음을 실현하는 것이다.

끊임없이 건설되는 이 땅에 언제 그 끝이 있는 것일까? 언제 우리는 완결된 도시의 모습을 보게 될 것인가? 우리들은 결코 완결된 도시를 볼 수 없다. 왜냐하면 도시는 영원히 허물면서 건설해야 되므로. 단, 인간이 도시에 살기를 거부하지 않는 한. 그러므로 도시의 종말은 땅의 새로운 시작이다. 왜냐하면 끊임없이 변하는 도시 속에 어떠한 얼굴로든 땅은 여전히 그 실체를 도시 속에 숨기고 있기 때문이다. 보이지 않는 땅을 드러내는 데 하늘의 별들이 필요하다면 우리는 우주라도 불러들여야 할지 모른다. 가상현실, 사이버공간으로 진입하는 인간들에게 땅으로부터의 탈출이 아직 멀었음을 상기시키기 위해서라도.

도시
공간의

정 치 학

도시공간의 정치학

도시혹성

도시는 자연현상이 아니다. 그것은 특수한 역사적 조건과 상황의 산물이다. 근·현대의 도시는 '자본주의'라는 일정한 역사발전 단계와 떼어놓고 생각할 수 없다. 이런 측면에서 서구의 현대도시가 한 세기 반을 지나오며 형성된 고도산업화의 결과라면, 아시아의 여러 도시의 확장은 전 세계적인 경제구조의 재편, 즉 후기자본주의체제의 돌입에 따른 중심과 주변의 재편성과정이라고 할 수 있다. 넓은 의미에서 지구상의 수많은 도시는 바로 산업화-도시화라는 도식이 각기 다른 특유의 정치적·사회적·문화적인 틀과 논리에 따라 조절된 공간조직의 결과다. 다만 아시아와 남미대륙의 제3세계 신흥도시들은 자율적인 발전을 거치지 못하고 19세기 유럽의 세계에 대한 헤게모니를 통해 식민지정책의 하나로 형성된 의미가 중첩되어 있다는 점이 다를 뿐이다. 서구 식민지정책의 폭력은 각기 다른 대륙의 고유한 환경과 역사의 맥락을 무참히 파괴하고 그 위에 '현대성'이라는 서정적 환상과 새로운 문명이라는 서구 중심적 가치를 심어주었다. 그러나 그것이 선진 산업사회의 도시든 후진국의 도시든 19세기의 도시에 대한 어떠한 환상과 희망도 결국에는 '도시문제'라는 역사적 병폐로 대치되었다. 모든 도시는 각기 서로 의존적이든가 지배적이든가 또는 소외되든가 착취당하는가 하는 문제를 필연적으로 안게 된 것이다.

옛날에는 대체로 도심지역이 활성화되고 생산적이었기에 고도로 민중적이었으나, 오늘날의 도심은 대자본가와 권력의 핵이 장악하고, 공간적으로 절대 다수의 시민은 중심에서 훨씬 벗어나 주변으로 끝없이 소외되고 있다. 예나 지금이나 도시가 '중심' 때문에 존재한다고 볼 때 '중심'을 장악하는 계급·계층상의 변동은 자연히 지금까지 존속해오던 도시의 인본주의적 공간 틀을 뒤흔들어놓고 만 것이다. 서울의 경우, 무교동 골목 속의 벼랑 끝에 선 조그만 음식점들이 쫓겨나고, 잘 뒤지면 헬리콥터도 조립할 수 있다는 잠재력이 가득한 청계천 철물상들과 을지로와 퇴계로 사이의 영세한 인쇄소들이 사라지는 날, 서울의 구도심은 완전히 제3차 산업의 업무기지화가 되면서 공동화된 반인본주의적 공간으로 변할 것이다. 소상인과 서민이 이룩한 역동적인 도시의 삶은 사라지고, 살아 숨쉬던 도시는 얼어붙은 표정을 할 것이다. 아마도 도시는 시각적으로 더욱더 세련되고 정돈되고 청결해 보일지는 모른다. 그러나 해가 지면서 도시는 을씨년스러워지고 건물의 경비원들과 청소부들만이 600년 고도의 밤을 지새울 것이다. 이미 예전부터 구도심에서 하나, 둘 추방되기 시작했던 국민학교(1950-60년대)들은 도심공동화를 벌써 예고했다. 시민들은 철시한 중심부로부터 동서남북으로 흩어지면서 '지옥철' 속에, 끝없는 차량의 홍수 속에 갇혀 "언제나 이 도시를 탈출할 것인지" 고뇌한다. 드디어는 귀 따갑게 음악을 들으며 잊으려 하지만, 자신이 가지도 않는 도로와 교량이 주차장같이 막혀 있다는 기막힌 교통방송을 들으며 절망한다.

단편적으로 엿본 이 도시의 일상은 다름 아닌 서서히 진행되어오던 도시공간의 재편성, 중심과 주변의 재조정 결과다. 우리는 때로는 눈에 띄게 변혁을 목격하기도 하지만 대개는 오랜 시간 서서히 탈바꿈하는 '중심'의 교묘한 변신이 우리들 일상의 얼개를 뒤바꾸고 있음을 잊고 있다. 현대의 도시인들은 오직 침묵 속에서 마치 동물원의 동물들처럼 그들의 환경에 순치되고 순응하며 나날이 변화하는 주변의 환경을 자신의 생활로 받아들인다. 바로 이 침묵 속의 수용이야말로 도시 현실의 감추어진 시스템을 활성화하는 수동적 공모현상일지 모른다.

오늘도 도시는 부단히 세워지고 파괴되고 확장되고 있다. 마치 도시는 '건설하는 것'이지 돌아다보는 것이 아닌 것처럼 말이다. 시민의 각성이나 혁명 없이 우리의 도시는 오직 돈과 밀어붙이는 힘으로 건설되고 사람들은 꾸역꾸역 몰려들어, 어느새 우리는 모두 도시 한가운데 서 있다. 도시는 이제 자연환경과 대치된 인위적 공간으로서 사람들은 자신이 만든 새로운 먹이사슬의 덫에 걸려들어 도시적 생태계를 보존하는 종으로 전락하고 있다. 어쩌면 우리는 유적 존재로 인간이라는 하나의 '도시종種'으로 다시 분류되어야 할지 모른다. 그리고 이는 비단 우리나라의 도시에만 국한되는 것이 아니다. 멈퍼드Lewis Mumford가 "지구는 온통 벌집과도 같은 도시혹성으로 변모할 것인가"라고 물었듯이, 도시화는 세계적인 현상이며 돌이킬 수 없는 20세기 산물이다.

그러나 이러한 여러 현상이 우연한 것이 아니고 일정한 역사적 필연성에서 연유하는 것임은 이미 서두에서 밝힌 바 있다. 그리고 이 '생성된 것'에는 반드시 생성의 법칙과 논리가 있게 마련이다. 따라서 일단 확실히 짚고 넘어가야 할 부분은 우리가 일상적으로 경험하는 조직화된 도시공간은 계급구조와 같은 여러 사회형태와 마찬가지로 기본적 생산관계로부터 도출되고 구조화되는 사회적·역사적 산물이라는 것이다.

하지만 그렇다고 해서 이 도시공간 분석이 경제적 심급으로 남김없이 환원될 수 있는 것은 물론 아니다. 더구나 우리 특유의 도시현실에는 확실히 기존의 마르크스주의 담론으로는 풀어낼 수 없는 특수성이 존재하는 것 또한 사실이다. 그럼에도 한국의 도시 관련 전문인들에게 르페브르H. Lefebvre나 카스텔M. Castells 등의 담론들은 끊임없이 하나의 지침으로 인용되고 있다. 이는 그들이 한국의 도시 실태를 파악하고 있었기 때문이 아니라 한국의 도시들이 자본주의적 공간의 생산과 재생산 방식에서 최악의 경지(?)를 제공하고 있다는 현실이 그들의 담론에 맞아들었기 때문이다. 결국 보다 적합한 도시공간 분석과 비판을 위해서는 우리만의 특수성이 충분히 고려되어야 함은 물론, 보다 근본적으로는 잉여가치 창출을 위한 자본의 노동착취에 대해서는 민감하면서도 공간의 변증법에 대해서는 거의 주목하지 않는 관행이 개선되어야 한다.

영국의 비평가 버거John Berger는 "앞으로의 예언은 역사적 투시가 아닌 지리적 투시를 의미하며 우리로부터 어떠한 결과를 은폐하는 것은 시간이 아니라 공간"이라고 말한 바 있다. 즉 인간생활의 통시적·수평적 경험과 개인행동 및 사회관계의 공간적 차원 간의 복합성과 영향력에 대한 인식이 필요하다는 점을 지적한 것이다. 예컨대 "도시공간의 사회적 조직문제, 지역주의 정치학, 동질적으로 영역화하는 국민국가 역할의 팽창, 환경운동 등 일련의 공간문제가 역사적 맥락 위에 중첩되어왔다." 바로 이러한 관점에서 우리는 도시를 보는 시각을 확장하고, 지금까지 거의 무관심 속에 공룡과도 같이 비대해진 이 도시를 읽어내려는 노력을 시작해야 할 것이다.

도시의 축적: 도시에서 국가로

자본주의 도시는 중세도시가 붕괴하고 상업자본이 성장하면서 형성되었다. 다시 말해서 산업발전에 따른 화폐경제는 도시의 면모뿐만 아니라 그 안에 사는 도시민의 인성구조도 바꾸어 놓았다. 초기 산업자본주의 단계에서부터 이미 도시는 강력한 현실로 대두했다. 상인들이 이전의 도시중심을 점유하고 교환경제를 가속시켰고, 농업의 잉여생산물의 증가는 도시의 부를 증가시켰다. 도시 특유의 오브제들과 소위 문화적 보물들과 함께 자본의 축적이 시작되어 이미 도시의 중심에서는 고리대와 상업에 의한 풍부한 화폐의 집중을 보게 된다. 장인들은 그곳에서 농업생산과는 별도의 수공업적 생산물을 통해 돈을 벌고, 이제 이 도시 중심은 단지 부의 축적만이 아니라 사회생활과 정치생활의 중심으로 등장하게 되며 자본의 막강한 흡인력과 함께 지식과 기술, 예술품과 모뉴먼트monument들의 축적을 보게 된다. 이제 도시는 그 자체가 하나의 '작품'이며, 이러한 성격은 화폐, 상업, 교환을 더욱 촉진하고 이에 따라 모든 것은 상품화를 향한 돌이킬 수 없는 방향으로 치닫게 된다. 즉, 작품이란 사용가치이며 교환가치의 산물인 것이다. 이를테면 길과 광장, 건물과 기념비 등 도시공간의 사용은 그 자체가 축제와 같았다. 어떤 축제인가 하면 비생산적으로 오직 쾌락과 위세를 위하여 풍부한 오브제와 화폐를 소비하는 축제다.

특수한 부르주아계층(본격적 기업인계층)의 출현으로 인한 산업화가 시작되면서 부는 본질적으로 부동산적이기만을 끝내게 된다. 결국 산업화와 함께 금융과 고리대납의 성장을 촉진하게 되고 도시 간의 분업이 정착되지 못하고 있을 때 강력한 중앙집권적 '국가'가 출현하게 된다. 유럽의 도시에서 상업자본가의 흥망성쇠와 중앙집권적 근대국가의 상호영향 관계는 주목을 요한다. 왜냐하면 역사적으로 근대국가의 조직과 탄생은 도시의 중심부를 장악한 집단과의 치열한 권력투쟁의 결과이기 때문이다. 이를테면 프랑스의 루이 왕조가 득세하기 전 파리시를 장악했던 것은 '물장사'와 상인, 그리고 교권敎勸을 대표하던 종교 지도자였다. 국가가 도시의 중심을 장악한 것은 도시 발달사에서 중대한 사건이며, 이는 필연적으로 국가권력과 상업자본가들의 끊임없는 역동적 관계를 대변하는 것이다. 국가권력이 도시의 중심을 차지하게 되면서 도시의 중대한 문제들은 도시의 본래 요구와 국가의 요구 사이에서 갈등을 겪게 되고, 그와 함께 도시의 본래 요구(시민을 위한)와 독점자본가의 요구 사이의 이해관계를 둘러싼 투쟁이 격렬하게 전개된다. 바로 이러한 중추적 구조의 역사 이해는 현대도시의 틀을 조명하는 데 있어서도 여전히 유효하다.

지금까지 주로 근대도시의 성립 과정을 거칠게 살펴보았다. 다음 장에서는 특히 현대도시의 여러 문제를 카스텔의 이론틀을 중심으로 살펴볼 것이다. 카스텔이 '국가와 집합적 소비수단'이란 명제하에 도시 정치경제학적 시각에서 도시를 분석하려는 시도는—집합적 소비에 대한 개념이 세분화되어 있지 않다는 지적에도 불구하고—오늘날 선진자본주의 사회에 나타나는 현상을 잘 설명해주고 있다.

개인과 도시와 국가

카스텔은 기존 도시사회학의 대명사로 군림해오던 생태학적 접근이나 휴머니즘적 마르크스주의를 모두 '이데올로기'로 비판하면서 도시이론을 과학적으로 재정립할 것을 촉구하였다. 카스텔은 노동력의 재생산을 담당하는 '집합적 소비수단'이 도시를 구성하는 요체이며, 이를 둘러싼 새로운 구조적 불평등이 오늘날 선진자본주의 사회에 나타나고 있다고 본다. 여기서 집합적 소비수단이란 사회적 노동력의 확대 재생산활동을 위한 물리적 자원의 총체라고 정의되며, 이는 개인적 소비수단과는 구별되는 것이다. 즉, 집합적 소비수단이란 구체적으로 의료, 스포츠, 교육, 주택, 교통, 문화 및 공동 운송시설 등을 포괄한다. 이러한 집합적 소비수단의 특성은, 첫째 시장메커니즘에 지배받지 않는 영역으로 시장가격이 없고, 둘째 노동력의 재생산에 필수적이며, 셋째 도시단위의 물적 토대를 이루고, 넷째 자본의 이윤과는 상충하는 것으로 자본에 의해서는 확보되지 않는 상품들의 소비로서 국가가 적극적으로 개입하는 영역이라는 점이다.

한편 집합적 소비수단이 선진자본주의 사회에서 중요시되고 있는 것은 선진자본주의 발달 과정 자체의 특성에서 비롯된다. 즉 선진자본주의의 발달 과정은 자본의 집중, 이윤율 하락 경향에 대한 끊임없는 투쟁, 생산력과 계급투쟁의 발전, 전체 경제활동에 대한 국가의 개입이라는 구조적 경향으로 특징지어진다. 이러한 경향과 관련된 집합적 소비의 중요성은 다음과 같다. 첫째, 자본의 공간적 집중은 노동력의 집중뿐 아니라 노동자들이 필요로 하는 소비수단을 집중시킨다. 소비수단은 개인적 소비수단과 집합적 소비수단으로 나뉘는데, 전자(자가용의 이용)는 후자(도로체계)에 의존하게 됨으로써 후자의 중요성이 증대한다. 둘째, 현재 선진자본주의 사회의 본질적인 문제 중의 하나가 시장의 수축으로 인한 경제의 침체 경향이라고 할 때, 소비를 지속적으로 자극하고 끊임없이 새로운 수요를 창출해내는 것은 자본의 전체 순환에서 매우 중요하다.

이런 측면에서 광고와 신용, 재정정책, 그리고 특히 집합적 소비수단은 개인적인 상품의 소비를 자극하는 데 중요한 역할을 한다. 예를 들면 자동차산업의 성장은 전적으로 도시의 교통체계에 의존한다. 그러나 집합적 소비수단의 중요성에도 불구하고 소비와 생산 간에 모순이 발생하게 된다. 카스텔은 이에 대한 대응책으로 국가가 여러 가지 수단을 동원해 개입하지만, 점차 한계가 드러남에 따라 집합적 소비수단을 둘러싼 도시사회운동이 전개된다고 지적한다. 둘째, 집합적 소비에 접근할 수 있는 능력은 소득수준에 따라 차이가 나기 때문에 '집합적 소비의 불평등'은 계급적 지위와 여러 가지 제도, 문화적 메커니즘에 의해 더욱 심화된다. 특히 미국의 경우 민간주택 시장에 대한 접근 능력은 현재와 장래의 직업 안정성 및 고용 위치에 달려 있다. 이러한 요인들은 새로운 사회적 불평등을 야기시킨다. 그러나 불평등은 일련의 선정기준(임대료의 지불능력, 유지·관리능력, 가족규모 등)과 사회적 제도에 근거한 선정기준에 의해 제한받는 공공주택이나 반공공주택 시장에서 더욱 명백히 나타난다.

이러한 도시사회운동을 진전시키기 위해서만이 아니라 앞에서 언급한 집합적 소비수단의 생산 자체의 특성 때문에 국가의 개입은 불가피하게 되지만 국가의 개입은 모순을 자동으로 규제하는 경제적 메커니즘이 아닌, 정치적 과정의 산물이다. 국가는 물론 노동력의 재생산 보장, 주로 복지 부문의 강화와 같은 경제적 특혜로 하층집단의 계급투쟁을 규제하여 정치적 지배관계를 안정적으로 유지하는 것, 직·간접적으로 수요를 자극해 이윤이 적은 분야에 투자함으로써 민간경제 부문의 이윤율 하락에 대응하는 기능 등이 있기는 하다. 그러나 국가의 개입은 새로운 모순에 직면하게 된다. 일반적으로 자본주의 국가는 거대한 자본이 요구되거나 이윤이 낮은 부문(주택, 철도시설 등)이나 서비스 부문을 관장해야 하는데, 그러기 위해서는 상당한 재정이 있어야만 한다. 하지만 집합적 소비에 대한 국가의 지출이라는 비용의 사회화와 이윤의 사유화라는 역사적 과정—노동력의 재생산에 드는 비용은 국가가 담당하는 반면, 그 노동력에 의해 창출된 이윤은 개별 자본가가 보유하게 되는—으로 인해 국가는 재정위기를 맞게 된다. 국가가 지출을 증대하면 할수록 국가는 그만큼 더 강력한 재정적 위기에 직면하게 되는 것이다. 물론 조세를 늘리면 되지만 거기에는 일정한 한계가 있다.

어쨌든 이러한 카스텔의 집단소비에 관한 이론에서 집중적으로 비판받는 부분은 바로 집합적 소비수단의 범위를 거의 공공영역에만 한정시키고 민간부문의 중요성을 상대적으로 과소평가한다는 점과 도시단위를 집합적 소비단위로 보았다는 점 등이다. 그럼에도 이 글의 주제와 관련하여 우리가 주목해야 할 점은 주택이 집합적 소비수단의 중요한 요소들 중 하나로 포함되어 있다는 점이다. 다른 부문, 즉 스포츠나 의료기관, 교통, 문화시설 등과 대비해 볼 때 주택은 도시공간 내에서 노동력 재생산에서 가장 필수적이라는 점에서, 또한 그것의 생산이 개별 자본의 이해관계와 반드시 상충하는 것은 아니라는 점에서 특기해야 할 부문이다. 이에 관해서는 다음 장에서 주택생산의 특수성과 현대도시의 문제점을 다루면서 다시 포괄적으로 거론하기로 한다. 다만 집합소비란 소위 법적 당위성을 위하여 사용하는 '공공성'의 범주에 속한다는 점을 재확인하면서 말이다. 그것은 예컨대 주택은 소비가 개별적으로 이루어지면서도 거시적으로는 그것의 수요와 공급이 전 사회적 이해와 요구에 따라 결정되기 때문이다. 이렇게 도시는 국가와 개인에 똑같이 연루되어 있다.

다음 장에서는 도시 그 내부의 구체적인 메커니즘을 살펴보기로 하겠다. 집합적 소비수단의 한 하부영역으로서 소단위의 개별적 공간의 생산과 소비방식이 역으로 집합적 소비에 적지 않게 중요한 영향을 끼칠 것이라고 추정할 수도 있다. 이제 도시 안으로 들어갈 시간이다. 어떤 도시인가 하면 이미 도구화된 도시로.

도시의 도구화

산업부르주아의 등장과 함께 도시는 더욱 직접적인 의미에서 노동의 재생산도구로 전락했다. 르페브르가 "지금까지 오직 시인들만이 도시를 인간의 거주지로 이해하고 있을 뿐"이라고 말한 것은, 도시의 물적 토대인 토지가 하나의 유력한 상품으로서 매매되고 찢기고 통폐합되는 한편, 이러한 상황이 관료주의와 테크노크라시technocracy에 의해 항상 새로운 이론으로 합리화되고 있음을 지적하기 위한 것이었다. 또한 이 말에는 "그 자체가 이미 거대한 물신物神이 되어버린 도시 속에 진정한 도시민의 삶의 가능성이 존재하는가?"하는 근본적인 의문이 함축되어 있기도 하다.

여기에서 우리는 일단 어떻게 도시의 공간이 균질화되고 파편화되며 다시 위계화되는지 알아보자. 미리 결론을 요약하자면, 이 과정은 도시공간의 전통적 사용가치에 대한 교환가치의 승리이고, 자본주의 논리의 승리이지 도시의 승리가 아니다.

도시는 하나의 거대하고 무질서한 빈 공간이 일정한 논리와 방식을 따라 조직된 결과로 파악될 수 있다. 이때 이 조직화의 기본 논리는 일정한 역사발전 단계에서 한 사회구성체의 지배적 관계를 따르며, 이는 곧 그 구성체의 지배적 생산관계를 보다 안정적이고 항구적으로 재생산하려는 지배계급의 요구에서 그 구체적인 표현을 얻는다. 요컨대 도시공간은 착취와 지배관계를 유지하는 쪽으로 조직화되며, 끊임없이 재구성된다. 그런데 이러한 착취와 지배는 단지 도시의 한 공간을 점유하는 것만으로도 충분히 가능하다.

르페브르는 자본의 사회관계, 곧 착취와 지배관계는 전체로서의 공간 안에서 공간에 의해 유지된다고 주장한다. 즉, 르페브르에 의하면 자본주의가 발전함에 따라, 첫째 모든 비자본주의적 공간과 활동들이 파괴되어 주변화되는 경향이 진행되고, 둘째 광고, 선전 및 국가관료에 의한 사적, 공적인 소비의 조직화가 이루어진다. 그리고 셋째로는 비생산적인 부문(여가, 예술, 정보, 건축, 도시성 등)에 까지 이윤의 법칙이 관철되어 자본에 의한 전체 사회공간의 획득이 이루어진다고 한다. 그런데 이는 공간과 사회관계의 새로운 차원을 창출한다. 즉 공간은 더 이상 사회관계의 영역화나 조직화를 위한 단순한 수단이 아니며, 총체로서의 공간이 생산관계 재생산의 산물이면서 동시에 그 수단으로 가능하게 된다. 결국 노동과 자본 간의 모순은 생산관계 재생산을 둘러싼 모순으로 내재화되면 그것이 또한 공간의 차원으로 전환하게 된 것이다. 따라서 자본주의가 발전함에 따라, 혹은 계급 역관계의 추이에 따라 그 공간구조는 다음과 같은 세 종류의 경향을 보이게 될 것이라고 추정할 수 있다.

첫째, 공간의 균질화다. 모든 가치의 유일한 기준인 화폐에 의해 공간의 교환이 가능하게 되고, 이는 필연적으로 공간의 균질화를 동반하게 된다. 이에 따라, 여기서는 추상화된 양적 공간만이 남고, 역사적·구체적 장소는 점차 소멸하게 된다. 이는 짐멜이 이야기했듯이, 화폐가 인간의 심성에서 추상화를 촉진하여 도시형 인간으로 변질시키는 속성이 있음을 지적한 것과도 흡사하다. 또한 이러한 사실은, 우리 시대에 어떤 한 뼘의 땅도 이른바 '평당 가격'이 매겨지지 않은 곳이 없다는 점을 두고 보면 쉽사리 이해할 수 있다. 이러한 공간의 균질화는 교환가치의 측정에서 선결조건이기도 하다.

둘째, 공간의 파편화 경향이다. 자본주의적 조건 속에서는 토지는 거래를 위한 상품으로서 시장에 나오며, 이때 공간은 무수한 획지(劃地)로 분할되어 여러 가지 용도로 사용된다. 특히 도시공간의 용도 구분이 법으로 지정되어 세분화되면서 공간은 도시민의 공공적 편익의 차원에서보다는 사적공간의 최대이윤 추구의 목적하에서 걷잡을 수 없이 조각나버린다. 도시공간의 걷잡을 수 없는 파편화는 다시 공공사업을 위한 개발을 추진할 경우 엄청난 토지 수용비의 지출을 유발하고, 그렇게 해서 개발이익은 다시 개인에게로 환수되는 악순환을 거듭하게 된다.

셋째로 도시공간의 위계화다. 권력, 부, 정보 등의 중심과 주변 간의 관계에 따라 모종의 위계질서가 부여되고, 고급, 저급의 여가공간이나 주거공간 등이 차별화된다.

곧 각 공간은 임의적으로 분포하는 것이 아니라 전반적인 사회계급구조의 위계를 반영하면서 구조화되고 동시에 그러한 사회관계의 불평등을 재생산하고 심화시키게 된다.

결국 이러한 도시공간의 균질화, 파편화, 위계화 등은 자본주의적 생산관계의 지배적 논리의 한 필연적인 반영이면서 동시에 이것들을 다시 역으로 자본주의적 공간의 모순을 확대·재생산한다.

이를 다음과 같이 세 가지 정도로 짧게 요약할 수 있겠다. 첫째, 공간(토지)의 사적 소유체계와 도시·국토계획에서 나타나는 공공이익의 논리와의 갈등 현상으로, 이는 대개 사적 소유의 제약으로 귀결된다. 둘째, 기술 및 생산력의 발전논리와 자연공간과 환경보존의 요구 사이에 놓인 모순이다. 인간은 끊임없는 자연의 파괴와 정복을 통해 자신의 행복과 쾌락을 확대시켜나간다. 인구증가에 따른 환경파괴는 더욱 현실적인 공간의 정치경제학을 필요로 하기에 이르며, 다른 모든 부문의 정치경제학적 관심에서와 마찬가지로 이것 역시 일단은 공간에서의 불평등과 결핍, 빈곤의 문제에서 우선적으로 출발하게 된다. 전체 공간 및 공기, 물, 태양 등이 상품화되어 매매되는 사실, 그리고 제1세계의 공해, 오염물질이 몇 푼의 경제적 보상과 함께 제3세계로 유입되는 현상 등은 그 모순의 가장 강렬한 표현 중의 하나일 것이다. 셋째로, 도시공간의 팽창과 함께 전 사회의 도시화가 진행되며, 농촌은 더 이상 농촌일 수 없고 도시의 배후지(관광지와 식량자원 생산기지)로서만 기능하게 된다. 인간 만남의 장소인 도시는 이제 인간이 제외된 부와 의사결정 권력, 정보의 중심지로 탈바꿈하게 된다. 기쁨과 보람이 배제되고, 고통과 소외를 은폐하는 소비문화와 조작적 이데올로기가 지배하는 가식적 공간이 된다. 사람들은 누구나 특정 공간을 점유하고 있는 집단의 일원으로서 생활하고, 초호화 주택지와 빈민지역, 사치스러운 유흥가와 싸구려 선술집 구역, 드넓은 개인 정원과 황폐한 공원녹지 공간, 광대한 대학 캠퍼스와 손바닥만 한 공장 화단 등으로 분리되어 공간적 위계와 사회적 지위를 표현하게 된다.

이러한 자본주의 도시공간에 대한 르페브르의 비판은 현대 도시사회를 둘러싼 제반현상의 메커니즘을 설명하는 것으로는 적합하긴 하지만 그것으로 충분한 것은 아니다. 도시가 반드시 극단적으로 대립하는 계급 간 이해에 따라 극단적으로 양분되기만 하는 것도 아니고, 도시 속에 오직 고통과 소외만 있는 것도 아니며, 도시공간이 착취와 지배관계 재생산의 중요한 구조적 틀로 작용하긴 하지만, 도시를 반드시 공간의 차원으로만 환원하여 생산할 수는 없을 것이기 때문이다. 그 강력한 예증으로, 각 도시공간이 점유자들에 의해 공간지배와 착취의 논리를 뛰어넘어 그 나름대로 '도시종족'으로의 독특한 '네트워크'를 형성하고 있다는 사실을 들 수 있다. 르페브르의 시각을 통해 우리는 도시의 도구화 전략에 관한 거시적인 관찰과 숙고의 한 단면을 보기는 한다. 그러나 우리는 미시적으로 앞장에서 언급한 집합적 소비수단의 하나인 주택이 어떻게 도시적 조건과 상황 속에서 문제가 되었으며, 생산되고 유통되는지를 다시 한 번 살펴볼 필요가 있다. 그것은 아주 상식적인 수준인 듯하면서도 우리가 정확히 짚고 넘어가야 할 중요한 대목이다.

주택문제

주택이 중요한 사회적 문제로 대두한 것은 역사적으로 산업혁명 초기 단계와 때를 같이한다. 이 경우 주택문제라 하면 노동자계층을 이루는 대다수 일반 서민들의 주택문제를 말한다. 산업화가 도시를 중심으로 이루어짐에 따라 18세기 말부터 농민들은 일자리를 찾아 대거 도시로 몰려들었고, 이에 따라 도시사회는 산업혁명에 따른 새로운 조정국면을 맞이하게 되었다. 이때 와서 처음으로 주택문제는 인류역사에서 집단 공동의 사회문제가 되었다. 그러나 노동력의 안정적이고 원활한 재생산을 위한 핵심적인 기재로서 주택을 인식하기 시작한 것은 19세기 중반이 지나서였다. 그 이전까지는 노동자들 스스로 주택문제를 해결하도록 방임해두었다. 그러나 시간이 흐름에 따라 주택문제는 서서히 국가적 차원의 문제로 떠오르기 시작했고, 이에 따라 적어도 최소한의 해결을 위한 고민과 모색이 싹트기 시작했다.

그런데 이러한 모색의 시작은 대단히 절박한 상황에 대한 인식에서 출발하였다. 요컨대 더러운 노동자 거주지역에서 창궐한 각종 질병과 전염병균들이 도시 전체를 휩쓸 가능성이 지배계급들에게 가공할 위협으로 등장했던 것이었다. 이때부터 주택 문제와 '공공위생'의 문제가 상호 밀접하게 연관된 문제로서 공식적인 차원에서 다루어지기 시작했다. 어둡고 비좁기 짝이 없는 통로 같은 공간에서 노동자들은 구겨진 채로 새우잠을 자야 했고, 빡빡한 밀도와 열악하기 짝이 없는 환경은 각종 질병과 전염병을 만연시켰다. 한 예를 들자면, 유럽의 수도를 차지했던 프랑스 파리조차도 도시 위생설비의 기본인 하수시설이 완성되기까지는 대단히 오랜 시간을 지나야만 했다. 어쨌든 전염병균은 빈민구역과 상류계층 거주지역을 가리지 않는 법이다.

따라서 페스트나 콜레라와 같은 전염병의 위협에 효과적으로 대처하기 위해서는 일차적으로 노동자들의 거주환경에 대한 정확한 조사와 인식이 선행되어야만 했다. 1835년, 의사 게팽Ange Guepin은 <19세기 낭트 시—산업과 도덕에 관한 통계>[1]를 출간하였고, 역시 비슷한 시기에 의사 빌레르메Louis-René Villermé(1782-1863)는 <위생과 윤리>라는 보고서에서, 좁은 방에서 집단적으로 거주함으로써 발생하게 되는 전염병과 근친상간 등으로 점철된 부도덕한 환경을 폭로하였다. 이와 같이 이 시기부터 주택문제는 비로소 본격적인 연구의 대상이 되었다. 처음으로 주택문제를 보다 큰 차원에서의 사회문제의 일환으로 인식하고 세상에 알린 사람들이 의사들이었다는 사실은, 병든 산업화도시를 간접적으로 진단한 아이러니이기도 하다.

1842년, 직조회사 경영주의 아들이었던 엥겔스Friedrich Engels는 자본주의 산업에 관심을 두고 산업화의 대명사인 맨체스터를 방문하였다. 그곳에서 엥겔스는, 노동자들의 최악의 생존조건과 생활환경을 보고는 경악을 금치 못하였다. 1845년, 엥겔스는 노동착취에 의존하는 산업사회를 아마도 이 분야에 관한 최초의 사회학적·마르크시즘적 보고서 속에서 총체적이고도 세밀하게 다루었다. 이 보고서에서 엥겔스는 30퍼센트에 달하는 노동자들이 집이 아닌 동굴 속에서 기거하고 있음을 개탄하고 있다. 결국 엥겔스는 《주택문제에 대하여》(1887)라는 독립된 저작을 저술하게 되는데, 여기에서 그는 부르주아계층들이 해결하려는 주택문제의 허구성을 지적하고 있다.

엥겔스와 별도로 프랑스의 푸리에Charles Fourier, 영국의 오웬Robert Owen 등이 19세기 산업사회의 질병을 치유하기 위한 대안으로서 일종의 공산주의적 유토피아를 구

---

1. Ange Guépin, 'Nantes au XIXe siècle. Statistique, topographique, industrielle et morale, faisant suite à l'histoire des Progrés de la Ville de Nantes', 1835.

상하였다. 즉 19세기 산업사회가 가진 문제들에 직면하여, 한편으로는 '사회의 이상적 재구성'이라는 유토피아적 구상과, 다른 한편으로는 모든 사회적 병리현상의 근저에서 '계급투쟁'의 흔적을 읽어내고 또 이를 활성화함으로써 문제해결을 도모하는 마르크시즘적 전략의 출현을 보게 된 것이다. 그러나 이러한 사상과 이론체계의 출현이 구체적인 실천으로 이어지기 위해서는 오랜 기간에 걸친 역사적 투쟁을 경과해야 했으며, 이런 흐름과는 반대로 지배계급은 어떻게 해서든 위기를 모면하기 위하여 새로운 지배방식과 조처를 취하게 된다.

이런 움직임의 복합적인 상호작용의 한 결과로서 노동자를 위한 주택이 하나의 '모델'로서 처음 제시된 것이 바로 1851년 런던만국박람회에서다. 당시 앨버트 황태자가 제안한 철구조물로 제작된 이 두 개의 노동자주택 모델은 대량생산을 위한 것이었으며, 따라서 건축가가 아니라 엔지니어에 의해 제작된 것이었다. 그 후, 1867년 파리만국박람회에서 50개의 노동자주택 모델이 전시되었다.

위에서 든 이러한 예들은 노동자 주택에 대한 필요와 요구가 그만큼 강력했다는 것을 의미하며, 다른 한편으로는 주택을 따로 하나의 '상품'으로서 다루어 주택시장의 형성이 가능했음을 간접적으로 시사하는 것이다. 주택문제가 위생문제에서 출발하여 결국에는 '상품'가치로 인식되는 이 일련의 변화는 주택문제를 다루는 데 매우 중요한 단서가 되며, 새로운 시작으로 이해될 수 있다. 이때에 이르면 국가뿐만 아니라 기업가들도 '근로자'들의 주택문제에 관심을 보이기 시작한다. 처음에는 '집단주거'로서 아파트와 같은 주거형태를 시도하였으나, 이는 곧 수정된다. 왜냐하면 아파트와 같은 집단주거지는 그 특유의 집단적 성격으로 말미암아 '조합운동'의 주요 근거지가 되었고, 노동자들의 소요의 진원지가 되었기 때문이다. 그리하여 결국 산업자본가들과 국가권력은 가급적 노동자들을 격리수용하기 위하여 단독주택을 짓기 시작했다. 격리된 단독주택에다 소규모의 뜰까지 곁들인 주거형태는 그들에게 기대 이상의 효과를 가져다주었다. 노동자들은 근로시간 외에도 '나의 집'을 건사하는 데 매달려야 했고—따라서 노동조합 집회에 참여할 틈을 낼 수 없었으며—쉬는 날에는 착취당한 잉여가치를 조금이나마 벌충하기 위하여 텃밭에서 채소를 길러야 했던 것이다. 다음에서는 이러한 산발적이고 임시적인 해결책과는 달리 주택문제가 산업혁명기의 선진자본주의 국가에서 어떻게 지배계급의 공식적이고 일관된 논리로 전개되는지를 살펴보기로 하자.

앞에서 우리는 주택문제가 이른바 '위생주의자'들의 휴머니즘에 기댄 폭로와 고발로부터 공론화되었음을 보았다. 그런데 이와 비슷한 시기에 이들 위생주의자들과 함께 등장하는 것이 기독교 계통의 '박애주의자'들이다. 이들의 출현은 첫째, 노동자계층의 극단적인 빈곤, 둘째, 이러한 절대적 빈곤상황에 대한 노동자계층 스스로의 자각, 셋째, 지배계급의 일반적 입장, 즉 사회적 소요와 민중봉기의 공포에 대한 인식과 동시에 사회적 '평화와 질서 유지'의 이데올로기를 주입할 필요에 대한 요청을 그 배경으로 하고 있었다. 그들은 "육체는 물리적 페스트에는 저항할 수 있으나 정신적 페스트에는 저항할 수 없다"라는 논리로 대응했던 것이다. 1831년 파리 시에는 콜레라가 만연하여 18,000여 명이 사망하였고, 이에 대한 사후적 조치로서 1831년 3월 15일 '불량지구 지정위원회'가 최초로 설치되었다. 그리고 1846년에는 '주택위생카드제'가 실시되어 처음으로 불량지구 주택이 철거되었다. 그러나 이 당시 오스만Baron Hausmann에 의해 주도되었던 일련의 정책적 조처들은 주택문제를 해결했다기보다는 오히려 더욱 악화시켰을 뿐이었다.

어쨌든 위생주의자들은 주택문제를 통해 노동자계층을 주변적인 존재로 격하시키는 데 기여했으며, 모럴을 내세운 박애주의자들은 기독교적으로 노동자들을 개량하려는 개량주의자들이었고, 자유주의자들은 한편으로는 개혁을 부르짖으면서도 이 개혁이 개인들의 창의에 의존할 것을 주장하며 일종의 방치상태로 일관한 것이다. 다만 1870~80년대 노동자운동이 출현하면서 보다 조직적으로 조합운동을 벌임과 동시에 노동당이 출현하기에 이르자 국가는 법적·제도적 차원에서 노동자들의 요청을 일부 수용하기에 이른다.

영국의 경우 1834년 빈민법(Poor Law)의 제정을 통하여 국가는 빈민 노동자들에게 노동의 집(Work House)을 통한 군대식 조직으로 도움을 주기 시작했고, 1869년에 창설된 자선조직협회(Charity Organized Society)를 통해 '자선'이란 이름으로 지배계층을 합리화하였다. 위생주의자들의 요청으로 불량지구의 규칙을 만들고 1850년에는 위생법을 탄생시켰다. 1875년 공공보건법(Public Health Act)을 통해 지방자치단체가 도시 하부구조를 구축하도록 하였으며, 토렌스법(Torrens Act, 1868년)과 크로스법(Cross Act, 1875년) 등은 지방자치단체의 불량지구 철거권을 보장하였다.

이렇게 영국의 경우를 보아도 다른 선진자본주의 국가들에서와 그 역사적 논리는 같다. 우선 노동자들을 '위생적으로' 격하시키고 그들이 사는 주거지역을 '불량한 곳'으로 규정한 다음 '철거'하는 것을 합법화하는 과정인 것이다. 이와 편승한 개혁주의자들의 정책은 우선 노동자들의 생활방식을 바꾸고, 도시생활의 조건을 개선하는 것이었다. 그러기 위하여 그들은 우선 노동자들의 기본 요구를 충족시키기 위하여 '서비스'라는 새로운 개념을 창출하여 '빵집', '약국', '주택' 등을 개별적인 차원에서 해결하도록 유도하며 공적인 조절기구를 설치하고자 하였다. 즉 이 문제의 해결을 지방자치단체에 맡겼던 것이다.

그러면 왜 지방자치단체에게 위임했던 것일까? 왜냐하면 국가는 이러한 개혁에 대해 사실상 적대감을 가지고 있었기 때문이다. 국가보다는 지방자치단체가 생산과 분배를 직접 근거지에서 조절할 수 있었고, 민중의 투쟁과 요청을 조절할 수도 있었기 때문이다. 1890년의 노동자주택법은 영국 주택정책의 기본 모법으로 1940년까지 지속되었다. 이는 3부로 나뉘어 불량주택의 구별, 수용과 철거, 주택의 건설 등으로 되어 있다. 1910년까지 중앙정부는 개혁주의자들(영국의 경우 자유당, 프랑스의 경우 공화당)의 의견에 반대하였다. 그러나 프랑스의 경우는 1882년 12세까지 의무교육을 법제화했고, 따라서 12세까지의 아동노동을 금지시켰다. 영국의 경우는 1870년 공공교육법을 공포하고 1890년에 무료의무교육을 실현하기에 이른다. 1910년에서야 프랑스에서 사회보장제도가 이루어지고 1932년에 퇴직연금제도가 실현되기까지, 즉 게팽의 보고서에서부터 노동자들이 그들의 생존에 필요한 최소한의 것을 국가로부터 보장받기까지 1세기란 긴 세월이 흐른 것이다. 이처럼 주택의 '위생적 환경'으로부터 출발한 노동자들의 생존에 관련된 문제가 한편으로는 도시사회의 재조정에 공간적으로 끊임없이 예속되는 과정을 밟는 한편, 다른 한편으로는 그 자체가 생산관계의 재생산이라는 중층적 구조 속에 편입된다.

우리나라에서 주택정책의 핵심은 주택문제의 해결보다는 주택산업을 활성화시키는 것에 있다고 볼 수도 있다. 주택에 대한 수요를 조장시켜 주택에 대한 투자를 유발하고 이를 주택산업의 이윤으로 전환시킴으로써 주택산업 부문에서 자본활성화를 통해 전반적인 경제부문 간에 파급효과를 노리고 있는 실정을 감안할 때, 도시공간 정책에서 '주택'의 문제는 위에서 살펴본 역사적 맥락으로 볼 때 '주택의 본래적 문제'에서 파생한 주택의 상품화, 즉 주택시장논리의 탄생을 목격하게 된다. 이는 자본주의체제하에서 노동의 재생산이란 가치 위에 가족의 사회적 단위 개념과 중첩되면서 우리의 일상을 만들어낸다. 요컨대 가족은 외부세계의 위협으로부터 은신처를 제공하지만 이 온화한 은신처 안에서 형성된 의식은 더 넓은 외부세계에 무관심하게 만들기 위함인지도 모른다.

주택생산

주택정책의 결과는 결국 노동자들의 주택환경에 관계되는 것으로 노동력 재생산에 관련된 것과 자본축적에 관련된 부분의 문제다. 바로 이러한 생산방식을 점검해보고자 하는 것은 앞에서 언급한 '상식적인 것'을 짚어보기 위한 것이기도 하다. 우리는 지금까지 도시화 현상의 국제화를, 도시와 국가를, 그리고 도시의 조각남을 보았고, 그 속에서 주택이 어떻게 해서 역사적으로 문제가 되었는지 살펴보았다. 우리는 멀리서부터 이 조그만 부분, 아니 도시공간의 필수적인 한 부분을 차지하는 주택생산의 문제 속에서 아마도 도시의 도시됨의 한 단서를 볼 수 있을지 모른다.

논리를 명확히 하기 위해서 기호를 도입하고자 한다. 우선 주택생산 과정의 대표적인 다음 도식을 보자.

$$A \rightarrow A + \Delta A$$

(A=자본, ΔA=잉여가치)

여기에서 델타는 어디에서 오는가? 이 마법적 전환을 편의상 A → A'로 적어보자. 이를 다시 A(초기투자화폐자본), FT(노동력), MP(생산수단), T(생산기반인 토지), P(생산, 또는 건설행위), A'(화폐자본)이란 기호를 사용하여 도식화해보자.

$$A \longrightarrow \begin{array}{c} FT \\ MP \\ T \end{array} \quad P\,/\,M \longrightarrow A'$$

생산기간   회전기간

위 도식에서 우리는 화폐자본이 상품자본화되어 시장에서 순환(교환)되면서 초기자본이 증가함을 보게 된다. 그러면 어떤 점이 자본주의체제하에서 부동산 분야의 특수성을 낳는 것일까? 거기에는 어떤 구성요소들이 있는 것일까?

    이 문제에 대한 해답을 얻는 데는 두 가지 커다란 장애물이 존재한다. 첫 번째 장애물은 하나의 조건이기도 한데, 그것이 진짜 상품이 아니라는 점이다. 즉 토지라는 문제를 갖고 있는 것이다. 토지는 재생산될 수 없는 것으로 부동산산업에서 그 자체가 하나의 장애물이며 바로 그런 이유로 개발가들이라는 특수집단이 탄생하게 된다. 다른 모든 상품들이 무한대로 생산될 수 있는 데 반해 주택생산의 기반인 토지는 그렇지 못하다. 예술작품도 이런 관점에서 볼 때 자본주의적 생산품은 아니다. 더욱이 토지는 사유재산의 한 부분이다. 그러므로 이에 대한 접근은 오직 임대차에 따르며 그렇게 함으로써만 토지를 통한 생산을 조절할 수 있다. 개발자들이란 바로 토지를 생산에 끌어들이는 사람들이다. 두 번째 장애물은 유통기간의 문제다. 주택이 현금자본에 따른 상품이 된 후 상품의 연속성을 구현하면서 상품자본이 화폐자본=잉여가치로 변신하기까지에는 상당 기간이 요청된다. 국민 중 봉급생활자가 증가하면 할수록 주택을 현금으로 구입할 수 있는 인구는 전체 인구의 3퍼센트 정도에 그치게 된다. 대부분은 대금의 지불을 분산할 수밖에 없다. 이러한 위의 두 문제는 다른 생산시스템에서는 항상 제기되는 문제가 아니다.

그러면 주택은 어떻게 해서 자본의 순환과정에 소속되는가? 주택=상품이 되는 역사적 조건은 무엇이며, 주택은 오직 사용가치로서 돈을 지불하지 않고는 소유할 수 없는 것일까? 역사적으로 주택은 상품이 아니었다. 애초에 주택은 사용가치로서 생산되었다. 생산방식 또한 장인들에게 개별적으로 주문하여 생산되었던 것이다. 역사적으로 주택=상품=자본이 되는 과정은 바로 주택시장의 출현에서 비롯되는 것이다. 주택생산이 자본주의적 생산의 한 하위범주로 들어오게 되는 첫 번째 요인은 주택생산이 부동산자본으로서 생산될 때이며, 부동산 소유자에게 새로운 가치를 부여하는 경우다. 즉, 토지를 통한 이윤의 확보가 그것이다. 다시 말해 토지소유자가 부동산임대자로 전락해 여러 채의 주택을 소유하며 수지를 맞추는 경우다. 그러나 이 경우 토지소유자는 돈(자본)이 없다(이것이 1차적 모순이다). 이 때문에 부동산자본은 자율적(독립적)으로 토지소유자와 구별된다. 그러나 부동산자본가는 토지를 찾아내야 되며(필요로 하며), 따라서 토지는 하나의 구매가능한 상품으로 시장에 나오게 된다. '토지시장'이 형성되고 토지는 자본으로서의 가치증식을 시킬 수 있는 체제에 편입되게 된다. 부동산자본의 순환에서의 문제는 화폐이자를 통한 생산형태의 메커니즘이다. 이러한 특질은 중개자들과 가치의 전환을 동반하게 되는 역사적 맥락에서 나오는 것이다.

그러면 생산의 토대(T)로서의 토지는 어떻게 되는 것일까?

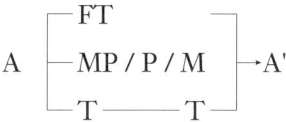

토지는 토지로 남으면서 A → A'로 전환된다. 토지를 찾아나서는 개발자들은 1) 땅을 사서, 2) 자본(초기공사착수비)을 투입하고, 3) 건축프로그램을 결정하고, 4) 개발이익을 환수한다.

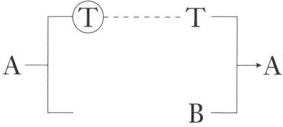

(A=초기투자, B=부동산구입)

위 도표에서 생산기반인 토지는 개발가가 부동산으로 구입하면서 지가상승에 따라 잉여가치를 획득한다.

그러나 건물 건설은 대체로 장기간이다. 건설회사의 자본은 건물에 투입되어 저장되고, 공사완료 시점까지 계속 투자만 하게 되는 경우 자본순환의 기간은 상대적으로 길어지고 동결되어 더 이상 자본축적이 없게 된다. 그러므로 재원의 조달, 곧 금융의 지원을 받게 된다. 이런 상황에서 개발자의 초기 투자자본은 건설회사의 자본회전을 용이하게 한다. 즉, 건설회사의 연속적 생산을 가능하게 한다. (기업의 논리적 이익에 따른) 개발자의 대차대조표는 다음과 같다.

대변	차변
주택판매대금	- 토지구입비
또는 손실	- 택지조성비
	- 세금
	- 건설비
	- 금융비
	- 이윤
	- 관리, 판매비

곧 개발자는 위에서 언급한 바와 같이 두 가지 역할을 한다. 즉 초기투자, 공사, 토지의 수용이 그것이다. 그러나 이 모든 것은 시간이 걸린다. 이러한 문제를 극복하기 위해 금융자본의 지원과 기초공사만 하고 판매를 당긴다든지 하는 방식을 채택하게 된다.

그러나 토지의 수급에 관한 문제는 그렇게 단순하지만은 않다. 도시 중심부는 철거와 이주비용이 더 드는 반면, 주변부는 도로나 기타 도시 하부구조 건설비로 인한 비용이 증가한다. 이러한 도시기반 시설비 및 토지개발비 부담의 경중에 따른 차액을 변환지대地代라 하며 변환지대에 대해 중심에 따라 증가하는 독점지대를 상대적 지대, 건폐율, (법이 정하는) 용적율에 따른 차등을 절대지대라 한다. 이러한 지대가 개발가의 이윤에 미치는 영향이 막대함은 물론이고, 공사비에서 지대가 차지하는 비중은 생산방식 자체와 건축프로그램을 변경시키도 한다. 자본주의적 생산방식에서 지역에 따른 잉여이익의 분배가 문제로 남는다. 여기에는 세 가지 유형의 이익이 생긴다. 1) 주택건설의 양과 밀도에 따른, 곧 도시공간적 변수, 2) 택지개발비, 3) 공간적 변수에 따른 최종 판매가격인 것이다.

주택의 생산과 공급에 관련된 논의는 그 전문성에 비추어 이 짧은 글에서 다 수용할 수는 없다. 특히 우리나라의 경우 주택문제를 너무 양적인 문제로만 다룬 폐단을 생각할 때, 모든 논의가 그 해결책을 양적인 차원에서 찾을 때 주택문제의 논의는 허구적인 수준에 머무를 수가 있다. 본질적으로 우리는 적어도 주택문제의 논의에서 기본적인 상식의 무장을 갖추고 접근해야 할 것이다. 이런 관점에서 지금까지 간단하게 개괄해본 내용을 토대로 우리는 많은 문제를 제기할 수 있겠다. 우리나라의 주택문제가 아직까지 사회운동으로 전화되지 못하고 있는 것은 주택부족 현상에 대한 타성적인 태도에 있는 것이 아니라 서민들의 삶의 방식, 즉 1실 1가족의 생활패턴이 역사적인 관습에서 유래되었기 때문이다. 주택문제는 바로 사회적 선택에 달려 있으며, 어떤 사회를 지향하느냐 하는 것은 주택의 질에 속한 문제이기도 하다.

세계가 도시화되고 한 나라가 도시화되면서도 모든 사람은 집 속에 있다. 집은 도시이며 도시 속에는 집이 있다. 그러나 우리시대의 도시는 조각나 있고, 그 몰인격성으로 인해 점점 인간에게 적대적인 공간이 되고 있으며, 도시는 도시 속에 없다. 어쩌면 도시를 재창조해야 되는 것이 아니라 '도시민'의 길을 재창조해야 할지도 모른다.

글을 맺으며

"모든 도시에 관한 연구나 전망에 관한 계획들은 살아 있는 도시, 살 수 있는 도시로 귀결되지 못하는가"라고 르페브르는 절규한다. 자본주의와 자본주의의 이윤추구와 사회적 조절장치들을 헐뜯을 수는 있다. 그러나 이러한 지적들은 너무 일면적이고, 이는 사회주의 세계에서도 동일한 문제와 유사한 실패를 답습하는 것을 보면 알 수 있다. 요컨대 자본주의적 생산방식을 공격하지만, 사회주의 체제를 실험한 옛 소련에서도 여전히 심각한 주택문제를 안고 있는 것이다. 그렇다면 어쩌면 문제는 서구 이론가들의 사고방식 그 자체에 있는 것은 아닐까? 지난 몇 세기를 지나면서도 결국 서양 지식인들은 아직도 농경시대의 사고방식에 의존하고 있는 것은 아닌가? 서양 지식인들의 사고방식은 도시인답지 못하고 도시에 관한 한 아주 민첩한 도구적인 사고만 생산했을 뿐이다.

이러한 개념은 고대 그리스 시대부터 있어왔다. 서양 지식인들에게 도시는 정치와 군사조직의 도구였다. 중세의 도시는 종교의 틀이었으며, 산업부르주아지의 등장과 함께 도시는 '노동의 재생산기구'로 전락하였다. 위에서 언급한 바대로 오직 시인들만 도시를 인간의 거주지로 이해하고 있는지도 모른다. 역사가 진전됨에 따라 도시는 테크노크라시와 관료주의라는 두 가지 힘에 의존하게 되었다. 즉, 제도화의 틀로 점점 조여든 것이다. 그러나 제도화는 바로 도시생활의 적이며, 이는 자생적인 '생성'을 동결한다. 새로이 건설되는 도시들에는 오직 테크노크라트의 손길만이 드러날 뿐 다른 어떤 도시활성화의 방법도 제시되지 않는다. 설사 건축의 개혁이나 정보와 문화, 협동생활이 개선되더라도 말이다. 지방자치단체들은 국가를 모델로 해서 조직되고, 국가의 고차원적인 관리와 지배라는 습관을 작은 규모로 조절하는 복사품일 뿐이다. 그러므로 우리는 "도시는 시민이 만든다"라는 원칙을 가지고 도시에 관한 고답적인 담론보다는 도시민의 일상성 속에서 도시다움을 찾아나서야 할 것이다. 바로 그렇게 했을 때 우리는 이 도시 속에서 인간으로 거주함을 기뻐할 수 있게 될 것이다.

일상성은 아주 단순하다. 일상생활은 그 단순반복성에 있다. 그러나 일상성을 분석하는 가운데 우리는 그 복잡성과 다층적 의미를 알게 된다. "물리적, 생물학적, 심리적, 도덕적, 사회적, 미적, 성적으로 얽힌 문제들, 이런 일상생활의 모든 것은 일시에 영구한 것으로 생성되지 않는 것이며 각기 여러 요구를 나타내는 것이다. 일상생활이란 사회생활 실현의 가장 모순된 것이 스쳐가는 곳이다. 진지한 것과 유희가 교차되고, 사용과 교환, 지역과 세계가 뒤섞이는 곳이다." 시민은 한 장소에 오래 거주하지 않으며 끊임없이 이동한다. 현대도시에서 사회관계는 기술과 커뮤니케이션에 의해 국제화되고 있다.

　이 전환기의 도시라는 역사적 현상 속에서 우리는 최초로 인간이 살아온 흔적으로서의 도시가 아니라, 도시가 만든 흔적으로서의 새로운 인간(도시인)을 탄생시켜야만 할 것이다. 먼저 이 도시에서 탈출하여 그에 도달하는 도시인들만이 지구를 도시혹성으로부터 구출할 수 있을 것이다.

공간의 정치학

천민자본주의 연습

요사이 정부와 언론은 물론 모든 사람들의 관심사는 '부동산'이다. 경제 용어로 점잖게 말해서 부동산이지 실은 치솟는 '아파트 값'을 진정시키려는 전쟁이 벌어지고 있는 형국이다. 전쟁은 전선이 있고 적이 있는 법이다. 최전선은 서울의 강남이고 일반전선은 모든 도시에 걸쳐 있다. 적은 명목상 아파트 값이라고 하지만 실질적으로는 투기자본이다. 그러나 겉으로 드러난 것이 그렇게 보인다는 것이지 조금만 뒤집어 보면 현재의 아파트 값 폭등과 관련한 모든 정책과, 정책 실행에 따른 동요들과 입소문들은 하나의 중요한 사실을 은폐하고 있다. 즉, 집=돈이라는 등식에 전 국민이 다시 한 번 동의하는 정치적 학습을 공개적으로 진행시키고 있는 사실이 바로 그것이다. 아파트는 이제 '거주의 공간'이 아니다. 국민들이 공통으로 학습하는 '경제의 영역'으로 이를 둘러싼 다양한 언어는 대하소설감이다.

'가수요'자들의 '투기'를 억제하기 위하여 정부는 '종합부동산세'를 신설하고, '담보대출상환'을 앞당기며, 이자율을 높이고 있다. 이런 방법에 대해 누군가는 부동산시장에서 급작스러운 '거품'의 붕괴를 막아줄 방편으로도 유효할 것이라는 말한다. 그리고 드디어 아파트 '원가를 공개'해야 실질적으로 아파트 값을 내릴 수 있다고 제안한다. 이에 대해 분양원가 공개는 자본주의 시장경제에서 있을 수 없다고 맞받아치고 있으며, 드디어 반값아파트 논쟁이 벌어지기에 이르렀다. '대지(토지)임대부 분양제도'의 찬반논쟁은 급기야 '용적률 400퍼센트'라는 기상천외한 발상까지 동원하였고 '서민들은 용적률 400퍼센트'라는 열악한 환경 속에 살아도 된다는 말인가!라고 절규하는 사람들도 있다. 보다 못한 건교부 주거본부장은 "반값 아파트는 반값이 아니다"라고 글을 올려 다시 논쟁이 벌어졌다.

건교부 주거본부장은 "대지 임대부 주택분양은 건물은 제값을 받고 대지에 대해서는 임대료를 받는 것을 말하기 때문에 이는 '제값'을 받는 것이지 '반값'을 받는 것은 아니다"라고 주장했다. 대지 임대부 분양은 마치 사과 반쪽을 반값에 팔면서 '반값 사과'라고 하는 것과 같은 환상을 심어준다는 것이다. 어찌 되었든 천문학적 숫자로 치솟는 값으로부터 자유로운 아파트를 반값으로 공급하겠다는 논쟁은 어떻게 서민들의 주거비를 실질적으로 줄여줄 수 있는가 하는 고민에서 출발한 고육지책이라 아니할 수 없다.

특히 일부에서는 용적률 특례를 인정하고 고밀도로 개발하는 경우 소비자의 부담이 크게 줄 수 있다고 하지만 이는 "제도 자체에 의한 효과가 아니라 단순히 용적률 특례에 의한 효과에 불과하다"라고 지적하고 있다. 또 다른 정당은 환매조건부 분양을 제시하여 분양 아파트를 판매할 경우 구입자는 투기자본가가 아니라 공공기관에게만 가능하게 하는 정책을 제안하고 있다. 어쨌든 모두가 하나같이 숫자에 대한 논쟁뿐이거나 제도에 대한 제안이지 어떤 환경의 집을 어떻게 만들 것인지는 유보한 채로 '아파트는 돈'이라는 사실을 다시 한 번 거국적으로 강조하는 꼴이 된 것이다. 차제에 우리는 이런 상황에 휩쓸리지 말고 냉철하게 문제의 핵심을 되돌아 볼 필요를 느낀다.

일부 주민들은 종부세에 대하여 '세금폭탄'이라는 말을 서슴지 않고 납세 거부운동까지 펼칠 조짐을 보이고 있어 정치권과 주민들 사이에는 긴장감까지 감돈다. 그러나 이 모든 문제는 아파트 값을 잡느냐 못 잡느냐 하는 데 있는 것도 아니고 이를 줄여서 '부동산'만의 문제만도 아니라는 데에 사안의 중요성이 있다. 한마디로 말해서 이 사건은 지난 수십 년간 정부와 국민 모두가 함께한 천민자본주의 학습의 결과다. 다만 주택과 관련한 모든 문제는 가격의 문제만이 아니라 교육의 문제와 결부되어 있으며, 나아가서는 금융정책 및 통화량 관리라는 경제정책, 그리고 인문사회적인 모든 것과 연관되었다는 점을 간과해선 안 된다. 따라서 바로 지금이 아파트를 '올바른 주거'의 문제로 다루어야 할 중요한 시점이기도 하다.

아파트 값의 문제를 '거주의 질'의 문제로 이동시킬 적절한 시기란 따로 있는 것이 아니라 지금이야말로 공간의 정치 학습의 장을 새로운 지평으로 열어젖혀야 할 소중한 순간들이다. 왜냐하면 잘못된 질문은 늘 가짜의 해답을 억지로 만들어내기 때문이다.

종부세를 내는 사람들이란 전 국민의 1.5퍼센트에 불과한데 그들의 부동산값을 잡아야 집값이 안정되는 것일까? 강남의 주택투기 자본은 강남지역에만 국한되는 것인가? 사실 국민 모두가 투기하도록 자유방임한 지난 세월의 책임은 누구에게 물을 것이며, 아직도 올바른 주택정책이 실현되지 못하는 까닭은 대체로 어디에서 연유하는 것일까? 임대주택만 많이 공급하면 서민들의 주거는 진정으로 안정될 것인가? 주택시장이 있다고는 하나 공급과 수요의 법칙에 따라 정상적으로 가격이 조절되는 논리를 한참 벗어났을 때 공공이 개입할 수 있는 한계는 어디까지인가? 공간정책을 실현에 옮기는 토지개발공사와 주택공사는 과연 '공사'다운 공공적 이익에 봉사하고 있는가. 아니면 토지개발공사는 개발 가능한 택지를 공급한다는 명목하에 토지가를 올려 '땅장사'를 하며, 주택공사는 사기업과 똑같은 경제적 논리로 이윤을 챙기고 실적을 올리는 '집장사'를 하고 있는 것은 아닌가? 사실상 진정한 의미의 공간생산에서의 공공영역은 부재하고 있는 것은 아닌가? 이제 정상적인 시장도 없고, 정상적인 공공주택도 없다고 한다면 도대체 서민들은 무엇을 믿고 살아야 하는가? 양극화 현상을 우려하면서 양극화를 완화할 길은 잘 보이지 않는다. 모든 문제는 첨예하고, 극단적으로 치닫고 있으며 해결책들은 묘연하다. 이제 우리는 올바른 질문을 던져야 한다. 세계자본주의 체제에 온전히 편입된 이상, 그리고 그 과실을 부분적으로 독점하려는 사람들을 겨냥해서 정책을 입안하고 목청을 높일 필요는 없다.

자본주의 체제는 투기도 경제활동의 한 부분임을 수용할 수밖에 없는 것이다. 이제 시선을 돌려야 한다. '아파트=돈'이라는 등식으로부터 '아파트=집'이라는 개념으로 전환하는 데 모든 힘을 모아야 할 때다. 수단과 방법을 가리지 않는 천민자본주의의 연습은 이 정도면 끝날 때가 되었다. 더 이상 온 나라의 기류를 한쪽으로 몰고 가서는 안 된다. 아무리 언론이 떠들고 아무리 정부가 나서서 부동산 값을 잡겠다고 하여도 이런 전쟁에서 건축인들의 임무는 전선을 바꾸는 일이어야 한다. 정당한 노력과 정당한 능력으로 부자가 된 사람들이 고급주택을 짓든 호화주택을 소유하든 내버려둘 일이다. 더군다나 그들을 악질적 투기꾼이라고 매도할 일도 아니다. 중산층 사람들이 건전한 중산층이 되도록 길을 열어주고 진정한 주택정책의 수립을 통해 더불어 사는 풍요로움을 체험케 해야 한다. 그런 전선은 이제 의도적으로라도 만들 일이다.

새로운 학습

이제 우리는 자본주의 체제 속에서 사유재산 불리기에 대한 학습은 졸업했다고 보면 된다. 새로운 학습은 평범한 시민들에게서 배워야 한다. 지금까지 온갖 논쟁과 다양한 정책에도 불구하고 각자의 수준에 맞도록 주택문제를 해결한 사람들은 보통사람들이다.

각기 다른 도시에서, 다양한 주거형식을 개발하고, 좁은 공간을 나누어 쓰면서, 조금은 열악하지만 자유롭고, 때로는 행복하기까지 한 민초들이 생각보다 훨씬 많은 것을 알아야 한다. '뉴타운'이란 이름으로 평온한 민중들의 삶터를 파괴하고 2퍼센트에도 못 미치는 6억 원 이상의 아파트 소유자들을 겨냥해서 온갖 정책을 입안하고 노력을 집중할 필요는 없다. 그들은 내버려두면 된다. 주택정책이란 고가의 집을 구입할 수 없는 일반서민들에게 양적으로만이 아니라 질적으로도 인간적인 주택을 보장해주는 것이다. 따라서 주택공사나 공공기관이 실적을 앞세우는 사적 시장과의 경쟁을 접고 공적자금을 투입하여 지속가능한 공급과 유지관리의 방식들을 과감히 도입하고 실천에 옮기는 일이다. 반값 아파트라는 허구적인 논리로 사람들을 선동하는 정치적 논리를 넘어서서 말이다.

저소득층은 사회구성원으로서 소득이 적을 뿐이지 사회적 대우를 적게 받아야 할 대상이 아니다. 부의 공정한 배분은 사회주의적 발상이 아니라 자본주의 체제의 잘못된 방향을 바로잡는 정의로운 일이다. 그들은 영세민으로서 영구임대아파트에 게토처럼 격리시킬 대상이 아니라 사회가 즐겁게 끌어안고 민주시민으로 대접해야 할 이웃들이다. 아파트 값을 얼마만큼 내려야 서민들이 접근할 수 있는가 고민할 일이 아니라, 어떻게 해야, 어떤 수단과 지혜를 동원해야 서민들의 주택을 강남 사람들도 와서 살고 싶어할 환경으로 만들어줄 수 있는가 하는 데 힘을 모아야 한다. 이는 남들이 대신할 일이 아니라 건축계의 사람들이라면 마땅히 발언하고 실천에 옮기는 일에 협력해야 할 의무 사항이기도 하다. 지난 수십 년간 획일화된 전 국토의 주거환경에 대하여 건축인들은 과연 비난만이 아닌 어떤 대안을 만들었으며, 실천을 위해 어떤 운동을 펼쳤는가? 각자 반성해볼 일이 아닌가! 전 국민이 부동산의 탁류에 휩쓸리지 않고, 다양하며 다채로운 집에서 살기를 희망하도록 할 학습은 어디에서부터 시작할 것인가를 올바로 묻는 것, 그것이 지금 우리가 던져야 할 질문이고 우리가 찾아나서야 할 해답들이 아니겠는가! 바로 이 지점에서 이제 새로운 전선을 형성해야 한다. 우리의 공동의 적은 천민자본주의임을 깊이 새기면서 말이다.

파리의 대형 건축물: 대통령의 프로젝트

지난 7월 〈한·불 건축전〉에서 소개된 프랑스 파리의 대형 건축물 프로젝트들은 건축적 의미 이외에, 현직 대통령이 건축 선정작업에 직접 참여하면서 권력 상층부의 올바른 관심과 지원이 중요한 문제라는 점을 다시 한 번 생각해볼 일이다. 이번 전시에 선보인 프로젝트들이 프랑스건축을 대표한다고 할 수도 없고, 국내외적으로 어떻게 받아들여질지 모르겠으나 건축가 '베르나르 추미Bernard Tschumi'의 등장은 특기할 만하다. 추미는 잠자던 현대건축의 보고寶庫인 러시아 구성주의의 이론을 접목시켜 사회혁신을 부르짖던 건축가들의 신선함을 재현하고 있는 것이다.

권력의 선택

미테랑François Mitterand 프랑스 대통령은 1982년 1월 건설업 조합원들에게 한 연설문에서 "앞으로 10년 내에 도시문명의 기초를 구축하지 않으면 우리는 도시를 위해 아무것도 하지 않은 셈이 될 것이다"라고 자신의 의지를 표명하였다. 여기에는 사실상 두 가지 의미가 있다. 하나는 드골Charles de Gaulle 대통령이 1958년 집권하고 그다음 해에 이르면서 지지부진하던 파리의 현대화 계획의 실현을 구체화하면서 국가원수가 도시문제 내지는 대형 프로젝트에 직접 관여하는 전통을 수립했다는 점이다. 또 하나는 첫 번째 의미에 대한 설명이기도 하지만, 대형 건축물과 권력과의 연계 문제다. 그러나 위 연설문에서 알 수 있듯이 이번 서울에 전시된 〈한·불 건축전〉에 출품된 건축작품들이 21세기를 맞이하는 도시문명사의 주요한 초석이 될 것이라는 것과도 통하는

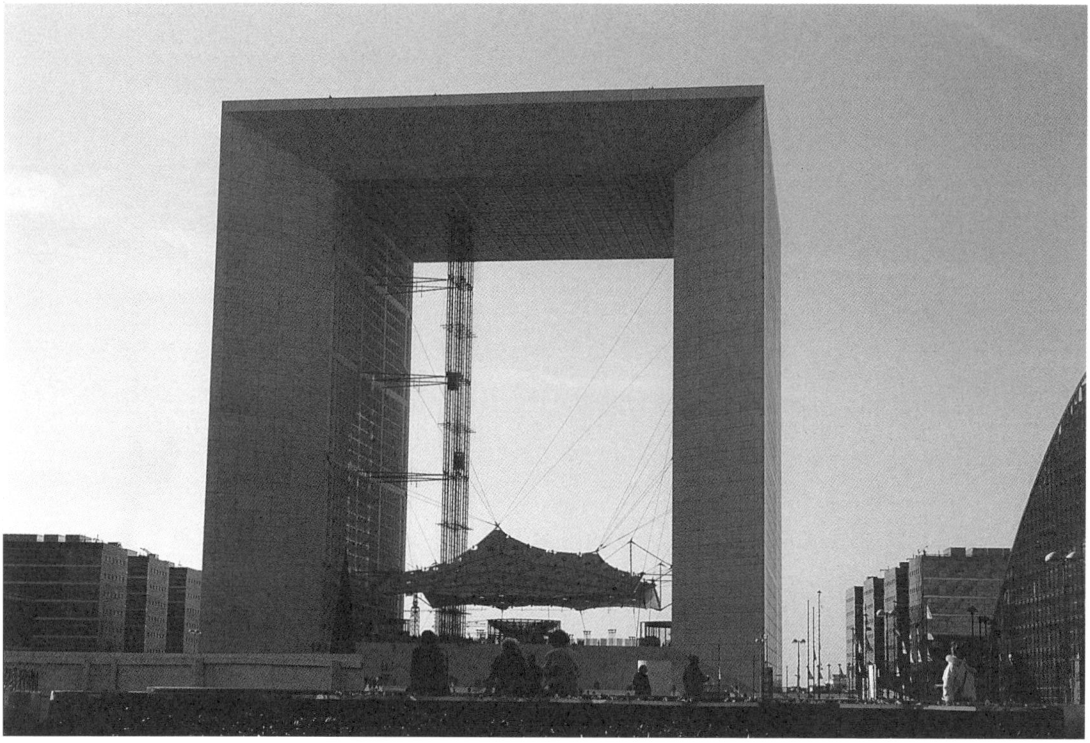

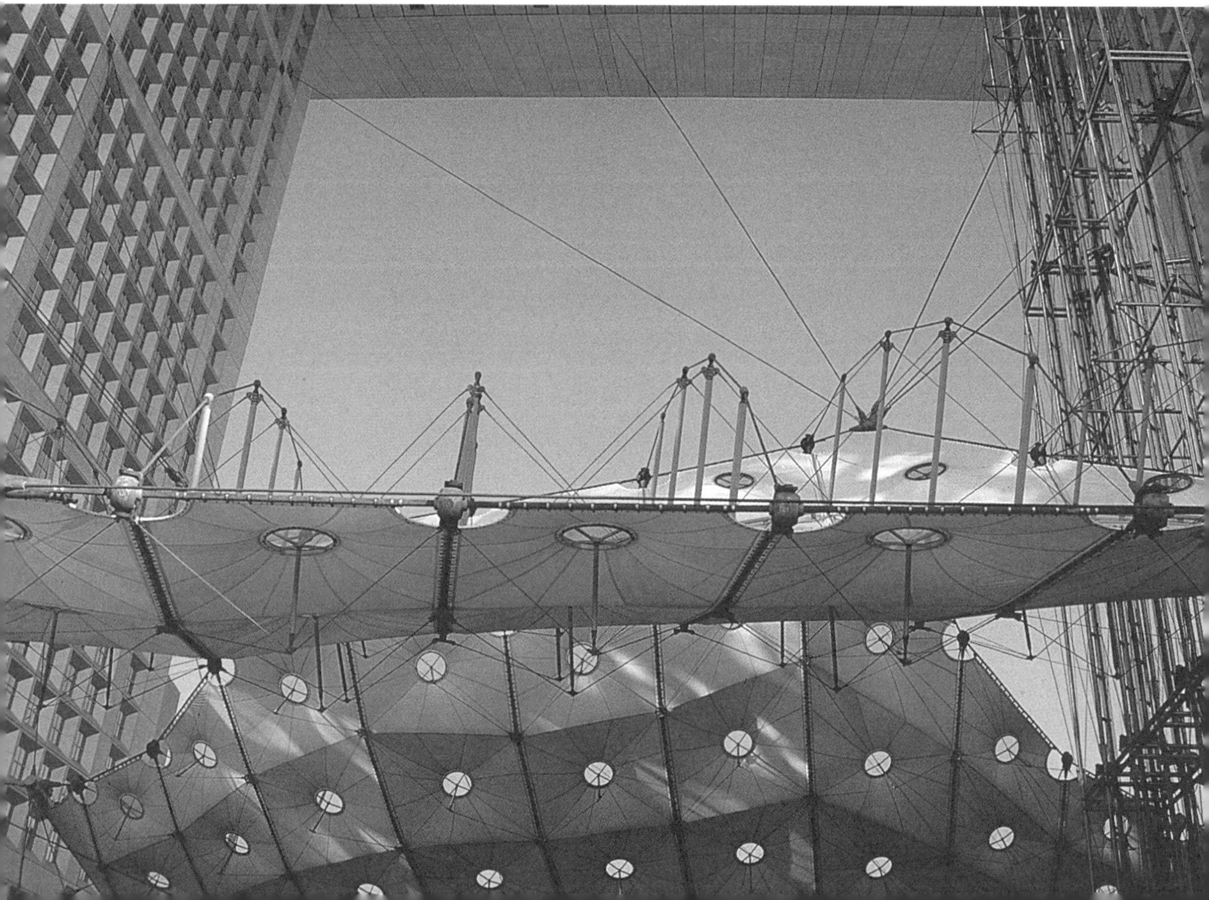

말로써—몇 개의 건축물에 어마어마한 예산[1]을 투입해야만 과연 도시문화의 초석을 다질 수 있는 것인지는 의문이지만—적어도 권력층이 구상하는 기념비적 문화사업에 동원된 건축가들의 상상력이 계획안마다 본래의 의지를 최대한 반영하려 한 것은 사실이다. 이에 대해서는 다음에 언급하기로 하고 우선 이런 거대한 계획이 권력의 연출을 위한 극적인 '연극성'[2]을 바탕에 두고 있음을 부정할 수는 없을 것이다.

본질적으로 건축물은 그 자체의 의미보다는 사용자와 관계 속에서 사회성이 중요하다고 볼 때 서울에서 열린 이 전시회는—모든 건축 박람회가 그렇듯이—실사용자에서 제외된 쪽에서 보는 시각이 크다는 점에서 건축에 종사하는 건축인들 이외에 일반에게 어떻게 전달되었을까 하는 의구심도 있다. 즉, 파리의 역사적 배경에 대한 구체적인 이해 없이는 소통이 거의 불가능한 문제를 안고 있다고 하겠다. 이 점에서 건축전의 의미전달에서 성공하기 위해서는 패널이나 사진으로서보다는 다른 수단이 동원되어야 할 것이며, 그 무엇보다도 건물에 위치하는 도시의 총체적인 문제와 권력과의 문제 등의 연관이 병행되어야만 할 것이다.

드골을 계승한 퐁피두George Pompidou 대통령은 이제 세계적으로 유명해진 퐁피두센터Pompidou Centre를 구상하여 문화의 대중소비를 위한 주요한 실험을 성공했으며, 그를 뒤이어 데스탱Giscard d'Estaing 대통령은 '과학기술박물관', '19세기박물관' 등의 계획을 추진시켰고, 미테랑 대통령은 오랜만에 당선된 사회당 출신으로 파리의 동쪽으로 발전을 꾀하는 '바스티유오페라극장', '빌레트공원계획', '루브르박물관 현대화계획' 등에 직접 개입하면서 대규모 건축물이 가져올 사회적, 역사적 의미를 본격적으로 통찰하였다고 하겠다. 물론 이런 일련의 계획들이 1989년에 맞이할 프랑스혁명 200주년 기념에 걸맞은 주요한 의미가 있는 것도 사실이지만 프랑스 특유의 문화사업에 대한 대외적 열세를 극복해 세계적인 문화도시로서의 면모와 권위를 갖추려는 목적 또한 중요하다 하겠다. 1989년 7월 14일 바스티유오페라극장을 개관하려는 의도 또한 사회당 정부의 정치적 배려가 있었음을 알아야 하겠다. 어쨌든 최고 통치자들로부터 비롯된 의지는 이 프로젝트를 원만히 수행하기 위해 1981년에 수상 직속으로 대형 건축과 도시계획에 관한 관계부처 협력기구를 설치케 하였으며, 프로젝트의 원만한 진행을 위한 예산의 확보와 집행을 주요 업무로 하고 있다.

그림 1. 파리는 19세기에 오스만의 도시 개조사업을 추진하다 현대에 들어와 미테랑 대통령이 새로운 도시로 거듭나게 했다. '루브르박물관-개선문-라 데팡스'로 연결되는 도시의 축은 '미래로 열린 창' 그랑다르슈Grande Arche에서 종결되고 다시 시작한다.
그림 2. 그랑다르슈 속의 구름 이미지.

1. 아홉 개의 프로젝트의 예산이 대략 150억 프랑(한화로 약 2조 원에 해당)에 달하는 것으로 추정됨.

2. 조르주 발랑디에Georges Ballandier의 《연출로서의 권력》(*Le Pouvoir sur scences*, Paris: Balland, 1980) 참조. 여기에서 발랑디에는 권력의 본질적 의미가 연극성(theatralité)에 있음을 강조하였다.

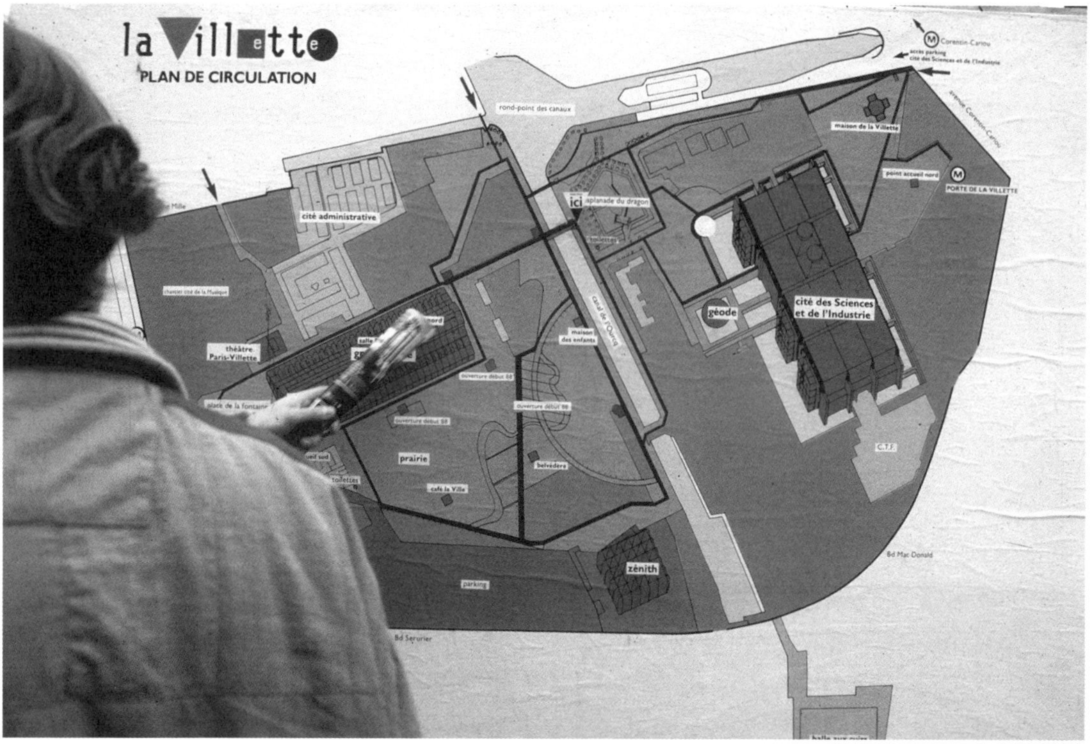
PLAN DE CIRCULATION
cité administrative
théâtre
Paris-Villette
prairie
ici
géode
cité des Sciences
et de l'Industrie
zénith
maison de la Villette
PORTE DE LA VILLETTE
parking

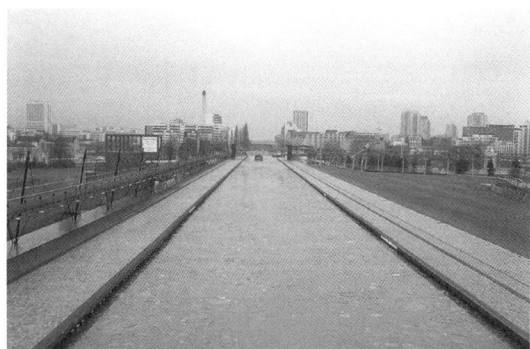

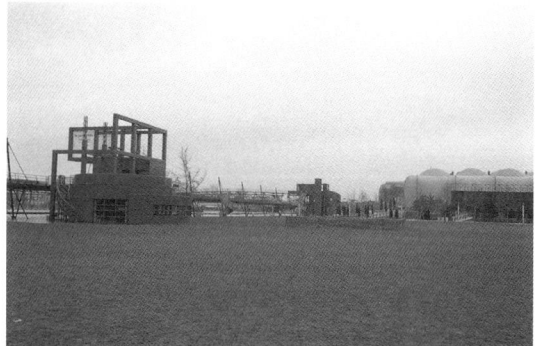

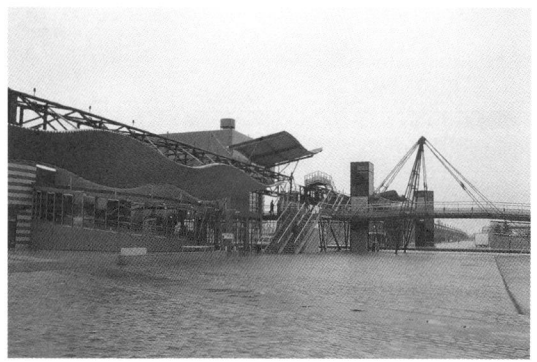

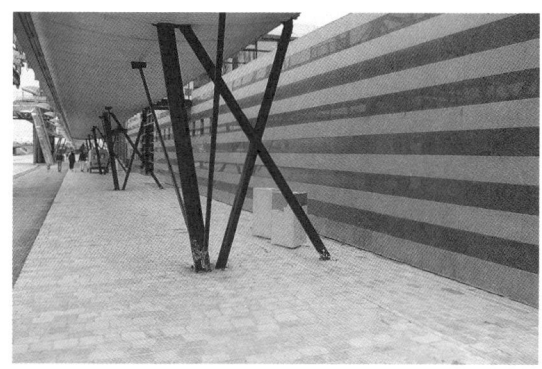

아마 4년마다 건설비에 해당하는 천문학적인 유지, 관리비를 물어야 하는 이 계획들은 또한 권력의 의미와 더불어 자본주의 사회의 경제적 구조에도 조용한 변화를 자극한 것 또한 사실이다. 즉 아홉 개의 대형 계획안은 프랑스의 거의 모든 건설업체의 활성화를 꾀했고, 매년 1만 명 이상의 고용증대 효과도 유발하였던 것이다.

특히 실업자 문제가 심각한 유럽에서 1만 명의 고용증대란 대단한 정책효과였다. 한 나라의 경제 활성화 방안으로 건설업의 활동 촉진이 흔히 정치인들이 구상하는 방안이기도 하다. 주요한 문제점을 지적하면서 다음에 이러한 계획안들이 건축이라는 관점에서 어떻게 보일 것이며 어떠한 의미를 되새길 수 있는지 가늠해보자. 그 의미는 도시계획, 기술, 프로그램, 양식 등 네 가지 문제에 초점을 두고 생각해볼 수 있다.

대형 계획안의 몇 가지 문제들

1. 도시계획

파리는 근래 역사발전 과정에서 서쪽으로 치우친 불균형 발전을 보여왔다. 그것이 극적으로 노출된 것이 교외급행선(Reseaux Express Regional) 1호선이 바스티유오페라극장에서 '생 제르맹 앙레Saint-Germain-en-Laye' 쪽으로 선택되면서였다. 곧 대다수 노동자의 유입 인구가 북, 동, 남쪽 교외에 있는 줄 알면서도 개인 별장이 들어차 있고, 상류사회 거주지로 널리 알려진 서쪽으로 노선을 선택한 것을 보면 권력층의 안목 없고 무비판적인 자세를 엿볼 수 있다. 이러한 점에서 도시계획 입안가들과 사회당 정부 지도층은 서민층이 주로 거주하고 있는 파리의 동쪽과 북쪽으로 발전 방향을 교정하여 도시 전체의 불균형을 유지하려는 노력을 기울였고, 그 결과 아홉 개의 프로젝트 중 라 데팡스La Défense의 관문과 루브르박물관, 오르세미술관, 19세기박물관 등을 제외한 나머지는 전부 동쪽과 동북쪽에 있도록 하였음을 주목해야 할 것이다. 즉 한 도시에서의 대형 문화적 건물들이 주위에 파급시키는 영향력은 다양한 것으로 시간이 지나면서 가시적인, 또는 비가시적인 부가가치가 표출되게 마련이다. 벌써 빌레트공원 주변, 즉

그림 3. 빌레트공원 조성은 쇠잔해가던 파리 동북지역에 새로운 활력을 주었을 뿐만 아니라 파리의 또 하나의 명물이 되었다. 우르크운하로 양분된 공원 내에는 19세기의 가축시장 건물, 1960년대 골조공사만으로 중단된 현대식 도살장과 같은 거대한 도시 시설들이 있었다.

그림 4, 5, 6, 7. 빌레트공원 국제공모에서 세계적인 건축가들은 도시공원의 새로운 개념들을 제안하였다. 당선된 베르나르 추미의 계획안은 공원에 나무를 심고 벤치를 놓는 전통방식이 아니라, 걷고 생각하고 이벤트와 마주치는 특별한 공원을 계획하였다. 점(공원 안 붉은색 조형물), 선(보행동선), 면(잔디밭)의 개념으로 넓은 영역을 흥미롭게 공간적으로 조직하고 산보객의 걸음마다 신선함을 제공하며 다양하게 새로운 관심을 촉발시킨다.

우르크운하 주변과 19구의 일부는 새로운 문화의 거리로 변모하고 있는 실정이다. 뒤늦게나마 방향을 바꾼 동·북쪽 발전계획이 파리 시민들에게 10년 후 어떻게 받아들여질지는 모르겠으나 적어도 대단한 광고에 힘입어[3] 국내외적으로 크게 알려지고 있음은 모두 아는 사실이다.

2. 프로그램

여기에서 프로그램이라 하면 기획설계를 위한 건축의 기본계획으로서 사실상 퐁피두센터를 구상하던 1970년 초기에 진행되던 프로그램부터 본격적이었던 것으로 아홉 개의 프로젝트들은 건축계획에서 새로운 장을 열었다고 하겠다. 쉽게 말해서 자동차에 비유하자면 엔진을 구상하는 단계로서 건축가는 자동차의 차체를 입히는 정도로 생각하면 될 것이다. 즉, 공간계획은 물론 동선, 설치물, 통과 폭, 하중 등 건축설계의 기본이 되는 온갖 자료를 집대성하여 한 책자로 묶고 이를 바탕으로 건축가들이 형태와 치수를 부여하였던 것이다. 건축설계 활동 자체가 형성화하는 단계는 물론 모든 단계에서 건물주의 시녀로 전락하는 가운데 예술가로서의 '건축가'를 못 견디던 일부 건축가들은 건축프로그램의 직업에서 새로운 가치를 실현할 수 있다는 가능성을 접했다. 그리고 많은 건축가를 규합하여 새로운 직종인 건축프로그래머를 탄생시켰던 것이다. 물론 문제는 모든 계획이 프로그램대로 완벽히 진행되고 있던 것은 아니다. 많은 문제를 일으켰지만 바스티유오페라극장 프로그램에서도 그랬고, 특히 과학기술박물관 계획에서도 프로그램의 실효성과 전문성이 입증되었던 것이다. 물론 퐁피두센터의 경우에도 개관 후 대중에 적응하는 프로그램의 수정작업을 계속 진행하고 있음은 원래 계획의 잘못이라기보다는 유지, 관리의 효율성에 입각한 것이라고 보아야 할 것이며, 특히 예상 관람객 수의 열 배가 넘게 입장했을 때 심각한 문제가 있었던 것도 사실이다. 단지 건축의 분업화에 이바지하며 새로 이데올로기를 실현하려는 이 신직종에 우리는 빨리 주목해야 할 것이다. 왜냐하면 어쩌면 대학에 건축학과 안에 설계와 계획과를 두어야 할지도 모르기 때문이다.

그림 8. 골조공사까지만 하고 중단되었던 도살장 건물이 지금은 파리 시민들에게 사랑받는 과학기술박물관으로 새롭게 탄생하였다. 인근이 있는 빌레트공원과 함께 도시의 새로운 문화시설로, 파리 동북부 지역을 활기넘치는 공간으로 만든 셈이다.

그림 9. 센 강에 한 발을 내딛고 기념비적으로 서 있는 프랑스 재무성 건물은 본래 루브르 궁 한 날개에 세들어 살다가 파리 동부지역의 새로운 시각적 활력소로 부상하였다.

[3] 현재 아홉 개의 프로젝트를 방문하기 위한 외국사절단이 일주일에 한 팀 정도 다녀간다고 한다. 특히 각 계획팀마다 프레스센터를 두고 홍보에 열중하고 있다.

파리의 대형 건축물: 대통령의 프로젝트

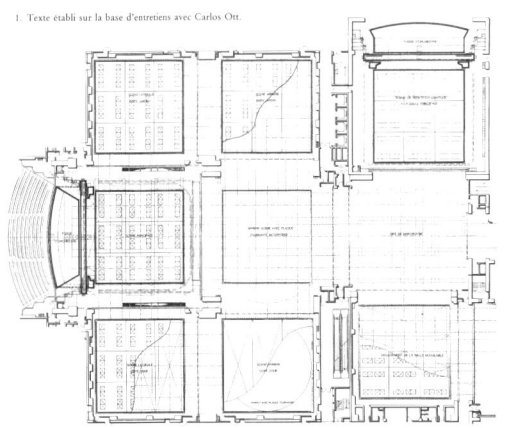

1. Texte établi sur la base d'entretiens avec Carlos Ott.

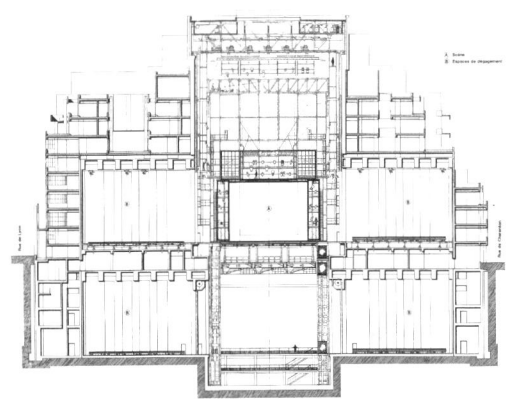

3. 기술

아홉 개의 프로젝트 또한 건축기술상 새로운 발전을 가져왔는데, 라 데팡스의 관문은 30만 톤의 건축물을 신축줄눈을 두지 않고 하나의 덩어리(block)로 건축하여 네오프렌 층 위에 실현했다. 또한 빌레트의 과학기술박물관은 옥탑 층의 자연채광 조절, 32m×32m의 남쪽 창을 태양열 이용을 위해 외부 프레임 없이 유리 뒷면에 경량 철골 구조물로 풍압을 지지한 것, 인텔리전트 빌딩으로 불리는 재무성 건물의 컴퓨터 플러그 장치, 실물대 규모의 단위 사무 공간의 모의실험 등은 사용자를 위한 측면에서도 큰 가치를 갖고 있다고 하겠다. 텐트를 치고 공사현장에서 각 부분별 작업공간을 실물 크기로 사전에 치밀하게 연구한다는 것은 공사기술보다도 주요한 의미가 있다고 하겠다.

오르세의 19세기박물관의 경우는 거의 완벽한 공조설비 시스템으로 각광받고 있으며, 루브르박물관 피라미드는 반사하지 않는 투명 유리의 개발로 유리 재료의 신기원을 이룩하였다. 특히 프랑스 문화유산의 대표적인 루브르 궁의 석재 재료가 새로운 현대적 유리 재료와 상충하면서 생겨나는 왜곡된 풍경을 해소하려는 발단에서 출발한 유리제조 기술의 혁신은 앞으로 많은 적용을 해볼 수 있을 것이다. 기타 크고 작은 기술의 개발은 아마도 건설기술 측면에서 앞으로 충분한 연구와 검토를 거쳐 자료집성에 편입될 것이다.

4. 양식

금세기 건축활동이 대변하듯 위의 모든 계획들은 한마디로 각자의 취향대로 만들어졌다고 해도 과언이 아니겠다. 이것은 참여한 건축가의 다국적적인 다양성이라기보다는 현대건축이 모더니즘이란 발명 이후 다른 언어를 대치하지 못하면서 발생한 어떤 의미에서는 양식의 부재현상을 제대로 드러낸 다양성의 표현이라고 하겠다. 아홉 개의 계획안 중 많은 사람의 흥미를 끌고 있는 베르나르 추미가 '시퀀스 건축sequential architecture' 이론을 적용한 빌레트공원 계획은 아마도 우리가 가장 주목해볼 만한 것이라 생각된다.

그림 10. 파리의 전통적인 오페라극장은 입장료도 비싸고 객석도 제한적이어서 일반 시민들에게 오페라와 무용공연을 충실히 보여주기 위해 바스티유오페라극장을 건립하였다. 프랑스혁명을 상징하는 장소인 바스티유광장 일원에 세워진 대중적인 오페라 공간은 국제공모로 이루어졌으며, 이 공모전의 준비를 위해 마련된 지침서는 건축 프로그램 작업의 모범이 되기도 하였다.

그림 11, 12. 바스티유오페라극장 단면도와 평면도.

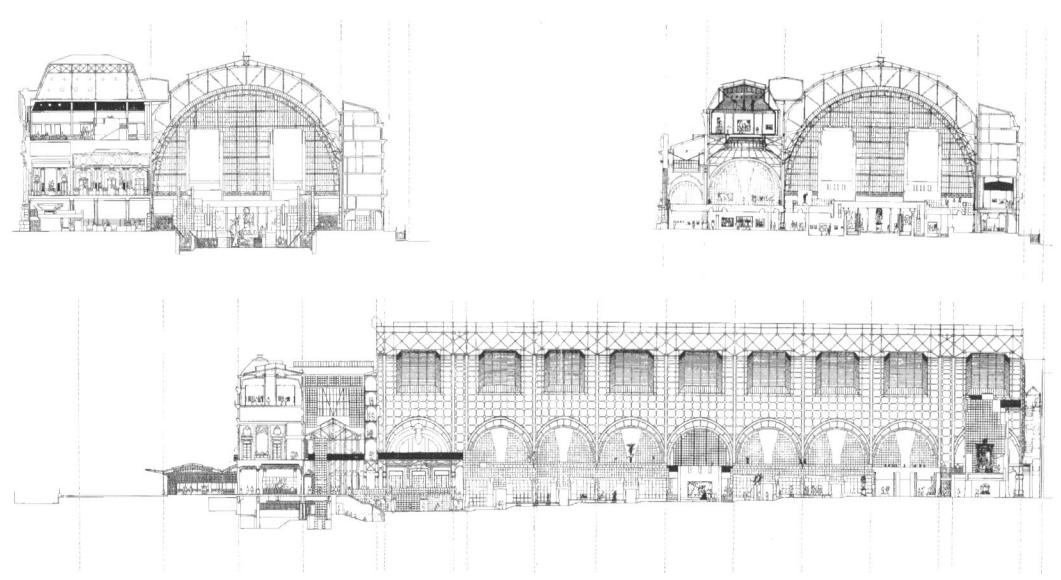

그림 13. 파리의 기차역 중 하나인 오르세 기차역은 그 소임을 다하고 새로운 시대의 요청에 부응하여 미술관으로 재탄생되었다. 산업혁명 시기인 19세기 문화예술을 보존하고 전시하는 세계적인 미술관으로 거듭나면서 파리를 명실상부한 문화예술 도시로 자리매김하고 있다.

그림 14. 기차역의 철골구조의 아름다움은 전시장 내부에 지속된다.

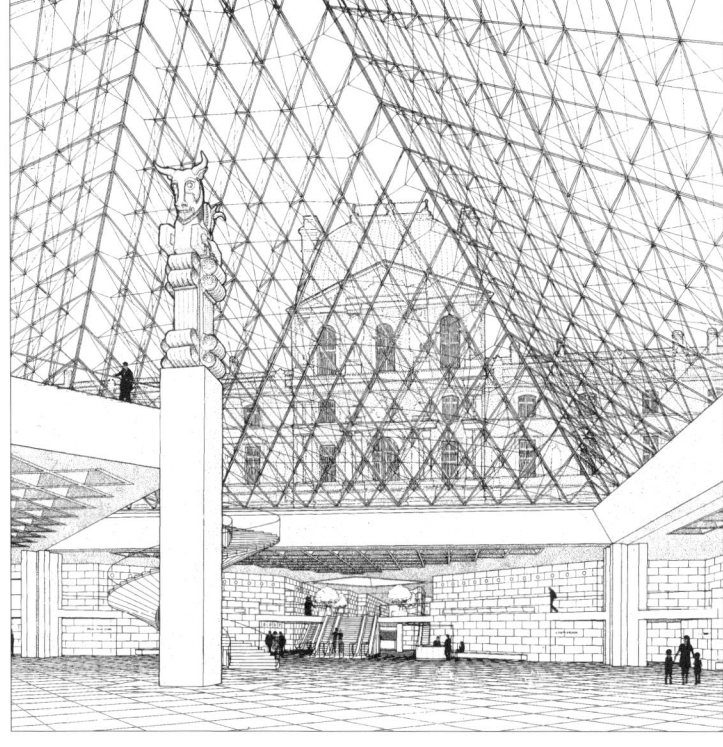

그림 15, 16. 미테랑 대통령은 중국계 미국인 건축가 페이에게 루브르박물관 공모전 당선안 개조사업을 주문했다. 페이는 박물관 출입구를 유리 피라미드로 제안하여 고대 이집트 문명으로부터 현재에 이르는 루브르박물관의 수장품들을 상징적으로 표현했다. 세계적인 루브르박물관이 다시 한 번 세계적 박물관으로 거듭나는 순간이다.

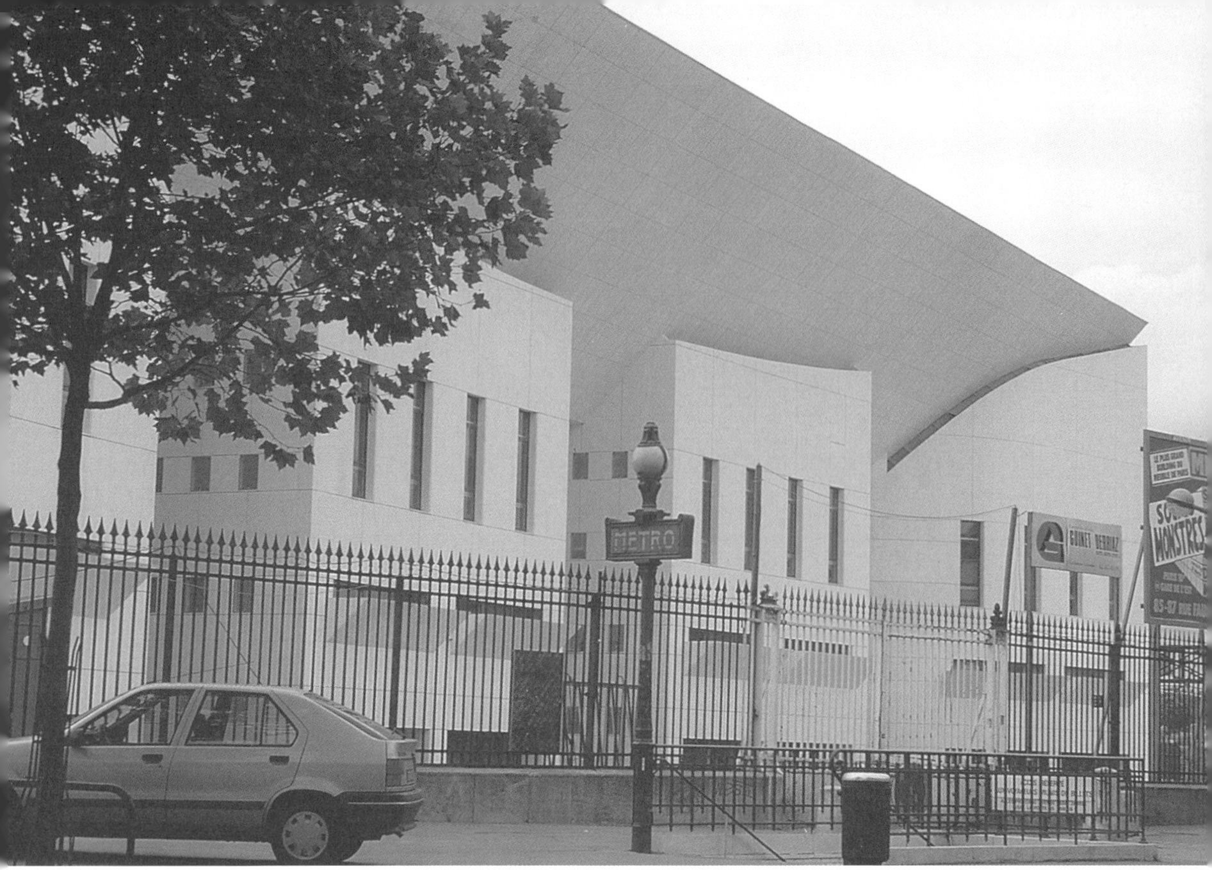
METRO
MONSTRES

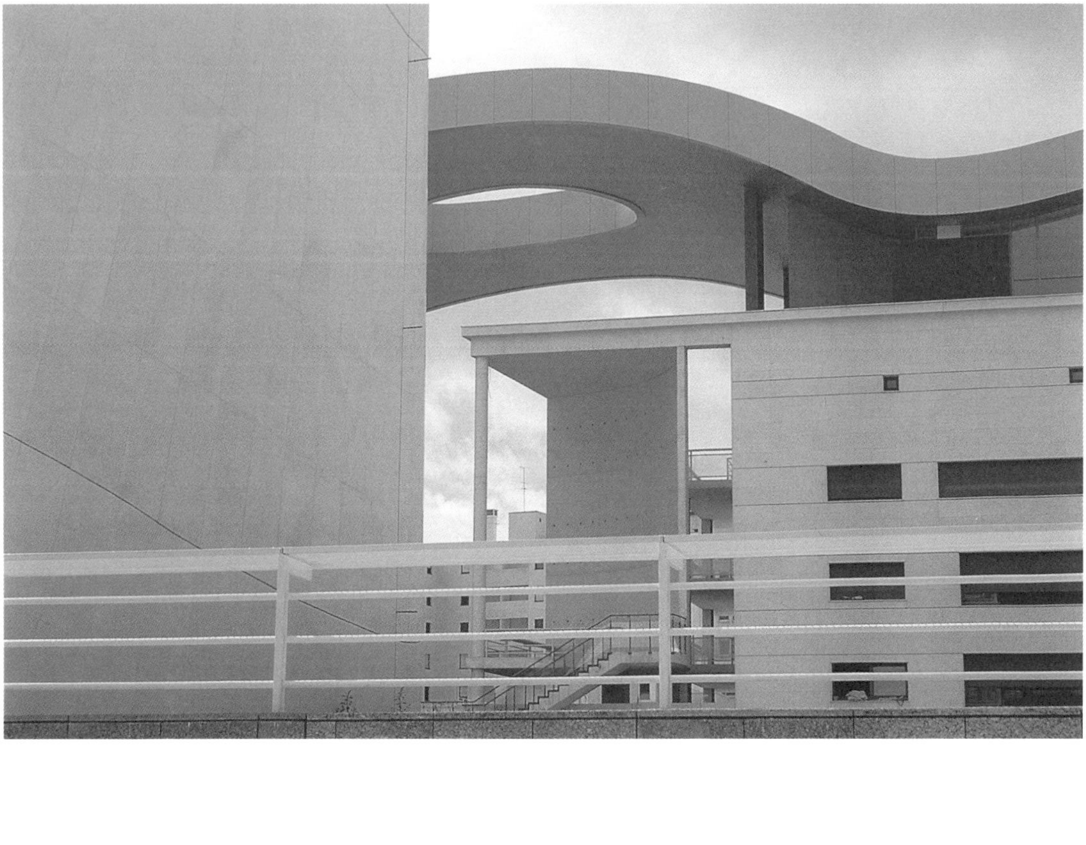

우선 양식론적으로 볼 때 재무성 건물은 체메토프Paul Chemetov의 견고한 모더니즘의 면모를 갖추고 있다. 센 강 쪽으로 수도교처럼 돌출시킨 것은 동료 건축가 위도브로Borja Huidobro와 현지를 답사한 후에 둘이서 따로 계획한 크로키에서 따온 공통적 해석의 결론으로서 센 강변에서 공공건물로서의 이미지를 부각시키려는 노력이었다.

또한 루브르의 피라미드는 페이Ieoh Ming Pei의 개인적인 양식으로서 단순한 기하학적 형태가 채용되어 장식으로 점철된 고전건축물과 극단적인 만남을 시도하였다. 바스티유오페라극장의 경우는 캐나다의 오트Carlos Ott의 작품으로 포스트모던 건축의 양식으로 안의 상자(기능)를 감추고 파사드의 변주곡 속에서 가장 민첩한 당대의 유행을 보여주었다. 19세기박물관은 프랑스적으로 대표적인 재생의 양식을 대변하고 있으며 그나마 건축문화적으로 가장 현대건축의 기술과 대지를 조화시킨 것은 누벨Jean Nouvel의 IMA(아랍세계문화원)로서 남쪽 파사드를 사진의 조리개에서 따온 패턴으로 아랍건축 특유의 빛의 거름장치인 무샤라비에moucharabieh[4]를 현대화, 자동화시킨 극적인 예라고 하겠다. 첨단기술로 분류될 IMA는 아마도 유럽과 아랍 문화의 결합을 상징하는 건물로서 신구의 전통을 모범으로 다룬 양식이라고 해도 과언이 아니겠다. 건축가 자신이 금속 소재에 남달리 조예가 깊었던 것도 주요하게 작용했겠으나, 무엇보다도 이를 건축적으로 승화시킨 점은 건축물이 이룩할 수 있는 흥미로운 실험이라고 할 수 있겠다.

'베르나르 추미'의 건축이 의미하는 것

베르나르 추미[5]는 40세까지 이론가로서 미국, 영국 등지에서 자신의 건축이론, 즉 영화나 소설 등에서 나타나는 시간성의 몽타주에 심취하여 세운 이론을 건축에 응용하려는 건축가로 빌레트공원 현상공모에 당선되면서 처음으로 세상에 작품을 내놓을 기회를 가졌다.

그림 17, 18. 빌레트공원 지역 내의 음악도시 (Cité de la Musique).

4. 안에서 밖을 내려다 보는 데 반해 밖에서 안이 보이지 않도록 만들어진 아랍식 창살 형태.

5. Jean Pierre Le Dantec, *Enfin l'Architectur*, Paris: Autrement, 1984.

추미는 본질적으로 현대건축을 분절과 조합, 병치 등의 연속으로 파악하며 공간의 새로운 영화적 개념을 탄생시켰다. 곧 추미는 현대건축이 형태와 사용 면에서 그리고 사회적 가치 면에서 분리되는 현상을 목격했다. 이런 분리되는 현상에서 현대건축의 특징이 바로 특정한 질서 속에 있다기보다는 분절된 조각들이 결정적이거나 부조화적인 조합 속에 있다고 판단했다. 또한 이벤트와 동작 없이는 공간이 존재하지 않으며, 이러한 관점에서 평면도나 단면도 또는 투시도로만 소통되는 건축계획의 제한된 표현방법은 건축 본래의 의미와 문제, 이벤트와 동작이 내재하는 공간으로서의 건축을 드러내지 못하고 있음을 중요시했다. 그리하여 20세기 예술의 제일 중요한 혁신을 불러일으킨 영화의 표현력, 이를테면 '쿨레쇼프koulechov'[6] 효과 등을 분석하여 건축의 각 공간이 그 이전과 이후에 올 장면과 긴밀한 연관을 갖고 지속하도록 배려한 건축계획을 마련했다.

빌레트공원 계획에서 추미는 푸코Michel Foucault의 《광기의 역사》(*Histoire de la folie a l'age classique*, 1961)를 다음과 같이 인용하면서 자신의 계획물에 〈광기〉라는 제목을 붙였다.

> 광기 속에서 평정이 이룩되며, 광기는 이러한 평정을 환상의 구름 속에 가두어두든가 또는 옅은 무질서 속에 가두어둔다. 건축의 과격성은 비뚤어진 폭력의 교묘한 배려 속에 스스로를 감춘다.

본래 파리의 지식인과 철학자들, 특히 라캉Jacques Lacan, 푸코, 바르트Roland Barthes, 데리다Jacques Derrida, 보드리야르의 영향을 받은 추미는 미국 건축가들에게 참조를 제공하고 있다고 해도 과언이 아니다.

어쨌든 이번 전시회에서 한 건축가의 이론이 실물대로 시험되는 것은 흥미로운 예라고 하겠다. 특히 나무만 심던 도시공원 계획에서 이벤트와 행위를 유발하는 추미의 빌레트 계획은 도시공원 계획의 새로운 해석을 유도하고 있음을 주목해야 할 것이다. 사실상 건축작업이 '무에서 유'를 창조하지는 못한다고 한다면 추미의 경우 우리가 간과해서는 안 되는 것이 바로 1920년대의 러시아 구성주의의 건축적 실험의 재현

그림 19, 20, 21. 센 강변에 4권의 책이 펼쳐져 있는 형상을 한 프랑스 국립도서관의 지상에서는 서고가 주인이 되고, 지하에서는 열람자들이 조용히 책에 파묻힌다. 건축가 도미니크 페로는 오래된 도시 파리의 건축풍경 속에 단정한 현대건축을 적절히 대입시키는 데 성공하였다.

6. 연기하는 배우의 심리나 정서적 상태까지도 몽타주 처리하여 표현할 수 있다는 가설에 따라 동일한 표정의 얼굴 배경에 따라 얼굴 표정을 바꾸지 않고 표정이 달라지게 느끼게 하는 효과를 말한다.

을 빌레트에서 본다는 것이다. 이는 잠자던 현대건축의 보고인 러시아 구성주의 이론이 추미에게서 영화적 이론과 접합되면서 1920년대에 잊혀졌던 자유로운 상상력, 즉 사회 혁신을 부르짖던 건축가들의 신선함을 재현하고 있다고 하겠다. 신구성주의(neo constructivism)운동은 아마도 건축사에서 새로운 질문을 제기할 것으로 보인다. 이번 전시회의 가치는 단 하나, 추미의 작품이 내포하는 의문, 곧 현대건축의 습관성 문법을 매장하려는, 그래서 광기 속에서 또 다른 평정을 이룩하려는 서양인들의 논리 속에 있음을 발견하는 우리 자신이 아닌가 생각된다. 문제는 그것이 파리의 대형 건축물이 권력의 실현이냐 아니냐의 논쟁의 분기점에 있지 않고 우리에게 '1920년대'는 언제 올 것인가에 있을 것이다. 그것이 문화적 건축이든 아니든 간에 건축물이 사회에서 '라디오의 스위치처럼 껐다 켰다' 할 수 있는 대상의 관계를 어떻게 유지할 것인가에 있는 것은 아닌가 생각해볼 일이다.

도시와 기억: 개발과 보존

오랫동안 말 위에 앉아 미개지를 여행하는 사람에게는 도시의 욕망이 찾아듭니다. 그는 마침내 이시도라Isidora에 도착합니다. 이 도시의 궁전들은 바다달팽이를 입힌 달팽이형의 나선 계단을 갖추고 있고, 망원경과 바이올린은 예술의 규범에 따라 제작되며, 외국인이 두 여자 사이에서 갈등을 일으킬 때면 언제나 세 번째 여자를 만나게 되고, 닭싸움이 내기꾼들 사이에서 피 뿌리는 결투로 번집니다. 이러한 모든 것들 속에서 여행자는 도시를 욕망했던 때를 이따금씩 생각합니다. 그래서 이시도라는 그의 꿈의 도시입니다. 한 가지 차이는 있습니다. 꿈꾸어진 이 도시는 젊은 그를 포함하고 있습니다. 그는 이시도라에 늦은 나이에 도착합니다. 광장에는 젊음이 지나가는 것을 바라보는 노인들이 담을 이루고 있습니다. 그는 그들과 함께 줄을 맞춰 앉아 있습니다. 욕망은 이제 추억입니다. …… 변화된 것을 통해 이전의 도시를 향수에 젖어 회상할 수 있다는 것을 인정하는 일이 필요합니다. …… 차이에서 다만 한 손의 손금들처럼 간직하고 있습니다.[1] 이탈로 칼비노, «보이지 않는 도시들»

서울에서 누적된 시간의 흔적을 가장 잘 보여주는 것은 한옥이다. 때로는 방화벽이 벽돌로 덧씌워지고 창틀이 알루미늄 새시로 바뀌어도 짙은 회색빛 기왓장들은 헝클어진 채 견뎌온 세월을 전해준다. 때로는 기와지붕이 천막으로 뒤집어 씌워진 모습도 본다. 죽은 자의 얼굴을 흰 천으로 가리듯, 죽음을 앞둔 한옥들의 정경은 우리를 슬프게 한다. 마당에 가득하던 봄볕과 웃음소리가 사라지고 그 속에 살던 사람들의 얼굴이 떠오른다고 해도, 이제 한순간이 지나면 서울 땅에서 영원히 사라질 이 한옥들을 그림엽서에서나 보게 될 날이 멀지 않은 듯하다. 이미 젊은 세대들은 도시 속의 한옥을 한 번

---

1. 이탈로 칼비노 지음(1972), 이현경 옮김,
«보이지 않는 도시들», 민음사, 2002.

도 본 적이 없이 자라고 있다. 우리를 앞서 간 서울사람들이 어디에서 어떻게 살았던 것인지 보여줄 집이 하나도 없다면, 그래도 우리는 이곳을 서울이라고 부르겠는가! 명륜동 구석에도, 가회동 일대에도 한옥이 철거되면 벽돌로 지어진 다가구가 비집고 솟아난다. 돌연변이다. 한옥과 다가구의 공존은 도시의 풍경을 이종교배로 몰고 간다. 이 도시는 도대체 어디로 가고 있는 것인가?

어떠한 대가를 치르더라도 대도시는 끊임없이 확장되고 철거하고 건설해야만 하는가? 도시의 발전이란 잡종과 충돌과 증오와 폭력을 가져오고, 또한 이 모든 것을 대수롭지 않게 여긴다. 그렇게 여기도록 도시의 일상은 조직화되고 있다. 중요한 것은 확장이며 건설이다. 도시의 확장과 건설이 중단되면 마치 도시가 죽을 것처럼 우리는 일제하에서보다 더 많은 것을 우리 스스로 파괴하고 소멸시켰다. 그래서 수년 전에는 서울 종로구 가회동 한옥 보존에 대한 토론도 있었고 건축적 제안도 있었다. 그러나 그것은 돌이킬 수 없는 시대적 흐름에 대한 공허한 관념이었지 실제적인 대안은 아니었다. 가회동 일대나 명륜동 일대는 그래도 구도심의 대표적인 전통 주거지다. 이를 단순히 보존하는 것만으로도 서울은 그 삶의 역사를 한쪽에 숨쉬게 할 것이다. 그곳에 사람이 산다면 더더욱 그 진가를 말로 다 할 수 없을 것이다. 그런데 그런 일 하나 제대로 해낼 수 없다면 우리는 어떻게 도시문화를 말할 수 있고, 건축문화를 말할 수 있단 말인가? 정말로 대안은 없는 것인가?

해법은 결국 도시문화에 대한 발상의 전환에 있고 이를 실천하는 주체들, 시와 시민들의 공통된 의지에 달려 있다. 지금 우리가 생각하는 도시문화가 도시의 미래를 정하는 것이다. 나는 한옥의 보존과는 다른 맥락이지만 실감 나는 교훈으로 1960년대 이탈리아 볼로뉴의 사례를 다시 생각하게 된다. 그것은 한마디로 시와 주민들에 의한 고도古都의 재탈환이고, 토지투기의 추방이며, 열악한 교외로의 도시 확장을 제거하는 쾌거였다. 기념비적 건축물들을 현대적 용도로 개조하여 재사용하고 고도의 역사적 중심지에 저소득층의 사회적 주거를 보장하는 사건이었다. 그것은 전통적 의미의 도시계획과 문화유산의 개념을 전 유럽사회가 다시 생각케 하는 중요한 계기가 되기도 하였다.

이 모든 일은 1960년 플로렌스대학 건축학과 학생들에 의해 시작되었고, 볼로뉴 시장 보좌관이며 건축가이자 도시계획가들인 세르벨라티Pier Luigi Cervellati와 사르티 Armando Sarti의 요청에 따라 진행되었으며 전체 계획은 베네볼로Leonardo Benevolo에 의해 지도되었다. 유서 깊은 볼로뉴의 중심가에 고속화도로가 격자로 생기고, 그에 따른 과도한 가로계획으로 인해 볼로뉴 자체가 파괴될 가능성이 있는 전후의 도시계획의 틀을 완전히 반전시키는 쾌거를 이룩한 것이다.

제때에 잘못을 알아차리고 기존 계획안을 수정할 수 있었던 것은 결국 도시문화에 대한 새로운 각성 때문이기도 하였다. 그러나 그것은 우연히 생긴 일이 아니라 제2차 세계대전 이후 이탈리아의 많은 문화유산과 역사적 도시들이 신건축 및 도시계획과 개발이라는 미명하에 저지른 온갖 야만적인 행위들로 파괴된 것에 대한 반성으로 얻어진 결과였다. 사회적, 정치적, 사법적으로도 유럽 선진국 가운데 문제아로 전락한 이탈리아에서 볼로뉴의 사례는 큰 사건이었다. 국가의 강력한 지원에 따라 개발업자들의 투기에 놀아난 도시 엔지니어들은 법도, 전통도, 규범도 무시한 채 폭력적인 개발업자와 공모한 것이다. 언론의 비판이나 간혹 쏟아지던 지식인들의 항의는 외면당했고, 장관들은 파괴행위를 오히려 조장했다. '뉴욕에 살지 않는 것을 부끄러워하는 시장들'이 행정력을 장악하고 있을 때 엎친 데 덮친 격으로 '직선과 기능주의를 신봉하는 공무원들'이 득세하였다. 그리고 파괴에 앞장선 두 주역이 있었는데 그 하나는 이탈리아 파시스트와 교황청의 협정을 기념하기 위해 바티칸의 보르고 지역을 파괴한 교수 그룹의 피아첸티니Marcello Piacentini가 있었고 또 다른 하나는 진보의 이름으로 이탈리아를 뒤흔든 합리주의 건축가들이 있었다. 도시계획가들과 건축가들은 이런 사회적 분위기에서 도시계획이란 이름으로 많은 것을 파괴했다. 현대건축가들, 미즈 반데로에, 멘델존Erich Mendelsohn, 그로피우스Walter Gropius와 마이어Hannes Meyer, 르 코르뷔지에, 오우트J. J. P. Oud 같은 사람들이 제창한 시대적 정신과 당대의 문화담론들은 당시의 젊은 건축·도시인들의 새로운 우상으로 떠받들기에 부족함이 없었다. 과거는 낡은 것이라고 주장했다기보다, 도시는 새로이 거듭나야 한다는 그들의 말이 젊은 건축인·도시인들을 현혹했던 것이다. 그러다 1957년 비안코Umberto Zanotti Bianco와 몇

몇 지식인들은 '이탈리아 노스트라Italia Nostra'를 결성하여 문화유산의 파괴행위와 맞서 싸웠다.

어찌 되었던 볼로뉴 중심가의 개조안이 성공할 수 있었던 것은 우선 오래된 중심가의 '영원한 가치', 주거의 터부시되는 문화의 중요성이 한몫을 했다. 당시 이탈리아 법은 오래된 도시의 재개발을 용이롭게 하지 못했으며, 현실생활에 의지하여 시간 가는 대로 살던 사람들의 태도가 볼로뉴의 제대로 된 계획을 더디게 하였다. 그러나 볼로뉴의 대학 출신의 건축·도시 전문가들은 자신들의 지식을 권력과 결합시켰고 또한 현실을 제대로 볼 줄 알았다. 그들은 행정적으로만이 아니라 당시의 주민과 미래의 주민들의 이익을 위해 계획을 추진하고 도시에 새 생명을 불어넣었다. 볼로뉴의 성공은 도시의 연구와 집단적 토론이 병행하여 이루어졌다. 다양한 목소리의 집단만이 도시의 드라마와 대결할 수 있으며 집단이 만든 일은 집단적으로 풀어야만 성공한다는 사실을 그들은 잘 알고 있었다. '자기가 거주하는 주택에 살 권리, 살던 곳에 살고, 살고 싶은 곳에 살 권리' 곧 주택의 권리와 도시에 살 권리를 시민에게 되돌려준 것이다. 옛 도시계획에 의해 중심에서 쫓겨날 뻔한 시민들을 제자리에 안주시키며 그 힘으로 문화적 옛 도시 전체를 지켜낸 이 사례는 《새로운 도시문화》란 책자로 출판되기도 하였다.[2]

물량의 연속적인 발전을 지속시켜야 하는 경제논리와 도시보존을 통해 질을 높여나가야 할 두 가지 태도는 항상 충돌하기 마련이다. 그러나 우리는 볼로뉴에서 보듯 지식과 권력과 시민의 힘을 합칠 수만 있다면 가회동 한옥을 보존하여 서울을 역사적 도시로 만드는 데 크게 기여할 수도 있을 것이다. 이미 한 시민이 그 일을 시작했다. 그곳에 직접 들어가 살면서 집을 적절히 개조하는 것으로 한옥 한 채를 보존하기 시작한 것이다. 오직 사는 것만으로 보존의 온갖 문제는 해결될 것이며, 현실적으로 가족생활이 불편한 점을 감안하여 문화예술인들이 구입하여 작업실로 사용할 것을 제안하기도 하였다. 서울시는 이런 계획을 도와주어야 할 것이다. 건축가 조건영 씨는 가회동에서 늘 그렇듯 실제적이고, 실천적인 모습을 우리에게 다시 한 번 보여주고 있다.

2. Pier Luigi Cervellati, *La Nouvelle Culture urbaine*, Paris: Seuil, 1981.

다락이 사라진 아파트에 기억은 없다. 다락 속에 보전되던 하찮은 물건들 속에 가족의 숨결이 숨어 있다. 한옥은 하찮은 것이 아니다. 그것은 기억 속에서만이 아니라 우리가 이 도시에서 지켜야 할 증언이다. 한옥은 우리들의 추억이 아니라 욕망이어야 한다. 한옥을 서울 땅에서 모두 제거하는 것은 기억을 제거하는 것이며, 그때 서울은 치매에 걸릴 것이고 우리들은 모두 미칠 것이다. 한옥은 서울의 손금이다. 우리는 서울의 손금을 지울 권리가 없다.

도시 읽기, 건설과 파괴의 이미지

도시는 그곳에 살았던 사람과 살고 있는 사람들의 합작품이다. 다만 서로 일치된 이념이나 그럴듯한 사유에 근거한 것이 아니라 각기 다른 개체들의 필연적인 삶의 모습이 우연히 결합되었을 뿐이다. 보이지 않는 곳, 정치권력이나 도시 행정가, 도시계획 입안자, 건축가가 도시 만들기에 직접적으로 개입하는 정도란 무의미한 수준이라 해도 지나친 말이 아닐 것이다.

사실 도시는 그 속에 사는 시민이 만든다. 체제가 허용하는 범위 내에서 만들어낸 도시의 일상성은 현대인이 만든 신화다. 새로운 욕망을 부추기고 유행에 뒤지는 것을 열등하게 만드는 것은 물론 자본가의 몫이다. 그러나 아파트 당첨을 위해 온 가족이 줄을 서고 길목 좋은 곳에 상점을 열고, 좋은 학군을 쫓아 이사 다니고, 롯데월드나 에버랜드를 찾는 것은 우리들이다. 성수대교가 무너지고, 삼풍백화점이 무너져도 그때뿐, 자신이 희생당하지 않는 한 모든 사람들은 그저 간혹 텔레비전에서 재방영되는 화면을 통해 당시 사건을 회상하는 것으로 충분하다. 아파트와 냉장고와 에어컨과 라면만 있으면 행복한 삶, 이것이 우리의 신화다.

이러한 일상성을 지속적으로 보장해주는 거대한 그릇이 바로 우리가 사는 도시다. 그러나 도시는 그렇게 단순하지만은 않다. 도시의 복합성은 신화를 단순화하려는 충동으로 우리를 몰아세울 뿐이다. 어떤 도시가 변화를 거부하고 정체되어 있다면 우리는 그 도시를 죽어 있는 도시라고 말할 것이다. 그러면 살아 있는 도시란 어떤 도시인가? 그것은 사람들의 삶이 지속되면서 유발시키는 끊임없는 파괴와 건설의 역동성이 있는 곳이다.

따라서 서울과 같은 대도시는 호수와 같이 고인 물이 아니라 장마철 홍수와 같이 거대하게 휘젓고 흐르는 물이다. 그것은 새로운 퇴적층을 만들면서 동시에 허무는 이중적인 일을 하고 있다. 생성과 소멸, 그리고 그 중간 단계인 폐허의 이미지들이 공존하는 모습은 도시 도처에 있다. 때로는 강력한 충돌의 양상으로, 때로는 욕망의 그림자로, 때로는 슬픈 무관심으로 중첩되어 있다.

대도시는 말할 것도 없이 언제부터인가 전 국토는 건설현장이 되었다. 그곳은 우리들의 일상이다. 때로는 청계고가도로 보수작업 장면처럼 건설 중인지 철거 중인지 분간할 수 없을 만큼 가림막 틀이 서울의 도시 경관을 바꿔놓고 있다. 건물을 천으로 감싸는 경관을 크리스토Javacheff Christo라는 외국작가의 작품에서만 보는 것은 아니다. 이 도시의 일상 풍경은 전위예술이다.

아파트는 이 시대의 꿈이요 행복의 좌표다. 아파트는 산자락이고 논바닥이고 도시 한복판이고 넓고 빈 땅만 있으면 자라난다. 모내기를 하는 것보다 수천 배의 이익을 보장해주는 아파트가 자란다. 땅이 없으면 집을 뭉개버려서라도 자라게 해야 한다.

19세기 말, 20세기 초 서울의 한복판은 500여 년 지속된 조선왕조의 일상을 보여준다. 그리고 100년이 지난 1999년의 서울 강남에는 수입품 백화점이 로스앤젤레스의 어느 건물과 비슷한 자태로 이사 와 있다. 건설에만 모델이 필요한 것이 아니다. 우리들의 삶의 전형이 얼마나 많이 미국으로부터 쏟아져 들어온 것인가.

도시의 정체성은 시간의 축적에 있다. 지난 시대의 사람이 만든 흔적의 적층이 도시의 역사를 만든다. 따라서 기존 건물의 파괴는 역사의 파괴이고 기억의 소멸이다. 조선총독부도 '민족정기의 바로잡음'이라는 기치 아래 한 정권의 정통성을 위해 파괴되었다.

도시의 20~25퍼센트는 늘 철거되거나 새로 건설되거나 수선된다. 낙산 시영아파트도 30년이 지나 1999년 봄에 철거되었다. 서울 역사의 한 페이지가 또 넘어가고 있다. 그 뒷장에는 무엇이 쓰이고 있을 것인가? 땅값을 절약할 목적으로 서울 주변 산자락에 무자비하게 건설된 집들은 건설할 때와 똑같은 방식으로 무자비하게 철거되고 있다.

1930년대의 서울과 1998년의 서울은 너무나 대조적이다. 60년의 시간이 조금 넘어 일대 변혁이 일어난 것이다. 산은 그대로이나 땅 위의 집들은 모두 대체되었다. 그것은 우리가 잊고 있던 수많은 파괴와 철거의 모습들을 떠올리게 한다.

지금 우리 주변 곳곳에는 폐허의 모습들이
숨쉬고 있다. 임종을 기다리는 불치병
환자와 같이 기와지붕들은 천막을 둘러쓰고
있다. 기와는 있는데 없다. 있는데 없는
것이 폐허의 이미지인지 모른다. 그렇게
보면 우리들이 늘 대하는 이 서울은 곧
소멸될지도 모른다.

폐허의 이미지는 신축 중인 건물에서도
엿보인다. 지붕을 뚫고 하늘이 보일 때
우리는 그것을 폐허로 보는 습성이 있다.
여기 이 폐허의 이미지를 띠는 건물은
이름하여 하이테크 폐허인지도 모른다.
건설 중인지 철거 중인지 모르는
도시순환도로도 그렇다.

지금은 시궁창물이 흐르고 악취가 나는 청계천이 옛날에는 서울 사람들의 빨래터였음을 우리는 얼마나 기억할까. 물길 위로 자동차가 질주하는 곳은 비단 청계천만은 아니다. 물을 죽이면 사람도 죽는다고 했다. 복개한 모든 물길들은 언제나 원래의 모습을 보여줄 수 있을 것인가? 저주받은 물길들은 사람들을 저주할 것이다.

인사동 골목에서 보이는 각기 다른 시대
건물들의 공존은 서울의 참모습이다.
불일치하는 시대의 얼굴들의 만남은
무질서해 보이지만, 억지로 만들어진
국적불명의 국회의사당 건물보다 진실하다.
무의미한 열주와 고사떡 같은 돔을 머리에
인 국회의사당은 이 나라 공공건물의
수치스러움이다. 언제나 우리는 전 국민이
감동할 국민의 전당을 가질 수 있을 것인가?

아름다움을 말하지 않고 실천하던 사람들이 전통사회의 농민들이다. 아무리 시대가 바뀌어도 변치 않고 생필품과 사람을 매개해주는 사람들이 시장의 상인들이다. 남대문 시장, 청계천 시장, 동대문 시장 없이 어떻게 서울이 살아 있는 도시이겠는가? 시장 상인들은 도시를 말하지 않고 '도시를 실천'하는 사람들이다. 상가에 정주하는 상인들과 거리의 이동하는 상인들이 있다. 그들은 한시적으로 공공 공간을 점유하면서 시민들의 벗이 되고 있다. 따라서 그들은 '우정'이란 임대료를 지불하면서 도시적 삶의 또 다른 좌표를 구성하고 있는 것이다.

1999년 '지구의날', 광화문 앞 세종로에 차량통행이 금지되었고 사람들이 주인이 되었다. 여의도 광장을 공원으로 조성하기 전 그곳은 나무나 돌다리가 주인이 아니라 남녀노소 가릴 것 없이 시민의 광장이었다. 도로와 광장은 시민에게 소속되어 있다. 서울이 가장 사람 사는 도시처럼 느껴졌던 때는 일제 식민지에서 해방되던 1945년 8월과 1987년 6·10항쟁 때 시청 앞부터 서울역에 이르는 도시에 사람들이 거대한 물결처럼 움직이고 있을 때다. 이렇게 해서 정말로 도시는 살아 있을 수 있는 것이다.

서울에는 강남과 강북이라는 두 도시가
있다고 해도 과언이 아니다. 강북에는 좁고
언덕진 골목길, 강남에는 뛰어서 건너기에도
벅찬 넓은 도로가 있다. 강북은 사람끼리
만날 수밖에 없는 아날로그 도시이며
강남은 '섬' 같이 존재하는 디지털
도시인지도 모른다.

때로 사람들은 상징 앞에서 눈이 먼다. 그래서 사람들은 어떻게 해서라도 상징조작을 통해 사람들의 마음을 움직이려 한다. 이순신 장군과 춘향이도 그렇게 동원된 것이다. 도시 속에는 사실상 도처에 상징조작의 실체들이 널려 있다. 현대인에게 상징은 단순(純)한 술책에 불과한지도 모른다. 서울에서 만일 상징 조작의 리스트를 만든다면 보이지 않는 도시를 찾게 될 것이다.

현대인들은 기호를 소비하고 기호를 산다. 기호가 의미 있다고 믿는 순간 본래의 의미는 사라진다. 박스 건물 위에 첨탑을 올리고 그 위에 십자가를 올리면 교회가 되고, 첨탑 위에 '만권(卍)'자를 붙이면 절이 된다.

삼겹살을 싸 먹는 깻잎은 꽃을 못 피우게 하는 비닐하우스에서 밤새 전등불을 보고 자랐다. 자연의 시간을 거역한 불임의 깻잎은 현대성의 거울이다. 현대는 모든 사람이 같은 시계를 차고 다니는 것을 의미한다. 시계는 우리들의 일상을 측정하는 거울이다.

세계에서 이자율을 가장 잘 암산해내는 국민이 한국 아줌마들이다. 도시는 사람들의 그 많은 능력을 거세하고 유독 돈 계산의 추상화 능력을 조장하는 곳이다. 환율, 증권, 이자, 원금, 차용, 신용이라는 단어가 살도록 하는 도시는 돈의 도시다. 25시는 이런 도시의 패러디다.

따라서 우리는 화폐경제의 추상세계를 감출 가림막이 필요하다. 그것이 광고의 세계다. 욕망의 문학이며 이미지다. 불가능한 것이 없는 가상의 세계, 그러나 늘 화폐로 현실화시킬 수 있는 세계가 상품미학의 세계다. 숨은 욕망까지도 들추어 삶의 모든 것을 상품화시켜서 결국은 내가 나를 사야 하는 역설의 세상이 왔다.

그러나 대체로 사람들의 삶은 체계적이지 않다. 그럴 여유도 없다. 지금이 어떤 세상인가! 비체계 속의 체계를 우리는 조그만 주방의 식당이나 도시 풍경에서도 만난다. 무심하게 아무렇게나 살아가는 듯하지만 그 흔적 속에는 불완전하지만 '편리한' 몸짓이 숨어 있다

변환은 충돌에서 온다. 제주도 돌담과
시멘트 블록은 서로 양보할 줄 모르고
팽팽히 맞서 있고, 그래서 그 사이에는
균열이 있다. 옛 화신백화점 뒷골목에도
충돌이 있다. 그것은 변화의 물결이며 먹고
먹히는 싸움이다. 도시의 전선이다.

충돌은 잠재태로 지속적이기도 하다.
전기계량기나 가스계량기, 환풍기나
에어컨의 배관들은 거리낌 없이 건물을 칭칭
휘감고 벌레처럼 붙어 있다. 이 도시의
편리한 장치들이다. 소도구다.

전 국토의 공사장화는 이 나라의 땅덩이를
피곤하게 했다. 과로는 사고 원인이다.
그리고 우리는 그 한가운데서 사고를
기다리는 셈이다. 그래도 우리에게 늘
위안을 주는 것은 매년 찾아오는 봄이다.
어느 해에 봄이 오지 않는다면 이
도시인들은 어떻게 될 것인가? 내년에는
봄이 안 와봤으면 좋겠다. 그래서 우리가
무엇으로 사는지 다시 생각하게 했으면
좋겠다.

우리는 먼 곳에서 도시로 오지는 않았다.
아직도 이 나라에는 우리가 방금 떠나온
정신의 세계가 있다. 정읍 근처 백암마을의
남근석과 열두 당상이 말해주는 해학과
대지의 혼이 있다. 우리가 이 도시에서 잊고
있는 것은 욕망의 또 다른 차원이다. 적어도
왜 우리가 살고 있는지 질문하면서
우리들의 또 다른 모습을 진지하게
대면하는 차원 속의 욕망의 모습이다.

결국 우리가 잊었다기보다 올바로 보기를
외면한 현실 속에서 우리는 역설적이게도
이 도시를 살 만한 도시로 만들 빛을 만날
것이다. 한옥 마루에 떨어진 석양빛과
종갓집 제택第宅에서 만나는 창호의 빛은
우리들에게 어떤 암시를 하고 있는 듯하다.
아직도 우리 앞에 남겨진 빛줄기를 다음
세대에 새롭게 전하라고.

'길'은 도로가 아니다

누구나 지방을 여행하다 보면 쉽사리 도로를 공사하는 장면을 목격하게 된다. 전 국토가 공사장 같아 보이는 것도 여기저기 파헤쳐진 도로의 모습이 우리를 심리적으로 늘 불안정하게 하기 때문일 것이다. 물론 도로의 유지, 관리, 보수는 필요한 일이긴 하다. 그러나 때로는 정말로 우리의 의구심을 자아내게 하는 공사현장을 지날 때가 있다. 이미 멀쩡한 도로가 있는데 바로 옆에 평행하게 또 다른 도로를 건설한다. 기존의 도로가 차량으로 붐비기는커녕 오히려 한적한데도 4차선 도로를 별도로 만드는 이유는 도대체 무엇 때문인가?

4차선 도로와 고속도로가 다투는 계곡

이를테면 영동~무주 간 4차선 도로공사가 적절한 예다. 굽은 길을 펴고 속도를 높이기 위해서인가, 아니면 미래의 관광도로를 확보하기 위해서인가. 그도 아니면 물류비를 절감하기 위한 것인가. 만일 그것도 아니라면 이미 배정된 예산을 소진하기 위해서인가. 알 수가 없다. 논밭을 갈아엎고 배수공사와 도로기반공사, 터널공사, 교각공사에 온갖 토목공사가 여러 해에 걸쳐 진행되다가 드디어 무주읍에 도달해 공사가 마무리되는 줄 알았더니, 무주를 지나 아름다운 계곡을 헤치며 장수 쪽으로 계속 진행되고 있는 것이 아닌가?

대전~통영 간 고속도로 개통으로 무주의 작은 상권이 대전으로 흡수 이동되다시피 한 몇 년 동안의 후유증이 채 가시기도 전에, 또다시 무주읍내 남쪽으로 4차선 도로

가 달려가며 아늑하게 완만한 남쪽의 경사면과 상징적인 산자락을 무참히 절단하니, 그 흉물스러운 모습은 이루 말할 수 없었다. 그런데 거기에서 그치지 않고 장수 쪽으로 진행하는 지방도를 따라 신설 4차선 도로와 대전~통영 간 고속도로가 좁은 산골짜기를 앞다투어 빠져나간다. 평화스러운 산골의 경관을 난도질하는 풍경 앞에 경악을 금치 못했다. 도대체 누가 이 오래된 미래의 땅을 이렇게 무참히 짓밟을 수 있단 말인가? 신설 도로의 효용은 오래된 풍경을 절단할 만큼 합당해 보이지는 않는데, 문제는 이런 살벌한 풍경이 여기 무주 땅에서만 벌어지는 것이 아닌 데 있다. 이제 무분별한 도로공사는 자제할 때가 되었다. 무주와 같이 청정하고 아름다운 자연환경이 잘 보존된 땅을 도로 확장의 이름으로 훼손해선 안 된다. 대도시가 아닌 무주는 대전~통영 간 고속도로만으로도 충분히 전국 1일생활권과 접속되어 있고, 아무리 관광객이 쇄도한다고 해도 도로율이나 폭이 좁아서 문제가 되지는 않는다. 아니 오히려 이제는 기존의 지방도나 농촌의 길들을 보존해야 할 시점에 이르렀다.

길은 도로가 아니다. 도로는 설계하고 공사해서 금방 만들어낼 수 있지만, 길은 오랜 시간의 삶의 흔적과 자취가 배어 있는 역사이므로 즉흥적으로 만들 수 없다. 특히 농경시대, 차량이 이동수단이 아니었을 때, 오직 걷거나 기껏해야 수레와 우마차가 교통수단이던 시절의 길들은 신체의 연장선상에서 만들어졌다.

일제시대 '신작로'가 이 땅 위에 인위적으로 만들어지기 전의 모든 길들은, 한 발자국씩 천천히 장애물을 피하고 경사진 산자락이 나오면 가장 편안한 각을 찾아 휘돌아가면서, 땔감을 마련하던 뒷산을 이어주고 재 너머 이웃마을을 연결해주었다. 불도저나 대형중장비가 도로를 건설한 것이 아니라 사람의 몸뚱어리가 조금씩 조금씩 필요에 의해, 미세한 반복적 동작이 길을 만든 것이다. 천천히 걸으며, 속도보다는 걷기에 편안함을 기준 삼아 만들어진 길들은 대체로 물길을 따라 만들어졌거나 적어도 '물의 흐름'에 따라 만들어졌다. 물은 본래 평평해지려는 속성이 있으므로 물길을 따라가면 가장 편안한 길을 만드는 것이 보장되었다.

그림 1. 할아버지가 걸었고 아버지가 넘던 저 길을 내가 걷는다는 것은 바로 저 길의 역사에 내가 편입되는 일이다. 길은 여러 세대가 동일한 풍경을 지점에서 바라보게 하는 그림일기이며 역사다.

문화의 서곡은 언제나 들려올 것인가

그래서 옛길들은 물 흐르듯 자연스럽고 아름답다. 더욱이 우리나라처럼 산과 언덕이 많은 지형에서 굽이쳐 휘돌아가는 길들이 많은 것은 무리하게 산을 절개해서 평평한 길을 만들기보다 지형을 존중하고 자연을 가급적 훼손하지 않는 범위 내에서 신체가 길을 만들었기 때문이다. 곡선이 부드러워서 일부러 미학적으로 곡선을 선택한 것이 아니라 경사면의 각을 완화해서 편하게 산을 오르려다 보니 곡선이 된 것이다. 그래서 이 땅에 새겨진 옛길들을 걷다보면 최초로 길을 만든 사람들이 궁금해진다. 그 사람들이 그리워진다.

언덕길을 오르기 전 마지막 논두렁에서 바라본 작은 논의 정경이나, 재를 넘다 쉬면서 바라보던 앞산의 풍경을 옛사람들과 같이 내가 지금 바라본다는 것은 나 또한 그 길의 역사에 편입됨을 의미한다. 할아버지가 보았던 풍경을 아버님이 똑같이 바라보고, 같은 길목에서 나 또한 동일한 풍경을 바라볼 수 있는 것은, 길도 축음기의 레코드판 같이 풍경이 각인되어 있기 때문이다. 레코드판은 음을 저장했던 것이 아니라 음의 지문을 내장하고 있다가 축음기를 돌리면 홈이 파인 흔적을 바늘이 읽어내고 그 소리가 증폭되어 언제나 같은 노래를 부르게 되는 이치와 같다. 그래서 길은 풍경의 저금통이다. 옛 사람들이 남겨놓은 '그림일기'다. 한반도를 살다 간 조상들이 물려준 농경시대의 유적이며 유산이다. 이 땅에 아직도 남아 있는 삶의 흔적이 깊이 각인된 길과 마을들, 그리고 집터들은 우리가 다음 세대에 물려줄 소중한 문화유산이다. 미美를 입으로 말하지 않고 몸으로 실천했던 옛 조상들의 유산을 이제 지속가능하게 보존하는 일에 우리 모두가 나서야 한다.

옛길의 파괴는 단순 파괴가 아니라 학살이나 다름없다. 왜냐하면 길도 조상들의 숨결이 살아 숨쉬는 역사이기 때문이다. 1천만 대가 넘는 자동차시대를 위해, 도로공사로 학살되는 길이 더 이상 없도록 하기 위해 이제 보존해야 할 '길'들을 강제로 지정하는 '경관법' 같은 것이 필요한지도 모른다. 이는 단지 아름다운 경관을 보존하자는 차원의 문제를 넘어 아름다운 땅 한반도를 지속가능한 삶의 터전으로 가꾸어야 할 윤리적 문제이기도 하다.

언제나 이 땅에 도로공사가 끝나고 잘못된 도로를 원상태로 회복하는 공사 이야기가 들려올 것인가? 굉음이 지속되는 토건국가에서 문화의 나라로 가기 위한 서곡은 언제나 들려올 것인가?

그림 2. 고속도로, 지방고속화도로, 지방도로 등으로 분류되는 도로건설은 때로는 중복되고 때로는 새로운 도로건설로 기존 도로가 무의미해지면서 도로공화국 한반도에 새로운 숙제를 주고 있다. 이제는 모든 사람이 알게 된 예산 소진을 위한 낭비적인 도로공사를 중단하고 쓸모없는 도로들을 자연으로 되돌리는 적절한 작업을 진행해야 할 것이다.

두 명의 왕과 두 개의 미로

보르헤스Jorge Luis Borges는 20세기 후반의 이야기꾼이다. 그가 들려주는 것은 단순한 이야기가 아니라 유럽과 남미의 지식인들을 막다른 골목에서 구원하는 지혜의 샘이다. 그렇다고 해서 그 샘이 지식인들의 실천 덕목을 가르치는 경전이 아니라 사고의 깊이를 더해주는 형이상학적 콩트이며, 생각의 거울이고 일상의 벽을 뛰어넘게 하는 가교다. 보르헤스의 미로에 대한 이야기를 하나 들어보자.

아주 옛날 바빌론에 한 왕이 살았는데 건축가들과 승려를 동원하여 명령하기를, "대단히 복잡하고 교묘하여 그 누구도 헤어날 수 없는 미로를 건설하라"고 하였다. 드디어 이 구조물은 완성되었고 이는 온 나라를 떠들썩하게 만들었다. 왜냐하면 그 완성도가 얼마나 컸던지 "이것은 인간이 아니라 신들이나 할 수 있는 대역사"라고 모두들 경탄을 금치 못했기 때문이다.

얼마간 시간이 지나 아라비아의 왕이 바빌론을 방문하게 되었다. 바빌론의 왕은 아라비아 왕의 성품이 단순함을 조롱할 생각으로 그를 자신이 만든 미로에 들어가도록 권유했다. 결국 아라비아 왕은 해가 저물 때까지 복잡한 미로를 헤매면서 어쩔 줄 모르고 모욕감에 사로잡혔다. 하는 수 없이 신에게 구원을 요청하여 간신히 출구를 찾아나온 아라비아 왕은 그러나 아무런 불만도 토로하지 않고 오히려 점잖게 바빌론 왕에게 자신도 아라비아에 아주 근사한 미로를 가지고 있으니 신의 이름으로 방문해주길 권유한다면서 방문하는 데 며칠이 걸릴 것이라고까지 귀띔해주었다.

그리고 난 후 자기 왕국으로 돌아온 아라비아 왕은 군대를 보내 바빌론의 성을 함락시키고 바빌론의 왕을 포로로 잡아 오게 하였다. 그리고 아라비아 왕은 바빌론의 왕을 발빠른 낙타의 등에 묶어서 사막 한가운데로 데리고 갔다. 3일 동안 달리다 아라비아 왕이 드디어 말했다. "오! 이 시대의 왕이시여. 금세기 물질과 숫자의 왕이시여! 너는 끝없는 계단과 벽과 문을 화려한 동으로 만든 미로 속에서 나를 헤매게 하였노라. 이제 신은 나에게 나의 미로를 보여주라 하신다. 나의 미로에는 기어 올라갈 계단도 없고 애써서 열 문도 없으며 가로막는 벽도 없다." 이렇게 말하고 아라비아 왕은 바빌론 왕을 사막 한가운데에 풀어놓고 돌아와버렸다. 바빌론 왕은 결국 허기지고 목말라 죽고 말았다. 죽지 않는 자에게 영광 있으리라.[1]

아라비아 왕의 미로는 바로 사막이었다. 사막에는 인간이 만든 구조물이라고는 전혀 없었으며 그 자체가 그 어떤 미로보다 훨씬 더 정교했다. 골탕을 먹이려다 죽음에 이른 바빌론의 왕과 지혜로 만든 미로로 돈 하나 안 들이고 복수극을 끝낸 아라비아 왕의 이야기는 단순한 우화만은 아니다. 그것은 인간이 갖고 있는 양날개이며 대칭성의 은유다. 있는 것이 없는 것이고 없는 것이 있는 것이다. 때로는 빈 것이 채워진 것보다 훨씬 큰 것을 끌어안는다.

---

1. Jorge Borges, *L'Aleph*, Paris: Gallimard, 1977.

도시와

공 공 성

도시·공간·정의

복잡계로서의 도시, 도시계획의 실패

사람들은 살기 위해 도시로 몰려든다. 그리고 공간을 점유한다. 일하거나 거주하거나 산책하거나 오락을 즐긴다 하여도 그들은 한정된 공간이나 장소를 떠날 수 없다. 그래서 산다는 것 자체가 공간을 어떻게 점유할 것인가 하는 싸움이다. 그런데 문제는 공간은 늘 한정되어 있을 뿐만 아니라 모든 '땅'은 항상 유일무이하다는 점이다. 복제도 없고 확장도 불가능한 점들의 연속인 '땅'은 결과적으로 공유되지 않는 한 첨예하게 대립될 여지를 가진다. 따라서 사람들은 가능한 더 많은 공간을 선점하려 한다. 그것도 좋은 길목을 독점하려 혈안인 것은 당연하다.

그러다 인구가 늘어 한정된 공간이 극점에 달하면 오직 두 가지 방법만이 도시를 불가능으로부터 탈출시킨다. 하나는 수평적 확장이다. 예컨대 신도시 개발이나 도시의 영역을 넓히는 방법이다. 또 다른 하나는 수직적 확장이다. 한정된 점을 수직으로 쌓아 올라가는 것이다. 뉴욕의 마천루나 고층아파트, 도심의 사무용 고층빌딩들이 다 수직적 확장을 의미한다. 그래서 도시의 문제는 어떻게 적절한 영역 속에서 적절한 밀도를 유지하는가 하는 점으로 귀결된다고 해도 과언은 아니다.

그러나 이런 태도는 공간을 물리적인 수치로만 따지는 한계가 있다. 도시는 그보다 훨씬 복잡하고 복합적인 인자들이 작동하여 움직인다. 도시공간의 문제는 이런 양적이고 물리적인 것을 토대로 하여 그 위에 다양한 질적인 요인들이 중첩되기 마련이다. 이를테면, 중심지와 변두리, 법적으로 허용 가능한 건축면적과 가능한 용도의 지정(상업지역과 주거지역, 공업지역 등), 사회계층별 공간 점유 등의 특질(강북과 강남), 자연 녹지나 자연경관과의 연계성, 지형이나 지세(경사지, 평지, 계곡), 변화가 시작되거나 변화가 진행 중인 지역(재개발), 역사유적이나 그 흔적으로 평가되는 지역 등 그 요인들은 너무나 다양해서 다 거론하는 것이 불가능할 지경이다. '도시계획'이란 학문과 제도를 운용하는 것은 도시로 몰려든 사람들과 앞으로 증가할 사람들까지를 예측해서 그들이 보다 인간답게 쾌적하고 안전하게 그들의 삶을 영위하게 하기 위해서다. 그러나 전통적 의미의 도시계획이란 도시를 운영하려는 사람들에게 조그만 위안이 될 뿐 상상을 뛰어넘는 속도로 변화하는 거대도시들의 운명을 감당하기에는 너무나 역부족이다. 왜냐하면 큰 공간 틀을 짜는 데는 그 합리성을 인정받았으나 '도시를 사는 사람들'의 도시계획을 역이용하려는 일상적 욕망을 계획할 수는 없기 때문이다. 다시 말하자면 도시는 그 속에 사는 시민이 만들기 때문이다. 따라서 궁극적인 문제는 시민이 어떠한 사회를 전제로 도시를 만들고자 하는가 하는 점과 시민이 어떤 가치를 지니고 있는가에 달려 있다.

정의로운 사회, 정의로운 시민

도시에 존재하는 모든 것은 그것을 만들어온 사람들의 '가치관'의 표현이라고 본다면 우리들이 지난 30여 년간 신봉해온 가치란 무엇인가? 도시와 공간을 만들고 건축해온 밑바탕에 지속적으로 개입해온 가치란 화폐로 환원될 수 있는 효율성, 어떻게 해서든 타인과 구별되려는 차별성, 그리고 선진국에서 검증된 적이 있는 사례들과 형상성 등에 대한 무조건적인 동일시로 요약된다. 이런 가치의 원칙적인 기조 위에 사람들은 각자 '취향'을 만들어왔으나, 우리가 집단적으로 수용할 가치가 있는 '문화'로 승화시키지는 못했다. 내가 존재하고, 나의 취향이 있고 나의 가치관이 있는 듯하지만 모두 스스로 확신할 수 없는 혼돈일 뿐이다. 지금 우리가 지향하고 만들어야 하는 도시란 적어도 공간의 정의가 실현될 수 있도록 실천적 이성을 옹호하는 일이다.

공간의 정의란 공간문화의 정의正義를 말한다. 그것은 광장이나 공원 같은 공적인 공간이 단순히 많아야 한다는 차원을 넘어서 공간을 생산하는 목적과 방법과 과정이 더 투명하고, 특정한 계층의 이익보다는 더 많은 사람들을 보살피는 쪽으로 옮아가는 것을 말한다. 또한 사적인 이익들이 충돌할 때나 사적인 이익과 공적인 이익이 충돌할 때 '나'보다 '우리'를 먼저 생각하여 해답을 구하는 것이 윤리적으로 우선되어야 함을 의미한다. 따라서 공간의 정의란 정의로운 시민으로부터 비롯된다. 그래서 성의로운 사회란 국가권력이나 자본의 힘이 만들어주는 것이 아니라 시민이 그들 자신을 위해서 싸워서 만들어나아가는 것이다.

도시를 자유롭게 산책할 수 있고, 이웃을 적대감으로 보는 것이 아니라 형제애로 포용해주며 도시의 역사의 흔적과 자연을 모성애로 보살필 준비가 되어 있을 때 비로소 우리는 도시에서 살 자격을 얻는다. 다만, 우리를 위해 가장 이상적인 모든 것을 만들어줄 사람도, 조직도, 정부도, 미래도 없다는 사실을 명심해야 한다. 시민 스스로 도시 속에서 인간답게 살 권리를 쟁취하기 위한 '투쟁'을 어떠한 형태로든 지속하지 않는 한 우리들은 다만 통계의 대상으로 전락할 뿐이다.

공적 공간과 시민의 경관권

풍경에 대하여

도시에서 모든 건물은 다른 건물에 대해 장애물이다. 그것은 경관에 대해서도 그렇고 자연의 '빛'에 대해서도 그렇다. 나의 집은 옆집과 뒷집의 장애물이며 뒷집은 바로 뒷집의 장애물이다. 시각적인 문제에 관한 한 예외가 아니다. 그래서 사회는 법적으로 서로가 최소한의 장애물이 되라고 명령하고 있다. 도로사선제한이 그렇고 주거지 안에서 일조권 확보를 위한 정북 방향의 사선제한이란 것이 이를 말해준다. 다만 조망권이나 경관권은 법조항에 명시되어 있지는 않고 일반적 관행을 따르고 있을 뿐이며, 더 좋은 경관을 조망할 수 있는 곳의 아파트가 그보다 못한 아파트에 비해 값이 월등히 높은 현실에 극명하게 반영되어 있다.

그런데 이렇게 명확해 보이는 사실에는 커다란 문제가 있다. 그것은 바로 공적이어야 할 경관이 사유화되고 화폐로 유통된다는 사실이고, 또 다른 하나는 경관을 어떻게 정의하느냐 하는 점이다. 상식적으로 이야기해서, 한정적인 경관인 경우 이를 독립적으로 사유화의 길을 열어놓는 것보다 공유하는 방법을 모색해 보는 문제가 있다. 따라서 우리는 어떤 공간이 소위 공적인 공간이며 공적인 공간에서 어떻게 하면 조망권이나 경관권을 최대로 확보해내는가 하는 문제를 거론해볼 수 있다. 이런 문제는 사실상 밀도 높은 도시공간 속에서 늘 첨예하게 대립하는 문제이기도 하다. 그런데 이러한 사안은 대체로 사적인 공간에서 더 문제가 확대되어 부각되지만 이른바 공적인 공간, 도로나 광장뿐 아니라 공공건물들이 자리 잡은 일체의 공간들에서는 조망권이나 경관권의 문제가 아주 심각하게 잠재해 있음을 부인해서 안 된다.

그림 1. 도시에 사는 사람들에게 조망권은 인권이다. 다만 우리는 내가 사는 집 또한 뒷집의 장애물이 될 수 있음을 잊어서는 안 된다.

첫 번째로 우리가 명확하게 해야 할 공간의 규정規定의 문제가 있다. 도시 속에서 모든 토지와 건물의 사유재산권은 인정되지만, 사실상 공적 공간에 기반하고 있음을 잊어서는 안 된다. 어떤 대지나 건물의 값이 매겨지는 시스템은 늘 이웃이 있기 때문에 가능하다. 어떤 대지나 건물도 그 자체로 가치가 결정되는 것이 아니라 이 부분이 도시 전체의 맥락 속에서 결정되는 것을 생각한다면, 개별 건물과 도시 전체는 늘 긴밀한 연관 속에서 가치와 가격이 결정되는 것이다. 곧 나의 가치는 이웃 때문에 가능하다는 사실이야말로 도시 속에서 모든 공간은 긴밀한 유대를 갖고 있는 공공의 산물임을 확인해야만 한다. 그럼에도 해방 후 지금까지 이 나라의 역사는 개별적인 가치는 인정하면서도 개별적 가치의 기반이 되는 공적인 가치와 중요성에 대해서는 제대로 논의된 적이 없는 듯하다. 이 점이 도시의 공적 공간에서 간과해서는 안 되는 첫 번째 명제다.

두 번째는 경관, 풍경이라는 말과 접속되는 경관권, 조망권에 대한 규정이다. '바라볼 권리'란 바라볼 대상을 전제로 한다. 일반적으로 우리는 앞이 탁 트인 그 자체를 선호한다. 그저 탁 트여 있다는 것은 자기 앞에 거칠 것 없이 비어 있기 때문에 시선을 멀리 확보할 수 있다는 점에서 대상 그 자체가 문제가 되지 않는 '시선권' 같은 것이다. 이 경우 중요한 것은 자신의 시선을 방해하는 일체의 것을 배제하려는 욕망이다. 그러나 대체로 녹지나 산, 또는 강과 같은 자연이 무엇보다 높이 평가되는 경관임은 부정할 수가 없다. 인위적인 도시환경 속에서 자연경관을 선호하는 것은 그야말로 너무나 자연스러운 것이다. 다시 말해서 어떠한 환경조형물보다 시민들에게 중요한 조망의 대상은 자연이다. 따라서 가급적이면 모든 시민들에게 산과 강과 녹지를 향한 시선을 열어두는 것은 원칙적으로 중요한 명제가 된다. 한강변에 일렬로 늘어선 아파트들은 서울을 조망할 권리를 박탈하는 중요한 사례다. 경관권이란 고정된 시점에서만의 문제가 아님을 다시 한 번 강조하는 경우이기도 하다. 사람들은 도시에서 자기 방의 창을 통해서만 경관을 조망하는 것이 아니라 걸으면서 또는 차량 속에서 이동하면서 오히려 조망에 대한 역동적인 시선을 갖는다. 늘 어느 지점에서 마주하던 익숙한 풍경이 신축된 건물로 사라져버렸을 때 우리는 도시에 사는 기억이 소멸된 듯한 당혹감을 느낀다.

경관에 대한 또 다른 문제는 부분이 질을 훼손하는 경우다. 그것은 자의적인 해석이 아니라 보편적인 시선의 문제다. 남산 외인아파트를 폭파해 남산 경관의 제 모습을 찾아주려 한 것이 적절한 예다. 환경조형물이란 세우는 것도 중요하지만 때로는 철거하는 것이 더 소중할 때도 있는 법이다. 오히려 지금 도시(서울)의 공공 공간에서 중요한 것은 경관을 해치는 조형물들(건축까지 포함한 일체의 조형물들)을 철거하는 일일지도 모른다. 또 다른 좋은 사례를 우리는 북악산 밑의 청와대 박공지붕에서 본다. 경복궁 앞에 있던 옛 조선총독부 건물을 철거할 때 많은 사람들이 우려했던 것은 총독부 건물의 철거와 함께 드러날 청와대 건물군이었다. 북악산 기슭에 자리 잡은 청와대 건물들은 경복궁의 편안한 자태를 저해한다. 현대판 고건축물은 경복궁과 현저한 부조화를 이룬다. 광화문 건너편 정부 제1종합청사가 경복궁을 압도하고 있는 자태도 공공 공간의 바람직한 모습은 아니다.

    어쨌든 경관권에 대해서 우리가 문제 삼아야 하는 것은 '보는 것과 보이는 것'을 포괄하는 것이며, 그것은 단순한 조형물의 차원을 넘는 풍경의 질質에 관한 것이다. 어떤 풍경의 질이 도시 속에서 인간답게 사는 것을 마련하고 있는지에 대한 물음이기도 하다. 그러나 여기에서 잊어서는 안 되는 것이 있다. 그것은 도시 속의 자연만이 아니라 구축된 도시 자체도 제2의 자연으로서 풍경의 대상이 된다는 것이다. 많은 사람들이 남산 위로 올라가려는 것은 서울이라는 도시를 조망하려는 욕망 때문이다. 도시 속에서 빠져나와 도시를 큰 틀로 바라본다는 것은 도시로부터 탈출이며, 또한 도시에 대한 또 다른 애정의 표현이다. 어떤 동네의 모퉁이를 돌다가 또는 어떤 아파트의 거실을 통해서 시야에 들어온 도시의 풍경 속에서 우리는 말로 설명하기 힘든 애정을 느낀다. 그것은 근원의 힘 같은 것이 느껴지는 자연과는 달리 삶의 깊은 자국들이 실체로 드러나는 감동이기도 한 것이다.

    결과적으로 우리가 도시 환경조형물에 대해서 깊이 생각해야 하는 것들은 무엇보다 도시공간의 본질적 특성인 공공성을 재확인하는 것이다. 그것은 누구나 접근 가능하고 사용 가능하다는 공리적 문제가 아니라 그것을 넘어서는 본질의 문제임을 간과해서는 안 된다. 또한 경관이라는 것도 이 점에서부터 논의가 출발되어야 할 것이다. 따라서 환경조형물이란 도시에 첨가하는 예술이 아니라 도시의 기본적인 공간적 특성을 이해하고 그 본질로 다가서게 하는 속성을 갖추어야 한다. 조형물은 환경 속의 단순한 부분이 아니라 전체 속에서 유기적으로 작동해야 할 삶이어야 존재가치가 있기 때문이다. 곧 단순히 보고 보이는 관계가 아니라 도시 풍경과 일체가 되어 느끼고 사는 것이 되어야 하기 때문이다.

현대 도시공간과 환경미술의 과제

근원적 모순

환경미술, 환경조형미술로도 불리는 현대 도시공간과 안팎에서 마주치는 '미술품'들은 그것이 전시장 이외의 장소에 위치하면서, 또 다른 미술 장르처럼 인식되어 왔다. 이런 유형의 미술품들이 '환경'이라는 모호한 낱말과 결합하여 얻어지는 부가가치는 현대인들에게 때로는 긍정적으로, 때로는 눈살을 찌푸리게 하는 도시의 한 '시각적 언어'로 등장한 것이다. '환경'은 개인적이거나 소수 집단의 전유물이 아니라는 본래의 뜻이 내포하는 말의 힘(공공성)은, 어떤 미술품이라도 그것이 놓이는 장소나 위치하는 곳의 특질과 관계없이 관람자(시민)들이 특별한 제재 없이 마주한다. 이런 이유 때문에 서서히 공공성을 획득한 것처럼 보인다. 그러나 지금 여기저기에 설치되어온 소위 환경조형물이나 실내 미술품이 과연 본래 의미의 공공성을 획득했다고 볼 수 있는지 의심스럽다. 바로 그런 이유로 많은 논의가 있는 게 사실이다. 환경조형물이라는 말은 이제 도시에서 상징적인 힘을 얻어 언어적, 시각적 폭력을 생산하고 있다. 그리하여 또 다른 도시문화라는 이름의 환경조형물 재생산에 이의를 제기하지 못하는 상황이 도래한 것이다.

"'공공' 더하기 '미술'이라는, (겉보기에는 둘 다 이의 없는 문화적 기득권으로서 왜냐하면 사회 속에서 '공공'이라는 것은 당연히 좋은 것이고, '미술' 또한 당연히 좋은 것으로 존중되는 것이 일반적이기 때문에) 그 상호 결합 또한 당연히 아무 문제가 없는 좋은 것으로 보는 것이 보통사람들의 일반적인 시각이지만, 그러나 공공미술이 겉보기처럼 그렇게 단순하지 않다"[1]라는 성완경 교수의 주장은 우리에게 논의의 출발점으로서 많은 점을 시사해준다. 특히 공공미

1. 성완경, ⟨공공미술과 대중 참여⟩, 《민중미술 모더니즘 시각문화》, 열화당, 1999.

그림 1. 서울 4·19 묘지 입구의 조형물은
기념공간의 상징적 표식이자 동시에 만남의
공간을 편안하게 조성하고 있다.

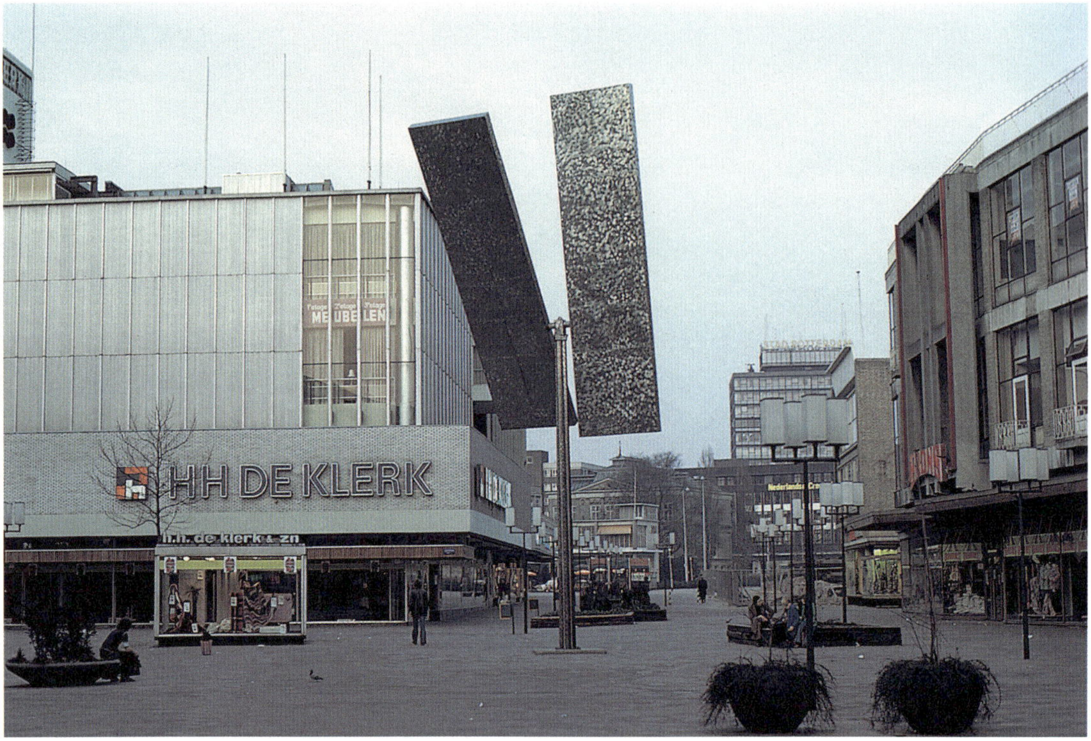
MEUBELEN
HH DE KLERK
h.h. de klerk & zn

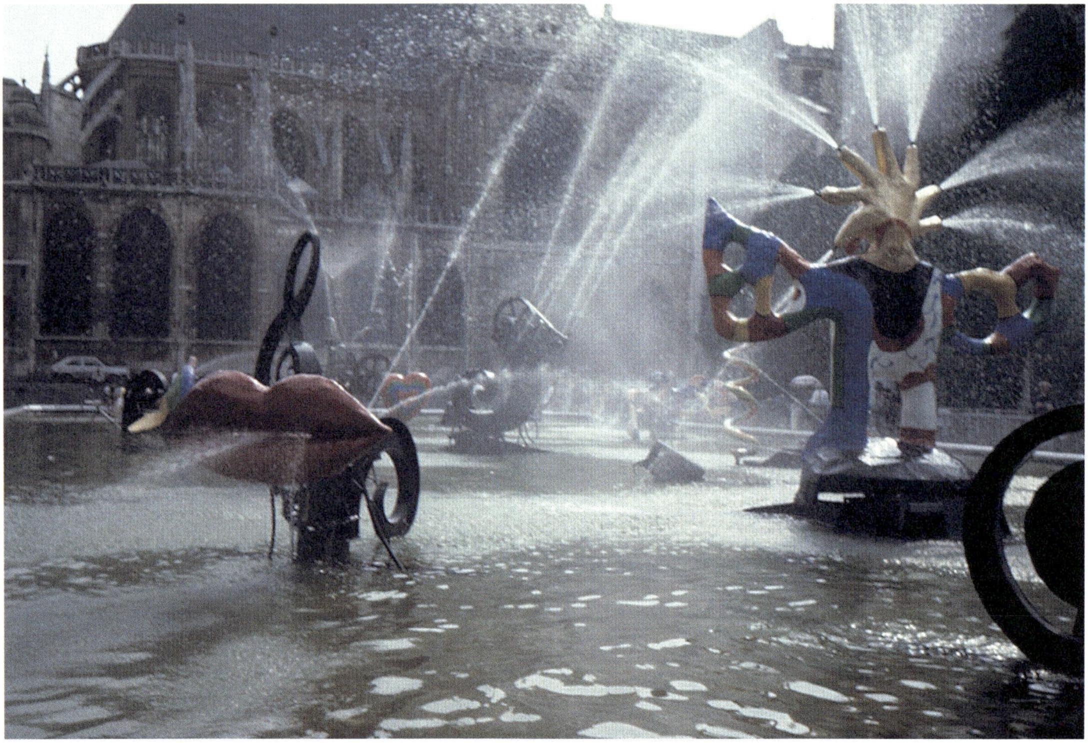

술의 원초적 자기 모순을 지적하는 성완경 교수의 논지는 우리에게 문제의 실마리를 푸는 열쇠를 제공한다고 하겠다.

> 근대사회에서 '예술이란 개인의 자율적 표현의 결과물이며, 그 감상 또한 개인의 사적인 미적 권유에 의한다는 것이 모더니스트 미학의 철학적 기반을 이룬다. 근대적 예술가는 집단 공동체에 귀속되기보다는 오히려 그 집단적 가치관의 부정에 자신을 정초시킨다. 공공미술이 근대적 예술 및 미학이론의 표준에 비추어볼 때 자가당착적인 모순에 빠지는 것이 바로 이 지점에서다. (중략) 결국 우리는 사적인 것과 공공적인 것을 하나의 단일한 개념 내지 사물로 연결시키면서 그로부터 통일된 일체성을 기대하는 셈이다.[2]

'환경미술', '공공미술'이라는 합성어가 갖는 말의 공신력 덕분에 도시환경 속에 놓인 미술품은 자동적으로 도시와 일체화하는 통일성을 획득해오면서 그 근원적 모순은 정확히 논의되지 못한 것이 사실이다. 따라서 우리는 몇 가지 질문으로부터 논의의 초점을 맞출 필요가 있다. 첫째로 환경미술 또는 공공미술(이하 공공미술로 칭함)은 왜 필요한 것이 되었는가 하는 점과 둘째로 역사적으로 근대미술이 탄생하기 전의 도시 속에서는 공공미술이라는 개념이 있었던가 하는 의문과, 일반적으로 '예술'의 존재방식이 어디에 기초해왔는가 하는 점들을 비교해 보는 것이다. 아마도 이러한 비교를 통해서 우리는 훨씬 더 이 시대가 직면하고 있는 복합적 문화생산 내지 예술생산의 의미를 알아차릴 수 있을 것이다.

그림 2. 전후 복구된 네덜란드 로테르담 보행자 도로에 세워진 조형물은 바람에 따라 조금씩 움직인다. 풍차의 나라 네덜란드를 굳이 떠올리지 않고도 바람에 따라 서서히 움직이는 두 개의 날개는 도시의 한 부분을 흥미롭게 한다.

그림 3. 프랑스 퐁피두센터 옆에 설치한 니키드 생팔Niki de Saint Pahlle의 다양한 형상의 분수 조형물은 퐁피두센터를 찾는 모두에게 큰 즐거움을 선사한다.

2. 성완경, 앞의 글.

공공미술: 전체 속의 부분

20세기 초부터 일기 시작한 아방가르드 미술운동은 독일의 바우하우스Bauhaus나, 러시아의 브흐테마스VKHUTEMAS(국립예술기술공방)와 같은 교육기관을 통해 소위 '미술'의 새로운 자기 확장을 시도하게 되는데 그곳이 바로 건축에 이르는 길이었다. 현대 건축 언어는 바로 20세기 초에 추상미술로부터 많은 빚을 진 셈이다. 리시츠키El Lissitzky나 말레비치Kazimir Malevich는 물론 몬드리안Piet Mondrian이나 타틀린Vladimir Yevgrapovich Tatlin에 이르기까지 그 외 많은 미술가는 2차원 세계에서 한계를 극복하고 새로운 조형형식들을 창조했다.

양을 헤아릴 수 없는 그 무수한 시도는 현대건축의 기능으로의 환원주의를 이겨내지 못하고 말았다. 현대건축의 새로운 '형식'은 전형화된 양식으로서 사회적 동인動因으로 자리 잡으며 건축의 형태와 내용을 해체하였고, 그 빈자리에 기능을 채워 넣으며 '상자'식의 '국제 양식'이란 중성적 환경을 잉태한 것이다. 전 세계의 대도시는 제2차 세계대전 후 근 반세기 만에 바로 국제주의란 양식 아닌 양식으로 뒤덮여버렸고 사람들은 비인간적이고 인본주의적 환경이 철저히 파괴된 도시 한가운데 서게 되었다. 그것은 시민들의 합의나 논의에 의해서가 아니라 거세게 밀어닥친 서양의 경제적, 사회적, 정치적 시스템과 그 하부구조로 전락한 문화적 가치관의 실종을 의미한다. 특히 서구에서 사람들은 뒤늦게 현대건축의 담이나, 도시의 버려진 공간들을 미화美化하기 시작했다. 때로는 건축환경의 불충분한 부분을 보강하기 위해서, 때로는 충분한 질의 건축물이나 도시공간이라 하더라도 이를 더 훌륭히 떠받들고 고양하기 위해서 건물 안팎에 '환경미술'을 등장시켰던 것이다.

그러나 여기에서는 건축이나 도시 속에 미약한 부분을 '미술품'이 보완한다는 느낌이 강했다. 상호 보완적이라거나, 공동의 미적 가치나 도시공간의 새로운 체험을 구현하기보다는 수동적이고 개별적인 '일'로 진행되어왔던 것이다. 모더니즘 건축이 금기시했던 '장식'을 건축 이외의 분야인 '미술품'을 통해 장식의 본래 의미를 간접적으로 재현하는 방식이 된 것이다. 르네상스 시대나 동양의 고전건축이 가졌던 회화·조

그림 4. 벨기에 브뤼셀 중심가가 주민의 의지와 무관하게 재개발되려 할 때, 이 건물은 올바른 재개발을 위한 주민들의 투쟁 캠프가 되었다. 주민들은 자신들의 꿈을 건물 외벽에 그려넣었다. 오래된 도심부의 가치를 보존하기 위한 마롤 지역 사람들의 노력은 거버넌스의 필요성을 입증한 사례이기도 하다.

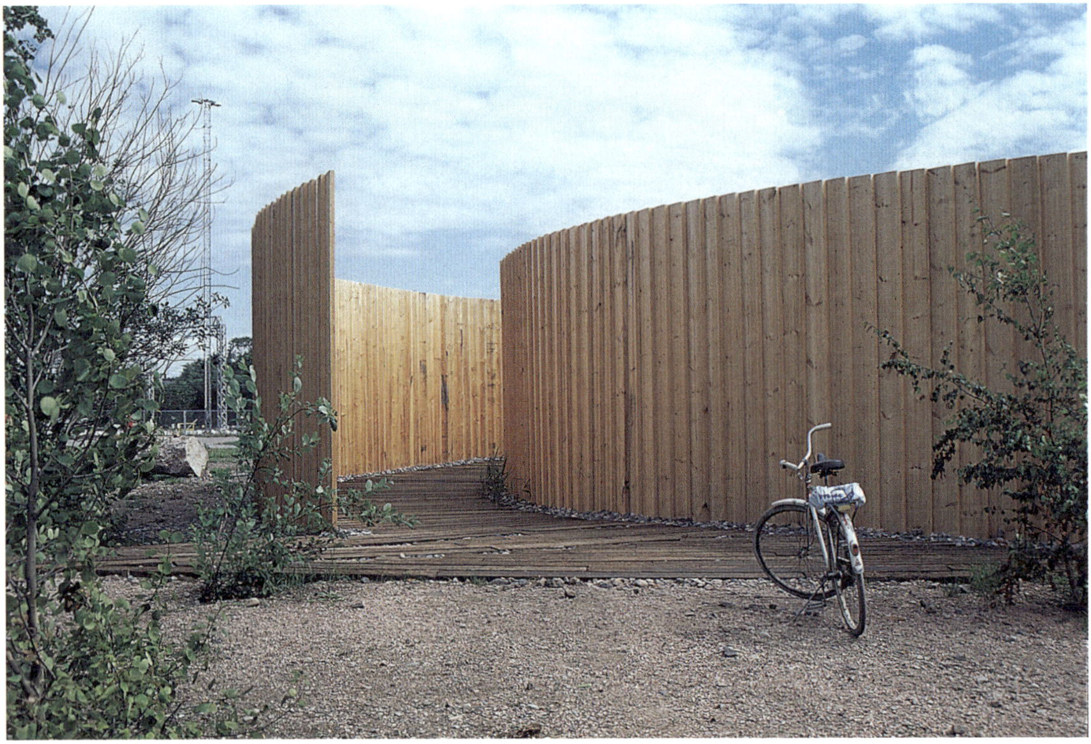

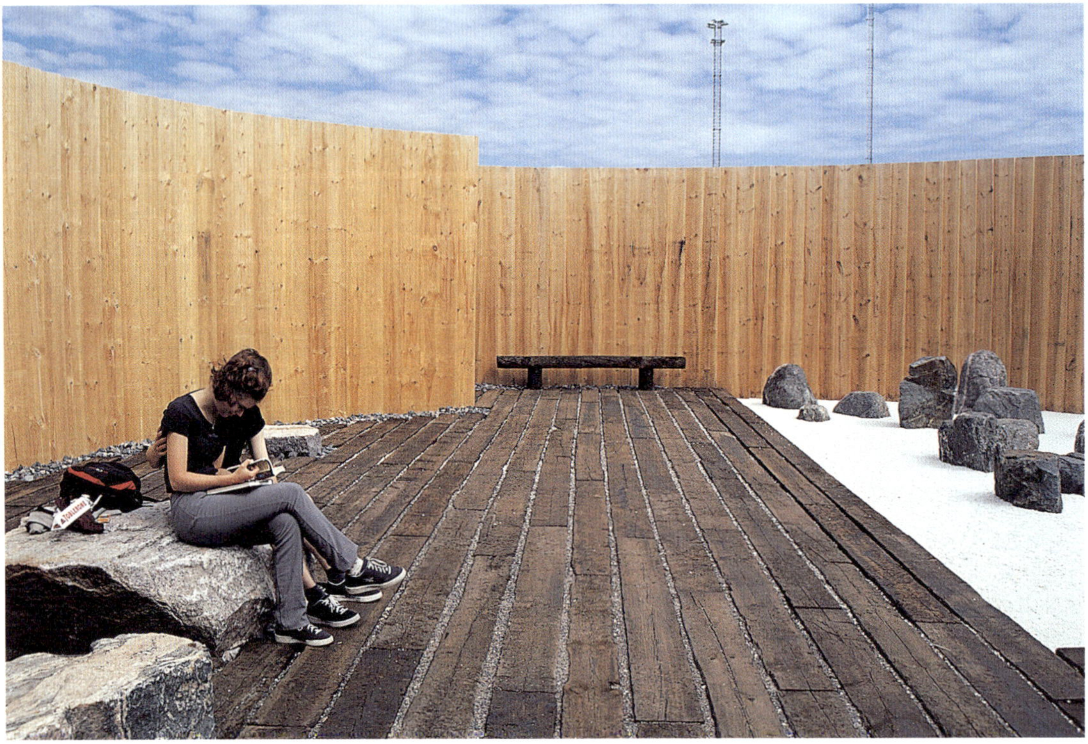

각은 건축에 통합되어 실현되었던 것에 비하면, 장르별로 해체된 조각·회화·장식 미술들이 서서히 건축과 도시 근처로 되돌아오려는 징조를 보이게 된 것이다. 그러나 문제는, 과거의 전통적인 건축·도시환경의 창출이 현대에 비하여 훨씬 더 예술의 전반적 가치에 대하여 일체감을 얻고 있었을 뿐만 아니라 그것의 작동방식이 사회의 통념으로, 관습적으로 실현되었다는 데 있다. 너무 멀리 그 예를 찾을 필요 없이 우리가 매일 지나치는 광화문 앞의 해태 석상을 생각해보자. 이것은 환경조형 전문가가 별도로 만든 것이 아니라 경복궁은 물론 한양 천도라는 도시 전체의 의미체계라는 맥락 속에서 한 석공에 의해 만들어졌을 뿐이다. 지금보다는 광화문 더 앞쪽에 있던 이 석상은 본래 불을 먹는 상상적 동물로서 화재를 방지하고 남방의 열기를 막아주는 상징적 역할을 담당하였다. 남산이 관악산에 비해 다소 서쪽으로 치우쳐 화산火山인 관악산의 축이 경복궁에 맞닥뜨리는 것을 완화하는 해태 석상은 그런 점에서 광화문이라는 건축물의 들러리도 아니고 광화문 광장에 다소 활기를 불어넣는 고립된 '작품'도 아니다. 그것은 건축·도시의 일부분일 뿐 아니라 주술적 역할까지 수행한 것이다. 그것은 공공미술이라는 이름으로 제작되지 않았으면서도 공공미술의 지향점을 실천했다. 문제의 핵심은 바로 공공미술이 전통사회의 고전적 가치를 실현하는 데 있지는 않다는 것이다. 다만 그것이 첨가되거나 별도로 주문되는 것이 아니라 어떻게 건축이나 도시와 유기적인 관계를 맺는가 하는 것이다. 곧 공공미술은 독립된 부분이면서 동시에 건축·도시의 공공성이라는 전체에 이바지하는 것이다. 환언하면 공공미술은 그 자체가 풀어나가야 할 독자적인 질문과 해답이 있는 것이 아니라, 현대도시·건축과 연관해서 동시에 해석되고 고민해야 할 숙명에 놓인 것이다. 따라서 현대도시가 직면한 문제들, 현대건축이 개별적이고 때로는 시민에게 적대적으로 만들어가는 일상적 환경의 추악성을 도시계획가와 건축가, 예술가(미술가만이 아니라)가 어떻게 공동으로 극복해 나아가느냐가 과제로 떠오른다. 그것은 개별 건물의 가치를 높여주는 단위적인 해결책만이 아니라 전반적으로 시민의 도시생활의 질을 고양하는 종합적이고 통합적인 사고에 기초해야 하며, 이러한 관점이 가능하기 위해서는 살 만한 도시는 어떤 것인가에 대한 전체의 합의가 있어야 할 것이다.

그림 5, 6. 노르웨이 오슬로에 설치한 일련의 환경조형물로 탄생한 이 미로는 도시소음을 차단하여 아늑한 휴식공간을 내장하고 있다.

236

새로운 통합

그러나 우리가 전제로 한 합의는 쉽게 이루어질 가능성이 희박하다. 왜냐하면 합의에 이른다 하더라도 잘못하면 '집단적 환경운동'과 같은 전체주의적 위험이 예상되기 때문이다. 따라서 가장 좋은 해결책은 구체적이고 실제적인 지점, 즉 가장 공공성이 요구되는 건물에서부터 건축가와 예술가들의 협업을, 설계 초기 단계부터 논의하고 실천하는 과정을 축적시키는 일이다.

대체로 많은 공공건축물은 흡족할 만큼 우리들의 미감을 충족시켜주지 못하고 있다. 그것은 건축법이나 건축가의 창의력의 부재 때문만이 아니라 한 건물을 고안하고 준공하기까지 관여하는 많은 사람의 취향 때문이기도 하다. 그러나 예술품과 미술품은 이 시대에 건축이 미칠 수 없는 한계를 넘어설 수 있는 상대적 자유로움이 있다. 건축가들은 아마도 자신에게 없는 이 자유로움의 도움으로 미술이라는 이름의 공공미술이 아니라 건축과 일체되는 종합미술이라는 차원에서 그 질을 높일 수도 있을 것이다. 현대건축사에서 미술가나 다른 장르의 예술가들이 건축가들보다 앞질러 이룩한 모험들을 자세히 들여다보아도 우리는 쉽게 그 역동성을 발견할 수 있다. 해체주의 건축, 포스트모더니즘적 현대건축이 당면한 문제들 중의 한 중요한 부분들을 이미 미술가들은 앞당겨 그 실험을 끝냈는지도 모른다. 20세기를 마감하며 또다시 미술에서 아방가르드를 기대하는 것이 아니라 이제는 건축과 미술이 다시 결합하며 탄생시켜야 할 역사적 소명을 안고 있는 것은 아닌가 자문해본다. 다문화적이고 다층적이며 복합적인 예술문화는 이제 새로운 시대의 요청에 부응하는 전환기를 맞고 있는 듯하다.

여기에 도시 속의 공공미술이 실천해야 할 두 가지 태도가 있다고 생각한다. 첫 번째는 공공미술의 실천적 태도를 새로운 역사성에 기초해야 한다는 것이다. 이 도시의 흔적을 지우고 파괴하고 날려버리는 것이 아니라 때로는 재생하고 보존하고 보듬는 태도로부터 이 도시를 살 만한 도시로 만드는 실마리를 찾게 될지 모르기 때문이다. 두 번째로는 공공미술의 인식의 틀을 전환하는 것이다. 건축물 앞에 있는 것은 '미술'이

그림 7. 독일 프랑크푸르트 한 구석에서
마주친 이 기석은 도시문명과 대비되는
원시적 풍경을 넌지시 내민다.

그림 8. 파리 빌레트공원에 있는
올덴버그의 작품은 공간의 스케일을 한순간
전도시키면서 고정된 사람들의 감각을
교란시킨다.

고 그 뒤에 배경으로 있는 오브제는 건축이라는 이분법이 아니라 '건축물 자체'가 공공미술이라는 패러다임의 전환이다.

건축은 그 속성상 공공성을 띤다. 그것이 아무리 개인적 소유라 하더라도 사회적 부의 실현이며 다수가 사용하는 것일수록 도시 전체의 부분을 이루기 때문이다. 만일 우리가 건축물 하나하나를 공공미술이라고 생각한다면 지금 같이 공공미술이 형식적인 차원에서만 머무르지는 않았을 것이다. 그것은 건축이 미술이 된다는 것이 아니라 그들이 화학반응을 일으킨다는 것이다. 다만 우리가 잊어서는 안 될 것이 공공미술이 관공서나 건축물 자체를 위해서 존재하는 것이 아니라 이 시대를 사는 시민을 위한 것이라는 점이다. 그러나 시민의 대중적 수준으로 공공미술의 수준을 맞추는 것이 아니라 그들의 삶의 가치를 한 단계 끌어 올리는 한도 내에서, 혼돈과 불편 속의 이 도시에 또 다른 공간과 시간을 갖는 '장소성'을 창출할 수 있을 것이다.

공간·문화정의실천협의회를 상정하며: 가칭 '공정협' 결성 제안서

현상

제3공화국 이후 조국근대화의 기치 아래 지나온 여정은 남한 땅에 깊은 상처를 드리웠다. 경제만이 이 나라를 살리는 길이라는 나팔소리를 굳게 믿고 "하면 된다"라는 신념으로 똘똘 뭉쳐 이룩한 한강의 기적은 글로벌 금융자본의 '람보적' 일격에 의해 산산조각 나버렸다. 이 나라 국민이 의지해오던 'UN'이라는 알파벳 대신 이제 'IMF'라는 단어를 받아들여 이 시절을 견뎌야 했다. 1만 달러 소득이니 선진국 문턱에 왔느니 하는 꽹과리 소리가 얼마나 허구적인 빈 냄비 소리이자 숫자놀음인지 이제 전 국민은 그 실체를 알게 되었다. 이 나라 경제가 얼마나 취약한 기반에 서 있는지, 또 그것이 상상을 초월하는 정경유착의 결과였는지를 알고 전 국민은 분노하는 것이다. 분노하면서도 이 모든 대가를 치러야 할 사람은 다름 아닌 이 땅의 납세자들이며 평범한 예금주들임을 생각하면 절망적이다.

이제 우리는 도대체 어떻게 이 모든 것을 납득할 수 있단 말인가? 경제정의가 추락하고 사회정의가 실종된 채 이 나라의 민주화가 진정으로 가능하겠는가? 그 많은 사람들의 피와 절규로 이룩해온 민주화 투쟁의 목적이 정치적 민주화만은 아닐 것이다. 오직 정치적 민주화에만 경도되어 그것 이외는 모든 것을 잃고 만 것은 아닌가? 정부 수립 후 최초의 평화적 정권교체를 이룩하였다는 결과만을 자축하기에는 이 나라를 사는 사람들의 심성은 너무나 많이 절단 나버렸다. 정부가 시키는 대로 하면 잘살 줄 알았던 국민은 뒤꽁무니로 거래된 관치금융과 정경유착이라는 먼 살림 차리기로 배신당했으며 명명백백하게 드러난 이러한 사실에 대해서 어느 누구도 할복자살은커녕 일말의 책임을 실토하지 않음을 통탄하고 있다.

한마디로 해방 이후 이 나라의 역사는 결국 왜 국가가 존재하며 왜 사람들이 그 속에 살고 있는지 소위 '잘산다' 는 것이 무엇인지에 대한 소박한 질문들을 명쾌하게 논의할 기회를 박탈해온 역사다. 그들은 오직 위대한 나라가 주도하는 각본에 따라 때로는 '반공'의 대사를 외우고 건설의 구호를 외치며 수출의 노래를 부르다 어느덧 연기에 몰두한 나머지 모두가 잘살고 있다는 착각을 하기에 이른 것이다. 그리고 막이 내리고 무대 뒤편에서 사람들은 웅성거리기 시작했다. 아무도 박수를 치지 않았기 때문이다. 그들은 각본이 잘못되었을 뿐 아니라 연출자들이 다 도망간 것을 알아차렸다. 그들이 얼마나 수동적인 연기자였는지를 알아차림과 동시에 객석에는 실제 아무도 없었음을 뒤늦게 깨달은 것이다. 이제 국민은 스스로 국민으로서가 아니라 무대를 떠난 낯섦 속에서 시민의 각본을 써야 할 시점에 서 있는 것이다. 진정한 그들의 삶을 회복할 기로에 선 것이다.

그들이 다시 써야 할 각본의 제목은 '공간·문화정의'의 실현이다. 그것은 정책적으로 입안되어 시행되는 것이 아니라 시민이 주체가 되어 쟁취해야 하는 지향점이기도 하다. 그러면 왜 공간·문화정의가 제목이 되어야 하는 것인가? 그것은 바로 우리가 그토록 잊고 있는 삶의 현장을 되돌아보기 위함이다. 천민자본주의를 비판하고 정치권을 욕하고 국제적 금융자본을 원망하는 것으로 일반대중의 순수함이 증명되는 것은 아니다. 문제는 전 국민이 거부하지 않고 수용하며 길들여온 삶의 현장과 공간 속에 얼마나 합당하고 정의로운 얼굴이 숨어 있는지 찾기 위함이다. 사회주의 이상향의 꿈이 소멸되고 전 세계가 지향해야 할 체제가 자본주의만이라면 그 폐해를 고발하고 수정하는 역할은 누가 어떻게 담당해야 하는가? 새로운 정의 이념이나 사회구성체 논의를 기다리고만 있을 수 있는가? 이제 우리는 그것이 아무리 잘못된 역사의 흔적이라고 하더라도 가상적인 곳이 아니라 실제로 이 땅에 쓰인 공간의 역사를 꼼꼼히 들여다봐야 한다. 그리하여 그곳에서 경제적 정의는 물론 사회정의의 방향을 가늠할 수 있을 뿐 아니라 바로 인간이 잘산다는 것이 무엇이며 그것이 결국 공간으로 귀결됨을 목격하게 될 것이다. 따라서 이제 우리의 화두는 잘살 수 있다는 구호가 아니라 어떤 공간에서 무엇을 실현하며 사는지에 대한 것으로 이동시켜야만 한다.

전 국토의 부동산화

눈을 뜨면 마주하게 되는 이 거대도시의 정체는 무엇이며 지금 이 순간에도 이 땅 위에 전개되고 있는 온갖 종류의 건설과 파괴 행위는 어떤 사회를 상정하고 있는가? 표면적으로 드러나 있는 막강한 양의 건설과 파괴의 역동성은 마치 우리 사회가 숙명적으로 존속해야 하는 일상성의 모습을 띠고 있는 듯하다. 아무도 거역할 수 없는 채로 전 국민이 수동적으로 떠받들어온 이 체제는 우연한 것이 아니다. 우선 남한 땅은 해방 이후 반세기를 거쳐 오며 새로운 가치의 신념으로 가득 찬 땅이 되었다. 남한 땅은 돈을 내면 돈으로 둔갑하는 가치의 땅이며 어떤 경우라도 쟁취하거나 목숨을 걸고 지켜야 할 신념으로 가득 찬 대상이 된 것이다. 결국 남한에서는 대지는 사라지고 면적과 평당 가격만 남았다.

또한 그 면적 위에 건설된 것도 문화적 가치로서의 건축이 아니라 오직 부동산 가치로서의 건물만 남게 되었다. 공유해야 할 공간이나 장소는 사라지고 모든 것이 화폐가치로만 귀결되고마는 천박한 자본주의의 땅이 된 것이다. 이런 현상은 민간 부분에만 국한된 일이 아니라는데 더 큰 문제가 있다. 모습만 달리할 뿐 관도 이런 체제의 순환고리에서 예외적일 수 없을 뿐만 아니라 오히려 근원적인 원인 제공자라고도 할 수 있다. 정부가 주도해 결정한 모든 신도시의 개발을 비롯하여 1970년대의 서울 강남 개발 등도 충분한 '예산'을 확보한 후 집행된 것이 아니라 관이 스스로 이른바 '땅장사'를 통해 이룩한 위업(?)인 것이다. 관과 민이 밀어붙인 결과의 대가는 무절제하고 무질서하며 온갖 폐해로 얼룩져버렸다. 1970~80년대의 대기업들이 수출의 출혈을 땅 투기로 보충해온 사실은, 이러한 일련의 사태를 전국 방방곡곡에 하나의 신화로 확산시켰다.

그것은 땅이 단지 돈이라는 숫자로 전락된 것을 의미하며 전 국민은 이런 신화의 행진을 구경하며 살아온 셈이다. 정상적인 산업생산이나 올바른 시장원리에 따른 경제활동에 의한 부의 축적이 아니라 이런 활동의 기반이 되는 땅이 훨씬 더 큰 부를 만들어내는 엄연한 사실은 우리나라의 경제만이 아니라 사회, 문화활동에 엄청난 왜곡

현상을 불러왔다. 제한된 국토가 그 속에 사는 사람들의 쾌적하고 풍요로운 삶을 보장하는 터전이 아니라 찢어발기고 쟁취해야 할 대상으로 전락해온 모습을 이제는 방치할 수 없다.

그동안 우리나라는 민주화를 위한 투쟁의 역사로 점철되어 왔다. 따라서 모든 재야세력이나 지식인, 학생은 오직 정치세력으로 힘을 키우고 발언하는 데에만 힘을 쏟아부었다. 그동안 이 나라 이 땅은 한마디로 전 세계에 선례가 없는 양의 건설을 해오며 절단 나고 찢겨져 만신창이가 되어 이제는 극한에 도달했다고 해도 지나친 말이 아니다. 아마도 이런 현상의 상징적 귀결이 IMF라고 하는 망령일 것이다. 이는 궁극적으로 경제와 정치 또는 정격유착이라는 한국을 지배해온 권력의 진면목이 드러난 것이다 그 나머지는 아무리 긍정적인 얼굴을 들이민다 해도 모두가 부차적일 수밖에 없는 것이다. 정치와 경제, 그리고 민주화투쟁은 이 나라를 주도해온 양대 축이다. 이제 21세기를 의미 있는 전환점으로 만들기 위해서 우리는 또 다른 축을 상정한다. 그것은 먼저 권력으로부터 땅을 되찾는 일이며 그 대지 위에 공간문화의 정의를 세우는 일이다. 그럼으로써 이 땅과 이 시대를 사는 사람들에게 돈이 아닌 또 다른 가치와 신념을 바로 새기는 일이다. 그것은 공유하고 더불어 사는 것을 통한 삶의 질적 전환을 의미하며 자연과 인간이 공존해야만 우리가 살아남을 수 있다는 신념으로 귀의하는 것을 뜻한다. 다시 말해서 이는 바로 상식과 정신의 회복이며 천민자본주의의 수정을 의미하고 올바른 시민사회로의 이행을 상정하는 것이다.

이제 우리는 경제와 정치가 진정으로 추구해야 하는 궁극적 목표는 지배계층이나 기득권층의 보호가 아니라, 더 많은 국민들이 적정한 부의 분배의 수혜자가 되고 공간(적극적인)과 환경의 (일방적인) 피해자가 아니라 주체가 되어 두텁고 정의로운 사회를 건설할 기틀을 마련하는 것이어야 한다. 그런데 이런 전환점은 누가 만들어주는 것이 아니라 시민들이 그 전선을 만들어 나가야만 한다. 그래서 우리는 공간·문화정의를 실천할 협의회를 상정하는 것이다.[1]

---

1. 이 글에서 필자가 공간·문화정의 실천협의회를 통해 제안한 과제들은 지난 1999년에 결성된 문화연대 공간환경 위원회의 사업 속에서 많은 부분 실천하려고 시도하였다.

공공성의 회복과
지역 공간문화의 활성화

어느 곳도 예외 없이 지방 중소도시의 버스터미널과 재래시장, 결혼식장 주변, 온갖 종류의 상점과 음식점이 모여 있는 중심가에는 사람들이 북적인다. 쇼핑센터나 백화점이 있으면 당연히 거기에도 사람들이 몰려 있다. 결국 사람들은 어디로 떠나든가 돌아오고 소비하는 것 말고 중소도시에서 무엇을 할 수 있단 말인가? 사람들은 어디에서 모듬살이의 또 다른 의미로서 공간문화를 향유할 수 있겠는가? 치열한 생존의 흔적이 덕지덕지 처발라져 있는 상가를 제외한다면 결국 무엇이 남는가? 낡은 군청 건물이나 도청 건물, 법원지부 마당에 핀 사철나무를 제외한다면 어디서 우리는 그 지방의 고유한 공간적 특질과 만날 수 있단 말인가? 사람들은 그런 것을 과연 필요로 하기나 한단 말인가?

　어딜 가나 여기가 서울인지, 대전인지, 전주인지, 당진인지, 제천인지 잘 모를 곳에 우리는 산다. 청량리나 신촌인가 하고 눈을 다시 뜨면 광주고 대구이며 부산이다. 부산이 광주고 대구고 창원이고 익산이다. 여기가 저기고 저기가 여기인 셈이다. 하나의 도시를 그 도시만이 갖는 특질로 가늠할 방법이란 이정표의 표식이나 그 지방의 말씨 정도로만 남은 듯하다. 전 국토의 획일화, 그것의 창출 배경은 권력의 중앙집중과 자본주의의 독점적 생산방식이 끼친 허구적 유토피아 즉 '자유와 평등'의 이데올로기로 포장된 '의지형 개발주의'의 신화다. "하면 된다"라는 신조와 "싸우면서 건설하자"라는 구호로 밀어붙여온 지난 30년은 그 많은 건설의 양에도 불구하고 역설적이게도 전 국면에서의 파괴를 촉진시켜온 시기이기도 하다.

　전통적 가치의 파괴, 공동체의 파괴, 세상과 사회에 대하여 갖고 있던 신화의 파괴, 아름다운 국토의 파괴, 이성의 파괴, 그리고 과거유산에 대한 철저한 망각에서만 가능했던 건설이라고 해도 과언이 아니다. 한마디로 물리적인 건설과 정신적인 파괴를 동시에 진행시켜온 끔찍한 계절이었다.

전통적 가치에 대응해서 만들어낸 현대적 가치란 무엇인가? 과연 우리 사회는 근원적 의미에서 근대화를 이룬 것인가? 자율적인 주체로서 사회의 진보라는 역사적 안목을 갖고 이 나라는 운영되고 있는가? 지방화시대라는 말의 참뜻은 아마도 지방인이 자율적인 주체가 되어 그들의 공간을 정치적인 목적으로서가 아니라 그들의 삶의 질을 진정으로 높이려는 목적을 실현하는 시대를 말할 것이다. 따라서 문제는 누가(어떤 집단이) 무엇을(개발을 위한 개발이 아닌 프로젝트를) 누구에게 의뢰하는가에 달려 있다고 해도 과언이 아니다. 시민이 선출한 시장과 시의원의 결정이 모두 민주적이기 때문에 모든 것은 '자율성'을 획득할 것이라는 논리는 타당하지 않다. 아마도 모든 민선시장들이나 지방자치단체장들은 많은 사업을 벌일 것이 틀림없다. 그 많은 사업들 중에는 분명히 지역공간의 변화를 초래하는, 중요한 프로젝트도 있을 것이다. 짧은 임기 안에 과시할 결실을 맺으려 하기 전에 단체장들이 해서는 안 되는 것이 바로 비전문가인 자신이 전문영역에 대한 중대한 결정을 내리는 것이다. 우리 지방에는 공간문화가 결여되었기에 문화센터를 하나 지어 해결하겠다는 식의 발상이야말로 경계해야 할 태도다. 중요한 것은 짧은 임기 중에 각 프로젝트마다 어떻게 객관적이고 적절한 결과를 가져올 프로세스를 입안할 것인지 전문가에게 자문하는 일이고, 가능한 한 고집스럽게 전 과정을 원칙대로 수행하는 전통을 만드는 것이다. 바로 이러한 선례가 있는 한, 지방은 거대한 중앙정부가 해낼 수 없는 훌륭한 공간을 창출할 수 있을 것이다.

여기서 우리는 일본 구마모토熊本 현의 유명한 구마모토 아트 폴리스의 실현 과정을 참고할 필요가 있다. 구마모토 현의 호소가와 모리히로細川護熙 지사는 세계적인 명성을 얻고 있는 일본 건축가 이소자키 아라타磯崎新와 만나 베를린 IBA(베를린 집단 주거를 위한 국제적인 설계 경기)가 성공적으로 이루게 된 경위를 공공건축물에 대한 유연한 행정 자세에서 가능했다는 사실에 대해 대화했다. 그리고 모리히로 지사는 구마모토를 세계적인 예술 도시로 만들 것을 제안하고 그 일을 이소자키에게 의뢰했다. 이소자키는 방대한 작업을 위해 작업팀을 구성하고 다수의 유능한 일본 건축가들을 건축가로서의 능력과 인품을 고려하여 선정했다. 이소자키는 '실적 위주 행정의 발주 방식' 자체가 달라지지 않으면 공간의 변혁을 기대할 수 없다는 생각에서 코디네이터의 수준이 아니라 전체 프로젝트에서 자신의 발언과 추천에 책임을 지는 커미셔너로서 객관적이고 중립적인 위치에서 건축가들을 선정했다. 물론 그 자신을 선정에서 제외시켰다. 그렇게 해서 안도 다다오安藤忠雄의 구마모토현립 장식고분관, 시립박물관 등 예술·문화·교육의 새로운 장소들이 탄생했다.

유럽에서는 파리 북동쪽의 오베르빌리에Aubervilliers 시가 중심이 되어 메타포르METAFORT라는 예술·기술·산업이 만나는 세계적인 미래 정보의 도시를 준비하고 있다. 해외의 이런 사례는 헤아릴 수 없이 많다. 문제는 모델이 아니라 진정한 의미의 '공공성'의 회복을 위하여 원칙에 소급하는 것이다. 권위와 지배를 벗어나 도시에 사는 사람들의 인간성을 소중히 여기며 그 고장에 걸맞는 도시를 창출하기 위하여 전문가의 정당한 의견을 프로세스로 고정하는 것이다. 이것이야말로 상식적인 의미에서의 공공성의 회복이며 진정한 의미에서의 자율성이다.

현대 건축의

문제

느끼는 건축

눈을 가진 자의 갈등

나의 신체에 익숙한 것은 만년필과 종이지 키보드와 모니터는 아닌 것 같다. 다만 나는 모니터와 비슷한 텔레비전 화면을 볼 수 있는 능력이 있고 그것이 감동적일 때 즉각적이진 않지만 다른 사람에게 전할 수 있다. 나는 손과 눈으로 세상을 보고 말할 수 있다. 보는 것과 들리는 것이 넘쳐나는 세상이다. 방 속에도 공포가 가득하고 신체는 파괴되고 있다. 그래서 나는 이 기회에 나의 건축에 대한 이야기를 억지로 만들기보다 1996년도에 썼던 글과 최근에 본 텔레비전 프로그램을 연결 지어보려고 한다. 다소 연결이 되지는 않지만 내가 생각하는 건축의 근저에는 늘 내가 결코 완벽하게 실현했다고 자부해본 적이 없는 생각들이 있는데, 그중 하나가 '보는 건축'이 아니라 '느끼는 건축'이다. 경기대학원 개원 1주년 기념 공개세미나에서 제안한(주제: 우리 건축, IMF와 어떻게 맞설 것인가) '도덕적 건축'이란 말에는 아마 이런 뜻이 들어 있을 것이다.

내 소원대로 60년 동안 건축을 할 수 있으면 좋겠다. 그때 가서 내가 이렇게 말할 수 있었으면 더욱 좋겠다.

"나는 60년 동안 건축을 하였다. 그러나 그것을 한 번도 본 적이 없다"라고 말이다. 느낌으로 충만하여 눈으로 볼 필요가 없는 건축이란 존재하지 않는 것일까? 나는 맹인이면서 귀머거리인 한 노인의 이야기를 여러분과 함께 나눠보고자 한다.

보이지 않는 여행

3월 16일 어느 늦은 저녁, 우연히 텔레비전을 켰다. 작업실 같은 큰 방의 중앙에 구부정한 노인이 앉아 있는 뒷모습이 보였다. 실내 여기저기에 큰 바구니들이 놓여 있었고 그 노인은 바구니를 짜고 있었다. 그냥 무심코 바라보고 있다가 자막을 읽기 시작했다. 무엇인지도 모르고 보기 시작했다가 결국은 끝까지 열심히 보게 되었다. 한마디로 가슴을 치는 여행이었다. 텔레비전이 가끔 이렇게 감동적인 여행을 선물한다는 것은 참으로 다행스러운 일이다.

그날 본 텔레비전 프로그램은 한 노인의 이야기였다. 평범한 노인으로 시각과 청각장애우인 한 인간의 이야기였다. 맹인이면서 듣지 못하는 한 사람의 일상과 여행에 관한, 다시 말해서 그의 세계에 관한 것이었다. 그는 영국인으로 나이는 일흔이 훨씬 넘은 듯했고, 여행을 할 비용을 마련하기 위해 바구니를 만든다고 하였다. 그리고 노인은 일본을 여행했다. 텔레비전 프로그램은 그런 노인의 생활을 잔잔하게 보여주었다. 이 글에서 자세하게 묘사하기보다는 3월 16일자 케이블 텔레비전(다큐전문방송)에서 방영한 <보이지 않는 여행>(1993)[1]을 직접 볼 것을 권한다.

나의 메모 노트에 휘갈겨 쓴 글을 옮겨 본다. 너무나 감동적인 말들이다. 이쯤에서 나는 이 글의 독자들이 맹인 청각장애자인 노인을 떠올리기 위해 귀를 막고 눈을 감은 채 60년이 아니라 60초만이라도 가만히 명상에 잠겼다가 읽기를 바란다.

나는 늘 일하고 여행하는 것이 좋다. (중략) 나의 일은 바구니 짜기이며 나는 바구니 짜는 것이 좋다. 바구니를 짜기 위해서 나는 모든 기억과 상상력을 동원한다. 나는 60년 동안 바구니를 만들었지만 그것을 한 번도 본 적이 없다. …… 나는 어릴 때부터 기숙 생활을 해서 혼자 모든 것을 하는 데 익숙하다. 내가 집에 있음을 편안하게 생각하는 것은 모든 것이 제자리에 있기 때문이다. …… 동경에서 나는 많은 것을 만지고 기억해두려고 하였다. 많이 잊어버리기도 했지만… 내가 가장 어렸을 때의 기억은 빛을 본 기억인데 그 마지막 기억은 내 손 위로 떨어진 빛이었다. 나는 내가 왜 맹인에 귀머거

---

1. 원제: *The Journey*. 1996년 시카고 국제 다큐멘터리 영화제(Chicago International Film Festival) 금상 수상작.

리가 되었는지 모른다. 그러나 나는 특별한 세계를 산다. 바로 느끼는 세계다. (중략) 나는 물이 좋다. 물이 있는 곳에는 어딘가에 부딪칠지 모를까봐 온 신경을 곤두세우지 않아도 좋기 때문이다. …… 나는 시간을 알 수 없다. 내게 있어서 시간은 연속적이다. …… 나는 눈이 멀기 전에 보았던 모든 것을 기억한다. 길을 나서면 나에게는 모든 것이 사건과 사건의 연속이다. 열차 안에서의 낮잠같이…. 일본 여행에서 만난 일본 시·청각장애인은 자신이(이들은 손바닥에 손가락을 움직여 서로 대화하였다. 그들의 언어는 말이나 수화가 아니라 신체 접촉이다) 열여덟 살 때 눈과 귀가 멀었을 때 갑자기 작은 공간에 갇힌 느낌이 들었다고 한다.

나는 꿈을 많이 꾼다. 옛날에 보던 얼굴, 걷던 길을 떠올린다. 나는 도쿄에 두 번 다녀왔다. 하지만 도쿄의 외관이 어떤지 전혀 모른다. 그러나 나는 아주 특별한 체험을 하였고, 아주 작고 특별한 기억들로 충만한 것을 갖고 돌아왔다. 몸짓이나 피부의 감촉. 내게 얼굴은 그리 중요하지 않다. 생각하는 사람은 많다. 하지만 느끼는 사람은 드문 것 같다.

학교건축: 초·중등교육

학교에 관련된 두 가지 에피소드가 기억난다. 그 하나는 프랑스 영화감독 고다르Jean-Luc Godard의 단편영화 <교육>이고, 또 하나는 맹아학교 교장선생님과 학교 계획안과 관련해 실제로 있었던 대화다.

고다르의 단편영화에는 등교하는 국민학생을 붙들고 집요한 질문을 던져 드디어는 질문당하던 아이가 곤혹스럽다 못해 울상이 되게 하는 르포르타주reportage식의 장면이 있다. 이를테면 고다르는 다음과 같은 질문을 속사포같이 던진다.

"너는 지금 어디로 가고 있는가?" "학교는 왜 가는가? 안 가면 안 되는가?" "네가 학교로 가는가 아니면 학교가 너에게 오는 것인가?" "학교에는 너의 부모나 다른 사람들이 너를 만나기 위해서 마음대로 들어올 수 있는가?" "1년에 몇 번이나 너의 부모가 학교에 오는가?" "그렇게 한두 번 밖에 못 온다면 그것은 마치 형무소 면회 오는 것 같은 것은 아닌가?" "형무소에는 아무나 들어갈 수 있는가?" "그렇다면 학교와 형무소의 차이는 무엇인가?" 결국 인터뷰 당하던 아이는 울어버린다. 그것은 단순히 어른이 아이를 골탕 먹이려는 질문만은 아닌 듯싶다. 의무교육이라는 이름 아래 진행되는 학교교육의 폐쇄성, 또는 형무소같이 울타리 쳐진 교정과 획일적인 교실에서 받는 반복되는 교과과정들에 대한 신랄한 풍자인지 모른다.

고다르의 영화에서 우리는 그것이 비단 한국만이 아니라 전 세계 모든 나라의 아동교육에 관한 근원적인 시각의 개혁을 필요로 하는 단초들을 엿볼 수도 있다. 나아가서 이는 단지 교육 자체의 내용만이 아니라 교육이 수행되는 공간의 질이 획기적으로 변화해야 할 당위성까지도 함축하는 것인지도 모른다.

또 다른 이야기는 맹아학교라는 특수학교의 기본설계를 하던 과정에서 일어났던 일이다. 밤새워 열심히 그려간 도면을 한참 들여다보던 교장선생님은 나에게 이렇게 묻는 것이 아닌가! "그런데 계단들은 도대체 어디 있는 것이오?"라고. 나는 앞을 못 보는 학생들에게 계단 같은 장애물을 가급적이면 피하도록 설계한 것이 너무나 당연한 게 아니냐고 반문하였다. 그러자 교장선생님은 "보세요. 이 아이들이 평생 이 학교에만 있습니까? 학교를 나가면 온통 계단들뿐인데 당신이 이 세상 계단을 모조리 없애 버릴 수 있겠습니까? 그럴 수 있다면 당신 계획대로 수용하지요. 그러니까 여기 입구에서부터 계단을 만들어주십시오"라고 말하였다. 나는 할말을 잊었다. 학교는 우리들 고정관념 속에 있는 학교와 이 사회로부터 격리된 수용소가 아니라 한 시대, 한 사회를 살아갈 어린이와 청소년들이 '잠시' 머무는 또 다른 '사회(세계)'일 뿐이다.

문제는 '교육'의 근원적인 목적이 단순히 기존 사회체제를 동결한 채 단순한 사회구성원을 재생산하는 데 있는가 아니면 그들이 장년이 되어 살아갈 미래사회를 진취적으로 가꾸어 가도록 확대 재생산하는 데 있는가 하는 점이다. 우리들이 합의하에 후자를 선택한다면 학교건축은 당연히 그 취지에 맞춰 설계되어야 할 것이다. 만일 전자를 택한 사회에서 후자를 염두에 두고 계획하는 건축가가 있다면 그 자신은 개혁자로 자부심을 가질지는 모르나 그 학교는 영원히 지어지지 못할 것이다. 그러나 요즈음 돌아가는 세태가 던져주는 방향은 후자, 즉 전면적인 '개혁' 쪽인 듯하다. 그러나 대학입시제도를 바꾸고, 고교교육을 정상화한다는 내용만으로 질 좋은 교육의 목표는 실현될 수 있는 것일까? 새로운 교육은 새로운 공간 속에서만 가능한 것은 아닌가? 그러면 새로운 공간이란 무엇을 말하는가?

    이런 질문에 대해 회의적인 사람들도 있다. 아무리 판잣집 같은 열악한 학교에서도 훌륭한 선생 밑에서 우수한 제자들이 나왔는데 그런 사치스러운 걱정은 하지 않아도 된다고 말이다. 그러나 이런 입지전적인 사람들에게는 커다란 사회적 병폐가 있으니 그 하나는 교육이 엘리트들만을 위한 것이라는 자기모순과, 바로 판잣집이나 병영식의 건물에서 자라난 아이들이 지금의 이 열악한 환경을 '풍요로움'으로 착각하고 살도록 방치하는 판단중지다. 획일적인 아파트나 유행처럼 번지는 국적 없는 다세대주택, 그리고 더 넓은 평수에 남보다 잘사는 것을 과시하는 것이 인생의 목표가 되어 마치 입시에 합격하듯 아파트에 당첨되는 것, 이를 인생의 목표로 삼는 것을 거리낌없이 내세우는 소시민들은 바로 그 병영 같은 학교를 향수 어린 추억으로 간직하는 기성세대들이다. 구태여 환경교육이나 건축문화교육을 어린 시절부터 해야 이 나라의 '개판' 같은 혼돈의 세상이 나아지리라는 보장은 없다. 그러나 적어도 공동체의 공간이 어떤 것이어야 하고, 그 질을 높인다는 것이 무엇이며, 왜 학교건축은 빈 교정과 건물의 대립적인 관계가 극복되어 보다 풍요로운 수식어가 필요하게 되었는지를 깨닫는 것은 중요하다. 왜냐하면 이제 우리는 일제시대의 식민지 백성이 아니기 때문이다. 학교는 식민지 백성의 조련장도 아니며, 잘하면 상을 주고 못하면 벌을 주는 격리수용소도 아니며, 입시준비 대기소도 아니기 때문이다. 이 나라의 모든 중·고등학교의 거의 예외없는 획일적인 배치는, 교정에 있는 몇 그루의 나무를 제외한다면 정말로 일제시대 이후 달라진 게 없다. 그리고 체육교육과 군대식점호 같은 조회를 빼놓고는 공차기하는 것 외에 비어 있는 운동장이 왜 그렇게 넓게 자리 잡아야 하는지 이 좁은 도시 속에서 호화스럽기까지 하다. 물론 운동회도 하고 지역주민들이 1년에 한 번 참여하는 축제적인 기능도 수행한다고 하지만 도시 전체 토지의 효율적인 사용이라는 측면에서 보면 과다하다는 생각도 든다. 이 점은 지역별로 공통의 운동장 시설을 만들어 학생들은 물론 주민들도 수시로 사용할 수 있도록 조절하는 방법도 있을 수 있겠다. 좁은 도시 속에 잠자는 그 수많은 학교운동장과 일자식 건물들은 참으로 을씨년스럽고 낭비인 듯하다.

따라서 학교건축은 새롭게 발표한 교육지도 개선과 발맞추어 개선되어야 할 시점에 와 있다. 학교건축이 바뀌어야 교육개혁이 그 진정한 개혁의 목표에 다다를 수 있고 이 사회는 바람직한 변화의 길목에 설 수 있을 것이다. 또한 그것은 단순한 건축의 문제가 아니라 도시공간의 재편이라는 커다란 뜻과도 맞물려 있다. 거대한 교사, 끝없는 복도, 반복되는 창, 붉은 벽돌에 부분적으로 장식같이 칠한 백색 띠들, 모방도 아니고 원칙도 없는, 영국이나 미국 학교 비슷한 것들, 학교의 무게를 싣게 하려는 고색창연한 화강석 정다듬돌, 바람 불면 흙먼지 날리는 운동장, 기둥 세 개 달린 교문, 간이창고나 쓰레기장 아니면 화장실이 있는 썰렁한 북측, 운동장 한쪽에 있는 유세장 같은 조그만 연단, 이 모든 획일성은 우연한 결과물은 물론 아니다. 그것은 적은 예산, 많은 학생, 비싼 땅값이라는 현실적 제약과, 화장실 수나 운동장 면적만 계산할 수밖에 없는 소위 학교시설기준이라는 시대착오적인 관행들이 만든 결과다. 어떤 창의적인 제안도 앞에서 이야기한 사회적 선택이 바뀌지 않는 한 불가능한 것임에는 틀림없다. 그러나 국민소득 1만 달러니 수출 1천억 달러니 하는 숫자에 걸맞은 나라를 만들려면 행정당국은 학교건축을 '평당 단가'에 맡기지 말고 '건축가'들에게 책임질 수 있도록 기회를 제공해야 할 것이다.

학교나 시청, 구청 같은 공공건물이 그 오랜 권위주의의 관습으로부터 탈출하는 것은 오늘날 중요한 의미를 갖는다. 건축문화의 획기적인 전환은 바로 일반대중이 공공공간에서 자율과 해방감을 새롭게 느낄 때만 가능하기 때문이다. 그 수많은 가능성을 방치하고 오늘도 우리는 후손들을 식민지 백성 같은 교육공간 속에 가둬둘 수만은 없는 것이다. 여러 공공건물 중에서 학교건축은 학교의 숫자와 의무적으로 거쳐가야 하는 학생들 때문이라도 건축문화의 개선을 시도할 가장 중요한 장소이기도 하다. 1, 2년도 아니고 12년 가까운 세월을 감수성 예민한 유년기와 청년기를 보내는 이들에게 어떠한 장소를 마련하느냐 하는 것은 미래의 이들이 환경에 대해 어떤 가치판단을 할 수 있을 것인가 하는 심성을 키우는 것이나 다름없다.

공급 위주의 교육에서 수요자(학생) 중심의 교육으로, 집단적이고 획일적인 교육으로부터 개별적이고 창의적인 교육을 위한 학교건축은 바로 '다양한 공간' '신축성 있는 공간' '심성을 일깨우는 공간'에서만 가능할 것이다. 소위 안팎으로 '공간의 질'을 일깨워주고, 빛과 그림자를 가르쳐주고, 시간과 계절을 느끼게 해주며, 공간의 영역을 구분할 줄 알며, 이 땅의 신성함을 깨닫고, 기둥과 벽체나 돌부리에 유년 시절의 기억을 저장할 줄 알도록 하는 것, 그것은 어떤 지식교육보다도 중요한 '나와 사물'을 대하고 생각하게 하는 중요한 심성교육이다. 미술시간이나 음악시간에만 정서교육이 이루어지는 것은 아니다. 교과목이 없으면서도 교육되는 것, 그것이 가장 중요한 산 교육이다.

'아늑하다'든가 '친근하다'든가 '풍요롭다'는 공간에 대한 감정은 스스로 장소와의 교감에서 터득하는 것이다. 그렇다. 하나의 장소, 하나의 공간과 교감하는 장場을 넓혀주는 것이 학교건축이 수행해야 할 덕목이다. 비가 새지 않고 밝고, 환기가 잘 되며 소음이 차단되고, 동선이 짧고, 위험이 없으며, 유지관리비가 안 드는 학교는 우리가 원하는 학교라기보다는 기본적인 설계지침서일 뿐이다. 이런 기본적인 메뉴에 대한 개선의 여지가 없는 것은 아니다. 밝은 교실을 위해 차양 없는 창을 둔 바람에 여름 땡볕을 피하지 못해 커튼을 둘러치고, 찜통 더위에도 창문을 열지 못하는 교실 안에서는 수업이 불가능할 때도 있는 것이 사실이다. 이런 근본적인 기능들에 대한 해결은 한편으로 학교건물의 외관을 개선할 단서를 제공할 수도 있다. 이 짧은 글에서 필자는 학교건축에 관한 모든 이야기를 할 수는 없다. 다만 우리는 이제 학교에서, 그 어느 곳에서든 그들만의 성장을 스스로 축복하고, 자기실현의 가능성들을 발견하며, 친구와 환경과 교감하여 더불어 사는 덕목을 길러야 할 것이다.

학교는 가르치고 배우는 곳이라기보다는 사건(사고가 아니라)이 일어나고 회상할 가치가 있는 기억의 보고다. 이 점을 어떻게 해석하느냐 하는 것이 바로 모든 건축가와 교육자들에게 열려 있는 질문이다. 이런 질문에 다양하게 해답을 구하는 날, 우리는 학교건축을 감시와 처벌의 소외된 영역으로부터 자율과 해방의 열린공간으로 전환시킬 수 있을 것이며 바로 그런 공간이 아마도 지금의 예비 신세대들이 마땅히 갈망하는 곳일 것이다.

현실과 신화

이제 신들에겐, 망원경과 현미경에 의한 탐색으로부터 숨을 곳이 없어졌을 뿐만 아니라 한때 신들이 섬김을 받던, 그런 사회도 이제는 없다. 사회의 구성 단위는, 이제 종교적 내용물의 전달자가 아니라 경제적, 정치적 조직이다. 이 경제적, 정치적 조직의 이상은 신성한 무언극을 통하여 천상의 형상을 끊임없이 물질적 우위와 자원의 우위를 겨루는 세속적인 국가를 지키는 데 있다. …… 그러므로 오늘날 인류가 직면한 문제는 바로, 신화체계(이제는 거짓으로 알려진)가 위대한 조정수단으로 통용되던 비교적 안정되어 있던 시대 사람들이 안고 있던 문제와는 정반대되는 문제인 것이다. 그 당시엔 모든 의미는 집단적인 것에, 위대한 익명의 형식에 귀착되었으며 스스로를 드러내는 개인은 아무 의미도 없었다. 오늘날 집단 속엔 아무런 의미가 없다. 세계도 그렇다. 모든 것은 개인에 귀착된다. 그러나 여기서 의미란 완전히 무의식적이다. 인간은, 자기가 어디로 가고 있는지 알지 못한다. 인간은 어떤 동인動因에 의해 추진되고 있는지 알지 못한다. 인간 심성의, 의식적인 부분과 무의식적인 부분의 교류 통로는 단절되고, 우리는 둘로 찢기고 말았다.[1] 캠벨Joseph Campbell, «천의 얼굴을 가진 영웅»(*The Hero with a Thousand Faces*, 1949)

---

1. 조셉 캠벨 지음(1949), 이윤기 옮김, «천의 얼굴의 가진 영웅», 민음사, 1999.

현실 속의 신화

동유럽에서 사회주의 체제가 몰락하고 10여 년이 지나고 있다. 19세기에 태동하여 20세기에 걸쳐 전 지구에 불어닥쳤던 사회주의의 신화는 잠정적으로 자본주의의 승리라는 신화를 다시 쓰려 하고 있다. 신자유주의의 물결이 그러하며, 국경을 해체한 전 지구적 경제조직의 강화가 그러하다.

미국 증시와 보조를 맞추는 한국의 증권시장에서, 그리고 한국 내의 외국 증권회사의 투자 흐름을 뒤쫓는 국내 증권사들의 동조에서, 외국 신용평가회사의 말 한마디가 금융감독원의 성명서보다 훨씬 신임이 가고 유효한 현상을 보아도 이제 이 나라의 경제는 물론 이를 운용해나가는 정치권마저도 이 나라를 지킬 힘을 상실한 듯하다. 좋은 말로 해서 국제화이며 세계화이지 실상은 아슬아슬한 종속의 구조화이며 신식민지를 동조하는 바람이다. 우리나라에서의 탈근대란 바로 견제할 힘없이 고삐 풀린 자본주의 체제의 자연스러움이다. 벤처기업의 성공과 실패의 사례들이나, 신문 지면을 장식하는 의학계와 정보산업의 '새로운 발견과 발명'은 5년 또는 10년 후, 20년 후의 미래를 경이로움으로 지켜보게 하고, 기술과 자본이 이루어낼 '탈'인간, '탈'불가능의 신화를 자연스럽게 맞이하게 한다. 한편으로 꿈꾸게 하고 또 다른 한편으로는 경제가 파산할지도 모른다고 위협하는 재앙의 신화를 중첩시킨다.

신은 죽었는데 새로운 신들의 이야기가 난무하며 듣지 않으려 해도 온몸으로 느끼도록 강요받고 있다. 또한 대중예술과 대중매체가 매일매일 쏟아내는 조그만 신화들은 또 얼마나 많은가? 이들 신화는 영웅을 만들고 우리는 이 영웅의 희로애락을 뒤쫓는다. 스포츠 영웅, 탤런트 영웅, CF 영웅, 노래하고 춤추는 여신, 남신들이 매일 안방에서 그들의 일상을 드러낸다.

텔레비전은 그런 의미에서 신화를 만들어내는 상자다. 성주단지나 조왕신을 집에 모시듯 이제 우리는 집집마다 또는 방마다 신화상자를 중심에 놓는다. 그래서 우리들의 영웅을 리모컨으로 접속한다. 연속극과 광고와 오락 프로그램들은 서로 단절됨 없이 연결되어 영웅의 시너지 효과를 노린다. 연속극의 주연배우는 방송 직후 접속되는 광고의 CF모델로 등장하고, 그는 또다시 오락과 코미디 프로그램의 들러리가 되고, 다음 날 토크쇼의 초대 손님이 된다. 연속극의 거실은 늘 광활하고 주인공의 집 안은 늘 회장이 살며 파출부는 허리 굽혀 시중을 든다. 일산의 '미국식' 단독주택은 홈 스위트 홈의 상징으로 등장하며 잘 먹고 잘사는 나라의 신화를 만든다. 신화상자 앞에서 전 국민은 울고 웃고 회장도 되고 영웅도 되며, 악인을 저주하고 천사들의 결혼을 축하하며 온갖 욕망의 변수들을 분류한다. 현실은 없고 신화만 살아 있다.

그것은 광고에서도 마찬가지다. 모든 아파트 광고 전단은 편리하고, 친환경적이며 대중교통 수단과 밀착되어 있고, 이 세상의 유토피아다. 모든 화장품은 바르는 즉시 미인이 되고, 모든 맥주는 마시기만 하면 속이 뚫린다. 침대는 과학이고 휴대전화의 반대편에는 늘 애인이 있다. 그렇게 해서 현실은 신화가 된다. 현실 속에서 더 강력하게 믿고 싶은 것이 첨가되면 보다 그럴듯한 신화가 된다. 작은 신화는 현실을 만들어내고 그 현실은 다시 신화가 된다. 이 시대는, 자본이라는 위대한 작가가 만들어내는 크고 작은 신화의 숨가쁜 출현을 애타게 기다리고 갈망하는 시대다. 또한 사라지는 신화를 특집으로 늘 재생시킬 수 있는 과거와 현재와 미래의 신화를 동시대적으로 중첩시킬 수 있는 위대한 시대다. 따라서 뒤집어 생각하면 전통적 의미의 신화를 필요로 하지 않는 시대임에 틀림없다. 다만 우리는 사이비 신화에 속는 듯 사는 것이 편하고, 늘 모든 것을 신비화시키는 가치를 숭상하도록 권고받고 있다. 리얼리티가 없는 현실 속에는 허구로 가득한 신화만 있다.

건축계의 신화

일반 시민들의 일상만 그런 것이 아니다. 이 나라에서 지속되어온 건축교육과 한국의 현대건축사가 그러하다. 도시공학과 도시계획 교육이 또한 그러하다. 건축에 관한 비평물들과 건축을 에워싼 글들이 또한 그렇다. 젊은 건축학도들의 꿈이 또한 그렇다. 시민들이 절실히 요구하는 문제들을 제쳐두고 '문화센터'나 '미술관', 또는 면적과 무관하게 과제로 내주는 단독주택 설계교육이 그렇다.

현대건축의 대가들을 우상숭배하듯 가르치는 것이 그렇고, 우리 것을 알아야 한다고 하며 장님들과 같이 몰려다니는 전통건축 답사여행들이 그렇다. 도시의 인프라 시설을 계산하거나 구조역학을 가르치는 방식도 여전히 신비화 일변도다. 하수도관의 직경을 계산하는 것은 유역 면적과 유속에 따른 단순한 계산에 불과하며, 구조 계산의 공식들이란 이전 세대들이 파괴하고 관찰한 것의 종합적 기록들인데, 공식을 애써 어렵게 설명하고 그것을 알고 있는 것을 신화처럼 느끼게 하는 교수법이 모두 우리들의 일상적 신화와 다를 것이 없다. 건축가와 건축을 신비화하는 기사들은 도처에 있으며 이러한 글들은 건축문화 발전에 이바지한다기보다는 건축을 보다 난해한 것으로 몰고 간다. 난해한 척하고, 신비를 가장해서 젊은 세대를 윽박지르고, 자신도 제대로 하지 못하면서 학생들에게 "이것도 건축이냐"고 닦달하는 식의 교육은 건축의 본질을 왜곡시킨다. 건축가 교육을 제대로 받기 위해선 유학을 다녀와야 한다는 신념을 부추기며 결국 외국 건축교육에 대한 신화를 조장한다. 전통건축 속에는 '가장 한국적인 것'이 숨어 있는 것처럼 가르쳐서 마치 보물찾기하듯 과거의 건축을 신비화하는 태도는 학생은 물론 기성 건축가들의 마음에 큰 부담을 준다. 건축과 역사에서 리얼리티를 제거한 채 스스로 모호한 신비의 탈을 씌울 때 그 허상은 아주 쉽게 드러나기 마련이다. 나는 언젠가 서울건축학교 신입생 면접에서 가장 좋아하는 건축을 물었을 때 학생마다 예외 없이 르 코르뷔지에의 롱샹성당이나 투레트수도원 또는 루이스 칸의 솔크 인스티튜트Salk Institute라는 말을 들었다. 학생들에게 이 말을 듣고 동료건축가들에게 이렇게 말한 적이 있다 "한국건축의 발전을 위해선 우상숭배하듯 하는 이 건물들을 다 때려 부숴야 하겠다"라고.

이 세상에 좋은 건축이 있는 것은 사실이다. 그러나 우리는 그런 건축이 탄생하게 된 시대와 역사와 사람들과 정신세계를 알기 전에 남들이 모두 좋다고 하기 때문에 자신도 아주 손쉽게 좋다는 결론을 내리는 경향이 있다. 우리는 현실과 그 속에 내재하고 있는 리얼리티의 진실을 내팽개치고 오직 외형으로 연출된 신화를 맹목적으로 믿고 있다. 사진기술의 발달과 건축전문 사진작가들의 출현은 모든 건축잡지에 실린 건축물의 모습을 작품으로 만들고 있다. 소위 '사진빨 잘 받는 건축'은 카메라 렌즈가 본

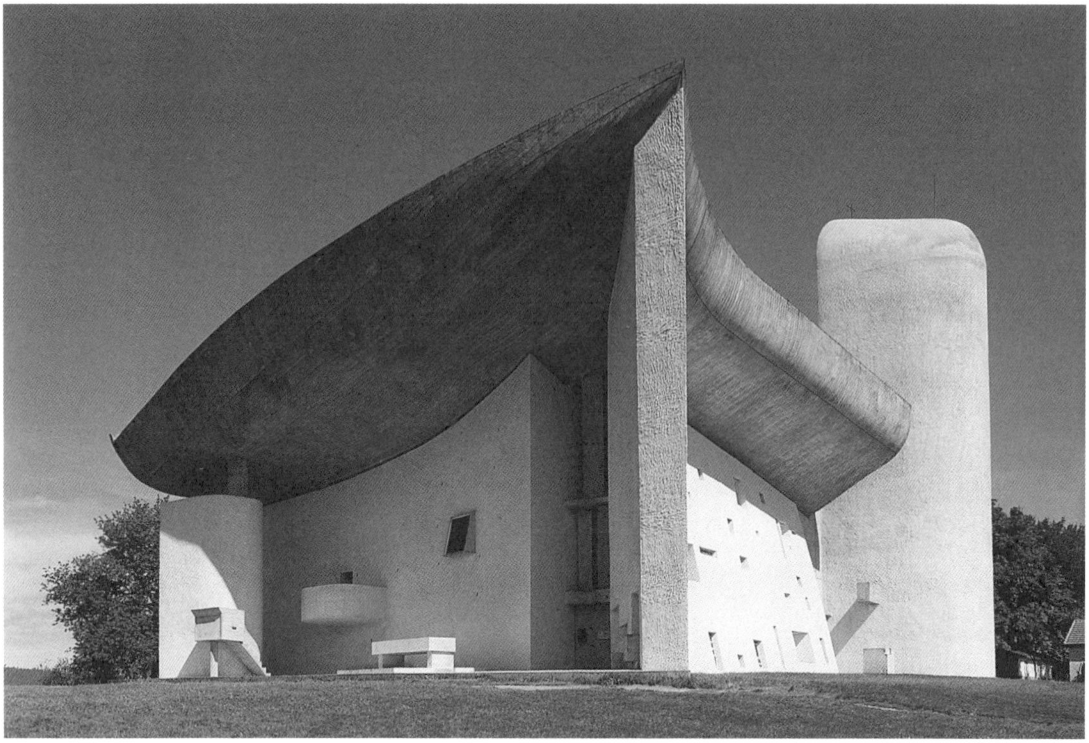

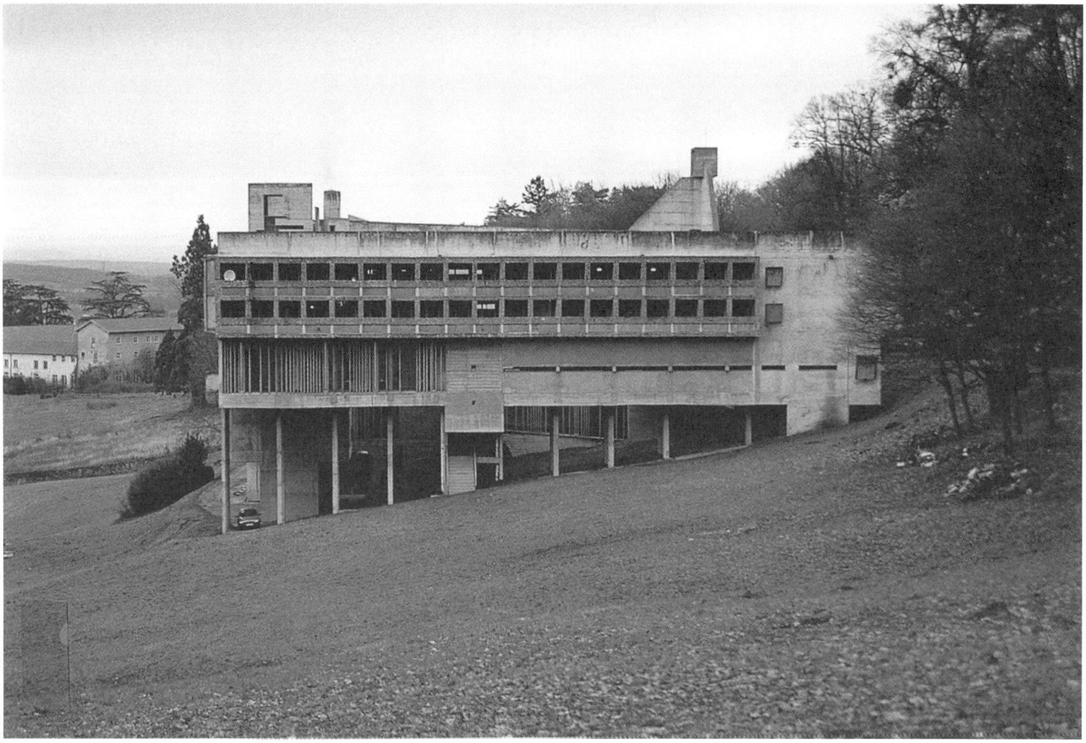

건축이지 사람이 살아 있는 건축은 아니다. 건축잡지의 건축 속에서 사람들이 배제되는 것은 건축의 순수한 면을 잘 드러내려는 의도도 있지만 그보다는 사진 이미지의 성스러움을 강조하려는 의도가 더 크다. 건축사진은 때로는 건축가의 의도를 잘 설명해주는 수단이기도 하지만 동시에 건축을 가상현실로 옮겨놓아서 건축을 신비화의 작업으로 이동시키는 역할도 하는 것이다.

우리는 어디로 가고 있는가?

그러나 보다 중요한 문제는 사실상 우리는 21세기에 어떠한 신화를 기반으로 해서 살아가야 할 것인가에 대한 해답을 찾는 일이다. 금기를 모두 풀어헤치고 한없이 욕망을 증폭시키는 자본주의시대의 분열증은 누가 어떻게 치유할 것인가? 왕을 중심으로 코드화된 사회에서 관료제와 성城, 서적과 화폐를 만들어내고 이를 뒤이어 탄생한 탈코드화의 시대로 대변되는 시민사회 또는 자본주의 사회는 양면성을 갖고 있다. 자율적인 주체로서의 시민과, 다른 계급들에 대해 헤게모니를 행사해야만 하는 부르주아지 사이의 갈등이다. 시민이면서 부르주아지란 바로 프티부르주아지를 의미한다.

이 사회는 바르트가 그의 «신화론»(*Mythologies*, 1957)에서 의미 있게 포착해낸 전후 사회를 되돌아보게 한다. 바르트는 1957년판 «신화론» 서문에서 그 자신이 1954년부터 1956년 사이 2년 동안 당시에 일어났던 일상적 삶에서 나타난 사건들에 대해 몇몇 신화에 관한 원칙을 갖고 사고한 사실을 지적하였다. 당시 신문기사, 주간지에 실린 사진들, 영화나 스펙터클, 그리고 전시회 등에서 착상을 얻은 주제들에 대해 집필하면서, 그는 "언론, 예술, 상식이 현실을 끊임없이 '자연적인 것'으로 가장했다"라고 비판하였다. 그는 '자연적인 것' 앞에서 느끼는 그의 참을 수 없는 감정으로부터 글을 쓰게 되었음을 고백한다. 그는 "사실 현실은 우리가 그 내부에서 살아가는 것임에도 불구하고 완전히 역사적인 것이다. 한마디로 말해서 나는 우리의 실제 현실에 대한 이야기 속에서 '자연'과 '역사'가 끊임없이 혼동된다는 것을 확인하며 괴로워했다"라고 진술

그림 1, 2. 나는 10여 년 전 건축대학원 신입생면접에서 학생들에게 가장 좋아하는 건축이 무엇인지 물었다. 이때 학생들은 하나같이 르 코르뷔지에의 롱샹성당과 투레트수도원이라고 답하였다. 그러나 그 학생들은 그곳을 방문한 적이 없었다. 맹목적인 숭배는 신화를 낳고 신화는 돌이킬 수 없는 오해를 진실로 믿게 한다. 그래서 나는 동료에게 롱샹성당과 투레트수도원을 폭파시켜야겠다고 말했던 것이다.

그림 3, 4, 5. 서울건축학교에서 전국을 순회하며 매년 개설하던 여름학교는 건축가와 학생들이 모여 우리의 도시와 삶을 읽고 대안을 모색해보는 소중한 기회였다. 수년 전 여름, 강경에서 우리는 사라져가는 근대유적들을 만났다.

했다.[2] 그는 세상의 자명한 것이라 불리는 것들 속에서 '이데올로기의 남용'이 감추어져 있음을 추적하고 자명한 것을 장식적으로 드러내는 과정 안에 숨어 있는 이데올로기를 드러냈다. 그 이데올로기란 바로 전후 프랑스인들이 대중매체와 대중사회 속에서 소시민으로 전락해가는 것을 조장하는 관념이다. 개인은 인간 전체 이미지의 단편이며 일그러진 형상일 수밖에 없으며 개인은 남성으로서 혹은 여성으로서 제약을 받고 있다. 개인은 주어진 여러 제약의 한도 내에서 살며 그가 무슨 일을 하든 스스로 모두일 수가 없다고 하는 조셉 캠벨의 말[3]은 개인의 전체성은 개별적인 구성인자로서가 아닌 사회라는 공동체 안에서만 누릴 수 있음을 강조하는 말이다.

전후 프랑스사회 사람들은 집단으로부터 삶의 기술, 사유의 바탕인 언어, 삶의 자양인 이상을 빚지고 있으며 바로 그 이상은 소위 '소시민'의 행복에 있다. 소시민의 일상생활이 제의祭儀로 치르는 것들이란 바로 프로레슬링을 보며 즐거워하고(반칙을 잘 알면서 용인하고 스스로를 위안하며), 부드러운 의자와 유선형의 날렵한 모습으로 등장한 새로운 차를 구입할 욕망에 떨고, 가르보Greta Garbo의 얼굴을 보고 미약媚藥을 먹은 듯 넋을 잃는 사람들이다. "그녀의 얼굴은 경외로운 두려움에서 매력으로의 이행을 확실하게 보여준다"라는 사실을 음미하는 사람들이다. 신화는 제의를 통해 지속적으로 재추인된다.

지금 우리들은 거시적으로는 세계화의 흐름 속으로, 미시적으로는 끊을 수 없는 일상의 신화 속으로 몰입해가고 있다. 건축가들이 이 시대에 진지하게 사고해야 할 부분은 바로 자연스러움으로 가장된 역사적 현실, 그 리얼리티를 되찾아내는 일이다. 그것은 우리들의 현실 속에, 우리들의 도시 속에 널려 있다. 개별적인 건축에서보다는 오히려 우리들이 잊고 있는 소도시들 속에 그 보물이 있다. 이를테면 얼마 전 서울건축학교 여름 워크숍을 준비하며 방문했던 '강경'과 같은 도시 속에 우리들이 전혀 예측하지 못했던 근대도시의 신화가 숨어 있다. 이제부터 우리가 주목해야 할 일들은 서양 대가들의 건축이론이 아니고, 가장 한국적인(?) 전통건축이 아니다. 그것은 우리들이 신화로서가 아니라 실제 삶을 통해 이 땅에 흔적으로 남겨놓은 근대의 얼굴이며 매일매일 마주치는 실재하는 도시다. 바로 그 속에서만, 그것을 열심히 읽고 해독해내는 데에서만 우리들의 신화를 다시 쓸 수 있을 것이다.

---

2. 롤랑 바르트 지음(1957), 정현 옮김, 《신화론》, 현대미학사, 1995.

3. 조셉 캠벨, 《천의 얼굴의 가진 영웅》.

읽혀지지 않는 소설:
한국의 현대건축

대학에서 가르치고 배우는 서양건축사나 건축이론으로 우리의 일상적 현실이나 건축을 어떻게 설명할 수 있을 것인가? 건축과 문화 일반과의 상관관계를 도외시하고 역사적 형태를 비역사적인 기호로 환원시키고 오직 기념비적 서양 건물이나 양식에 기초하고 있는 형식주의적인 역사관만으로, 어떻게 현재의 한국건축을 이해할 수 있겠는가?

미술사에서 형식주의의 기본 틀을 제안한 19세기의 뵐플린Heinrich Wölfflin도 자신이 설정한 기본 골격에서 벗어난 것은 오직 시각적 분석에 치중하여 '과학적 미학'을 제안한 태도로서 어떻게 보면 형이상학적 투기라고 감히 말해야 하지 않는가.

서양으로부터 몰려오는 새로운 건축이론들이 포스트모더니즘이나 해체주의의 망령이라고 해도 서양건축의 토대를 이루고 있는 이성의 우상화로부터 탈출하려는 세기말 현상이다. 그렇다면 우리는 과연 이런 이론을 빌려 한국의 어떤 현대건축을 읽어낼 수 있단 말인가. 우리는 왜 건축을 읽어야 하는가? 쓰기만 하고 한 번도 제대로 읽어보지 않은 '소설책'에 대해서 우리는 어떤 평가를 내릴 수 있겠는가. 마치 지금 한국 땅은 읽을 틈도 주지 않고 써내려가는 대하소설과 같아서 그 끝이 보이지 않는다.

짓기만 하고 쳐다볼 여유도 없는 이 속도전 속에서, 세계 제1위의 1인당 시멘트 소비국 한국은 전 국토를 보기 좋게 공사장으로 탈바꿈시켰다. 1980년대 이후 밀물과 같이 몰려오는 건축붐 정책에 힘입어 무수한 건물이 대량생산되고 있는 것이다. 그것이 건축의 이름이든, 건설의 이름이든 우리들의 축조된 환경을 이루는 이 현상을 방치해서는 안 될 것이다.

적절한 이론이 없으면 이론을 만들어야 할 것이며, 읽어낼 언어가 없으면 새로운 언어를 만들어내야 할 것이다. 오직 그런 방법을 통해서만 현재 우리의 일상적 건축환경을 알 수 있을 것이며, 진정으로 새로운 현대건축의 전통을 뿌리내릴 수 있을 것이다.

어떻게 모든 것을 집 장수들의 것이라고만 매도해버리는가. 무수히 지어진 강남의 건물은 물론이거니와 크고 작은 자본가들과 영세한 토지소유자들의 몸부림 속에서 태어난 이 땅의 일상적 건축물—주택, 아파트, 소형 상가건물들에서부터 소형 사무실 건물이나 유통과 관련된 건물—은 각 건물마다 때로는 전형典形을 이루고, 수많은 모방과 인용이 점철된다. 전형을 이룬 건물들은 다시 해외 출장에서 '면세된 안목'으로 밀수입해온 아이디어가 접목되면서, 한국의 절충주의적 포스트모더니즘 건축을 탄생시키고 있는 것이다.

한편으론 자기 집 아파트가 건너편 동의 뒤통수(부엌과 다용도실)를 쳐다봐도 개의치 않고 실평수가 몇 평인가에만 더 관심을 쏟는 이들에게는 거주의 개념보다는 교환가치가 더 큰 관심사인지도 모른다.

이름 있는 커다란 설계사무소가 대기업의 연수원이나 본사 건물을 설계하고 은행 건물들을 매만지고 있을 때, 소규모 건축사무소들은 영세한 고객들을 상대로 소형 건물들, 일상적으로 도시의 삶과 더욱 밀착된 연립주택이나 근린생활시설들을 고민하고 있다. 반면 건설업자들은 소위 집장사 집을 건설하면서 그들 특유의 경제성과 수사학을 혼합하면서 교환가치에 두뇌 회전이 비상한 고객, 즉 우리들의 이웃과 우리들의 환경을 공모하고 있는 것이다.

그러나 대한민국의 건축을 움직이는 것이 크고 작은 건축가나 건설업자와 일반 시민이라고만 생각해서는 큰 오류를 범하게 된다. 앞에서 언급한 대하소설의 주인공으로 잊어서는 안 되는 중요한 인물들이 바로 건축심의와 허가에 관계하는 공무원들과 건축학계의 권위자(?)들이다. 이들이 휘두르는 칼에 의해서 설계사무소 사람들과 건축주들은 울고 웃고, 어떤 건물은 임신중절수술을 받아야 하고 어떤 건물은 본의 아닌 정형외과 수술을 받게 된다. 어떤 건물은 종합병원(시청·건설부)에서 이 막강한 행정적 힘에 감히 도전할 수 없음으로써, 왜소한 건축인들은 각자의 능력껏 '질의회신'이란 열등한 반항 이외에 복종 아니면 흥정이란 비열한 타협 말고는 선택이 없을 뿐이다.

　노동현장에서는 노동자들의 쟁의가 있고, 문학인들은 그들의 필봉으로 정의로운 대중 편에서 또는 민족주의적 저항으로 권력과 맞싸워왔고, 회화나 미술분야는 그 분야대로 제도권 미술에 폭넓은 표현운동을 펴오고, 음악인이나 무용인들도 많은 실험을 통하여 우리의 노래와 춤을 표현하고 있으나 오직 건축인들은 착한 양같이 권력에 순종하고 돈 많은 건축주에 머리를 조아리며 상상을 초월하는 야근으로 그들의 몸과 정신과 피를 팔고 뼈를 깎고 있다. 그 무엇을 위해 건축인들은 이렇게 숨죽이는 양이 되었는가? 신문에 건축 관련 기사가 실려도 관련 건축주와 건설업체는 소개될지언정 건축가의 의견은 고사하고 이름 석 자가 인색한 이 현상은 건축가들이, 아니 건축에 종사하는 모든 사람들이 싸잡아서 무슨 죄를 지은 것이 아닌가 반문하게 된다.

　아무것도 없던 땅 위에 작은 목소리지만 자기가 종이에 끼적거린 것이 건물로 솟아나는 현장을 보고 만족해하는 '자족죄'인가, 아니면 평범한 것을 역시 비슷하게 베끼는 '모조죄' 때문인가. 예술과 기술을 넘나들면서 출중한 문화인이나 예술인으로 대접받기를 그토록 기대했던 건축가 자신들의 젊은 꿈이 산산조각 나서 여기저기로 쥐꼬리보다 큰, 봉급 많이 주는 쪽을 택하며 기껏 공들인 것이 그렇고 그런 정도에 머무르는 건물을 설계할 수밖에 없는 '안일죄' 때문인가. 사회적으로 직업인으로 구분은 하면서도 아직 자신들의 직업에 대해 자신들도 잘 모르고 있는 '무식죄' 때문은 아닌가?

　의학도들은 의사가 되기 위해 '히포크라테스' 선언을 하며 인술을 펴기 위한 대사회적인 자신들의 상을 선언한다. 프랑스 같은 나라에서도 건축사가 되면 일종의 협회에 가입하면서 사회적으로 건축가의 역할에 대한 사명감에 대해 선서를 한다. 그러나 이 땅에는 돈 내고 도장 찍는 것 외에 말만으로라도 선서를 하지 않는 '선서하지 않은 죄' 때문은 아닌가? 사회적으로 건축가가 어떤 역할과 봉사를 하고 그 반대급부가 적당히 주어져야 하는가 하는 태도의 정립이야말로 건축인들의 위상의 향상은 물론 건축환경의 질적 개선에 더 중요한 관건이 된다고 할 수 있겠다. 그러나 여기에 이르면 건축인들은 이렇게 반문한다. 사회가 바뀌어 건축가들의 수준은 되어야 한다고. 이 경우 문제는 더 심각해진다. 그들이 소위 최선을 다했다고 하는 건축환경을 정직하게 한 번만이라도 읽었다면 그렇게 쉽게 얘기할 수는 없을 것이다.

무력한 건축인들을 더욱 무력하게 하는 것은 그들이 따를 수밖에 없는 건축법이다. 위에서 우리는 건축을 에워싼 사람들에 관한 현상들을 둘러보았지만 사람들이 만든 건축법규, 그중에서도 주차장법은 아마도 우리의 일상환경은 물론 건축인들의 머리까지 정리해주는 참으로 훌륭한(?) 법이다. 현실적으로 증가하는 자동차의 존재 방식, 곧 그 절대적이고 물리적인 면적 때문에 골치를 썩고 있는 건축가들의 가련한 '자동차 대수 셈하기'야말로 사회로부터 위임받은 성역聖役인 것이다. 바로 이것 때문에라도 그들의 위치는 위대하다고 큰소리쳐야 할 것이 아닌가? 자동차로 인한 건물의 지하구조와 지상의 배치만을 연구해도 우리는 아마도 많은 건축물의 '도시건축에 대한 배신' 사례를 쉽게 읽어낼 수 있을 것이다.

한국건축의 탄생 요건으로 우리가 또 하나 간과할 수 없는 것은 신간 외국잡지다. 정보화시대에도 가장 확실한 모델을 제공해주는 것은 국제적 공신력을 얻는 서양과 일본의 건축잡지에 게재된 새로운 사진과 약식 도면들이다. 외국의 건축물이 어떤 목적과 입장에서 왜 그렇게 설계된 것인지 하는 의미를 읽을 생각 없이는 겉으로 드러난 잡지의 사진은 마치 외국 영화잡지의 배우 얼굴을 오려낸 것과 같다. 그것은 건축인은 물론 건축주들에게도 좋은 길잡이가 됨은 물론이다. 바로 그런 것을 통해 시공 실력과 기술은 무시한 채 벌이 꿀을 만난 것처럼 위장된 밀수를 한다. 지적소유권은 간데없고, 내가 좋으면 되었다는 식이다.

건축잡지 시대의 한국건축은 연구거리다. 신간 외국 건축잡지에 소개되는 해체주의 건축을 보자. 정돈보다 분열, 종합보다 해체, 짓는 것보다 안 지은 것 같은 것, 인위적인 파괴, 비뚤어진 그리드 등 딱딱한 정형으로부터 단순히 탈출하기보다는 철학적으로나 이념적으로 그리고 정치적으로 설 땅이 없는 현대 건축이론의 재정립을 위한 광기 어린 세기말적 서양건축의 분열의 메타포를 보고 우리는 그림만 오려낼 수 있겠는가? 그보다 더 중요한 것은 오히려 우리들의 일상적 건축환경 속에 진정으로 우리 정신의 분열과 해체의 징조는 보이지 않는지 주의 깊게 관찰하는 것이다. 우리가 참된 이웃의 얼굴을 서로 읽기를 거부하면서 어떻게 좋은 이웃관계(환경)를 마련할 수 있겠는가. 한국의 건축을 움직이는 중추 구조—건축가(설계)와 건축주, 공무원(허가), 땅 값과 건축법규, 외국 건축잡지(합법적 모델)—는 우리의 현실을 읽어내는 단서를 우선 제공할 것이다. 극히 상식적인 이런 지점의 깊은 성찰이야말로 어떤 건축이론보다도 소중한 우리들의 것이기 때문이다.

종합과 해체의 변증법

현대건축의 문제는 그 조형언어가 창출되는 과정에서 시대적 정신의 토양보다는 세기 초의 전위미술의 토양에서 자랐다는 점에 있을 것이다.

커다란 의미에서 볼 때 근대미술사를 고대건축사의 해체 과정이라고 한다면, 건축과 미술, 더 좁혀서 회화나 조각은 그것이 각각의 독립된 장르로서의 예술이기 전에 하나의 통합된 공간 속에서 전체를 이루던 한 부분이라는 점을 쉽게 알아차릴 수 있다. 특히 중세 이후 르네상스 시대를 거치면서 서양건축사에 등장했던 대가들은 건축가이기 전에 조각가이며 회화작가였으므로 아마도 건축과 미술의 관계는 지금의 시각과는 큰 차이가 있었던 것 같다. 미술이 건축에 종속되었다기보다는 공간의 한 부분으로서 독자적인 가치를 가지면서 건물 전체의 성격을 구현하였고 건축에 딸린 단순한 장식적 의미로서보다는 보다 적극적인 관계가 설정되었다.

그러던 것이 절대왕조시대에 궁중화가들이 등장하면서 양상은 달라지기 시작한다. 회화가 먼저 건축으로부터 분리되어 '타블로tableau형식'을 얻게 되고 이때에 프레스코fresco기법으로 벽면을 차지하던 건축의 일부분으로서 회화의 모습은 점점 그 자취를 감추고 오직 조각품들만이 끝까지 건축과 부분적으로 공존하다가 결국은 현대건축의 출발과 함께 그 본래의 뼈대만으로 남게 되었다.

문제는 건축과 미술의 관계가 항시 그 원인을 제공하는 계층의 문화적 태도에 따라 통합되거나 해체되거나 아예 이를 문제 삼지 않는 순환 과정 속에 있었다는 데에 있다. 바우하우스의 철학이나 1920년대의 러시아 아방가르드가 일으켰던 브흐테마스 교육운동은 바로 현대건축이 조형예술의 종합을 통해 건축으로 이를 실현하며 보다 다수에게 통합된 미를 사회적으로 분배한다는 포부를 갖고 있었던 것이다.

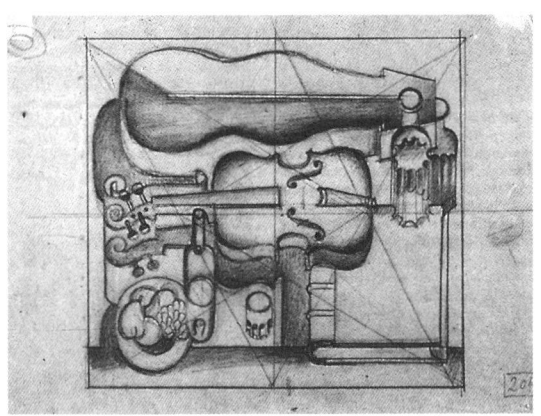 

이제부터 특히 현대건축언어가 탄생하는 배경 속에서 한 작가의 체험을 통해 간접적으로나마 종합예술로서의 건축이 과연 그 뜻만큼 가능한 것인가를 짚어보기로 하겠다. 그러나 한 가지 지적해둘 전제는 19세기 산업혁명과 함께 세계에 등장한 신소재인 철과 유리, 그리고 콘크리트의 발견 후 그것이 소재 본래의 정직한 조형언어를 획득하기까지는 60년 이상이 걸렸음을 상기해야 할 것이다. 특히 20세기에 들어오면서 가히 회화의 혁명적 모험으로 시작된 입체주의나 미래파들의 활동이 직접, 간접으로 당대의 조형예술가들에게(건축가를 포함해서) 미친 영향은 지대하였다. 러시아 구성주의자들의 계보와 서유럽의 미술활동과의 관계를 보면 그 중요성을 충분히 인지할 수 있을 것이다. 베스닌Alexander Vesnin은 물론 말레비치의 구성적인(architectonic) 작품들과 리시츠키의 작품, 특히 타틀린의 카운터 릴리프counter relief 작품들은 평면에서 입체로, 회화에서 건축으로의 전이를 잘 보여주고 있다. 입체주의자들이 해체와 종합의 과정에서 남긴 2차원의 궁극적 모순을 터득한 타틀린의 탈출이나 러시아 구성주의자들의 사회적 농축기로서의 건축에 대한 열정은 시대의 요청에 따른 회화의 '무효화'를 선언한 것이나 다름없었다고 하겠다.

여기에서 우리는 간단하나마 앞에서 언급한 한 건축가, 곧 르 코르뷔지에의 체험을 통해 서유럽의 대표적 전위건축가의 미술관과 그의 지론인 '미의 종합'에 대한 이야기를 추적해보기로 하자. 평생을 오전에는 회화 작업을 하고 오후는 건축에 몰두했던 르 코르뷔지에는 그가 살았던 시대적 배경때문이기도 하지만, 특히 그의 회화작업은 건축작품을 위한 내밀한 작업이었다. 1918년 오장팡Amédée Ozenfant과의 교우는 미술사의 한 궤적을 남겼으니 그것이 바로 순수주의(Purisme)의 창조인 것이다. 르 코르뷔지에와 오장팡은 1921년 파리의 토마스화랑에서 첫 전람회를 가지면서 《입체파 이후》(Après le cubisme)라는 선언적 글을 《신정신》(L'Esprit Nouveau)에 실었다. 르 코르뷔지에와 오장팡은 새로운 회화의 법칙 내지는 미적 독트린을 제시하였으며 입체주의에 대한 다른 입장을 표명하였던 것이다. 르 코르뷔지에와 오장팡은 회화공간에서의 '질서에로의 복귀'를 제시하고 이성적 미술, 즉 구성적(구축적) 미술을 제안하였는데 그것은 입체파의 시각적 혁명 이후의 미술이 어떻게 전개되어야 할 것인가였다.

그림 1, 2, 3, 4. 르 코르뷔지에는 현대건축을 말할 때 빼놓을 수 없는 대단히 중요한 건축가다. 그는 오전에는 그림을 그리고 오후에 건축을 하면서 건축을 통합된 조형예술로 키워나갔다. 1920년대는 현대미술의 폭발적인 실험과 모험이 중첩되는 시대였고 르 코르뷔지에 또한 그 시대적 분위기에서 벗어날 수 없었다. 르 코르뷔지에와 큐비즘의 이론가인 오장팡과의 만남은 순수주의라고 하는 실험을 가능하게 하였고, 특히 1950년대를 지나 말년까지 여기에 열정을 쏟았다. 르 코르뷔지에의 조형 의지는 결과적으로 건축작업에서 종합적 모습으로 표현된다.

특히 새로운 산업사회에서 당대 사회에 대응하는 것으로서의 미술이 의식적으로 나아가야 할 장르적 필요성을 역설했던 것이다. 즉 르 코르뷔지에와 오장팡의 관심사는 기계주의 시대에 걸맞은 미학을 만들어내는 일이었다. '산업정신, 기계정신, 과학정신'이 당대의 시대적 정신이었다면 르 코르뷔지에와 오장팡은 '엄밀성, 정밀성, 경제성'의 미학을 그들의 화면제작에 결부시키고자 하였다. 회화의 방향은 물론 시대정신을 구현하는 것으로 르 코르뷔지에와 오장팡은 '구성을 통한 종합정신'을 추구하였다고 말할 수 있겠다.

순수주의 작품들이 기계를 참조한 것은 형상화의 대상(주제)이나 작품생산의 수단으로서가 아니라, 기계가 갖는 조직, 질서, 순수성을 표현하는 모델, 곧 그 표상으로서 사용하기 위한 것이었다. 이를테면 '기계의 시(詩)정신'이라고 하겠다. 그래서 르 코르뷔지에와 오장팡은 "순수주의의 제반 요소는 조형적일 뿐 아니라 서정적이며, 조형적 체계를 통해 사물의 본질적이고 물리적인 특성을 드러내는 것"이라고 하였다. 유형화된 오브제를 통한 탐구에서 기하학적 질서를 발견하는 것으로 단순성과 순수성을 추구하였고 형식적 요소를 통하여 경제성과 이성, 그리고 융통성을 추구하였던 것이다. 그러나 무엇보다도 오브제의 형상보다는 그 관념적 내용을 추구하여 사물의 전형적인 유형화를 통한 재창조는 르 코르뷔지에와 오장팡의 기하학적 정신에서 유래한다. 그들은 미술작품의 첫 번째 주요한 기능이 '수학적 질서의 감정을 유발하는 것'으로 생각하였으며 조형성에 대한 감흥은 모두가 기하학적 체계에서 발생한다고 표현하였다. 여기서 그들은 기계의 세계와 영역속에서 미술과의 관계를 정립시켰다. 기하학으로부터 형식적 요소들을 뽑아내 화폭의 공간 속에 질서를 갖추던가 화면의 조화를 이룩하였다. 기하학은 화면의 양식적 질서를 보장하고 작품의 가독성을 높이며 나아가서 일반성과 순수성을 높이는 것이었다.

르 코르뷔지에와 오장팡의 모험은 결국 오해와 결렬로 끝났지만[1] 르 코르뷔지에는 '그린다는 것은 구축하는 것'으로 생각했고, '건축화한 회화' 또는 '회화는 건축하는 것'으로 생각했다. 그러나 1950년대 르 코르뷔지에가 '미의 종합'이라는 이름으로 건축·회화·조각의 종합을 시도하고 조각가 사비나 Joseph Savina와 1940년대의 데생을 기

---

1. 오장팡 자신의 작품이 르 코르뷔지에의 작품보다 이전 작품이었음을 강조하기 위해 제작시기를 조작했다고 르 코르뷔지에가 비방하였으나 아마 서로 속인 것 같다. 어쨌든 르 코르뷔지에의 그늘에 있던 오장팡은 결국 유화를 그에게 가르쳐준 장본인이었다.

초로 공동작품을 만들기도 했던 점과 건축과 회화와 조각이 공간에 딸려 있다는 일반상식으로서의 말과는 달리 리프킨Arnoldo Rivkin은 르 코르뷔지에의 미의 종합 개념에 대해 다소 비판적 시선을 보내고 있다. 르 코르뷔지에가 건축은 그 자체로 보아 총체적이고 조형적인 사건, 곧 '총체적 서정성의 배경'이며 '총체적 사고'라고 하면서도, 이에 덧붙여 "때로는 건축은 예외적이고 훌륭한 협동으로 회화나 조각과 같은 미술을 사용하면서 인간의 기쁨을 고양시킬 수 있다"라고 한 모순적 발언을 리프킨은 지적한 바 있다. 건축 자체가 본질적으로 온전한 것이라면 어떻게 타예술과의 종합이 가능한 것인가라는 반문의 소산인 것이다. 그러나 앞에서도 간단히 지적한 바와 같이 미술이 건축과 물리적으로 어떻게 조절되고 사용되느냐 보다는 결국 현대건축의 조형언어의 탄생에서 이미 건축과 회화는 일단 종합된 맥락을 보여주고 있으며 이제 다시 그 해체를 시작하고 있는지도 모른다.

현대건축의 고민은 바로 미의 문제를 어떻게 사고하며 이 시대가 원하는 미술과 어떻게 손을 잡을 것인가에 있다. 왜냐하면 건축이나 미술이나 그 시대의 정신이 어느 방향에 서 있는가를 가늠하는 것이야말로 중요한 인식의 출발이기 때문이다. 이를테면 '민중미술'이라는 영역에 따른 '민중건축'이란 가능한가라는 질문을 던져보는 것은 미술과 건축의 종합이라는 새로운 변증법일 수는 없는 것일까?

보이는 것과 보이지 않는 것

건축만이 한 시대를 반영하는 것은 아니다. 그러나 오늘날 건축만큼 이 시대의 추악한 얼굴을 철저히 드러내 보여주는 것은 없는 듯하다. 문학은 일부 독자들에게만 읽히며, 그림은 전람회를 찾아오는 사람들에게나 알려질 뿐이다. 아무리 유명한 베스트셀러 소설이라 해도 전 국민이 읽는 것은 아니다. 그러나 건축과 건축으로 이루어진 우리들의 일상적 환경은 매일매일 전 국민이 읽는다. 하루가 다르게 변하는 이 환경이 결국은 개별적으로 지어진 건물들의 집합이지만 이것은 우연한 현상이 아니라 각 개체의 필연적인 요구와 그에 따른 일정한 (감춰진) 법칙에 따라 연출된 것이다. 문제는 듣기 싫은 음악이나 보기 싫은 텔레비전 연속극은 다이얼을 돌려 꺼버리면 그만이지만 우리 앞에 오늘도 펼쳐져 있는 이 온갖 건축물들은 다이얼을 돌리듯 꺼버릴 수 없다는 것이다. 오히려 매일매일 새로이 솟아나며, 그리고 끊임없이 확장되고 있는 것이다. 간혹 부실공사로 무너지기도 하지만 그것은 별 문제가 되지 않는다. 이 엄연한 현실 속에 꽉 들어찬 건물들에 대해 우리는 무엇을 읽어낼 수 있을 것인가? 우리가 보는 것만으로 모든 것은 드러나는가? 그 뒤에 감춰진 진실은 없는 것일까? 건축가들이 이야기하는 건축과 일상건축은 별개의 것으로, 전자는 건축예술이고 그 나머지는 '한갓 생활을 담는 도구'와도 같은 그릇에 불과한 것인가? 건축은 과연 건축가만의 일인 것인가?

분명한 것은 건축이 건축가만의 문제가 아니며 우리 모두의 관심사라는 것이다. 다만 지금까지 30여 년 동안 줄기차게 퍼부은 시멘트의 환경에 대해 제대로 되돌아볼 여유조차 갖지 못한 것이 큰 문제인 것이다. 건축물은 그것을 필요로 하는 건축주와 도면을 그리는 건축가와 공사를 하는 건설인과 이 여러 과정에 개입하고 있는 인허가 관련 행정 관료들의 공동 작품이다. 전 국토가 공사장이 되어 있는 지금 자신의 건축철

그림 1. 서울 마포 근처. 아파트, 빌라, 한옥,
다가구 주택이 혼재된 풍경이다.

학을 실현해보려고 몸부림치는 건축가들은 기껏해야 사실상 1퍼센트도 되지 않을 것이며 건축가들은 오직 대기업이나 은행들의 연수원이나 업무용건물, 기타 문화 관련 건물들이나 소수 재산가들의 주택, 골프 클럽하우스를 설계하는 정도로 그들의 명맥을 유지하고 있다. 그런 관점에서 건축평론가 타푸리Manfredo Tafuri는 건축을 본질적으로 부르주아 이데올로기로 규정 지었는지도 모른다. 이 짧은 글에서 우리는 적어도 건축가들의 연설이나 보이는 것에 대한 단순 기술에서 벗어나 우리가 일상적으로 보는 건축물이 어떤 법칙을 왜곡하고 있는지, 아니면 어떤 목적을 지향하고 있는지 점검해 보는 것으로 건축물 읽기를 대신하고자 한다. 아마도 지금부터 우리는 열심히 우리 건축환경을 읽어내고 이 땅 위에 세워질 건축물의 새로운 방향에 대해 논의하지 않으면 안 될 것이다. 그것은 건축가의 등덜미를 쥐기 위해서도 필요한 작업이다.

'그림 1'은 서울 마포 근처의 주택가 풍경이다. 서서히 자취를 감추는 한옥에 대치하여 들어서는 국적불명의 연립주택은 이제 서울은 물론 광주, 부산, 대구 어디에나 흔하게 마주치는 풍경이다. 흔히들 '프랑스풍'의 지붕으로 불리는 다각형 박공지붕들, 아무렇게나 뚫린 창, 유럽 중세풍의 목조건축에서 차용한 콜롱바주라는 X형의 '기호'. 이 모든 것들은 서로 중첩되고 다층화하면서 '무엇인가 서구적인 것'에 안주하려는 모습을 보여준다. 이것은 건축가의 작품도 아니고, 어느새 집장사와 일반 시민들에게까지 널리 퍼져 있는 우리의 정서적인 것이다. 전통 기와집에 있던 적절한 스케일이나 재료의 따뜻함이 아니라 '평당 얼마짜리'의 재산이요 남부끄럽지 않은 홈 스위트 홈인 것이다.

어느 건축가도 이를 대신할 어떤 것도 제대로 제안한 적이 없을 뿐 아니라 집장사가 건축가에게 맡길 만큼 어리석지도 않다. 소시민의 정서에 만족스러운 이 서양풍 집들이야말로 이제는 거부할 수 없는 주거양식의 또 다른 전형이 된 셈이다. 이것을 두고 한국의 전통이 사라져버린 아픔을 한탄할 수만은 없다. 사라져버린 것을 대체하고 있는 것은 바로 일반대중의 것이기 때문이다. 이러한 소시민의 기호가 오염되고 있을 때 대자본가는 그들 나름대로 소비사회의 전당을 마련한다. '키치의 성城'으로 필자가 이름 붙인 롯데월드류의 건물들은 아마도 이 시대의 종교인 '소비행위의 행복'을 꿈꾸

그림 2. 이 시대 소비의 전당 백화점.

그림 3. 독립기념관 기념조형물은 넓은 벌판에 덩이들 같이 외롭게 서 있다. 이곳을 지나 멀리 보이는 전통건축에 도착하면 그 속에는 아무것도 없다. 전시실은 기념관에 도착해서야 조금씩 보일 뿐이다. 무엇을

왜 기념해야 하는지를 가장 잘못 보여주는 사례가 아닌가 생각된다. 기념조형물은 왜 불쑥 서 있어야만 하는 것인지 알 수 없다. 남근숭배적인 원시적 발상에 기대지 않고서 독립을 기념할 방법이 따로 없단 말인가?

LOTTE SHOPPING CENTER
선물 큰잔치

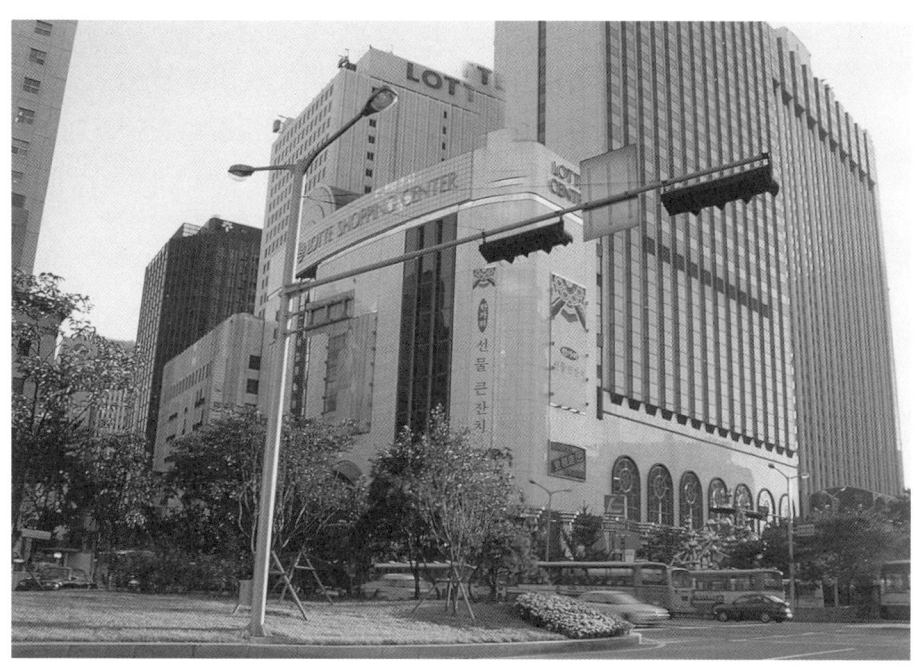

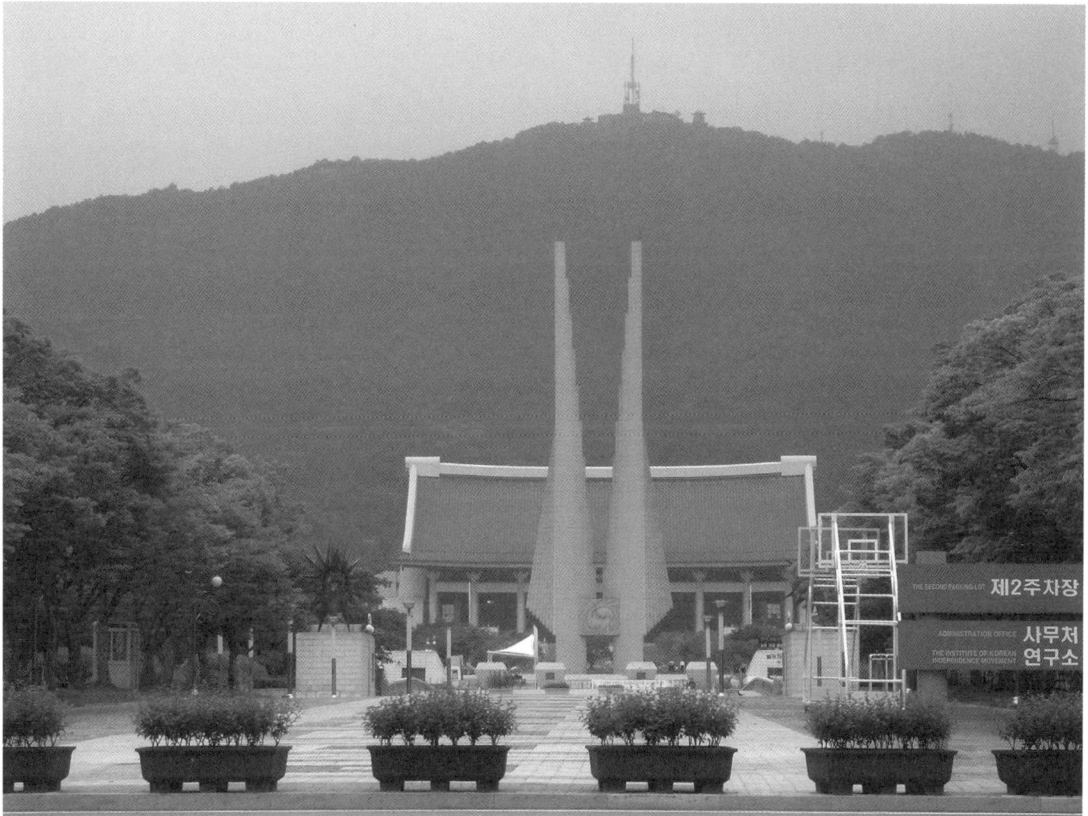
THE SECOND PARKING LOT 제2주차장
ADMINISTRATION OFFICE 사무처
THE INSTITUTE OF KOREAN INDEPENDENCE MOVEMENT 연구소

게 하는 거대한 기계인 것이다. 그것은 시민들의 소비를 '오락'이나 여가선용으로 순치시키는 건축의 베스트셀러다. 아이들에게 전통놀이를 아무리 부르짖어도 롯데월드의 흡입력은 위대하여 그곳을 드나드는 지금의 아이들이 40대가 되면 눈물을 흘리며 롯데월드를 회고할 것이다. 자본가들이 이런 '사회산업(?)'을 하고 있을 때 국가권력은 어떤 건축물을 생산하고 있었던가? 나는 독자들에게 독립기념관을 꼭 한 번 가보기를 권한다. 건축문화의 독립국가를 지향하는 국민이라면 한 사람도 빠짐없이 이 거대한 허구를 답사하고, 하나도 빠뜨리지 말고 열심히 보고 지친 다리를 끌고 하늘을 향해 울부짖어야 할 것이다.

"대한민국은 독립국가다!"라고 주차장을 빠져나와 걷다 보면 산을 가로막은 거대한 곤충 더듬이 같은 기념탑이 독립기념관을 두 동강 내고 서 있고, 또 한참을 걸어가 기념관을 보고는 속았다는 생각에 사로잡힌다. 거대한 기둥들이 떠받들고 있는 건물은 텅 비었고 진짜는 건물 뒤편에 여러 군의 건물들 속에 숨어 있다. 사람들이 줄을 선 곳은 고문도구들이 있는 곳일 뿐이다. 거대한 스케일에 압도되고, 일제의 만행에 치를 떨고 피곤한 다리를 이끌고 걸어 나오는 이 백성은 국가권력의 가장 극렬한 권위주의를 체험하고 있는지도 모른 채 컵라면을 찾는다. 이 위대한 권력의 거대한 기념비야말로 '독립'을 갈망하던 평화로운 한민족을 가장 치욕적으로 피곤하게 하고 허탈하게 하는 명물이다. 소시민과 자본가의 국가권력이 생산해온 이 건축환경은 건축의 이름만으로 읽기에는 너무나 무겁고 충격적이며 심각하다. 이제라도 우리는 더 많은 사람이 읽어내도록 노력해야 할 것이다. 진정으로 이 땅에 원하는 건축환경을 만들기 위한다면.

건축이론의 종말:
신경제와 건축 디자인

이론과 실재

어느 분야든 이론과 실재 사이엔 깊은 심연이 놓여 있다. 왜냐하면 실재하는 것에서 출발하여 사유의 그물망에 포착된 이론들은 그것이 이론의 정교한 틀로 짜이기 위해서, 곧 이론을 위한 합리적이고 논리적인 과정을 거치면서 본래의 내용들이 희석되거나 추상화되기 때문이다. 이론은 그것을 만드는 사람과 시대로부터 자유로워질 수 없을 뿐만 아니라, 늘 특정한 목적을 염두에 두고 고안되기 때문이다. 그리고 '특정한 목적'에는 당대가 필요로 하거나 정당화하려는 이데올로기가 숨어 있게 마련이다. 문제는 이론화 작업이 실재를 앞지를 수 없다는 점이다. 실재는 늘 구체적이고 현실적으로 당면한 것들로서 이론으로 포용되는 한계를 벗어나기 일쑤다. 따라서 사람들은 이론보다 실재를 더 옹호하고 믿으려 한다.

그렇다고 해서 사람들은 이론을 폐기처분할 생각은 하지 못한다. 실재 상황은 그것이 어느 정도까지 이론의 틀을 벗어나거나 그 안에 있는지를 가늠할 인식의 좌표를 원하기 때문이다. 따라서 이론은 실재를 이루어내는 언어이자 좌표라는 데 그 효용이 있다. 그래서 사람들은 이론을 만드는 기초를 사유의 과학인 철학에서 찾는다. 특히 1970년대 이후 건축 분야에서는 철학이나 언어학, 인문과학을 건축의 새로운 이론을 찾아낼 광맥으로 생각하고 있는 경향이 과도하다. 그래서 '이론'을 앞세우지 않은 건축, 또는 이론으로 무장되지 않은 건축은 보수적이고 평범한 모더니즘 계열로 구분하려는 경향마저 보인다. 건축에서만큼은 마치 '이론과 실재'가 한 치 오차 없이 적중하는 것 같은 신화를 만들어낸 셈이다.

그 선두에 서 있던 사람이 바로 아이젠만Perter Eissenman이나 베르나르 추미 같은 건축가들이고, 그들에게 자양분을 준 사람들은 프랑스의 철학자 데리다나 푸코와 같은 철학자들이었다. 물론 프랑스 신비평에 관여한 많은 문학이론가로부터 빚진 것도 부인할 수는 없다. 또한 건축을 의미론적으로 해석하려는 부류들이 소쉬르Ferdinand de Saussure의 언어학이나 그레마스Algirdas-Julien Greimas의 기호학에서 자신들의 탈출구를 모색해온 것도 사실이다. 그러나 이런 노력은 건축의 언어를 풍부하게 하거나 건축의 시대적 논의를 공개적이고 공적인 장으로 열어놓지는 못하고 결국 인문과학을 더 풍요롭게 하는 데 기여했을 뿐이라고 해도 과언은 아니다. 그리고 1990년대를 지나 해체주의 이론들은 낡아 사라져버렸고, 건축가들이 각자 자신의 '상표'를 만들어내는 백가쟁명의 시대에 돌입한 듯한 지금 21세기에 근착 《아키텍추럴 레코드》(Architectural Record)지는 흥미로운 반성을 시도하고 있다. 바로 <신경제는 어떻게 건축의 이론과 실재를 전환시키고 있는가?>라는 스피크스Michael Speaks의 글을 보면 알 수 있다.[1] 그는 세계화의 한복판에서 건축가, 특히 아방가르드 건축가의 유토피아적인 이론은 이제 그 종말을 고하고 '새로운 이야기'가 시작되고 있음을 보여주고 있다.

새로운 이야기의 시작

그의 논지는 결론부터 말해 이제 더 이상 건축가의 강박관념과도 같은 '공간'이니 '장소성'이니 또는 새로운 것을 추구하는 식의 유토피아적 탐색들은 내던져야 하며, 살아남기 위해서 '시간' '상호작용' '혁신'과 같은 데에 초점을 맞춰 작업해야 함을 강조하고 있다. 이제는 형태나 이념에 관한 논의보다 중요하게 생각해야 하는 것은 새롭게 부상하는 '닷컴(.com)'과 신경제 그리고 경영문화이며, 이런 모든 현상은 아방가르드와 상업세계를 구별하던 사고를 대치시켰다. 이제 건축의 실현은 오직 기업형 전문경영과 법인 형태로 양분될 뿐이며, 다만 이들은 세계 시장경제 속에서 똑같이 경쟁하는 상업적 기업으로 전환되었음을 인식해야 한다고 말하고 있다.

1. Michael Speaks, 'How the New Economy is Transforming Theory and Practice', *Architectural Record*, 2000년 12월호.

급격하게 변화하는 신경제 체제에 직면한 세계경영 컨설턴트들은 싱크탱크에서 일하는 젊은 세대를 주목하고 있다. 런던의 데모스Demos나 스톡홀름의 고급경영프로그램Advanced Management Program 등을 그 예로 지목하고 이렇게 경영에 관련된 포스트 아방가르드들은 고급 디자인, 도시계획, 건축에 주목하고 있다. 이에 뒤질세라 건축교육 분야, 특히 영국 AA스쿨Architectural Association School의 디자인 리서치Design Research Laboratory와 사이악SCI-Arc의 도시리서치와 연구과정Metropolitan Research and Design Program이 고급디자인과 도시계획, 건축계획에 주목하고 있다. 이 두 교육 프로그램은 이제 건축도 더 이상 경제나 경영적 사고의 세계로부터 물러날 수 없을 뿐 아니라 오히려 더 진취적으로 연구에 기반을 둔 사업 속으로 건축 자체를 변환시키는 방법을 모색하고 있는 것이다.

끊임없이 변화하는 세계시장에서 건축이 경쟁력을 높이는 방법은 변화에 대응하기 위하여 부드럽고 유연하며 탄력성을 갖고 고도의 전략으로 무장하지 않으면 안 된다고 역설하고 있다. 이러한 도전에 모범적으로 대처하고 있는 건축가를 스피크스는 런던에 근거지를 두고 있으며 FOA(Foreign Office Architects)를 이끌고 있는 알레한드로 폴로Alejandro Zaera-Polo로 주목하고 있다. 그는 관료주의적 모델보다 시장모델에 기반을 둔 현대적 디자인의 실현을 위한 '지도'를 구축하였다. 이는 세계화의 시장 현실에 더욱 알맞게 응답하는 것이다. 즉 알레한드로는 '활동범위 찾기(niche-seeking map)'를 고안하여 변화하는 조건들에 맞는 건축적 실천을 도모한 것이다. 이 지도의 목적은 무엇이 만들어졌는지를 찾는 것이 아니라 무엇이 아직도 개척되지 않았는가 하는 점을 규명하기 위한 것이다. 알레한드로는 "우리는 더 이상 르 코르뷔지에나 미즈 반데로에에 의해 지배되는 단일계에 사는 것이 아니라 가상된 진실의 집합이 지배하는 세계체제 속에 살고 있는 것이다"라고 말한다.

그렇다면 이런 경우 건축적 실천이란 무엇인가? 그것은 기술이며, 상호관계이며, 정보와 이를 통한 배치방식이 디자인을 결정한다는 것을 의미한다. 다시 말해 보이지 않는 것이 가치를 부여하는 것을 의미하며 이는 다른 방식에서 다른 큰 차별화를 가져온다. 방법론 속에 디자인과 건물이 존재하는 것이지 고객의 지침에 따라 디자인하

그림 1, 2, 3, 4. 스페인의 젊은 건축가 알레한드로 폴로는 학창 시절 프랑스 철학자 들뢰즈에게서 깊은 영향을 받았다. 리좀, 기관 없는 신체, 노마디즘과 같은 개념들은 바닥, 벽, 지붕과 같은 건축의 요소들로 변환해 자신의 작품에 반영시켰다. 알레한드로 폴로의 대표작이라 할 수 있는 요코하마 국제여객선터미널의 모습이다.

는 것이 아님을 일깨워준다. 즉 디자인과 건물이 생산되는 조건 자체를 조절할 수 있음을 의미하는 것이다. 이와 유사한 전문 경영형식의 또 다른 사례로 알레한드로는 MIT 교수 슈레이즈Michael Schrage가 제안하는 '신속한 표본화(rapid protyping)' 방식을 소개하고 또한 네덜란드에 있는 MVRDV[2]가 데이터 스케이프datascape를 어떻게 이용하며 에림슨Erimson과 맥스MAX가 도시계획에서 시나리오를 어떻게 전개하는지도 예를 들고 있다.

켈리Kevin Kelly는 새로이 부상하는 신경제의 중요한 정체성으로 세 가지를 지적한다. 첫째는 유연하거나 신축성 있으며, 둘째는 세계적일 것(또는 총체적일 것), 그리고 셋째로 네트워크화할 것을 말하고 있다. 이 모든 것은 건축에서 사유와 실천의 문제의식을 재고하게 만든다. 들뢰즈Gilles Deleuze는 우리로 하여금 심오한 진리의 질곡으로부터 탈출하여 행동할 수 있도록 하는 사고의 변화를 원하는지도 모른다.

다소 길게 인용된 마이클 스피크스의 글은 한마디로 요약하면 이제 더 이상 건축은 건축계 내부의 지적 유희로서 이론을 만들고 개인적 건축의 정당성을 포장하는 일보다 경제활동의 중심에서 사고하는 일이 더 중요함을 말하고 있다. 즉 건축이 경제활동의 시녀로 종속될 것이 아니라 전문 경영의 중심에서 '경제' 자체를 이끄는 주체가 될 수 있을 뿐 아니라 그렇게 되도록 강요받고 있음을 역설하고 있다. 지난 시절 유럽에서 발생한 건축의 형태와 이념의 이야기가 대서양을 건너 미국으로 유입되면서 '이념'은 차가운 대서양에 침몰하고 '형태'만 남아 미국식으로 미국 땅에서 변화되고 포장되어 '국제주의적' 양식으로 전 세계에 퍼져나간 유럽 이론의 대서양 횡단이 이제 종결되었다. 이로 인해 들뢰즈나 푸코, 또는 데리다의 철학이 미국 각 대학의 비교문학과를 통해 미국 전역에 전파될 뿐만 아니라 건축의 새로운 이론으로 전 세계에 퍼져 나가는 데에 건축저널인 《어셈블리지》(Assemblage)와 《애니》(ANY)가 한몫을 했었다. 1990년대 중반 이후 형태와 이념을 연결해 사고하려는 생각이 미약해지면서 철학과 이론보다는 데이터나, 생활, 그리고 신경제체제하에서 살아남기 위한 건축 전략이 어떠한 것인지를 보여주고 있다. 이 모든 것은 건축의 포스트모던 논쟁이 또 얼마나 많은 허구에 기반을 두고 있었는지를 말해주고 있을 뿐만 아니라 이제야 건축이 20세기

---

2. 1991년 네덜란드 암스테르담에서 설립된 건축 및 도시디자인 사무소.

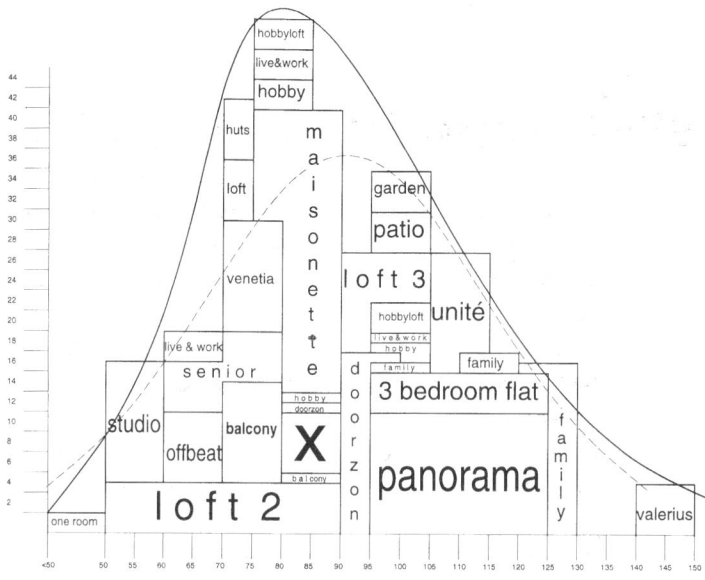

Diagrama nº de alojamientos / Superficie
Diagram of optimum division of dwelling sizes   M²

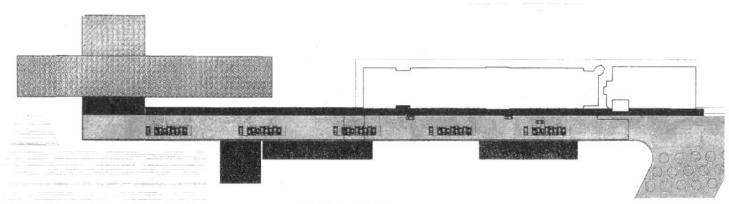

Tipología respecto a la sección del bloque / Positioning dwelling types in the block

Plano de situación / Site plan

의 반대중적이고 반경제적인, 따라서 반사회적인 태도에 대해서 새로운 반성을 시도하는 듯 보인다.

그러나 잊어서는 안 되는 항목

지난 시절 이론에 대한 과도한 집착은 결국 '건축을 낯설게 하기'에 충분하였는지 모르지만 건축을 진보적으로 사고하는 데에는 크게 기여하지 못했다. «아키텍추럴 레코드»의 글에는 의미심장한 면이 있고 건축이 변화하는 세계에 어떻게 대처해야 할 것인가 하는 문제는 너무나 당연하고 중요한 주제처럼 보인다. 그러나 '신경제'란 후기자본주의의 생존전략일 뿐 경제의 유일한 해결책은 아니다. 신경제가 표방하는 유연하고 탄력적이며 단선적이지 않고 네트워크로 가동되며 폐쇄적이 아니라 글로벌한 것에 첨가해야 하는 또 다른 항목은 이에 대립하고 충돌할지 모르지만 우리가 더 이상 보류할 수 없는 건축의 공공적인 기반과 그 가치다. 아무리 개별 건축이 신경제의 '다이어그램diagram'으로 성취된다 하더라도 개별 건축을 묶는 기본법칙은 건축의 공공성에 있다. 건축에서 공공성이란 어떠한 이론으로도 침해당해서는 안 되는 실재하는 것이다. 그리고 공공성의 한복판에는 '지역주의'라는 공간이 있다. 21세기의 관심은 세계적인 것과 지역적인 것을 동시에 공존시키는 데 있다. 바로 그 힘은 지역의 공공성을 확보하는 것으로부터 얻어낼 수 있을 것이다.

그림 5. 네덜란드 건축가 집단인 MVRDV는
한정된 공간의 최대치를 찾아 모험하는
것으로 유명하다. 위 사진은 MVRDV의
데이터스케이프다.

파리의 아랍세계문화원:
빛과 공간이 만들어내는 음향

그림 1. 장 누벨의 IMA 외관.

도시의 일부는 항상 새로운 것으로 교체되고, 새로운 것은 다시 기존의 도시 풍경과 조우하며 충돌하게 마련이다. 중세부터 19~20세기 초반의 건물이 많이 남아 있는 역사 도시 파리도 예외는 아니다. 바로 이러한 세계적인 역사 도시 파리의 얼굴을 바꾸는 대공사가 1970년대부터 1980년대에 이르기까지 활기를 띠고 진행되어 왔다.

특히 타계한 미테랑 전 프랑스 대통령은 루브르박물관의 '피라미드'에서 라 데팡스의 그랑다르슈(미래로 열린 창)에 이르기까지 파리 시내의 주요 공공건축물들의 건립에 깊이 관여하며 새로운 건축을 탄생시키기 위하여 그야말로 거국적인 힘을 기울였다. 그것은 건축문화야말로 어떠한 정치적 치적이나 경제적 실적보다 더 크고, 영속적인 삶의 질을 높일 수 있는 성과라 생각했기 때문이다. 또한 '위대한 프랑스' 문화로 세계를 이끌어가려는 야심찬 의지의 소산이기도 하다. 기념비적인 공공건축물이 한 나라의 국제적 위상을 높이는 데 기여할 수 있으며, 자국민의 삶의 환경을 풍요롭게 할 수 있다면 최고 통수권자인 대통령으로서는 모든 사람이 우려하는 과다한 건축비쯤은 문제되지 않는다고 생각한 것 같다.

아랍세계문화원(L'Institut du Monde Arabe) 즉 IMA의 건립 또한 미테랑 전 대통령의 프로젝트 중 하나다. 그중 규모는 제일 작은 편에 속하지만(연건평 8,100평), 프랑스 건축가 장 누벨Jean Nouvel이 아키텍처 스튜디오Architecture Studio와 합작하여 지은 이 건물은 한마디로 기존의 도시 속에서 요란을 떨지 않고, 최고의 기술을 사용하되 정서적 감흥을 불러일으키는 현대 도시건축의 기념비라고 할 만하다. 현대 건축언어가 전통적인 고전건축처럼 웅장하고 거대한 기념비적 건축을 만들어낼 수 없다고 생각해온 이유 중 하나는 현대건축이 옛날의 건물들에 비해 비중력적이기 때문일 것이다. 즉 커다란 무게도 느껴지지 않고, 대칭적이지도 않으며 건물에 진입하는 과정이 경박하다고 생각하기 때문이다. 그러나 건축의 소재가 석재로부터 철, 알루미늄, 유리, 콘크리트로 대체되었고, 그에 따른 각 소재의 접합 부분의 기술이 고도로 발달하였을 뿐만 아니라, 특히 건축물의 사용 내용과 방식이 바뀐 이상 우리가 늘 '육중한 기념비'만을 고집하는 것은 시대착오라고 할 수 있다. 또한 밀도가 높고, 끊임없이 차량들이 다니는 도심 속에서의 문화공간이란 그것이 폐쇄적이고 위엄을 뽐내기보다는 개방적이고 경쾌하며 주야간을 통해 쉽게 시선을 끌어들이는 건물이어야 할 것이다.

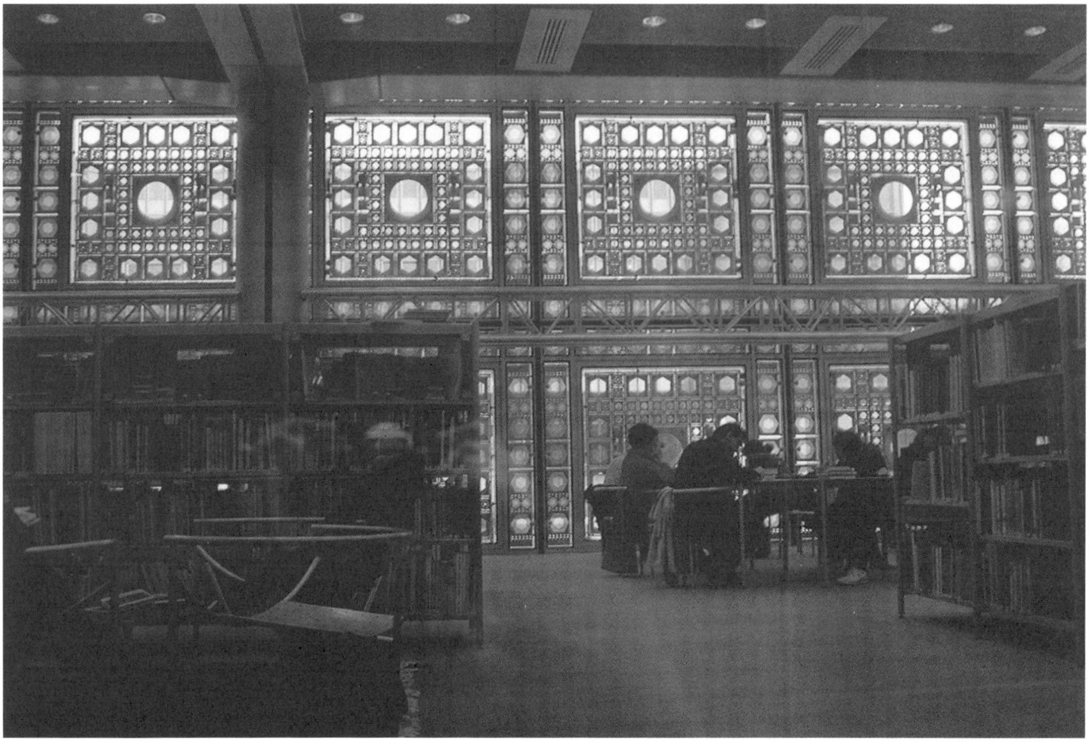

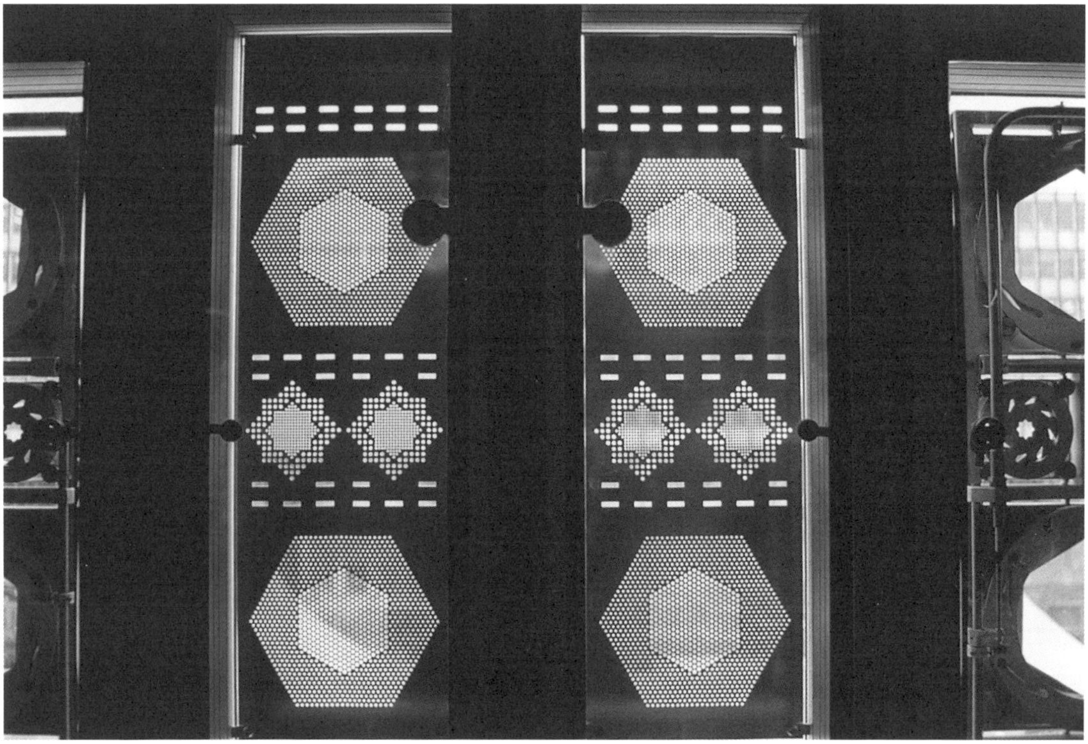

IMA야말로 이런 점을 충실히 실현해낸 건물 중 하나다. 본래 이 건물은 1974년 프랑스에 아랍문화를 전파하기 위해 아랍국가 20개국의 참여로 위원회가 발족되어 1980년에 건립을 결정하였다. IMA는 노트르담사원 건너 남동쪽으로 센 강의 시테 섬이 내려다보이는 곳과 남쪽으로는 파리 제7대학 캠퍼스 사이에 있으며 U자 형태로 배치되어 노트르담사원의 첨탑을 마주하도록 한쪽이 열려 있다. 역사적 건물과의 교감을 이룬 배치다. 남쪽은 제7대학의 기하학적 패턴을 닮아 직사각형으로 처리되었고, 센 강 쪽은 길의 모양을 닮아 곡면으로, 이를테면 센 강의 흐름을 쫓아 처리되었다. 도시공간의 각기 다른 부분과 상응하면서, 건물 좌측의 1960년대 건물과 가지런한 높이로 스케일을 조절하되 U자가 서로 만나는 결절점에 도시로부터 격리된(4층에서 9층에 이르는) 중정을 마련해 중정형 아랍문화권 건물형식을 도입하였다.

　　그러나 무엇보다도 이 건물의 압권은 건물의 남측면일 것이다. 정방형의 격자모듈 유리로 뒤덮인 이 평범한 듯한 유리면은 각 창 내부에 빛의 자동조절 장치가 내장되어 있어 마치 사진기의 조리개처럼 작동한다. 외부에 빛이 많으면 조리개가 줄어들고, 실내가 어두우면 조리개가 자동으로 열리는 하이테크 창호인 것이다. 이는 아랍문화권 건물들의 목재격자창호(무샤라비에)를 기술적으로 번안한 셈이다. 남측 진입 광장에서 내부로 들어오면서 마주치는 백색 대리석과 별모양을 한 유리창을 통해 들어오는 햇빛과 그림자, 투명 엘리베이터로 수직 이동하면서 투시되는 실내공간과 정교한 철구조물들의 섬세함, 이 모든 것은 전통적인 도서관이나 박물관에 익숙한 사람들의 눈을 현혹시킨다.

　　또한, 옥상 식당에서 테라스로 나오면 시테 섬과 노트르담사원, 그리고 강 건너 신축한 재무성 건물이 시야에 들어온다. 재무성 건물과 IMA, 그리고 조금 떨어진 곳에 완공을 서두르는 도미니크 페로Dominique Perrault의 국립도서관 건물이 파리 서쪽에 위치한 프랑스 신건축의 관문인 셈이다.

　　IMA의 매력은 비단 창호의 신비스러움에만 있는 것은 아니다. 지하층의 강당으로 연결되는 육중한 열주列柱는 우리가 앞에서 말한 전통적 의미의 장중함을 느끼게 해 주는 공간이기도 하다. 날렵하고 섬세한 외관과는 대조적으로 첼로나 콘트라베이

그림 2, 3. IMA는 현대판 빛의 건축이다.
그러나 그 빛은 성스러움과 영원성을
간직한 빛이 아니고 기술로 조절되고
건축적으로 조직된 기계적인 빛이다.

그림 4, 5. 햇볕이 뜨거운 아랍문명권 건축에서 보편적으로 보이는 장식창(무샤라비에)을 사진기의 조리개로 착안하여 외부의 빛의 밝기에 따라 자동조절되도록 실현한 아이디어가 흥미롭다.

스의 최저음을 듣는 듯하다. 열주와의 마주침은 건축만이 만들어낼 수 있는 대위법적 음악이라고 할 수도 있다.

빛과 공간이 만들어내는 음향, 그리고 주간과 야간에 각기 다른 방식으로 끌어들이고 마주하는 시선, 이런 모든 감흥을 위해 건축가 장 누벨은 가능한 모든 '기술'을 총동원하였다. 그에게 기술이란 기술의 높은 성취도를 건축에서 과시하는 데 있지 않고 바로 정서적 감흥을 유발하는 매개일 뿐이다. 그것은 빛과 역광의 기하학과 알루미늄과 줄다듬한 대리석이 연주하여 빚어내는 공간 음악을 위한 매개인 것이다.

장 누벨은 자신의 건축이 영국의 하이테크 건축과 이러한 지점에서 다르다고 말한다. 고도의 기술을 사용하되 감흥을 주는 건축을 고안해내는 것, 낮에는 유리의 반사로 시선을 끌어들이고 밤에는 밝은 내부의 빛 때문에 시선을 발산하며 내부의 볼륨을 온전히 드러내는 것. 그렇게 함으로써 도심의 문화적 이정표처럼 자리매김하는 것. 이것은 한 건축가가 시대적 요청에 최상으로 화답할 수 있는 능력이기도 하다.

건축의 투명성은 '유리'나 알루미늄으로만 실현되는 것은 아니다. 장 누벨이 이야기하듯 "어떤 경우라도 하나의 대지는 활용하기에 적절한 시적상황詩的狀況이 존재한다"라는 그의 믿음을 실현하였기 때문에 IMA 같은 건축물을 볼 수 있게 된 것이다. 전면 진입 광장의 비움, 주변과의 차별성을 두어 구획한 넓은 공간은 가로로 길게 살짝 떠 있는 듯한 정교한 몸체에 무게를 준다. 그리고 빛이 관통하는 이 기념비는 서양과 아랍문화를 횡단하며 우리에게 현재 가능한 도심 속의 문화공간을 제안하고 있다. 건축이 문화의 농축된 실체임을 입증하면서 말이다.

건축

건축가

사회

건축, 건축가, 그리고 사회:
부동산시대의 건축과 복제시대의 건축가

두 가지 태도

건축가들이 건축을 사회와 관련지어 논쟁을 벌일 때 우리는 대체로 극단적인 두 가지 태도를 발견하게 된다. 하나는 더 이상 건축이 사회에 기여할 수 없다는 비관론이다. 비관론은 건축이 자신의 문제도 해결하지 못하고 어떻게 사회에 대하여 발언할 수 있는가 하는 입장이며 결국 직접적으로 사회·경제문제, 나아가서는 정치적 쟁점에 뛰어들어야 한다는 적극적 태도다. 비관론을 주장하는 이들은 다분히 건축의 물리적 기능이나 사회적 역할이 자신들이 이상으로 하는 사회나 정치적 원칙에 어긋날 뿐만 아니라, 제한적이나마 주어진 건축행위 속에서 풀리지 않는 내부의 갈등을 더 이상 지속시키는 것이 무의미하다는 판단에서 기인한다. 그러나 이런 견해의 아이러니는 건축의 문제가 끝나버린다는 데 있다. 즉 건축이 더 이상 건축의 당위성을 이야기할 수 있는가 하는 점이다. 이러한 극단적 태도는 결국 건축 발전에 장애물이라고 불리는 한국의 현실적인 여러 제약의 극복 없이 건축에 관한 논의가 무의미하다는 입장이다. 이는 닭이 먼저인가, 달걀이 먼저인가의 문제라기보다는 본질적으로 사회변혁이 우선되어야 한다는 진보주의적(?) 태도일 것이다. 또 다른 입장에서는 사회, 경제, 정치 등은 문제가 되지 않는다. 이 입장은 "모든 것이 건축이고 건축이 전부다"라고 건축의 자율성을 강력히 주장하는 쪽이다. 건축 자체의 문제가 산적해 있는데 다른 곳에 눈을 돌린다는 것 자체가 건축가의 태도로 용납할 수 없다는 주장이다. 이들에게 건축은 그 자체로 완벽한 법칙을 갖고 있는 분야로 세상이 무엇을 요구하든 그것을 건축적으로 해결하는 것으로 자신들의 소임이 끝난다고 생각하는 건축 지상주의자들의 태도다.

문제는 이러한 양극단의 태도에 대하여 어느 편이 더 옳고 그른가를 시비하는 데 있지 않으며, 또한 어느 한 편을 선택해야 한다는 선택론의 문제도 아니다. 지금 한국의 건축문화와 사회문제에 대하여 생각할 때 우리는 적어도 이러한 두 가지 극단적인 사고로부터 출발해볼 필요가 있다. 왜냐하면 바로 이러한 극단적인 양끝에서 현재 우리가 어느 시점에 서 있는가를 가늠해볼 수 있기 때문이다.

첫 번째 입장은 건축의 유토피아적 환상에서 깨어난 사람들의 절규 속에 있는 또 다른 야망일 수도 있다. 그로피우스는 "건축으로 사회를 바꿀 수는 없다. 오직 사회를 변화시키는 데 조그만 역할을 할 뿐이다"라고 말했다. 건축의 사회발전에 대한 그의 한정론을 받아들인다면 건축을 통한 사회변혁이란 꿈에 불과한지도 모른다. 그러나 지금 이 땅의 사람들은 지구 역사상 유래를 찾아볼 수 없는 건축현상을 살고 있다. 6·25전쟁 이후 지금까지 허물고 지어진 막대한 물량의 건축물들을 과연 우리는 어떻게 가늠하고 있는가? 산업사회라는 대대적인 변혁이 몰고 온 자연스러운 현상이라고 하기에는 그 규모가 방대하다. 우리는 사실상 일정한 논리와 법칙에 의해 생산된 이 건축물들에 대하여 제대로 반문하지도 않은 채, 대다수가 건축적으로 무의미하고 저급한 개발도상국의 건축이거나 집장사의 건축이라고 단정해버리는 것으로 건축적 자부심을 버리지 못하고 있다.

그러면 어떤 것이 우리의 건축다운 건축이라고 말할 수 있을까. 또한 건축가다운 건축가는 누구를 말하는 걸까. 건축가의 건축과 추상적으로 말하는 일반적인 건축이란 무엇이며, 오늘날 각기 어떤 의미가 있는 것일까? 과연 우리나라 건축계에서 어떤 사람들이 왜 전자의 입장을 택하기를 바라며 그들은 어느 지점에 와 있는 것인가. 아마도 대부분 건축가로 불리며 실무에 종사하는 사람들이나, 건축을 연구하고 가르치는 사람들은 후자의 입장을 택하고 있는지도 모른다. 그러나 우리는 최근의 한국이 어떤 사회였는지를 잠깐 돌아볼 필요가 있다. 적어도 건축이 한 사회를 반영하는 것이라면 과연 어떤 사회의 어떤 것을 반영하였으며, 어떤 계층을 위하여 종사해 왔는지를 알아보기 위해서다. 바로 건축의 사회적 관계에 대한 통찰이야말로 이 시점에서 중요한 과제라고 판단되기 때문이다. 이는 한국건축의 새로운 발전을 도모하기 위해서라기보다는 궁극적으로 현재의 문제점을 도출해보기 위한 것이다.

부동산시대의 건축

일반적으로 건축의 물량 공세는 무엇을 의미하는 것인가? 그것은 수요의 증가를 의미하며, 그에 따른 공급이 이루어진 결과다. 그것은 건축의 상품화를 촉진하는 것이며, 결과적으로 사회 전반에 확산된 '건축의 도구화'를 의미한다. 건축물의 대량생산과 대량공급은 마치 일반 제조품과 같은 수준으로 생산에 따른 '소비재'의 모양을 하고 있다. 오직 다른 특성이 있다면 그것은 일정한 제조회사(건설회사)에 의한 생산이 아니라 토지를 소유하고 있는 전 국민이 잠재적인 생산자이며 동시에 수요자라는 점이다. 이러한 현상은 도시사회라는 현대사회의 특성과, 도시의 수평적 확산만이 가져올 수 있는 지대地貸의 상승이라는 구조 속에서 대단히 역동적인 힘을 발휘하고 있다. 더욱이 화폐경제와 함께 자본주의적 생산방식이 몰고 온 급격한 변화는 사람들과의 관계는 물론 건축과 사람들의 관계를 완전히 뒤바꾸었다.

    건축은 이미 사용가치보다는 교환가치가 더 크다는 것이 일반적 상식이 되었으며, 사람들은 사용자나 거주자로 불리기보다는 '이자계산 기계'로 불리는 것이 더 정확한 표현일지도 모른다. 아마도 한국인들처럼 이자계산에 밝은 백성은 지구상에 그리 흔하지 않을 것이다. 특히 건축은 장시간을 요하므로, 생산시간의 단축이야말로 자본의 회전속도를 높이는 중요한 전략인 것이다. 이는 급기야 다른 업종과 달리 상품(건축물)이 생산되기도 전에 기초공사를 하면서도 미래의 사용자들로부터 자금을 모을 수 있게 만들었다. 이것은 마치 젖소에게 건초를 먹이는 것과 동시에 사람들에게 우윳값의 일부를 받아내는 것과 같다. 물론 건축생산의 특수성을 감안할 때 자금조달 방식의 편의를 도모하는 것을 모르는 바는 아니다. 문제는 바로 생산과 공급 시간의 최대 단축이라는 지상 명제가 모든 사람들을 '빨리빨리'라는 조급증으로 몰아가고 있는 것이다. 바로 이러한 조급증의 결과물이 마치 영화 세트같이 우리의 주변을 가득 채운 열악한 환경이다. 그것은 일반인들의 집장사 집에서부터 시간에 쫓기는 건축가들의 건축물에 이르기까지 매한가지다. 예외가 있다면 외국 설계자들에게 맡기는 몇몇 건축물들뿐이다. 왜냐하면 건축주들은 외국 설계자들이 독촉하는 '빨리빨리'의 논법이 먹

혀들지 않는다는 것을 잘 알고 있기 때문이다. 시공자들에게 건축설계자들이 요청하는 시간에 조금만 더 시간을 주면 지금까지 무엇이든 크고 작은 건물들을 해치웠다. 바로 이 점을 일반인들은 높이 평가하는 것이다. 여기에 바로 일반인들이 건축과 건설의 개념을 혼란시키는 건설의 우월성이 존재한다. 개념보다는 물건을, 연구보다는 결과를, 시작보다는 끝을, 적은 돈(설계비)보다는 큰 돈(임대료, 판매비)을 관장하는 쪽이 훨씬 더 목청이 크기 때문이다. 바로 그들(건설자)은 자본의 논리고, 자본주의적 생산 방식을 채택하는 전문가들이다. 반면 설계자들, 건축가들은 소위 예술적 생산방식, 즉 원시적 생산방식에 의존하는 아마추어들로 여겨지고 있기 때문이다.

지멜은 그의 책 《돈의 철학》(*Philosophie des Geldes*, 1900)에서 화폐경제의 이중 역할에 대하여 이렇게 언급했다. "화폐는 인간 내부에서 추상화의 경향을 충동질하며, 인간의 열정과 감성에 반해서 지적 기능을 촉발시킨다." 결국 인간관계는 비인간화로 줄달음질치고 각 개인은 다른 사람과 다르다는 것으로 존재의 위안을 삼는다. 인간은 사회와 제도, 전통관습과 기술문명의 폭력으로부터 어떻게 해서라도 자신의 자율성과 개체의 특성을 보존하려는 욕망에 차 있다. 이는 마치 원시인들이 그들의 물리적 생존을 확보하기 위해 몸부림치던 투쟁에 비유될 수 있다. 땅과 돈과 자유를 얻은 자들에게는 오직 그것들을 포장하는 과제만 남는다. 대도시의 역할은 바로 이러한 전투장의 무대를 제공하는 것이다. 대도시는 이러한 전투에서 나타나는 의존적인 것과 지배적인 것, 소외적인 것과 착취적인 것을 그 비대함과 복잡성으로 위장하고 있다. 도심이란 옛날에는 활성화되고 생산적이었기에 대단히 민중적이었다. 그러나 관료주의는 재개발과 도시계획이라는 법으로 정당성을 획득하며 기존의 생활권을 밀어내고, 위생과 미관의 이름으로 결국은 도시의 민중적 건축물들을 부동산으로 뒤바꿔놓고 말았다. 이러한 도시의 변화는 사실상 도시의 확장으로 귀결되며 결국 사회적 제반 관계는 보다 열악해지는 쪽으로 표류하고 있다. '도시화'라는 새로운 역사적 사건은 사회적 대변혁이며 산업혁명 이후의 대사건이다. 이것이 몰고 온 계층간의 갈등은 물론 가치관의 변화는 아마도 건축의 문제 자체를 능가할 것이다. 이러한 관점에서 볼 때 서두에서 논의한 전자의 입장을 우리는 주의 깊게 주목해야 한다. 개인의 이익과 사회적

이익이 상충하며 편리함과 기계의 우상이 가져온 결과는 '미의 무효화', '자율적 가치관의 파괴'인 것이며 의미의 실존인 것이다.

건축가

알베르티Leon Battista Alberti 사후 1483년에 출판된 그의 야심적인 저서 «건축론»(De re aedificatoria, 1483)에는 건축가가 다음과 같이 정의되고 있다. "건축가는 목수나 벽돌공이 아니라 다른 여러 과학의 위대한 대가와 동일한 존재이며, 수공 노동자들은 건축가의 보조자일 뿐이다. 건축가는 자신의 사고와 발명을 통하여 모든 구조물을 고안하고 실행(감독, 관리)한다. 또한 적재하중을 견뎌내고 구조물 각 부분의 조합을 이루어 가장 큰 아름다움으로 건축하며 사람이 사용하기에 적합하도록 한다. 이런 모든 것을 충족시키기 위하여 건축가는 가장 고상하고 특별한 새로운 과학적 지식을 갖춰야 한다." 알베르티가 «건축론» 서문에서 지적한 건축가의 역할이란 그가 정의한 건축의 3대 원칙인 필요성, 편리성, 그리고 건축물에 대한 기쁨을 충족시키기 위해서 필요한 사회적 역할이다. 비트루비우스Vitruvius가 정의하는 건축의 '견고성', '유용성', '아름다움'에 비하여 필요성을 역설한 것은 건축의 당위에 대한 알베르티의 견해를 강조한 것이다. 알베르티는 필요성에 대하여 «건축론» 1, 2, 3권에서 평면태, 자재, 건설에 대해서 언급했다. 편리성에 관해서는 4, 5권에서 도시와 개인의 행동과 삶의 방식에 이르기까지 의장론, 종교건축, 공공건물, 개인건물의 의장, 그리고 일체의 건축 준비에 관해서 언급하고 있다. 우리가 주목해야 하는 것도 바로 공공건물을 건물이 주는 기쁨에 종속시킨 점과, 유용성에 건축 자체보다도 도시의 삶을 연계시킨 점이다. 르네상스의 근원지 피렌체의 지혜는 그것이 지금까지도 우리에게 많은 교훈을 주고 있는 점을 다시 생각해볼 일이다.

이러한 알베르티의 주장에 대하여 한국의 건축인들은 1960년대 이후 도시화의 격동기를 살면서 얼마만큼 동시대인의 필요성과 편리성, 그리고 건축물이 주는 기쁨에 대해서 생각했는가. 아니 1960~70년대의 민주화운동이나 민족문화운동 과정에 얼마만큼 자신들의 목소리를 들려주었는가? 사회가 진정으로 요청했던 주택문제에 대하여 우리의 건축 대가들은 어떤 해답을 제안하였고, 공공건물의 중요성에 대해서는 어떻게 반응하였는가? 정부 제1청사가 광화문 발밑에 불쑥 코를 내밀고, 여의도광장에 정체불명의 고사떡 같은 국회의사당이 서고, 경복궁 안에 기가 막힌 한국 전통건축의 조합으로 국립박물관을 축조하고 있을 때, 우리 건축인들은 어떤 발언을 하였는가? 《창작과비평》에서 소외된 계층의 삶에 대해 끊임없이 발언하고 억압받던 대중의 인권을 회복하려 투쟁하고 있을 때, 열악한 노동조건에 처한 노동자들이 항쟁하고 있을 때, 우리 건축인들은 무엇을 하였는가? 건축주가 요청하는 대로 공장을 찍어냈고, 대기업의 연수원을 예쁘게 고안하였으며, 건설회사가 요청하는 대로 아파트의 평면을 찍어냈으며, 재개발 프로젝트를 따내려고 혈안이었으며, 새마을운동의 농촌 시범주택의 모범답안을 만들어주었다. 1980년대에 들어오면서 외국인들이 제공하는 프로그램에 따라 대형 유통시설과 호텔을 매만졌으며 골프장의 클럽하우스를 멋지게 만들어주었다. 크고 작은 사무실 건물들을 엇비슷하게 꾸준히 세웠으며, 기상천외한 대학과 종교 건물도 마구 지었다. 몇몇 뜻있는 건축물의 출현이 있었음을 너무 과장할 필요는 없다. 여기에서 논의하는 것은 앞에서 이야기한 후자의 논리(건축의 자율성)로도 설명될 수 없는 건축가들의 사회적 윤리에 대한 문제이기도 하기 때문이다. 1960년대부터 1980년대에 이르기까지 사회적 격변기를 지나며 건축가들이 자신들의 진정한 목소리로 세상에 어떤 발언을 하였고, 무엇을 증언하였으며, 무엇을 표현했는가? 이 점은 앞으로 한국의 현대건축사에서 다루어야 할 부분이기도 하지만, 결론적으로 우리는 결국 부동산시대의 건설 하수인 정도였을 뿐이다. 우리가 그렇게 부르짖던 건축의 자율적 논리란 물거품이었고 환상이었다. 우리에게 중요했던 것은 건축주들의 요청에 떠밀려 그것이 사회의 진정한 요청인지 아닌지를 점검할 겨를도 없이 그들이 원하는 제품을 만들어냈을 뿐이다. 결과적으로 '집장사' 건축이라고 매도하던 그 구조에서 정작 고상한 건축인들이 더 진보한 것은 없다. 더 진보한 것은 건축인이라는 자존심뿐이었다.

이 모두가 건축인의 잘못만은 아니다. 그들도 빠져나갈 여지는 있다. 제도와 관료주의와 건축주의 무식함, 동시대의 대중이 지닌 고뇌와 고통에 대하여 공식적인 발언이 있어야 할 것이다. 뒤늦게라도 우리가 저지른 수많은 잘못에 대해 사회를 향해 솔직히 고백을 해야 한다. 그렇게 함으로써 우리가 믿고 신봉하며 창조하는 건축의 문화적 힘과 공간의 철학을 이야기할 수 있으며 잃어버린 건축의 기쁨을 되찾을 수 있을 것이다. 일반대중이 어디에서 건축을 만나는가? 그들은 오직 아파트에서 사무실로, 상자에서 다른 상자로 이동하며, 번쩍거리는 백화점에서 물건을 사고, 조악한 공공건물 속에서 허가받는 데 땀을 흘리며, 먼지와 소음과 악취 속에서 생산에 종사하고 있다. 이러한 의지의 전환과 새로운 노동의 시대를 열어 건축이 건설이 아님을 알려줄 때, 동시대의 고민을 서로 나눌 때, 건축인들은 아마도 제값(설계비)을 당당히 받아낼 것이다.

그러나 사회의 소통은 문을 여는 것으로만 되지 않는다. 새로운 국제 경쟁시대에 돌입하는 지금 우리는 새로운 방향을 모색해야 한다. 그것이 복제와 모방의 문제라면 그것을 더욱더 철저하고 완벽하게 해야 하며, 모델의 근원을 확실히 읽어내야 한다. 건축에 대한 실험과 논쟁이 결여된 이 땅에 유용한 것은 타인의 체험인지도 모르기 때문이다.

복제시대의 건축

벤야민Walter Benjamin은 복제시대의 예술이 가져온 변혁에 대하여 "예술작품의 기술적인 복제 가능성은 예술에 대한 대중의 태도를 변화시킨다"라고 말하고 있다. 건축이야말로 사회적 속성상 벤야민 이전부터 복제의 특성이 있다. 다만 우리나라의 현상은 단기간의 갑작스러운 건축생산을 통해서 그 형식과 정도가 지나칠 정도이기 때문이다. 그것은 소위 집장사들의 집에만 그치는 것이 아니다. 건축가들이 모방의 의미를 축소해서 '차용'이라고 부르는 건축물에서도 마찬가지다. 일부 대기업들은 각각 다른 지역에 동일한 모양의 지점 건물을 지어 자신들의 기업 이미지와 통일성을 기하고 있을 정도다. 사람들은 외국의 새로운 경향이나 작품 경위의 근원을 따질 것도 없이 오직 새롭고 특이한 것이면 모두 훌륭한 복제거리로 간주한다.

벤야민은 복제의 두 가지 가치를 '진열가치陣烈價値(Ausstellungswert)'와 '제의가치祭儀價値(Kultwert)'로 분류하고 있다. 모사되어 앞에 나옴으로써 원본과 동일 시설을 추구하는 가치인 그것의 본체적인 가치와 일반적으로 예술이 작품으로 불리기 이전에 제희의 근원에서 바치던 신전과 같은 제의가치로 해석될 수 있다. 물론 벤야민은 사진술이나 시각 예술품에 대해서 이야기하는 것이지만 현대건축의 관점에서 볼 때 포장으로서의 진열가치에 대해 잊혀진 제의가치를 상정해볼 수 있다. 원본 작품의 '지금 여기(das Hier und Jetzt)'의 가치란 건축에서는 대지와의 관계 속에 있는 가치다. 그럼에도 건축은 바로 이 진열의 가치가 가져오는 편리성과 기술이 만들어내는 환상적 동질성으로 말미암아 끝없는 복제시대의 건축을 목격하게 되는 것이다. 문제는 복제의 가치가 어디에 있느냐가 아니라, 무엇을 복제할 것이며, 과연 어떤 정신을 모방할 수 있는가의 문제다. 어떠한 건축도 무에서 창조되지는 않는다. 건축의 모든 부분은 마치 텍스트의 단어와 같이 그것을 어떻게 조합하느냐에 달려 있다. 적어도 우리는 모방에 앞서 그 조합의 법칙을 이해하는 데서부터 출발해야 할 것이다. 외국 건축의 파사드 모방이야말로 가장 그럴듯한 손쉬운 모방인지도 모른다. 그러나 우리는 그것을 모방하기에 앞서 적어도 그 과정을 이해하는 노력을 기울여야 할 것이다.

해체주의 건축이란 단어로 귀에 익은 베르나르 추미는 1960~70년대의 프랑스 문학이론의 중심 주제를 자신의 작품에 반영하려 하였으며, 현대문학과 다른 분야와의 다리 역할로 건축을 놓고 지식인들로 하여금 건축에 대한 관심을 유발시켰다. 추미가 답습하고 교류한 사람들은 의미론의 대가 바르트, 문학이론가 바타유Georges Bataille, 솔레스Philippes Sollers, 철학자 데리다, 푸코 등에 이르기까지 다양하다. 추미는 이들로부터 인간에게서 금기시되어온 가치의 새로운 길을 모색한 것이다. 광기와 에로티시즘이 추미의 주제였으며, 바로 건축의 아카데미즘이 손댈 수 없는 영역의 문제를 추미는 다루고자 하였다. 추미는 공개적으로 비이성적인 입장을 확산하면서도 인식론적으로는 엄격하지 않았다. 그의 목표는 건축에서 특수한 입장을 내세워 창조적 효과를 획득하는 것이었다. 건축 이데올로기의 부정, 다시 말해서 어떠한 이데올로기도 건축에 내재할 수 있다는 그의 개방적이고 전위적인 생각은 광범위한 연구와, 다른 분야와의 열성적인 교류에 근거한다. 그것이 서양의 세기말적 현상이라고 비난하는 건축가들도 있다. 그러나 우리가 추미에게서 모방해야 하는 것은 빌레트공원의 '인스턴트 폐허'로서의 폴리Folie(광기狂氣)가 아니라, 그가 애써 건축에 접목시키려 했던 동시대인들의 정신적 교감이다. 그와는 반대로 벤투리Robert Venturi 같은 건축가에게서 취할 것은 장식적 외관이 아니라 아카데미즘적 건축언어를 극복하기 위해 일상 건축환경에 대해 펼친 그의 통찰력이다.

타푸리가 우리에게 주는 교훈은 마르크시즘적 관점으로 건축을 비판하는 데에만 있지는 않다. 타푸리는 건축의 이데올로기 기능의 위기와 그 죽음을 선언하였으며, 건축이 본질적으로 부르주아 이데올로기인 것으로 규정하고 건축사의 신비를 벗기고 디자인의 신화를 던져버린 것이다. 건축의 유토피아란 실행 불가능한 환영이며 연결성 없는 희망에 불과한 것이라고 역설했다.

위에 언급한 세 사람 이외에도 무수히 많은 외국 건축가들이 오늘날 한국건축인들에게 던져주는 질문은 바로 그들의 문명과 역사 그리고 여러 건축이론에 대한 근원은 바로 선진사회라고 불리는 서양사회의 감춰진 깊은 고뇌와 통찰의 표현이라는 것이다.

우리는 그들의 고민을 모방할 것이 아니라, 역설적으로 말하자면 건축에 부여된 새로운 임무로서 건축 외적인 것, 혹은 건축을 초월하는 어떤 것을 찾아내야 한다. 곧 우리가 한 번도 시도하지 못했던 우리의 신화를 다시 창조하는 것이다. 아마도 그 최초의 신화는 너무도 놀라운 일이겠지만 누가 보아도 감동적이고 객관적으로도 우수한, 그래서 길이 보존하고 싶은 그런 공공건물이 한 채라도 이 땅에 세워지는 것을 우리 모두가 지켜보는 것이다. 복제로서가 아니라, 바로 지금 여기에 그것을.

건축의 도구화:
1990년대 한국의 건축과 사회

자본주의 발전이 건축으로부터 빼앗아간 것은 건축이 한 시대의 통합적 문화로서 공유해오던 정신만이 아니라 그 내용까지다.[1] 1990년대 한국의 건축을 가늠해본다는 것은, 즉 건축의 문제를 고유의 자율적 영역으로부터 개념을 확장시켜보는 일에서 출발해야 할 것이다. 왜냐하면 한 사회의 건축에 관한 논의가 몇몇 흥미 있는 건물에만 집중된다면 건축문화의 신비화에는 기여할지 모르나 정작 그 뒤에 숨겨진 전반적인 문제를 지나칠 수밖에 없기 때문이다. 다시 말해서 이런 논의에서 건축을 생산케 하는 사회적 메커니즘을 제외함으로써 건축인은 항상 세상을 향해 자신의 당당한 논리를 제기하지 못하고 있으며, 자신의 위상을 스스로 허약하게 하고 있기 때문이다. 이러한 관점에서 우리는 전 국토를 건설장으로 변모시킨 1980~90년대의 근원적 현상을 철저한 도시화의 맥락 속에서 파악해보고자 한다.

도시란 결국 개별적, 독립적 건축행위의 총화로 인식되므로 도시화가 어떻게 개별적 건축행위를 자극하고 부추기는가 하는 점과, 역으로 개별적 건축행위가 어떻게 다시 도시에 환원되는가 하는 역동적 구조를 파악하는 것이야말로 건축현상을 새롭게 인식하는 출발점이 될 것이다. 이 짧은 글에서 모든 것을 논의할 수는 없으나 그 요인들만이라도 가늠해보는 것은 건축을 보는(읽는) 우리의 시각에 또 다른 해석을 가능케 해줄 것이다. 건축에 대해 이야기할 때 우리가 늘 망각하는 부분은 바로 우리 자신이 누구인지를 잊고 마치 국외자인 관찰자처럼 위장하는 데 있기 때문이다.

---

1. 필자의 원고, <건축문화의 혼돈과 대중>,
《예술과 비평》, 1990년 여름호.

건축의 도구화

한국에서 도시화 현상의 두드러진 세 가지 특성이 있다. 첫째, 시간상 급작스럽게 형성되었으며, 둘째, 신도시 건설처럼 대량으로 건축되었고, 셋째, 원칙적으로는 공공의 통제를 받는 듯하지만 근원적으로는 개별적으로 이루어진다는 점이다. 우리는 이제야 사유재산으로 구획된 크고 작은 필지 위에 솟아난 건축주의 의도와 건축가의 의도(만일 그것이 있다면)를 만나게 된다. 아마도 자본주의 경제체제가 4차원적으로 가장 사실적으로 묘사된 현상이, 바로 우리의 일상적 건축환경이 아닌가 한다. 시장원리에 따라 최대 면적에 최대 효율을 높이려는 크고 작은 대지 위에 건물들은 오직 건축주의 지불능력이라는 변수를 빼놓고는 철저하게 공통된 욕구를 보여준다. 그것은 현대생활의 근본적인 문제라고 할 수 있는 개인의 이익과 사회적 이익이 서로 상충하는 부분이다. 즉, 개인은 어떻게 해서든지(가능하다면 법적 규제도 넘어서면서) 사회의 강압적 힘에 대항하여, 문명과 기술적 유산들에 저항하면서까지도 그 자신의 존재의 '독창성'과 '개성'을 유지하고자 안간힘을 쓴다. 그러나 각기 다른 개체의 독자성과 개성은 그나마 여유 있는 건축주들의 양식에 속하는 것일 테고, 대체로는 무비판적으로 가장 경제적인 모델을 답습하는 것이다. 여기서 흥미로운 사실은 현대건축에는 이렇게 각기 다른 의지를 반영하는 데 적절한 조형적, 기술적 특성이 갖추어져 있다는 것이다. 즉, 건축이 고전적 언어에 얽매이지 않고, 부분이 전체의 틀에 예속되지 않고 얻어낸 현대건축의 자율성 때문이다.

건축의 자율성에 대해서는 뒷장에서 논의하기로 하고, 현대건축 표현의 자유로움이란 결국 자본주의적 생산방식을 자유롭게 수용할 수 있다는 점에 우선 주목해야 할 것이다. 1970~80년대를 거치면서 한국적 현대건축이라는 지역성이 만들어졌다고 보기에는 아직 이른 듯하다. 오직 우리는 주어진 땅에 기본적인 도시의 윤곽을 실험해보지도 않은 채, 이제 비로소 우리가 채택한 자본주의적 경제의 토대 위에 솟아난 결과물을 목격하게 된 것이다.

그것은 우리가 어떤 도시를 만들겠다는 유토피아식 이념이나 환상을 그려낸 것이 아니라 우리가 일상적으로 쫓기고 부딪히며 찾아낸 형식, 즉 편리함과 최대의 이익을 우상화하면서 만들어낸 '건축의 교환가치'의 금자탑인 것이다. 언어만이 사고체계를 형성하는 것이 아니다. 건축도 이러한 관점에서 보면 인간의 사고체계를 형성하고 있는 것이며, 우리는 그것을 우리 앞에 얼굴을 내민 실체를 비로소 읽어내야만 하는 것이다. 만일 지금 우리의 몇몇 건축물들이 다른 작품보다 우월하고 공간의 해석이 특출하며 재료의 씀씀이가 명석하다고 칭찬하고 자족함으로써 건축의 발전이 있다고 생각하면 큰 오산이다. 한국적 유형의 포스트모던을 탄생시킨 해체주의적 경향을 약삭빠르게 내밀었다고 해서 국제적으로 건축의 선진국 대열에 끼어들었다고 자부한다면 더욱 큰일이다. 우리가 읽어내야 하는 것은 진실이며, 그 진실은 바로 우리의 환경이다. 그 환경이란 오직 건축가들이 열정을 갖고 쏟아내는 거창한 작품의 신비화된 환경이 아니라 이 시대를 사는 모든 시민들이 그들의 욕구에 따라 표출시킨 일상적 환경을 지칭한다.

그러면 우리의 일상적 환경이란 무엇인가? 그것은 두 가지로 분류해 볼 수 있다. 하나는 대자본가의 상업적 건물들—예를 들어 롯데월드 같은 것과 일반적으로 지적 노동이 이루어지는 사무실 건물—나머지 중소규모의 소자본가들 내지는 영세한 시민들에게 자산증식의 터전이 되는 소위 '근린생활시설물'이다. 또 하나가 우리들의 주생활 의식마저 전환시켜온 아파트일 것이다.

우선 아파트부터 생각해보자. 아파트야말로 한국인의 의식구조는 물론 인간성 자체를 송두리째 개조시켜버린 건축물일 것이다. 그야말로 사용가치보다 우선되는 교환가치의 화신이다. 아파트는 우리의 '동네'를 대기업의 이름으로 대치시켜버렸고, 서민의 뇌리에 '당첨'이라는 도박성을 심어주었다. 건축공간이나 외관의 문제가 아니라 평당 얼마냐 하는 '면적'이 중요한 것이다. 면적은 곧 돈이다. 아파트 주거의 핵심은 바로 '돈'인 것이다. 이 점은 근린생활시설에 나붙은 간판의 모습에서도 찾아볼 수 있으며, 출구를 찾기 어려워 상품과 소비라는 미로에 갇혀버리는 롯데월드에서도 나는 냄새이고, 사무실 건물의 평당 월세 개념에도 붙어 다니는 본질적인 것이다. 그러면 이

돈은 어디서 오는 것일까? 그것은 확대재생산이 불가능한 건축의 기본조건인 땅에서 오는 현상이다. 더 늘릴 수도 없는 한정된 토지의 사유화제도야말로 도시라는 밀도 높은 공간 점유 방식의 생활양상과 상호 보완되면서 서서히 건축의 근원적인 내용을 교체시키고 있다. 오늘도 건축가가 고민하는 파사드란 바로 건축인으로서의 고뇌와 편견을 해소하려는 마지막 은신처일지도 모른다.

　　이러한 대도시와 돈의 문제를 일찍이 명석하게 관찰한 사람이 바로 짐멜이다. 그는 1900년도에 발간한 «돈의 철학»에서 화폐경제의 이중적 역할을 지적하였다. 짐멜은 화폐경제가 인간에게 몰고 온 중요 사실로서 첫째, 인간 내부의 추상화 경향을 충동질한다는 것과 둘째, 열정과 애정으로부터 지적인 기능을 발휘해 궁극적으로 인간관계의 비인간화를 부추긴다는 점을 역설하였다. 같은 자본주의라도 국가와 지역에 따라 큰 차이가 있는 것이 사실이다. 그러나 우리나라와 같이 자본주의적 생산과 소비 방식의 운용을 도시건설과 동시에 병행하면서 커온 나라는 없는 듯하다. 바로 두 사실의 동시성이야말로 우리가 눈여겨보아야 하는 것이다. 비인간화된 인간관계의 회복을 위해서만이 아니라 도시와 이념을 올바른 곳에 위치시키기 위해서다. 타푸리가 그의 저서 «건축과 유토피아»(*Architecture and Utopia*, 1979)에서 짐멜의 말을 인용하여 자본주의적 건축세계의 모순을 드러내 보이려는 것도 이러한 점에서 우리에게 시사하는 바가 크다. "메트로폴리스 인들의 특성은 변화하는 이미지의 포화상태, 한눈에 목격되는 명백한 불연속성, 저돌적으로 들이닥치는 인상적인 것들의 의외성"으로 말미암아 대도시를 사는 시민들의 신경자극 증상의 심화를 야기한다. 이로 인한 "무기력한 특성은 둔감한 식별력에 의해 표출된다. 이는 아둔한 사람의 경우처럼 사물이 인식되지 않는 것을 의미하는 것이 아니라 오히려 대상 그 자체를 비현실적으로 경험하게 되는 것을 의미한다. 그 어떤 대상도 다른 대상을 선호할 필요가 없어진 것이다. 이러한 경향은 철저하게 내면화된 화폐경제의 본질을 충실하게 반영한 것이다. 모든 사물은 끊임없이 움직이는 금전의 기름 속에서 모두가 한결같이 무중력상태로 부유한다." 우리는 일상 속에서 대도시인들이 겪고 있는 현실의 비현실화를 체험하고 있는 것이다. 인간의 심리적 자율성이 마모되고, 또는 화폐로 추상화되면서 우리는 또한 미美의 무효화 선언에 가담하고 있는지도 모른다.

이러한 위의 논리가 모두 "결국 돈이 문제다"라는 단순논리는 아니다. 중요한 것은 건축에 부여된 우리 사회의 새로운 임무가 건축 외적인 것, 건축을 초월하는 그 어떤 것들이 있음을 직시하자는 것이다. 우리가 정신을 화폐로 오염시키고 개별 이익의 증대로 공공의 공간을 파괴하면서 남는 것은 무엇인가? 우리를 또다시 쉽게 자본의 메커니즘의 노예로 복귀시키는 도시인의 정신구조가 남게 된 것이다. 이러한 정신구조는 급기야 건축을 도구로 전락시키는 데 서슴지 않게 된다.

서두에서 이야기한 것처럼 지금까지 건축역사에서 건축의 형식과 내용이 그러했듯이, 건축이 한 시대가 공통적으로 교감하는 문화적 유산이 아니라 하나의 '수단'으로 전락한다는 것은 바로 우리의 정신적 문화를 포기하는 것과도 같다. 모든 사람들이 지금 복수의 세계를 살고 있는 듯한 이 시대에 우리에게 필요한 것은 백 사람의 위대한(?) 건축가보다는 백 명이 서로 달리 읽어내는 건축환경일 것이다. 단시간 내에 거대한 물량을 땅 위에 솟아오르게 한 지금 우리는 이 정체가 무엇인지 조용히 사고해보는 게 필요하다. 이러한 현상을 보잘것없는 건축이라고 멸시하면 할수록 건축인들은 사회에서 설 자리를 잃게 될 것이다. 왜냐하면 건축은 궁극적으로 사회가 진정으로 요청하는 것만을 포용하기 때문이다.

그러면 여기서 우리는 한국 땅에 이식된 자본주의적 생산방식과 생산관계가 이룩해온 환경이 근원적으로 어디에서 유래한 것인지 짚어보자. 그것은 건축이 근본적으로 사회와 유리된 것이 아니라는 상식적인 사실을 강조하기 위해서라기보다는 다시 한 번 서양 현대건축사의 시원을 다른 각도에서 접해보면서 우리의 현재를 재발견하기 위한 것이다.

건축의 자율성과 개인주의

1933년 비엔나에서 추방된 카우프만Emil Kaufmann의 《르두에서 르 코르뷔지에까지: 건축의 자율성의 기원, 시작과 발전》(*De Ledoux à Le Corbusier: Origine et développement de l'architecture autonome*, 1933)에 귀를 기울여보기로 하자. 자율성이 결과적으로 현대의 개인주의와 접목하는 점을 염두에 두면서 말이다.

에밀 카우프만은 프랑스의 18세기 건축가 르두Claude Nicolas Ledoux의 작품과 그의 정신을 분석하면서 현대건축의 기원은 20세기 초가 아니라 18세기로 거슬러 올라감을 역설하였다. 나치즘이 판을 치기 시작하던 1930년대에 비엔나의 지식인인 에밀 카우프만은 소위 신고전주의 건축과 전체주의 이데올로기가 국제주의적 양상을 띠고 있음을 역설하는 용기를 갖고, 그와는 배치되는 진정한 의미에서의 현대성을 감히 찾아 나섰던 것이다.

루소Jean-Jacques Rousseau의 «사회계약론»(*Du Contrat social ou principes du droit politique*, 1762)에서 언급한 문제들이 건축의 법칙에서 그 반향을 얻어 '계약설에 형태를 부여한 것'이라고까지 다미슈Hubert Damisch는 프랑스어판 서문에서 말하고 있다. 즉, 르두와 동시대인인 루소에게서 르두의 작품의 특질을 추출하고 있는 것이다. "형태를 통해서 전체에 결속되는 각 개인은 그 자신에 복종하되 여전히 자유스럽다"라는 루소의 말을 건축의 자율성으로 확장시킨 것이다. 건축의 경우 자율성이란 첫째로, 그 윤리성을 내포하는 개념이라는 것을 중요시한다. 이를테면 바로크건축은 건축 외적인 요인들로 결정되었다. 건물을 구성하는 각 부분은 서로 중첩되며 개체 속에서 동일한 전체를 구성하는데, 이는 건물 파사드의 주식柱式법칙, 곧 당대의 계급에 따라 조절되었던 것이다. 그러나 카우프만은 르두와 함께 새로운 차원에 진입하게 된다. 즉, 르두는 다수(대중)를 위한 건축의 자율성이라는 이념은 평등에서만 의미가 있으며, 모든 사람은 건축의 권리가 있음을 암시하였다. 1770~90년대 사이 유럽사회의 혁명적 대변혁기는 새로운 자율성의 시대라고도 할 수 있다.

인권선언에 의한 개인의 권리가 주장되고 이질적인 윤리체계에 대한 칸트Immanuel Kant의 자율적인 윤리성이 강조되던 시기에 르두는 고전 바로크 미학을 포기하고 혁명적 시기의 정신에 부응하여 진정 새로운 시도를 했다. 르두는 자연과의 막연한 일치나 조화를 분리하여 자연경관을 유용성이라는 각도에서만 이용하였다. 또한 자연에 대해 보다 독립적인 견해를 가졌으며, 이성적이고 합리적인 평면을 제안하고 바로크

그림 1. 르두의 제련소. 르두는 현대 건축에서 자율성을 강조하고 탐색해낸 최초의 건축가라고 할 수 있다. 프랑스혁명기의 건축가 르두는 장식을 제거하고 기능에 알맞은 최소한의 기하학적 형태(피라미드, 육면체, 구체 등)를 추구하였다. 건축의 모든 부분은 독립적으로 작동하며 동시에 건축 전체에 합목적적으로 이바지한다. 르두에게 건축이란 외관의 형태나 양식의 문제가 아니라 건축의 내적 자율성을 보장하는 것이다.

그림 2. 르두의 샬린 데 쇼 계획안. 산업혁명 이전에 그려진 최초의 공장 마스터플랜으로서 중심에 행정공간, 좌우에 생산공간, 외곽에 주거공간을 볼 수 있다. 생산과 기획을 중심에 놓고 거주가 주변에 배치된 산업중심사회를 대변하는 상징적인 계획안이다. 전체가 실현되지는 않았지만 소금공장과 행정 사무실은 지금도 방문할 수 있다.

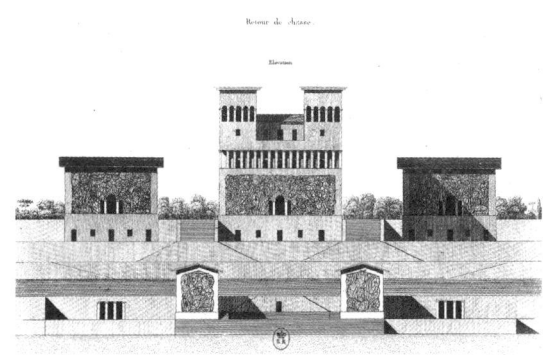

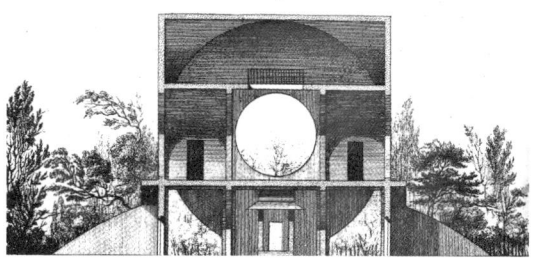

그림 3. '사냥에서 돌아오다'라는 이 계획안은 르두의 구축적 생각을 살펴볼 수 있다. 부분이 소멸되어도 전체가 살아남을 수 있는 당대의 아주 새로운 작업이다.
그림 4. 교차로에 있는 원생산공장. 입방체 안에 원을 삽입한 실험적 건축이다.

의 감정적인 감각에서 이탈하였다. 르두는 바로크건축에서 시각의 미묘한 변화에서 벗어나 건물이 요청하는 필요성을 더 중시했다. 보이는 것이 중요하지 않고 존재하는 것이 중요해진 것이다. 곧 어떤 건물도 다른 건물에 예속되지 않도록 배려하였다.

결국 르두의 정신은 고전 바로크건축에서 장식을 제거하는 데에만 형식적으로 기여했다기보다는 건물이 자연과의 관계에서 독립하여 스스로 존재케 하고 사회적 요청에 응답하는 통합과정의 정신을 보여준 데에 있다. 바로크시대의 건축에서 한 부분의 제거는 전체를 붕괴할 것이지만 르두는 현대건축의 요청이며 그 특성이기도 한 상호호환성(inter-changeabilité)을 제안한 것이다. (마치 귀족사회와 같이)부분이 전체를 지배하는 것이 아니라 부분은 독립되어 전체를 이루는 것이다.

르두가 혁명적 격동기에 동시대 건축인들과 달랐던 점은 당대의 요청 사항을 오직 건축이라는 수단을 통해서 충족시켰다는 점이다. 르두는 동시대의 유행에 자신을 수동적으로 내맡기지 않고 현저한 개혁의지로 장식적, 부분적인 것에 집착하지 않으며, 건물 자체의 개념과 체계에 중요성을 두었다.

고전 바로크 양식의 건물에서 보이는 각 부분이 서로 뗄 수 없는 연관을 가지고 존재하며, 마치 동일한 틀 속에서 연유한 것이라면, 르두는 각 부분이 서로 연관을 갖되 각기 고유한 생명을 갖고 독립적인 역할을 담당하게 했다. 부분의 독립이란 18세기 말

의 건축 발전에서 얻은 가장 중요한 결과물이다. 건축의 새로운 자율성이란 원칙은 건축형태가 다른 외부 법칙에 의해 결정되는 것을 용납하지 않는다. 이용성(거주성)이 형식적인 재현보다 더 중요하다고 판단한 것이다.

당대에는 자연 그 자체에서 이념의 합법칙성을 추구하고 발견하였다. 바로 자연 속에서 루소는 사회체계를 찾을 수 있었으며, 르두는 그 속에서 그의 예술체계를 발견하게 된다. 살린 데 쇼Saline des Chaux(프랑스 중동부의 작은 마을 쇼Chaux에 위치한 왕립제염공장)의 두 번째 계획안에서 르두가 건물들을 분리시킨 것을 다음과 같이 합리화하고 있다. "원칙에 소급하라. 자연을 되돌아보라. 어디에서나 인간은 떨어져 존재한다."

바로크의 연대성이 지극히 잘 반영되던 (프랑스)혁명 이전의 봉건사회 원칙으로는 더 이상 용납될 수 없었음은 물론이다. 이것은 예술형태가 무조건 사회구조나 국가 형태에 달렸음을 시사하는 것은 아니다. 그러나 그러한 사고체계에 근본적으로 영향을 받고 있음은 사실이다. 순수하게 예술적 관점에서 보았을 때 미학적 법칙의 무효화는 특별한 중요성이 있게 된다. 리듬, 비례, 조화 등 고전주의이론가들이나 예술가들이 중시했던 법칙들은 부분의 연대성에서 부차적인 것으로 물러나게 된다. 건물 외관의 자유로운 구성, 내부 공간의 자유로운 배치(특히 대형 건물에서) 등은 르두의 성문(barrière) 건축에서 잘 나타났다. 건물 부분의 새로운 결합은 각기 독립된 요소들의 조합으로서 자신들의 고유함을 희생시키지 않고, 형태는 오직 부분의 고유한 목적성에 의해서만 전체에 복종된다. 형태를 결정하는 것은 그 자신의 법칙인 것이다.

이러한 경로를 통해서만이 바로크에 반대되는 이 새로운 원칙을 이해하게 된다. 이것은 전체와 부분 사이의 아주 새로운 관계로서, 부분과 부분, 부분과 전체와의 관계에서 논리적 전개를 보아도, 결국 부분이란 더 이상 존재하지 않으며 단지 '독립된 개체'들만이 있게 된다. 각기 내재적 요인에 의해서 결정되는 상이한 형태는 조형효과를 찾아내려는 인위적인 생각을 무의미하게 하였다. 매스의 리듬, 장식, 환경과의 조화 등 경관적인 것(pittoresque)에 기여하는 이 모든 것들은 중요성을 잃게 된다. 필요 불가결한 것을 제외한 모든 경로로 바로크 예술은 투시도 법칙을 떠나 전체와 부분의 분리라는 영광스러운(?) 이상理想의 출현을 보게 될 것이다.

그림 5. 보로미니의 사피엔차Sapienza 성당 앞뜰에서 바라본 건물의 극적인 경관은 건축의 모든 부분들이 협력하여 만들어낸 결과다. 각 부분은 독립한 게 아니라 전체에 이바지한다. 이 점이 바로 바로크건축과 르두의 신사고건축의 큰 차이다.

그림 6. 독일 발타자르 노이먼 성당 내부는 바로크시대의 사회구조를 닮았다. 평민은 소수의 귀족사회에 이바지하듯이 성당 내부의 모든 부분들은 연속되어서 전체를 유기적, 통합적 이미지로 만드는 데 기여한다. 어떠한 부분도 독립되어 있는 것이 아니라 바로크시대적 양식을 반복하는 것에 사용된다.

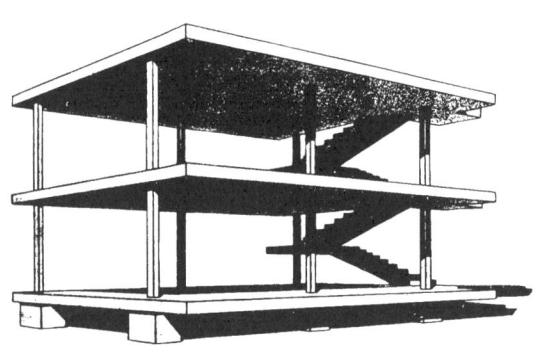

그림 7. 현대건축사를 설명하는 대표적인 그림 중 하나인 르 코르뷔지에의 도미노는 현대건축 언어 생성의 감추어진 진실을 잘 보여준다. 슬라브를 떠받드는 기둥은 건축물을 구조적으로 안전하게 보장해주며 건물의 외관은 모든 것이 가능하도록 해방시켜주었다. 필요한 곳에 필요한 창을 만들어 열어주거나 벽체로 닫을 수 있는 자유로운 여지를 제공하고 있다.

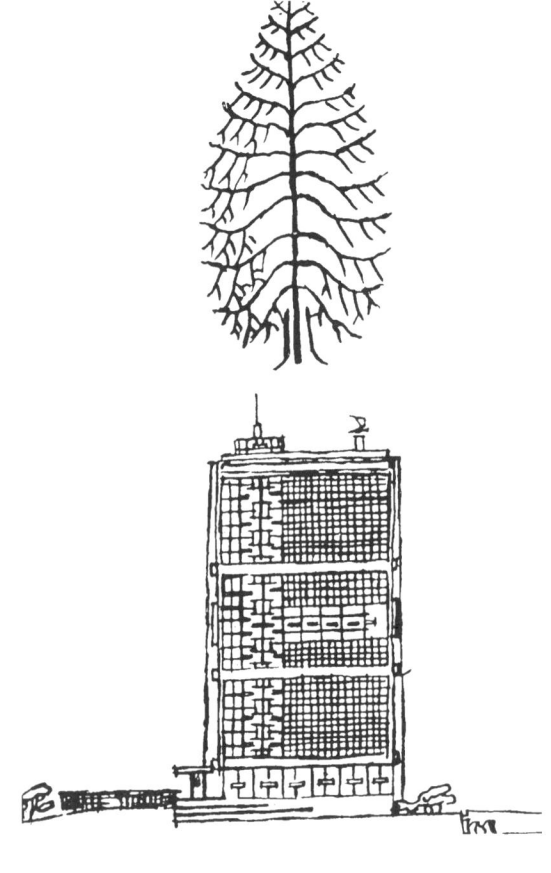

그림 8. 르 코르뷔지에의 또 다른 관심사는 음악에서 8음계만으로 모든 음악을 생산하듯 건축에서 이상적 치수(modular)를 찾는 것이었다. 황금비와 인체의 비례를 적절히 활용하여 만들어낸 모듈러법칙은 건축의 내적 질서(치수 관계와 비례)를 자율적으로 생성하는 데 이바지하였다.

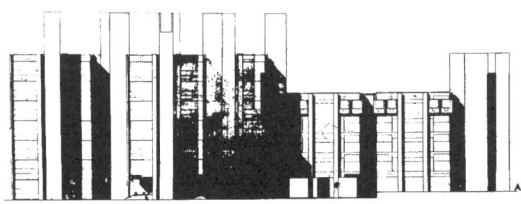

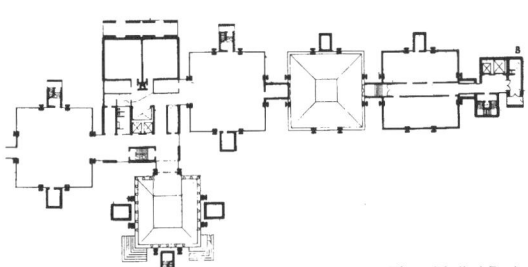

그림 9. 현대건축의 또 다른 거장 칸은 건축의 본질을 탐색한 건축철학자다. 펜실베이니아대학 리처즈의학연구소 (Richards Medical Research Building)는 '방의 집합으로서의 건축'을 잘 보여주는 작품이다. 실험실, 연구실, 계단실, 엘리베이터홀 모두 방이다. 특정한 행위들이 이루어지는 특별한 방이다.

그러나 우리는 서양건축사에 새로운 획을 그은 르두의 작품이 당대의 인간해방(봉건주의로부터의)의 조류와 긴밀한 관계가 있음을 알게 된다. 자연으로부터의 독립, 인권의 승리, 합리주의의 승리를 구가한 서구사회가 지금까지 지향해온 개인주의, 자유주의와 맥을 같이하며 현대건축의 '기능주의 건축'과 연결해주고 있다. 문제는 개체, 개인의 승리를 가져왔지만 자연의 정복이란 이념이 과학과 기술의 발전이라는 사실과 합류하면서 결과적으로 개인과 개체는 공동체로부터의 소외로, 경제는 착취와 예속의 구조로, 합리주의는 건축환경을 단조로움으로 변모시켰다는 것이다. 즉 자연으로부터는 '추방'을, 인권은 관료주의와 정치의 '볼모'로, 합리주의는 '복종'으로 전환시켰다고 해도 과언이 아니다. 자유주의와 개인주의를 내어주고 이를 볼모로 출현한 관료주의의 발달은 아마도 계몽주의 시대 이후 프랑스혁명이 인류사에 가져온 새로운 제도인 것이다.

자유와 개인주의를 획득한 결과로 주어진 관료주의에 대해, 부분의 독립을 획득한 건축에는 반대로 무엇이 주어졌나? 자율성이라는 것의 반대급부로 주어진 "무엇이든 가능하다"라는 혼돈을 가져온 것은 아닌가. 아니면 금세기의 많은 건축이 보여주는 것과 같은 방황의 길이던가, 아니면 자본주의 경제 원칙의 철저한 시녀가 되는 것은 아닌가?

역사적으로 얻어낸 이 건축의 자율성이란, 그것이 분석적 결과의 산물이 아니라 시대의 당위적 결과물인 것이다. 우리가 얻어야 할 교훈은 건축의 자율성이란 바탕 위에서 건축을 새로운 디자인의 신화로 만들어내는 것이 아니라 대중 앞에 우리들의 가장된 이념을 고백하는 것이다. 이러한 자세가 전제되었을 때 지금의 우리 건축을 논의할 수 있을 것이다.

건축, 사회, 행위자

건축은 사회 밖에서 존재할 수 없는데도 불구하고 지금 한국 땅의 현대건축의 역사는 결과적으로 세 개의 심각한 문제에 봉착해 있는 듯하다. 첫째는 건축가들이 사회변화의 여러 단계에서 무엇이 진정한 사회적 요청인지를 제대로 파악하지 않아 건축가와 사회 사이에 생겨난 간극이고, 둘째는 '시장과 사적생활' 사이에 아무도 권유하지 않은 공간이 존재하도록 방치해둔 무질서다. 여기서 우리는 공적생활의 폐허를 보며 건축의 사회화가 후퇴하는 만큼 폭력이 자리 잡는 것을 본다. 개인적이고 사적인 취향은 난무하나 이를 제어하고 다스릴 공적인 힘의 진공상태를 본다. 그리고 셋째로 위의 두 가지를 동시에 해결할 수도 있는 비판적 지역주의 건축의 빈약함이다. 아직도 우리는 이 나라의 풍토와 역사에 걸맞은 건축언어의 창고를 가득 채우지 못하고 있다. 빈한한 창고는 언제 어디서나 가져다 쓸 만큼의 언어체계가 부족하다. 뒤집어 얘기하자면 개인적인 발화(파롤parole)는 있는데, 마땅히 전제되어야 할 합의된 언어(랑그langue)가 없는 것이다. 파롤만 있고 랑그가 없다는 얘기는 소통불가능성을 말하는 것이다. 그렇다. 한마디로 우리가 안고 있는 문제는 소통불가능성이다.

    모든 사람들이 소위 문명사회가 시키는 대로 살고는 있는데, 어떻게 함께 살아야 할 것인가에 대해서는 진지한 논의가 결여되어 있는 것이다. 어떻게 보면 그런 논의 자체를 거부하도록 길들어 있어 소통불가능 자체가 사회적 목표로 합의되어 있는 것 같은 착각마저 일으키게 한다. 따라서 공유되어야 할 가치의 회복, 또는 이제는 더 이상 보류하거나 방치할 수 없는 공적영역의 보살핌이 절실히 요구되는 시점이다. 그리고 변화하는 시대에 감응하는 통찰력이 필요한 시점이다. 이는 또다시 이성의 힘을 재조명하는 한 가능한 일들일 것이다. 개인적 차원에서의 문화적 방어보다는 무방비로

질주하는 '권력'에 대항하는 집합적 행동으로 사회를 변혁시키는 것이 사회운동일 것이다. 이에 대해 투렌Alain Touraine은 그의 현대성 비판에서 이렇게 말한다.

> 그러므로 사회운동은 이성과 주체를 결합시키는 것이다. 그렇게 되면 세계화된 경제와 개인화된 문화 사이의 아무 내용 없는 빈 공간이 되살아나게 될 것이다.

이 빈 공간을 되살아나게 한다면 소통은 가능해질 것이다. 그래서 건축이 이 시대의 흐름에 의미 있는 물줄기를 형성하려면 결국 개인적인 성취마저도 사회운동으로 회귀시키는 정신이 필요할 것이다. 그러나 사회운동이란 당위성을 정교하게 포장한다고 가능한 일도 아니며, 소명감에 사로잡혀 '해결사'로 떠든다고 이루어지는 것이 아니다. 더욱 중요한 것은 우선, 묵묵히 건축언어의 창고를 채우는 일이다. 그러나 그것은 조용히 이루어지지 않는다. 실험과 논쟁이 불꽃 튀는 처절한 싸움을 통해서만 가능한 일이다. 그 전쟁터는 건축 내부에서만이 아니라 세계 안에서 진행될 일이다. 적어도 한 번쯤은 건축가가 이 세계 속에서 어떻게 자리 잡는 것이 쌍방에게 이로운 것인지 알고자 한다면 말이다. 건축만으로 사회변혁을 꿈꿀 수 있는 시대는 지났다. 그러나 지금 여기 한국 땅의 건축은 이 시대를 담아낼 수 없음이 분명해졌다. 그러므로 한번쯤 우리는 이 시대를 끌어안을 몸부림이 있어야 한다. 공간과 시간이 결합되어야 할 건축이 잃어버린 시간을 되찾기 위해서.

큰바위 얼굴, 그 우상과 허상: 독립운동 인물조각 자연공원 설립계획에 부치는 글

그림 1. 건국대 한민족문화연구원이 1989년 12월, 불암산 중턱 12만 평에 기미독립선언 33인의 얼굴상을 새기겠다고 발표하면서 선보인 조각공원 조감도다. (《월간미술》 1990년 4월호 기사 촬영.)

역사적 기념물에는 시간의 흐름 속에서 유한하게 그 위치를 점하고 있는 사건과 인물들을 공간에 고정시켜 유한을 넘어서 무한을 기리고자 하는 욕구가 그 안에 담겨 있다고 할 수 있다. 이런 생각을 보다 체계화시키기 위하여 우리는 기념물에 대한 알로이스 리글의 고찰을 참고해볼 만하다. 그에 따르면, 기념물은 영구히 보전되어야 한다는 특정한 목적에 의해 인간의 손으로 만들어지는 일체의 작품을 말한다. 그것은 다음 세대들의 기억 속에 살아남도록 하기 위하여 조형적 방법이나 기술적 방법, 또는 두 가지 방식이 혼합되어 사용된다.

    모든 기념물은 다음과 같은 세 가지 범주로 분류될 수 있다. 첫째는 '인위적 기념물'로서 과거의 특정한 순간이나 사건을 의도적으로 기념하기 위하여 건립되는 것이고, 둘째는 '역사적 기념물'로서 이미 지나간 시대의 역사적 유물에 대하여 그 후 어느 시점에 선택적으로 가치를 부여하는 것이라 할 수 있다. 셋째 범주는 '과거적 기념물'인데, 이는 인간의 삶의 흔적을 담고 있는 것 가운데서 지난 시대의 의미나 목적과는 관계없이 시간을 극복한 인류의 증거물로서의 가치를 갖는 일체의 것을 지칭한다. 그리고 이 세 범주는 기념물이라고 하는 생각이 점차 일반화되고 확장되는 과정을 설명해주는 연속적인 세 단계—과거적 기념물에서 인위적 기념물—라고 할 수 있다고 리글은 얘기한다.

    이 글에서 우리가 논의하려는 것은 결국 리글이 얘기하는 '인위적 기념물'이 어떻게 역사성을 획득할 수 있을까 하는 문제다. 왜냐하면 33인의 바위얼굴이 다음 세대에 어떻게 받아들여지게 될 것인지가 가장 기본적인 문제이고, 설립을 둘러싼 현재의 논쟁과 마찬가지로 다음 세대에 가서도 논쟁이 재연되지 않을까 하는 의문이 강하게 남기 때문이다. 물론 기념물의 순환적, 발전적 논쟁은 결국 리글이 이야기하는 인간의 창조적 의지라는 착상 속에서 미화될지도 모른다. 인간이 자연의 창조적 과정을 모방하고 자연과 대등한 관계를 정립하여 나아가서는 인간의 실존적 약점인 '쇠퇴'와 '죽음'에 이르는 법칙성에 도전하려는 의지를 보여준다는 뜻에서 말이다.

    하지만 속성이 바로 이러하기에 계획하고 있는 기념물들은 자칫하면 우리들 삶에 녹아들어 있는, 시공을 넘는 감각이나 집단의 상상력과는 유리되어 자연스럽지 못하고 지나치게 예외적인 모습으로 우리에게 다가올 것이 분명하다. 또한 많은 경우에 기념물은 그것이 세워질 당시의 지배권력의 논리를 대변하거나 옹호하기 위해 세워지는 것이므로, 그것이 지향하는 영원성과는 상반되게 역설적으로 권력의 성쇠와 궤를 같이하는 경우도 흔히 볼 수 있는 것이다.

이번 조각공원의 경우 계획하는 측의 얘기대로 한국의 유일한 '민족사 인물조각 자연공원으로서의 명소조성'을 위하여 많은 산 중의 하나를 사용해도 된다는 정당성을 주장할 수도 있겠다. 하지만 그런 식으로 사용될 수 있는 장소의 많고 적고를 떠나서 그 발상의 의도 자체가 내포하는 문제가 크기 때문에 이를 세부적이고 실제적인 시각에서 검토해볼 필요성을 느낀다.

먼저 지적할 수 있는 것은 '자연환경'으로서 산이 우리와 무관하게 그곳에 그냥 있는 게 아니라는 것이다. 이 계획에 대해 불암산을 사랑하는 등산객들이나 지역 주민들의 반응에서도 엿볼 수 있듯이, 우리를 둘러싸고 있는 자연환경과 맺고 있는 관계는 그것과의 끊임없는 교감을 통해서 쌓아온 자생적이고 내재적인 관계인 것이다. 그 관계는 이상적으로는 자연과 우리를 하나로 만드는 관계다. 그리고 민간신앙에서도 엿볼 수 있듯이, 이 하나로 만드는 관계는 상하의 위계적 관계라기보다는 다르면서도 공존할 수 있는 터를 마련해주는 그런 관계라고 할 수 있겠다.

반면에 이번 계획의 논리는, 이런 자생적이고 내재적인 관계를 추상화하여 그 관계를 끊어버리고, 그 대신 인위적이고 위로부터 주입하는 식의 관계로 그것을 대체하려는 의도라고 할 수 있을 것이다. 물론 그 명분은 흔히 그렇듯이 거창하다. "민족 공동체의식을 고취시키고, 역사적인 국가민족 지도자를 공경하며…"(계획안의 취지 중에서) 등, 국가와 민족을 위한다는 공식화된 논리를 내세우고 있다.

그러나 거창한 명분보다 더 중요한 것은 산이라는 자연경관과 맺어온 특별한 공통 체험일 것이다. 우리는 산에 많은 이름을 붙여왔다. 어떤 산은 그 모양을 보고, 어떤 산은 그 지역의 방위를 나타내는 중요성에서, 또 어떤 산은 종교적 필요성에서 이름을 붙였다. 이러한 행위는 이 산과 저 산을 구분하기 위해서라기보다는 모든 산들이 무기물이 아니라 우리의 삶과 유기적인 관계를 맺고 거기 '있기' 때문이다. 우리를 에워싸고 있는 산들은 객관적인 환경 요소가 아니라 이미 내재하고 있는 것이다.

이렇게 볼 때 33인이라는 인물들이 '삼일정신'의 상징성으로 바윗돌 위에 영구히 새겨져, 이미 우리의 의식 속에 자리 잡은 산과의 실존적 관계를 파괴해버려도 될지 자문해봐야 할 것이다. 물론 이 글에서 논의하려는 것은 공원의 전체 계획에 관한 것이 아니라 불암산에 조각하려는 인물상들에 국한하고 있기는 하다. 어쨌든 우리의 관습 속에는 불상 또는 바위에 새겨진 마애석불 등 종교적인 상징을 제외하고는 인물상을 물질로 형상화했던 역사는 없었던 것 같다. 고대 로마나 르네상스 시대와 같이 서양미술사 속에서 지금까지 있어 온 조각상들의 출현이 서양미술의 즉물적인 태도에 기인한다. 하지만 동양인 특히 한국인들은 인물의 형상화를 오히려 금기시해온 것이 사실이다. 오히려 형상의 기억보다는 비문 등을 통해(문자를 통한) 정신적, 추상적 사실을 중요시해왔다.

이 시대를 감싸고 있는 하나의 총체적인 분위기로서 '민족주의'가 충분히 수긍이 간다고 해도, 그 방법이 이제 차분한 마음에 의한 것이라야 하지 않을까 생각한다. 왜냐하면 소위 '우리 것' 찾기라는 것이 구호나 일회적인 선전의 성격을 띠기보다는 보다 작고 숨겨져 있는 것, 즉 우리 속에 내재해 있지만 무시되었던 것들을 끈질긴 작업에 의해 '재'발견될 성질의 것이기 때문이다.

독립기념관에 이어 전쟁기념관, 올림픽기념관 등의 건립이 거론되고 있는 '기념관 시대'에 더욱이 이번 불암산의 경우에서 보듯이 그 건립 기준조차—처음에는 불암산에 세종대왕, 을지문덕 장군, 이순신 장군, 안창호 선생 등 위인 10여 명의 상반신을 조각하기로 했으나, 이들의 인물 사진이 거의 없어 사진에 있는 현대인물로 바꾸었다고(월간 «山»)—작위적일 경우, 이 점은 반복해서 강조해도 지나침이 없다.

서울의 입지적 환경은 아름답고 포용력이 있다. 포용력이 있다는 것은 전후의 파괴, 그리고 최근 30년 동안 한국의 급격한 산업화와 도시화를 그대로 보여주는 서울의 변모를 담아낼 수 있는 너그러움이 있다는 뜻이다. 청계고가도로를 세우지 말고 그대로 살려두었더라면, 현재 강북의 도시환경이 어떻게 변했을까? 이런 질문은 이제 남에게 보이기 위한 도시가 아닌 진정한 삶의 터전으로서의 도시를 생각하게 한다. 왜냐하면 한 도시에서 민족주의의 이름보다는 그 시대를 사는 삶의 현재성이 중요하기 때문이다.

아무리 서울의 건물이 추악하더라도 이를 너그러이 포용하고 용서하며 늘 변함없이 서 있는 주변의 산들은 서울을 서울이게 하는 근원적 환경이다. 우리가 조상들을 서울이 현대적 도시로 탈바꿈할 것을 예기치 못하고 길도 제대로 뚫어 놓지 못한 옹졸했던 풍수꾼으로 보는 것은 큰 오류를 범하는 것이다. 오히려 우리 조상들은 다른 도시와도 비견될 수 없는 자연과의 단단한 틀을 예시한 존경스러운 예언자들이었기 때문이다. 조상의 덕을 보고 있는 우리는 조상이 지킨 산의 한쪽에 조상의 얼굴을 새겨서 조상의 얼을 무참히 깨려고 하는 것이다. 더욱이 그것도 서구적 조형법칙으로 깨부수려 하는 것은 위에서 지적한 서울 전체의 환경적 시각에서도 그렇고, 그 위치의 선정과 조형성에서도 바람직하지 못한 착상인 것 같다.

특히 거대한 기념물은 그것이 위치하는 장소에 근접하려는 방법에 따라 교감의 방식이 달라지는 것을 감안해야 된다. 미국의 '그레이트 스톤'의 이름으로 새겨진 미국 민주주의 창시자들의 얼굴은 외딴 산 속에 있으면서도 보는 거리와 각도에 따라 보이는 부분과 느낌이 다양하고 주위와의 일정한 여유를 갖고 있다. 반면 우리의 불암산의 경우는 도시 속에 늘 가까이 있으면서 거의 일시적으로 전체가 노출된 탓에 '발견'되는 발전적 교감보다는 즉각적인 충격으로 받아들여지게 되어 있다. 그만큼 긴장감이 결여되어 있다고도 하겠다.

한 예로 파리 근교 바르비종Barbizon파 화가들을 기념하기 위해 퐁텐블로 숲 속에 새긴 밀레Jean Francois Millet의 두상을 살펴보면 기념상의 설치 방식과 위치의 선정이 얼마만큼 그 본래의 의미 전달에 각별한 영향을 미치는지 새롭게 인식할 수 있다. 숲 속을 산책하다 바위 틈새에서 발견하게 되는 부조로 된 두상은 그 순간 당혹감보다는 친근감을 갖게 한다. 이는 자연의 훼손이라기보다는 숲을 그리던 한 시대 화가들의 자연에 대한 애정의 편린으로 느껴진다. 이는 거대한 기념비로는 이룰 수 없는 것으로, 기념하고자 하는 인물의 조형성보다는 그 맥락을 존중한 사례이기도 하다.

자라나는 청소년들에게 '삼일정신'이나 민족의 지도자를 진정으로 존경하기를 바란다면 불암산에다 새길 것이 아니라 어쩌면 텔레비전 회로마다 이 이야기를 입력시켜야 할지도 모른다. 왜냐하면 현대인의 우상은 전통적 기념비로 노쇠시킬 것이 아니라 새로운 기억장치 속에서 거듭나게 해야 하기 때문이다. 우리가 극복해야 하는 것은 물리적인 우상숭배가 아니라 끊임없는 욕구의 허상은 아닌가.

그림 2. 바르비종파 화가들을 기념하기
위해 파리 퐁텐블로 숲 속에 새긴 밀레의
두상이 보인다. 《월간미술》 1990년 4월호
기사 촬영.

선묘낭자와 이교도

그림 1. 부석사 경내 무량수전 뒤편에 있는 선묘낭자의 사당.

영주 부석사浮石寺(돌을 들어 올린 절)를 찾았던 사람들은 한 번쯤은 절 이름을 왜 부석사라고 지었을까 궁금해 하기 마련이다. 나는 그 해답을 우연히 구입한 부석사 안내소책자에서 발견했다. 안내소책자에 나온 내용이 사실인지를 떠나 전설 속에 나온 '이교도'라는 단어는 곰곰이 생각할 수밖에 없었다.

이야기는 이러하다. 의상대사義湘大師가 당나라에 유학하면서 알게 된 한 장군의 딸, 선묘낭자는 의상대사를 사모하였다. 의상과 선묘의 맺을 수 없는 사랑은 의상이 귀국하는 날 그를 배웅하기 위해 선묘낭자가 포구로 나갔으나 끝내 만나지 못하고 자살로 끝을 맺고 만다. 한편 의상은 소백산 줄기에서 절터를 찾다가 지금의 부석사가 있는 위치에 당도하여 명당자리라 생각하고 절을 지으려 했으나 이교도들이 미리 자리를 차지하고 있었다. 난관에 부딪힌 의상이 이를 고민하던 중 혼령이 된 선묘낭자가 나타나 이교도들 앞에서 큰 바위를 여러 번 들었다 놓자 이교도들이 혼비백산해서 도망치고 그 자리에 아무 탈 없이 지금의 부석사를 세웠다는 것이다. 지금도 대웅전 왼편에는 큰 바위가 있어 부석사의 유래를 전하는 구경거리가 되고 있다.

그러면 이교도란 누구인가? 그들은 다름 아닌 불교가 이 땅에 전래되기 전부터 면면히 전해오던 토속신앙을 믿던 한민족이었다. 그들 입장에서 본다면 수입종교인 불교가 이교도였던 것이다. 신라가 국교를 불교로 천명한 다음 힘에 밀린 민간신앙 추종자들은 그들이 신성시하던 종교예식의 '터'를 이교도들에게 내주어야 했던 것이다.

나중에 알게 된 사실이지만 대체로 우리나라의 명찰들은 바로 토착종교인 민간신앙의 발원지를 탈취(?)한 것이라고 한다. 이 땅에 깊이 뿌리내린 무속신앙은 천 년 이상을 지난 지금도 새로운 '종교의 힘'에 밀려 안타까운 싸움을 작은 종교전쟁처럼 벌리고 있는 것이다. 기독교인들 중에는 전설 속의 선묘낭자와 같은 전설적인 인물이 출현하지 않아서 그런지 싸움은 끝이 없는 듯하다.

선묘낭자가 쫓아낸 이교도들은 아직도 살아남아 우리의 넋을 달래고 혼을 부르고 안녕을 기원하고 있다. 간혹 '굿'을 관광상품처럼 취급하기도 하지만 우리의 유전자 속에는 수천 년의 '기억'이 잠재되어 있어 오늘도 살아 있는 한, '민족의 한'의 전통은 단절되지 않는다. 전통의 단절이란 말은 허구일 뿐이다. 이교도들의 전통은 단절된 적이 없다. 선묘낭자가 지구를 들었다 놓는다 하여도. 왜냐하면 가장 토속적인 것이 가장 전통적인 것이므로.

날마다 기적, 나는 행복했노라

6년 전 어느 날 도서관 만들기를 위한 길거리 퍼포먼스 공연을 하던 도중 도정일 선생님이 내게 진지하게 말을 건네왔다. "우리 제발 이 나라에 좋은 도서관 좀 지읍시다. 도서관 없는 나라가 나라입니까?" 그래서 나는 "선생님이 돈만 마련해주시면 열심히 해보겠습니다"라고 말했다. 그리고 3년 전, 문화방송을 통해 전국 여러 도시에서 '기적의 도서관'이라는 이름으로 어린이 전용 도서관이 탄생하는 과정이 방영되었다. 아이와 어른들은 누구나 쉽게 찾아가 책을 볼 수 있는 새 도서관이 동네 한복판에 생긴다는 사실에 기쁨과 호기심을 표시했다. 도서관 설계에 참여했던 나는 처음에는 이를 텔레비전이라는 막강한 매체의 힘에 기댄 일시적인 현상으로 생각했으나 서서히 어린이 도서관이 안정적으로 정착해 많은 것들을 변화시키는 장면들을 목격하게 됐다.

젖먹이 키우는 주부들도 들르고픈 공간

돌이켜보면 해방 뒤 이 땅에, 작지만 큰 의미를 지닌 사건이 하나 벌어졌다고 기록될 만하다. 크게 두 가지 이유 때문일 것이다. 하나는 여러 사람이 쓰는 '공공건축물'을 탄생시키기 위해 얼마나 많은 사람들이 진지하게 지혜를 모았는지 하는 것이고, 또 하나는 '개인'이 아닌 '사회'가 건축주일 때 누가 그 필요성을 세상에 발의해 전문가를 모으고 지방자치단체와 연대해 복잡한 과정을 성공적으로 이끄는가를 묻고 있다는 점이다.

그림 1. 순천 기적의 도서관. 사진: 김재경.

그림 2, 3. 진해 기적의 도서관. 사진: 김재경.

어린이 도서관이 어린이만이 아니라 젊은 주부들로부터도 많은 사랑을 받는 이유는 무엇일까. 그건 한마디로 그들이 진정으로 원하는 것들을 실현해준 섬세한 배려 때문이다. 어린이 도서관은 젖먹이와 유아를 키우는 젊은 주부들도 들르고 싶은 공간이다. 그러자면 수유실도 있어야 하고, 아이를 잠깐 재울 공간도 있어야 한다. 그래서 아이가 잠들면 어머니는 책을 볼 수 있고, 때로는 자원봉사자로 나서 도서관 일을 도울 수도 있다. 순천어린이도서관에는 '아빠랑 아가랑'이라는 조그만 방이 있다. 어떻게 해서든 젊은 아빠들이 도서관에 와서 아이에게 책을 읽어주면서 함께 시간을 보낼 수 있도록 돕기 위해 마련된 공간이다. 이 도서관이 아이들과 여성의 공간만이 아니라는 점을 부각시킨 것이다.

아이들은 도서관에 들어서면 바로 사서 데스크와 서가를 만나는 대신 대기 공간 겸 만남의 공간인 작은 북카페에 들어서게 된다. 이곳은 사회화 과정을 배우는 중요한 영역이다. 그다음으로 신발을 벗고 손을 씻는 공간이 나온다. 전문가들에 따르면 한국의 어린이 책은 일본과 달리 1년도 안 되어 걸레처럼 망가진다고 한다. 그래서 책을 읽기 전에 반드시 손을 씻는 장소를 만들어달라고 사서들이 주문해 이에 따른 것이다. 본격적으로 도서실에 들어서면 어린이들은 다양한 방식으로 책과 만난다. 낮은 공간, 높은 공간, 대나무가 자라는 작은 정원 등. 그리고 2층에는 아이들의 상상력을 자극하는 두 개의 공간을 따로 마련했다. 하나는 하늘로 여행하는 것처럼 꾸민 비행기 모양의 책 읽는 방이고, 또 하나는 강당 상부에 마련된 미로다. 하늘만 보이는 좁고 긴 통로를 한 발자국씩 걸으면서 이야기를 전개하는 특별한 공간이다.

이 모든 것들은 도서관 전문가들과 주부들의 체험과 조언을 참조해 건축화한 것이다. 각기 다른 기능을 적절히 공간별로 배분하고 조직해내는 일이 건축가가 할일이다. 다시 한 번 뼈저리게 느끼는 것이지만, 건축은 근사한 형태를 만드는 작업이 아니라 사람들의 삶을 섬세하게 조직하는 일이다. 어린이 도서관을 방문하는 사람들이 원하는 모든 것들, 그리고 도서관을 운영하는 사람들이 필요로 하는 모든 것들을 현실성 있게 조직하는 것이 형태나 양식보다 우선한다. 그리고 다른 나라의 사례를 참조하기보단 어렵게 도서관을 운영해온 사람들과 아이들이 걸어서 갈 수 있는 도서관을 만들려는 사람들의 노력이 어우러져 이 세상 어느 곳에도 없는 맞춤형 어린이 도서관이 한국에 탄생한 것이다.

그림 4. 서귀포 기적의 도서관. 사진: 김재경.
그림 5. 제주 기적의 도서관. 사진: 김재경.

제천·서귀포·금산에서 기적은 계속

건축은 필요에 의해서 탄생한다. 그것이 사적인 경우에는 사적인 필요에 의해 개인이 제안해 건설된다. 하지만 사회가 필요로 하는 건축은 누가 주체가 되어 그 요구를 발의할 것인가? 어린이 도서관이 지닌 또 다른 의미는 요새 유행하는 단어인 집정集政, 또는 거버넌스governance의 필요성을 상징적으로 드러냈다는 점에 있다. 어린이 도서관은 시민단체가 주체가 되어 사회적 요구를 대신했는데, 어찌 되었든 개인이나 정부가 아니라 한 사회가 건축주가 되어 사회가 요청하는 건물을 탄생시킬 수 있다는 것을 보여준 중요한 사례다.

'책읽는사회만들기국민운동'이라는 시민단체가 발의·기획하고, 건축전문가가 설계하고, 도서관 운영 전문가는 준공 뒤의 운영 프로그램을 제안하고, 지방자치단체는 토지와 건축비의 절반을 제공하고, 시민들이 나머지 절반의 건축비를 위해 모금에 동참하는 이 일련의 과정이야말로 우리들이 거버넌스를 통해서 실현하고자 하는 공공공간의 이상적인 구조를 확인시켜준 셈이다. 제대로 된 거버넌스에 의해 탄생한 공공장소는 사람들이 좋아할 수밖에 없다. 어린이 도서관은 어린이, 어른, 어머니, 아버지, 교육, 사회 모두에게 작은 변화지만, 이 사회가 변화해야 하는 중요한 계기를 제공한 사건이다. 시민이 원하는 것이 눈앞에서 실현됐을 때 비로소 사회는 한 걸음씩 진보한다. 순천에서, 진해에서, 제천에서, 청주에서, 그리고 서귀포와 제주에서도, 울산과 금산에서도 우리는 한 걸음씩 나아갔다.

어린이 도서관을 '기적의 도서관'이라고 말하는 것은 어린이 도서관의 탄생이 기적적인 사건이라는 것뿐만이 아니라 책을 읽는 아이들의 모습을 보면 한순간 그것이 기적 같아 보이기 때문이다.

어린이 도서관은 매일매일이 기적이다. 이런 일에 동참했던 나는 행복하다.

대학 캠퍼스와 난개발

전제

이 나라에는 현재 46개의 국·공립대학교와 147개 사립대학교를 합해서 193개의 대학이 설립되어 운영되고 있다. 교육열이야말로 한국의 국제경쟁력을 높이는 데 일조를 하고 있음을 단적으로 떠올리게 해주는 대단한 숫자다. 이런 통계만을 본다면 교육과 캠퍼스 환경의 질을 따져보기 전에 실로 경이로운 발전이다. 그러나 이 통계숫자에서 주목해야 할 사실은 76퍼센트에 이르는 대학이 사립대학이라는 것이다. 여기에다 2년제 전문대학까지 합한다면 그야말로 우리나라는 사학私學의 천국이다. 다시 말해서 우리나라는 대학에 관한 한 민간재단에 의존한다고 해도 과언이 아니다. 대학을 설립해서 캠퍼스를 건설하고 신입생을 받기까지 당국자들은 얼마나 많은 심혈을 기울여야 하는지 겪어보지 않는 사람들은 모를 것이다. 소위 대학 설립자들은 대학을 건설하는 것을 도시를 만들어내는 일과 다름없는 체험을 했을 것이다. 한국적 현실에서 헤쳐나가야 할 온갖 종류의 험난한 난관을 돌파하기까지 많은 사람들은 "이렇게 힘든 것이면 중간에 포기했다"라고 말했을 것이다. 국·공립대학들이야 국가 예산으로 움직이는 것인 만큼 사립대학이 처했던 많은 문제를 쉽게 비켜갈 수 있었을 것이다. 그러나 근래 20여 년 안팎으로 설립된 사립대학들은, 토지 구입에서 형질변경을 하고 마스터플랜을 세우기까지 남모를 지혜를 동원했어야만 했다. 그 결과가 바로 우리가 때로는 불편하게 마주할 수밖에 없는 온갖 종류의 대학들이다.

결국 한국의 대학들은 지금 이 땅 위에 펼쳐져온 온갖 종류의 건설사업의 현실과 닮은꼴을 하고 있고, 그렇게 될 수밖에 없는 상황에 처해 있다. 국도나 고속도로를 지나가다 보이는 눈살을 찌푸리게 하는 건물군은 대개 대학 캠퍼스들이다. 허옇게 산을 절개하고 그 앞에 다닥다닥 군집한 건물군들을 보면서 우리는 이렇게 놀라워한다. "어떻게 대학까지도 환경을 파괴할 수 있단 말인가!"라고. 그렇다. 문제는 소위 학문을 세우고 인재를 양성하는 학교마저 자연훼손을 식은 죽 먹듯 한다는 데에 있다. "교육을 위해선 별 볼일 없는 야산 하나쯤 뭐 그리 대단한 일인가"라고 되묻는다면 할말이 없다. 이보다 더한 훼손은 문제 삼지 않으면서 천신만고 끝에 설립한 대학을, 그것도 '산을 조금 절개한 것'에 불과한 것을 가지고 침소봉대하는 것은 선의를 음해하는 일이라고 까지 말한다면 결국 이 글의 의미가 없다. 그러나 이제는 침묵으로 용인하는 정도를 넘어선 캠퍼스의 난개발을 얘기해야만 한다. 이제는 쉬쉬하고 터부시하며 덮어놓을 일이 아니라 투명하게 문제를 드러내 놓고 반성하고 치유할 노력에 지혜를 모을 때다.

대학이 산자락으로 간 까닭은?

몇몇 국·공립대학들과 오래된 사립대학들을 제외하고 대부분의 대학들이 산자락으로 들어간 이유는 자연환경을 캠퍼스에 끌어들이려는 목적보다는 땅 값이 싸기 때문이라는 것은 모두가 다 아는 사실이다. 대학은 기본적으로 많은 토지를 필요로 한다. 그러나 평지는 다 도시화되었거나 절대농지이며 토지 가격이 비싸다. 더욱이 우리나라 같이 산이 많은 나라에서 대학이 갈 곳이란 산 밑의 경사면밖에 없다. 그러나 이런 해답은 너무나 단순하다. 특히 도시로부터 멀리 떨어져 있는 산 밑의 대학들은 훨씬 더 정교하고 장기적인 전략을 갖고 대학설립을 진행해온 듯하다. 도심에서 멀어져야 우선 땅 값이 싸다. 조용한 들녘 주변이면 더욱 더 좋다. 그런 입지를 찾아 미래의 대학 진입로 주변을 우선 선점하기 시작한다. 마을 뒷산 자락에 대학을 설립할 것이라는 사실은 은폐한 채로 말이다. 그래야 땅을 시세대로 싸게 살 수 있을 뿐만 아니라 미리 선점한 땅들은 미래에 '캠퍼스 길목'으로 값이 오를 것이기 때문이다. 이렇게 오른 땅 값은 열악한(?) 재정을 충당할 지렛대로도 활용할 법하다. 대체로 길목이 선점된 후 산자락에 캠퍼스 공사가 착공된다. 마스터플랜이라고 하지만 결국은 급경사의 사면들을 절개하지 않고는 건물을 세울 수 없다는 판단 아래 아주 쉽게 자연을 훼손하기 시작한다. 준농림지나 산림을 형질변경할 때 얼마나 많은 절개지가 생길 것인지를 사전에 검증하는 절차는 없다. 그저 내 고장에 대학이 들어선다는 데 모든 사람들이 감지덕지할 뿐이다. 경제적 파급효과는 물론 우리 시골에도 이제 대학까지 들어섰다고 자부한다면 나무 몇 그루나 산허리가 잘려나간다고 신경 쓸 일은 아니기 때문이다. 최소한의 토지를 가급적 싸게 확보하여 최대의 사용면적을 만들어내면 그만인 것이다.

이는 아파트 개발업자의 논리와 다를 것이 없다. 이 점에서 최근 10여 년 사이 산기슭이든 산 정상이든 가릴 것 없이 솟아나는 아파트들의 난개발을 보면 그 양상이 대학 캠퍼스와 다를 것이 없다. 어떤 것들은 멀리서 보면 마치 산속에 박혀 있는 괴물처럼 보이기도 한다. 이제 대학은 학문으로 먹고사는 곳이 아니라 산을 파먹는 곳이 되어버렸다. 조선시대에 미니 대학이라 할 '서원' 건축의 전통을 가진 나라라고는 도저히 상상할 수 없는 일들이 백일천하에 버젓이 자행되고 있는 것이다. 모든 것은 정식 절차를 밟아 법대로 했기 때문에 누구도 감히 문제 삼을 것이 없다는 태도로 서 있는 캠퍼스들을 보면 그곳에서 과연 대학교육이 정상적으로 운영되고 있는지 의심스러울 수밖에 없다. 산자락에 선 학교들은 당연히 교실 안에서 앞으로 탁 트인 경관을 만끽할 것이다. 뒤로는 피 흘린 산들의 절규를 묵살한 채로 말이다.

토지의 한계상황과, 재정의 취약성, 그리고 열악한 토지를 적절하게 다룰 수 있는 전문성을 결여한 채 결과적으로 이 나라의 총체적이고 엽기적이기까지 한 환경파괴의 전철을 그대로 대학도 답습하고 있다. 이는 통제 불가능해 보이기까지 한다. 학생들에게 자연 친화를 가르치면서 학교는 자연을 파괴한 터에 자리 잡고 있다. 또한 21세기는 환경의 세기라고 말하면서 전근대적이고 획일화된 건물군으로 급조된 캠퍼스 속에서 생활한 학생들이 어떻게 이 땅과 이 도시를 보살필 수 있을 것인가 개탄하지 않을 수 없다. 아마도 헉헉거리며 급경사와 계단을 올라온 학생들의 눈에는 아무것도 보이지 않을 것이다. 그들은 곧 학교를 졸업할 것이기 때문에 말이다.

대학의 주인은 누구인가?

학교에는 늘 학생이 있고 그들이 학교의 주체인 듯하지만, 현실은 그렇지 않다. 그들은 일정한 연한을 마치면 졸업을 하고 더 이상 학교에 올 일이 없다. 아무리 열악한 환경을 가진 학교라 하더라도 개선이 더딜 수밖에 없는 이유는 환경을 문제로 삼던 학생들이 일정 기간이 지나면 졸업을 하고 학교를 떠나기 때문이다. 그러면 학교를 가장 오래 지속적으로 사용하는 사람은 누구인가? 그것은 학교를 운영하는 주인과 교수다. 그러나 교수는 주변 환경을 돌보기에는 늘 바쁘고 할일이 많다. 따라서 학업운영의 주체인 사람이 결국은 대학의 주인이나 다름없다. 사립학교인 경우에는 그들이 설립하고 운영하기 때문에 환경에 관한 한 문제를 제기할 이유가 없다. 학교를 설계한 사람이 있다면 이미 그 일은 종료한 지 오래되었기 때문에 책임질 게 없다. 그러면 훼손된 자연과 열악한 캠퍼스에 대해서 누가 책임을 질 것인가?

아마도 이런 것은 지금 대학의 현안이 되지 못하는 것 같다. 그러나 세계 경쟁체제 속에서 교육의 질을 향상하기 위해 수많은 일들이 산적해 있는데 그런 것까지 관심을 둘 수 없다고 하기에는 상황이 훨씬 심각한 지경에 처해 있다. 물론 몇몇 대학들에서는 학교를 운영하는 주체들이 세심한 곳까지 배려하고 심혈을 기울여 좋은 캠퍼스를 만들고자 하는 열정이 남다른 경우도 있고, 성공적인 사례들도 있다. 성균관대 수원캠퍼스나 한양대 안산캠퍼스, 또는 명지대 용인캠퍼스들이 비교적 학생들을 위한 좋은 환경을 만들고 있다. 건축적으로도 그렇고 배치에서도 어떻게 하면 대학의 주인공이 되는 학생들의 생활을 보살필 것인가 깊이 있게 연구된 듯 보인다.

캠퍼스 설계의 관건은 여러 동으로 분화된 건물군들을 어떻게 집합해내어 건물만이 아니라 옥외 공간까지 적극적으로 만들어내는가 하는 점과 이를 풀어내기 위한 기존의 대지 조건을 어떻게 긍정적으로 해석할 것인가가 관건이 된다고 하겠다. 물론 상징성과 인지도를 높이고 동선을 효율적으로 만들어주며 유지 관리를 경제적으로 입안하는가 하는 점이 기본적으로 성취되어야 할 것이다. 그리고 이 모든 것의 출발점은 주어진 대지의 특질과 자연의 힘을 어떻게 캠퍼스 계획과 관련지을 것인가 하는 개념의 설정일 것이다.

이런 태도로 접근하여 비교적 바람직한 캠퍼스를 만들어낸 사례들은 오히려 종합대학보다도 전문대학들에서 보게 되는 것은 어찌 된 일인가? 최근에 안산캠퍼스로 이전한 서울예술전문대학이나 울산에 일부 공사가 끝난 춘해대학 캠퍼스를 보면 동일한 예산으로 얼마든지 근사한 캠퍼스 환경을 만들어낼 수 있음을 증명해준다. 이제 막 공사를 착공한 대전대학의 학생회관과 기숙사동도 완공된 후 급격한 경사면을 건축적으로 풀어낸 좋은 사례가 될 것이다. 이런 일련의 사안들은 대학 당국이 환경의 질을 높일 의지가 있고, 능력 있는 전문가, 이를테면 능력 있는 건축가들과 협력한다면 우리나라에서도 얼마든지 가능하다는 것을 보여준다.

문제는 의지가 있으면서도 일정한 체험과 능력을 겸비한 전문가를 만나지 못한 경우가 문제일 수 있다. 이때 대학 설립을 결정한 비전문인들이나 학교 당국자의 건축적 취향을 배제하고 다소 번거롭더라도 적절한 절차를 거쳐 설계공모를 하는 것도 바람직할 것이다. 대학은 도시처럼 늘 변화에 대처해야 할 숙제를 안고 있고 항상 부족한 공간을 메워야 할 어려움에 처해 있다. 따라서 제대로 지은 한 채의 건물로도 이미 잘못된 환경을 치유하는 단서를 만들어낼 수도 있다. 그러나 문제는 오히려 국립대학이나 이미 역사가 오랜 사립대학들에서 더 많이 보인다. 고려대나 연세대, 이화여대의 경우는 이미 기존 캠퍼스의 분위기나 규모가 한국 대학의 특질들을 보여왔는데도 신축된 건물들은 늘 기존과 너무 동떨어져 보인다. 이들 대학에는 건축과까지 존재하는데도 아쉽기 짝이 없다. 특히 홍익대나 서울대의 신축된 건물의 모습은 많은 사람들의 눈살을 찌푸리게 한다.

악화는 왜 양화를 구축하는가?

다 그런 것은 아니지만 버젓이 건축과가 있고, 건축 관련 전문 인재들이 많이 있는 대학에서 신축하는 건물들이 오히려 캠퍼스의 질을 저해하는 이유는 무엇 때문인가? 참으로 안타까운 일이 아닐 수 없다. 서울대는 그 규모나 명성에 비하여 캠퍼스 전체는 서서히 가장 열악한 상태로 전환되는 듯하다. 본래 서울대 캠퍼스는 잠정적 소요를 쉽게 통제하기 위해 순환도로 안에 미로처럼 얽혀 있다. 정문을 들어서면 본래 늠름하게 있었던 느티나무들이 제거되었다. 관악산 자락에 모더니즘의 언어로 앉혀졌던 건물군 사이에 하나씩 첨가되는 건물들의 모습이란 마구잡이로 지어대는 도시풍경을 닮아가고 있다. 행정대학원 건물과 새로 지은 공학관이 자연파괴라고 비판받고 있다. 기존의 콘텍스트를 무시한 채 마치 유원지에나 있을 법한 '횟집'과 같은 이미지로 행정대학원이 비집고 들어온 연유를 아는 사람들은 많지 않다. 그리고 재벌회사들이 기증한 연구소들은 캠퍼스의 통합된 이미지와는 관계없이 관악산이라는 자연의 아름다움과 무관하게 자리 잡고 있다. 대학 내에 건설위원회가 있고 많은 회의를 통해 건축행위가 일어나는 것이지만 이렇게 무질서하게 진행되는 근본적인 이유는 무엇인가? 기증하는 것만 감지덕지하여 어떤 얼굴이라도 수용한다는 자세라면 참으로 심각한 문제다. 이왕 기증하는 건물들이라면 기존 캠퍼스의 질서나 문맥을 조금만 더 존중하도록 권유할 장치조차 없다면 참으로 안타까운 일이다.

 모든 것을 돈의 탓으로만 돌리기에는 납득할 수 없는 문제가 한두 가지가 아니다. 만일 "잘 쓰고 있으면 됐지 무엇이 그렇게 문제인가? 대학 캠퍼스도 다양성이 존중되는 것이 더 자연스러운 것이 아닌가"라고 반문하는 사람이 있다면 필자는 다양성과 혼돈은 구별되어야 한다고 말해주고 싶다. 다양성이란 이질적인 것들의 집합이 아니라 관악산이라는 자연경관과, 기존 캠퍼스의 문맥을 새롭게 해석하고 더 풍요롭게 하여 동질성과 통합성을 추구하는 것이다. 즉 서울대학 규모의 캠퍼스는 몇 개의 건물군을 기능적으로 배치하는 성격을 넘어서서 하나의 특수한 도시를 만드는 일과 맞먹는 복합적이고 어려운 일이다. 매일 매일 수만 명이 사용하는 이러한 대학 캠퍼스는 단위 건물이 그렇게 중요해 보이지 않는다. 그러나 결국 전체는 부분의 합보다 크다고 할 때 하나하나의 건물들은 전체 속에서 그들이 서 있는 자리에서 기여할 속성들을 갖는다.

 필자가 «대학신문»에서 '변방의 미로'라고 명명한 서울대 캠퍼스가 그 아름다운 경관과 합일할 유일한 방법이 있다면, 지금이라도 아무리 조그만 건물이나 벤치

하나를 만들더라도 전문적이고 문화적인 프로세스를 거치는 일이다. 지금과 같이 산발적이고 파편적인 행위들을 중단시킬 대안도 중요하지만, 사실상 21세기의 종합대학 캠퍼스가 어떻게 될 것인지에 대해 보다 지속적이고 새로운 시각의 연구들이 필요해 보인다. 대학 당국은 아마도 이에 합당한 연구를 진행시키고 있는지 모른다. 오늘날의 대학들은 마치 컴퓨터 칩과도 같이 모든 행위들을 효율적이고 집약적으로 운영할 인프라를 구축한 바탕 위에 공간이 배열되고 있다. 가끔 활용하는 대학의 운동장들은 캠퍼스 내에서 큰 자리를 차지하고 있다. 신체의 자유로운 활동을 위해 필요한 공간이긴 하지만 대학 전체의 유기적인 운영을 위해서 보자면 낭비되는 공간이기도 하다. 대형보다는 소형으로, 중앙집중식보다는 분산하면서 효용성을 높이는 새로운 개념들이 모색될 시점이다. 일반 도시와 같이 늘 변화하는 인자들을 어떻게 신축적으로 배열하고 대응하는가 하는 점들이 심도 있게 다루어져야 한다. 이제 대학 캠퍼스도 패러다임의 전환 없이 존속 자체가 불가능해질지도 모른다. 그것은 교육의 질이나 환경의 질을 넘어서는 대학 존립 자체의 위기와도 관련이 있다. 다시 말하자면 모든 대학들은 '교육열'이라는 열기 하나만을 믿고 지탱하기에는 좋은 시절이 다 지나갔음을 뼈저리게 느껴야 할 시점이기도 하다. 새로운 건물을 신축하거나, 보수를 하고, 새로운 기자재를 구입하면서 모든 대학들은 국내 다른 대학이 아니라 세계의 모든 대학들과 경쟁상태에 돌입하고 있음을 알아야 한다. 세계화 시대에 대학의 경쟁력이란 지금과 같이 안일한 상태로 높여지지 않는다. 그러나 그 밑바탕에는 여전히 자연과 역사를 존중하고 기초학문의 열정이 살아 숨쉬는 곳이 되어야 함은 두말할 나위가 없다. 이 모든 것을 대학 캠퍼스의 환경의 질이라고 말한다면 이를 거슬러 갈수록 문제는 더 확대될 뿐이다.

　이 글의 목적은 특정 캠퍼스를 비판하는 것이 아니다. 다만 우리가 대학 캠퍼스의 올바른 재정립을 위해서 필요한 문제들을 짚어보고 해법을 공유하자는 것이다. 대체로 문제의 공통된 본질 속에는 잘못된 관행과 공간생산의 프로세스에서 비롯되며 적절한 경우에 적절한 전문 인력을 활용하지 않은 데 있으며 단지 예산이나 행정절차상의 문제만은 아니다.

또 한 가지 중요한 사실은 학교운영주체들의 의지와 관련한 것이다. 특히 도심지의 대학들은 제한된 대지면적에서 운신할 여지가 없을 때 곤란에 처한 나머지 극단의 해결책으로 난관을 돌파하려 한다. 이를 테면 홍익대가 예가 될 수 있다. 초등학교에서부터 대학까지 골고루 운영하는 홍익학교재단은 벼랑 끝에 몰린 나머지 행인들에게는 쉽게 드러나지 않는 뒷산을 깎아 무리한 확장공사를 하고 있다. 이는 우리가 앞선 글에서 보았듯이 자연훼손은 물론 건축적 환경을 만들어나가는 데 여러 가지로 무리가 따르는 일이다. 길고도 긴 동선 때문에 학생들의 이동에 불편함을 주는 조선대학이나, 좁은 땅에서 안간힘을 쓰면서 학교를 확장해나가는 홍익대학의 모습을 보면서 대학은 진정 어떻게 존재해야 하는 것이 바람직한 것인지 묻지 않을 수 없다. 좁은 대지를 최대로 활용하여 좋은 대학을 만드는 노력에 이의를 제기할 사람은 없다. 이 모든 것은 학교의 자율적 운영에 속하는 부분이다. 그러나 최소한 '자연'과 '학교'는 어떻게 공존할 수 있는지 되묻지 않을 수 없다. 대학 캠퍼스란 불가능한 것을 실현해 보이는 건축실험장이 아니라 자연스럽고 건강한 환경에서 교육이 진행되는 장소다.

이제 대학 캠퍼스는 도시와 마찬가지로 채우기보다는 비우고 솎아내는 방법을 통해서 환경의 질을 높일 수도 있음을 알아야 한다. 이 나라 이 땅에 만연한 개발의 열기 속에서 거품이 잦아들고 '살고 싶은 집' '머물고 싶은 장소' '차분하게 사색할 수 있는 터'가 절실하게 요구되는 시점이다. 이제 더 이상 대학 캠퍼스가 시중의 난개발을 닮지 말고 적어도 학교에서부터라도 공간이 문화가 되는 그런 정서를 소중하게 키워나가야 할 때다. 만일 대학이 그 존재만으로도 문화적 가치를 실현할 수 있는 장場이 될 수 없다면 이 나라 이 땅 어디에서 우리는 위안을 찾을 것인가?

미래는 다가올 시간이 아니라 지금 여기 캠퍼스 안 도처에 있다. 이제라도 우리는 차분하게 대학이 이끌어갈 사회에 대해 책임지고 전망해야겠다. 대학은 학문만을 하는 곳이 아니라 이 나라의 젊은이들이 계속해서 살아가야 할 장소이며 환경이다. 그래서 대학은 고스란히 미래사회에 투영될 것이다. 학생들에게 좋은 환경 속에서 생활할 권리를 하나라도 더 찾아주어야 할 의무가 우리에게 있다. 이는 자연에게도 마찬가지다. 자연에게도 그들이 마땅히 대접받고 존재할 권리를 인정해주어야 우리가 살 수 있음을 다시 한 번 강조해야 할 것이다.

화해와 협력시대의 개발을 위하여: DMZ를 손대지 마라

화해와 협력의 시대: 난개발의 조짐들

드디어 남·북의 정상이 만났다. 그 자체가 감격스럽다. 역사적 의미를 아무리 강조해도 지나치지 않다. 첨예한 대치 상태에 있던 남북은 화해와 협력의 시대를 열어갈 것이다. 얼마나 오랫동안 7,000만 겨레가 염원하던 일인가! 온갖 매체는 이를 계기로 연일 북한특집을 다루고 협력의 청사진을 꿈꾼다.

그러나 바로 이 청사진들이 문제다. 화해와 협력의 시대만 오는 것이 아니라 그나마 조용하던 한반도 허리와 북녘 땅에 또다시 건설의 열기가 올 것이 예견되기 때문이다. 들뜨고 흥분한 남과 북의 개발론자들은 가장 손대기 쉬운 땅을 찾아나설 것이다. 화해와 협력의 이름으로 철도를 연결하고 공장도 짓고, 송전선을 설치하고, 만남의 공간도 만들고, 평화의 기념비도 세우고, 호텔도 짓고 온갖 시설들을 각종 명분을 내세워 진행시킬 것이다. 이러한 열기에 가장 취약한 지역이 바로 DMZ(비무장지대)와 그 근처가 될 것임은 자명한 노릇이다. 남쪽 사람들이 금강산 관광을 시작하도록 길을 연 현대는 이미 계획된 호텔과 골프장과 위락시설을 금강산 밑에 건설할 꿈에 들떠 있을지도 모른다. 이렇게 해서 수천 년을 지켜오던 아름다운 땅들은 일순간에 돌이킬 수 없는 살풍경으로 변할 것이다. 우리가 30여 년 동안 남한 땅에서 보아왔듯이, 건설과 개발은 투자자들에게는 돈을 보장할지 모르나 땅에는 오직 파괴만을 안길 뿐이다. 건물은 있으나 건축문화가 부재해온 건설의 열기를 우리는 또다시 DMZ와 북녘 땅에서 볼 것만 같다. 우리는 50년을 기다렸다. 통일까지 또 얼마나 더 기다려야 할지 모른다. 그러므로 이제는 남과 북이 힘을 모아 한반도를 다시 돌아보아야 한다.

개발하기 이전에 다시 한 번 생각해야 한다. 남과 북의 조상이 금수강산으로 살았고 또 앞으로 후손들이 살아가야 할 땅을 이제 더 이상 조급함과 졸속으로 얼룩지게 내버려두어서는 안 된다. 우리가 반세기 동안 겪은 시련의 대가를 이제 땅의 역사 속에서 보상받아야 한다. 이를테면 DMZ 같은 곳에서 말이다. 이 땅을 사랑하는 모든 사람들은 정치와 경제논리가 결합해서 촉발할지도 모르는 또 다른 난개발을 멈추게 해야 한다.

DMZ: 손대서는 안 되는 기념비

비무장지대란 어떤 땅인가? 한반도에 사람이 살기 시작한 이후 가장 오랫동안, 가장 많이 바라본 땅이 비무장지대, DMZ다. 한낮은 물론 한밤에도, 비가 오나 눈이 오나 한반도의 허리, 1억 5,000여만 평의 땅은 남·북의 젊은이들이 서로 대치하며 응시하는 곳이다.

1953년 휴전 이후 거의 반세기 동안 사람들의 발길이 끊어지고 세계사가 만들어낸 냉전을 남·북의 젊은 병사들이 날마다 확인하는 장소다. 한민족의 젊은이들은 냉전논리의 공증작업을 강대국들을 대신해 수행한다는 사실을 잊어버리게 되었고, 결국은 남·북이 첨예하게 대립하는 경계지역으로 변모한 땅이다. 북녘 땅에 부모형제들을 둔 이산가족들이 이곳에 와서 피눈물을 흘리며 통곡하던 땅이고, 남쪽에 혈육을 둔 북쪽 사람들이 속으로 울며 가슴속 깊이 피멍이 든 땅이다. 6·25전쟁의 온갖 잔해들이 그 무엇과도 대치할 수 없는 유해로 남아 증언하는 땅이다. 개발의 열기를 피해 아직 발굴되지 않은 채 남아 있는 역사의 땅이다. 미륵신앙의 실현을 꿈꾸던 궁예의 땅이다. 온갖 희귀 동식물들이 그들의 생명을 보전하는 생명의 땅이다. 그 누구도 제거할 수 없는 온갖 지뢰가 매설된 공포의 땅이다. 그러나 자연이 늘 그 힘을 발휘하여 새롭게 복원되는 땅이다.

DMZ보다 더 확실하고 극명한 전쟁의 기념비는 없다. 그 자체가 기념비이며 비극적 역사의 증표인 것이다. 따라서 이곳은 손대지 않고 그대로 두어야 하는 땅이다. 그렇게 50년이고 100년 동안 인간의 손길이 못 미치게 함으로써 우리는 세계에서 가장 의미 있는 기념비를 갖게 될 것이다. 기념비 없는 기념비, 인간이 만들어낸 인위적인 경계를 자연스럽게 허물어낸 기념비는 그 어떤 창의적인 것으로도 대치할 수 없는 소중한 것이 될 것이다.

　　그러나 DMZ와 그 주변 지역은 지금의 추세로 본다면 지체 없이 개발될 위기에 처해 있다. 바라건대 제2차 정상회담이 서울에서 열린다면 두 정상은 DMZ를 50년이나 손대지 않을 것이라고, 그렇게 해서 냉전의 기념비를 자연으로 세운다고 세계에 선포한다면 얼마나 뜻 깊은 일인가. 돈 한 푼 안 들이고 인류 역사에서 가장 뜻있고 유례가 없는 기념비를 만들 기회가 되기 때문이다. 두 정상은 쌍방에 이익이 되며, 쉽게 접근할 수 있는 일부터 한다고 했다. 그 일이 바로 DMZ를 보존하는 것이다. 이산가족들을 만나게 해주는 것도 우선되어야 한다. 그러나 동시에 통일의 의미는 남과 북이 다시 결합한다는 결과론적인 것이 아니라, 미래의 한민족에게 더불어 살아야 하는 의미도 만들어주어야만 한다. 전쟁은 일터를 상실케 하고, 가족을 해체하며, 인간 내면의 잔혹함을 부추겨 죽음을 가볍게 바라보게 한다. 인간의 생명을 하찮은 것으로 여기도록 학습되면서 얻어지는 것은 막연한 적대감을 키워 인간성을 상실하는 것이다. 적대감 속에서 자라난 폭력의 야수성은 오직 자연의 생명력만이 잠재울 수 있다. 그러나 오랜 시간이 걸릴 것이고, 자연은 그 시간을 참고 기다릴 줄 안다. 전쟁을 치른 우리 마음의 상처는 깊고 오래된 것이고, 그 기억은 돌이킬 수 없는 것인지도 모른다. 그러나 DMZ라고 하는 역사적 장소를 우리가 어떻게 대하느냐에 따라서 우리들의 상상을 초월하는 가치를 얻을 것이다.

현실과 발언

현대사 속에서 남쪽 땅은 네 차례의 큰 변혁의 시간을 지나왔다. 그것은 가능성의 계기이면서 동시에 위기의 시기를 예고하기도 하였다. 그 첫 번째 시기가 6·25전쟁 후 폐허가 된 시점이다. 잿더미와 빈곤 속에서 국토를 정상으로 들여다보고 건설할 여유가 없었다. 건축계라는 것이 전무하다시피 한 시절 우리가 기댈 곳이란 어디에도 없었다. 아무런 대책 없이 진행된 전후 복구 작업은 서울 같은 도시의 3분의 2 이상을 소위 불량지구로 만들었다. 그 두 번째 시기가 산업화의 박차를 가한 제3공화국 시절이다. 새마을운동의 일환으로 농촌환경개선사업이 진행되었고, 전국은 그야말로 산업화의 물결 속에서 싸우면서 건설하는 시기였다. 이때가 처음으로 남·북의 비공식적인 교류가 열리던 시절이기도 하다. 즉, 7·4남·북공동성명을 전후해서 일어났던 남·북한 사람들 간의 접촉에서, 특히 남측 대표들은 평양에서 본 전통양식의 대형건물들에서 얻은 충격으로 소위 전통건축의 개발을 남한 땅에서도 독려하게 된다. 현재 경복궁 내의 민속박물관이 전형적인 실례로 남아 있다. 세 번째 시기는 1980~90년대에 이르는 시점으로 아파트가 본격적인 주거양식으로 자리 잡고 소위 자본주의적 공간 생산방식이 정착되는 시기다. 건축보다는 건설이, 건축가보다는 건설회사가 건축을 주도하는 시절이다. 주택 200만 호 건설로 조그만 읍 단위의 산촌에도 고층 아파트가 솟아나는 시절이다. 그 네 번째가 바로 1990년대 후반부터 지금에 이르는 시기다. 나진 선봉지역 개발이니, KEDO(한반도에너지개발기구)에 의한 경수로 건설이니, 금강산 개발이니 하는 북한 땅에서의 건설 소식이 들리기 시작하는 시절이다. 이제 건설 열기는 눈 깜짝할 사이에 DMZ와 휴전선 이북을 넘어가려 하고 있다.

해방 이후 여러 시기마다 당시의 첨예한 문제들에 대해서 건축계는 침묵해왔다. 그러나 이제 광폭한 개발의 결과를 너무나 잘 알고 있는 우리는 발언해야만 한다. 어떻게 한반도에서 남·북은 건설이 아닌 건축문화를 일궈낼 수 있는가 하는 점에 대해서 말이다. 그러기 위해서 우리가 할일은 많고 다양할 것이다. 무엇보다도 중요한 것은 급격한 남·북의 정세변화가 예고하는 또 다른 '난개발'에 대한 경각심을 불러일으키는 것이다. 정상회담 이후 전문가들은 북측이 남한을 정치적 실체로 인정한 점을 중요시하였다. 그것은 정치분석가들이 할말이다. 그러나 역사 속에서 한반도는 시대를 따라 고구려, 백제, 신라, 고려, 조선이라고 불렸다. 실체는 정체政體가 아니라 이 한반도 땅이다. 수십 세기의 역사 속에서 단지 반세기에 대한 얘기로 모든 것을 재단해서는 안 될 것이다. 이제 이 한반도 땅에게 물어보아야 한다. 그러기 위해서 '남·북연합한반도사랑공동위원회'(가칭)를 설립해서라도 정치와 경제논리에 맞서 지혜를 모으고 발언할 준비를 해야만 한다. 우리들이 그 위에서 남과 북이 화해와 협력 속에 새롭게 거주할 것을 허락하도록 말이다. 우리가 이제 두려워해야 할 대상은 전쟁이나 적대감이 아니라 개발이다. 난개발이다. 우리의 공존공영은 남과 북 사이만이 아니라 한반도 한민족 사이에서부터 시작되어야 한다.

건축계의 불행한 침묵

최근 10여 년 동안 우리는 영어 이니셜로 조합된 말이 연속해서 등장하는 것을 보며 살아왔다.

'IMF(국제통화기금)', 'WTO(세계무역기구)' 그리고 최근에는 'FTA(자유무역협정)'라는 말이 신문, 잡지, 방송에 끊임없이 나오고 있다. 이제는 왠지 영어 약자가 일반명사처럼 떠돌면 불안한 느낌이 든다. 왜냐하면 IMF라는 말이 세상에 떠돌더니 급기야 구조조정의 바람으로 수많은 사람이 하루아침에 직장을 잃는 사태를 체험했기 때문이다. 경제성장에 취해온 한국인들에게 'IMF 사태'는 세상이 뒤집히는 듯한 큰 충격이었고 그 후유증은 지금까지 지속되고 있다.

요새는 또다시 '한·미 FTA'라는 새로운 용어가 등장해서 우리에게 의구심과 궁금증을 불러일으킨다. 내 일이 아니라고 못 들은 척할 수도 있지만 한·미 FTA가 우리 생활에 어떤 영향을 미칠지 조금이라도 들여다보면 그 여파가 어느 누구도 피해갈 수 없음을 알게 된다. 지금은 이 거대한 폭풍의 실체가 무엇인지 잘 모르는 사람들이 훨씬 많기 때문에 몇몇 전문가들의 '전유물'처럼 보일 따름이다. 오늘은 단지 폭풍전야의 고요함일 뿐이다.

국제 수준과 너무 먼 한국건축사 제도

사실을 이야기하자면, 내가 속한 건축계에는 이미 10여 년 전부터 깊고 어두운 그림자가 드리워져 있음을 고백하지 않을 수 없다.

'사士'자가 붙은 직업 중에 '건축사'의 직업이 어떤 위기에 처해 있는지는 건축사 자신들도 모르는 이가 더 많은 듯하다. 그 이유는 적어도 지금까지는 매일 매일이 순조롭게 지나갔기 때문이다. 서비스 업종의 충격과 변화는 한·미 FTA를 준비하는 정부가 목적하는 것이기도 하지만, 건축설계 시장의 개방은 이미 1994년 WTO 체제로 전환된 시점부터 예고됐다. 그러나 문제는 건축서비스 시장이 그냥 개방되는 게 아니라 상호 시장을 개방할 만큼 각국의 '건축사' 수준이 균질해져야 한다는 조건이 대두하면서부터다. 2001년 '도하 개발 어젠다'에서 서비스업과 농수산물을 시범사업으로 개방하기로 결정했고, 건축설계가 일종의 '서비스업'으로 분류되면서 모든 문제는 시작됐다.

	서비스업 중 변호사와 회계사들은 이미 국제간에 대체로 서비스 양허기준이 마련돼 있었으나 건축사와 기술사는 그런 준비가 전혀 안 돼 있었다. 그래서 WTO는 국제건축가연맹(UIA)에 건축서비스업과 관련한 국제간 양허기준을 마련토록 위임했다. 우선 국제건축가연맹은 베이징회의에서 각국마다 동일 수준의 양과 질로 건축교육을 이수 받아야 한다는 원칙을 세우고 이를 검증할 국제공인 인증원 제도를 마련하기로 결정했다. 국제적으로 공인된 건축교육 과정을 이수해야만 건축사 시험에 응시할 자격을 가질 수 있게 되었다. 그리고 우리는 건축사 시험이나 건축사 등록제도를 국제 수준으로 새로이 정립해야 하는 부담을 안게 됐다. 미국이나 영국과 같은 선진국이 기준임은 두말할 나위가 없다.

	한국은 모든 조건에서 부적격 판정을 받고 준비 유예기간을 갖게 됐다. 그러나 건축 3단체(건축사협회·건축학회·건축가협회)는 논의만 하다 허송세월을 보내고 말았다. 부랴부랴 몇 년 전부터 대학들이 건축교육 4년제를 5년제로 바꾸고 절대 교육량을 늘렸을 뿐 올해 겨우 인증원이 만들어지고 서울대, 서울시립대 등이 이제야 인증 절차를 예시적으로 받기 시작한 것이다. 우리나라와는 대조적으로 중국은 유예기간을 앞당겨 시장 개방에 대비한 모든 준비를 2000년께에 완료했다. 16개 대학이 이미 미국 대학에서 인증 절차를 마쳤고, 2000년부터는 건축사시험을 영어로 보기 시작했다.

격변하는 세계화의 흐름을 숙지하지 못한 채 우물 안 개구리처럼 지내던 건축계는 큰 혼란에 빠진 것이다. 이렇게 유예기간을 허송하고 국제 건축설계 시장의 파고를 이겨낼 자생력을 키우기도 전에 다시 한·미 FTA를 맺는 순간 한국건축계는 큰 위기에 직면할 수밖에 없을 것이다. 참으로 딱한 노릇이다. 건축사 또는 건축가가 한국 사회에서 떳떳하고 책임 있는 전문직업인으로 자리 잡기도 전에 한국건축은 국제 건축설계 및 디자인 분야에서 30퍼센트 이상을 점유하고 있는 미국의 영향권에 편입될 수밖에 없을 것이다. 지금 한국은 세계시장에서 미미하게 0.3퍼센트를 차지하고 있다. 더군다나 건축은 스크린쿼터를 사수해온 영화계보다 자생력이 턱없이 모자라는 형편이다. 특히 건축설계 교육의 황폐화는 명약관화한 일로 다가오고 있다.

박정희 정권 이후 오랫동안 건축과 교수는 설계 실무를 할 수 없게 족쇄를 채웠고, 건축교육은 1년이 더 늘어났으나 실력 있는 교수가 절대적으로 부족한 형편이다. 건축교육의 문제를 더 자세히 알게 되면 다수가 통탄해 마지않을 것이다.

골리앗과 싸우기도 전에 다윗은 죽는가

부끄러운 일이다. 건축교육조차 제 궤도에 올려놓지 못한 한국이, 공룡과 같은 미국과 건축설계는 물론 엔지니어링 서비스업까지 경쟁을 한다는 것은 상상할 수 없는 일이다. 이미 올해부터 건축설계 시장이 개방돼 20만 달러 이상(한화 2억-2억 5천만 원 정도)의 공공건물은 국제입찰에 부쳐지도록 되어 있다. 전쟁은 시작된 것이다.

한 건축가는 요즘의 한국건축계를 조선이 멸망하던 '구한말'로 비유한다. 외세는 서로 한국을 삼키려 하는데, 집 안에서는 '수구'와 '보수'가 싸움질만 하는 꼴이라고. 이제 세계시장에 발가벗긴 채 내동댕이쳐진 한국건축계는 가만히 앉아서 조용한 아침의 나라의 오랜 평화를 빼앗길 것이다. 이 모두가 자업자득이란 생각도 든다.

한·미 FTA가 지속하면서, WTO 체제가 가져올 서비스업의 변화를 예견하면서도 속수무책으로 넋 놓고 있는 건축계는 물론, 1,300명의 건축사와 직원들의 생계가 달려 있고, 나아가서는 수많은 협력업체와 한국 건축문화를 살찌워야 할 정책 당국자들 또한 침묵으로 일관한다. 농수산업이나 금융업보다 종사하는 인구나 교역에 미칠 액수가 비교될 수 없을 만큼 작아서 거론할 가치가 없다면 할말이 없다. 우는 아기 떡 하나 더 준다고 침묵하고 있는 건축계는 문제가 없다고 한다면 더욱 할말이 없다. 그러나 이것을 알아야 한다. 이제 우리가 낸 세금으로 미국 건축설계 회사를 먹여 살려야 할 때가 당도하고 있다는 사실을.

    다윗이 골리앗과 경쟁할 힘을 빨리 키울수록 우리나라 서비스업이 국제경쟁력을 얻을 수 있을지 모르지만, 문제는 그러기 전에 다윗이 무대에서 영영 사라질지도 모른다는 두려움을 떨칠 수 없는 것이 지금 우리의 현실이다.

전쟁기념관: 권력과 물신주의

지배 이데올로기의 재생산

전쟁기념관이 오랜 공사 끝에 얼마 전에 문을 열었다. 1천억 원이라는 돈을 들여서 개관한 이 기념관에서 우리는 무엇을 볼 수 있는가? 아니 무엇을 보여줄 의도로 이 거대한 건물은 또 어느 석산을 절단내었는가?

    때로는 건축에 대해서 이야기하고 싶어도 건축 이전의 문제가 너무나 심각한 나머지 그 심각하고도 한심한 이야기를 짚어보지 않고는 건축을 운운하는 것이 짜증스럽기까지 하다. 이 글의 출발점은 바로 우리들이 상식적으로 알고 있으면서도 어쩔 수 없다는 식으로 애매한 채 넘겨버리는 지배 이데올로기의 재생산에 관한 문제이다. 이런 식의 이야기 자체가 진부하게 들릴 수 있다. 그러나 아무리 낡고 흔한 소리라 하더라도 전쟁기념관의 핵심이 되는 그 '존재의 가치'에 관한 논의 없이는 올바르게 건물이 이해될 수 없을 뿐 아니라 '호국', '애국', '민족'이라는 이름 아래 저질러지는 권력의 감춰진 또 다른 얼굴을 읽어낼 수 없다.

    30년 군사통치 시대가 마지막 기념비로 남긴 전쟁기념관은 노태우 정권의 작품만은 아니다. 이는 군이 문민보다 우월함을 기리는 장소이며, 백성에 대한 군의 초월적 힘을 간접적으로 과시하며 교육시키는 교육의 장소이기도 하다. 이러한 어조에 대해 사람들은 간혹 소박한 생각에서 거부감을 갖도록 길들여 있는 것 또한 사실이다. 즉, 보통 사람들은 그래도 전쟁이 날 때 나라를 지켜주는 사람들은 군인이며, 이들을 위하여 이 정도 기념관을 세운다는 것은 그렇게 잘못되지 않았다고 생각하는 법이다. 기념관 팸플릿의 내용을 읽어보면 일반적인 견해들이 틀리지 않음을 알 수 있다.

> 전쟁기념관은 조상의 호국정신과 위국 헌신한 선열들의 애국정신을 추모하는 전당이자 전쟁의 교훈을 일깨워주는 사회교육장이요, 시민들의 문화?휴식 공간입니다. 전쟁기념관은 호국추모실, 전쟁역사실, 한국전쟁실, 월남?해외파병실, 국군발전실, 대형장비실, 방산장비실 등의 실내 전시장과 옥외 전시장으로 구성되어 있고, 우리 조상들의 대외항쟁사와 선열들의 위업, 그리고 세계 각국의 군사문물에 관한 자료 7,800여 점을 역동적으로 전시하고 있습니다. 특히 전쟁체험실은 전쟁의 실제상황과 6?25전쟁 당시 국군 장병들의 투혼을 생생하게 체험할 수 있습니다.

역사적으로 이 나라를 지켜온 '선열'들의 호국정신과 애국정신이 한국전쟁과 월남전쟁에도 당연히 연결되어 있으며, 그에 관련된 모든 장비와 자료들은 바로 군대의 단순한 장비가 아니라 애국?애족의 숨결이 담겨 있는 비장한 것이라는 이야기도 될 수 있다. 그러나 송상용 교수는 다음과 같이 말한다.

"1천억이라는 돈을 들여 치욕의 동족상잔과 떳떳치 못한 베트남전쟁을 기념해야 한단 말인가?"[1]

대체로 통수권자들은 역사적으로 아이들과 큰 건물을 좋아한다. 히틀러가 그랬고, 무솔리니가 그랬으며, 스탈린도 그랬다. 이들이 추구하던 일관된 건축언어란 바로 좌우대칭적인 평면과 인간의 스케일을 압도하는 거대주의(gigantisme)이다. 아이를 안고 사진 찍히길 좋아하는 것은 국민 위에 군림하는 가부장주의의 또 다른 상징이기도 하다. 권력을 장엄한 스케일로 상징하며 부드러운 미소를 팔에 안은 어린아이(국민)에게 보내는 이미지야말로 지배 이데올로기를 대중신화로 만드는 수법이기도 하다. 전두환 정권은 독립기념관을, 노태우 정권은 전쟁기념관을 만들었다. 앞선 박정희 정권은 지금은 민속박물관으로 소박하게 활용하고 있는 옛 중앙박물관을 건립하였다. 이것은 '72년 중앙정보부장의 평양비밀 방문의 충격'[2]에 따른 군사권력 핵심부에서 일어난 '분발'의 표현이기도 하였다. 즉, 평양에서 마주친 전통건축과 거대주의의 결합이 건축에 대해서 무심했던 군인들의 눈을 전통과 거대주의로 눈을 돌리게 하였던 것이다. 이는 아마도 간접적으로 획득한 권위주의 건축의 남북 교류의 사례가 될 것이다.

---

1. 송상용, 〈전쟁기념관과 자연박물관〉, 《한겨레21》 14호, 1994.
2. 김봉렬, 〈한국건축사의 문제와 극복〉, 1994. 문예아카데미 강좌.

김일성이 개인숭배를 위한 장치로서 거대주의를 활용하였다면, 역대 군사정권은 바로 군의 위대함을 간접적으로 기리며 그들의 권위를 표방하는 수단으로 전통의 칼과 거대주의의 대포를 쏘아댄 것이다.

현대 건축언어와 기념비적 건축

거대주의 건축의 표본이 바티칸의 성 베드로 성당임을 뷜플린Heinrich Wölfflin(스위스의 미술사가)은 강조한 적이 있다. 성 베드로 성당의 진입 광장의 회랑과 광장과의 관계는 유기적일 뿐만 아니라 진입하는 사람의 시선에 따른 곡면 회랑의 열주의 이동은 진입에 따른 내정 공간의 진동을 보여준다. 좌우대칭 건물의 좌우회랑을 둔 건축물의 배치는 그 수법이 고전적이다. 그러나 전쟁기념관의 회랑(채워진 것)과 중앙 원형광장(비워진 것)은 극히 소극적인 듯 보인다. 외부에서 진입하는 사람들에게 가장 큰 의미를 부여하는 이 진입 마당의 처리는 바로 전쟁기념관 전체의 개념설정에 있어서 모호한 문제로 대두된다. 그러므로 나는 전쟁기념관의 건축적 분석을 진행하기보다는 또 다른 예를 들어 대비시켜보고자 한다. 이것은 내가 대안으로 제시하는, 전쟁기념관이 아니라 '기억'을 주제로 하는 건축, 즉 무엇을 기념하는 건축이 이 시대의 도시 속에서, 또한 현대 건축언어로 어떻게 표현될 수 있는가 하는 가능성을 타진해보기 위해서다. 왜냐하면 이미 전쟁기념관은 앞서 언급한 것과 같이 건축적 의미보다는 권력의 속성이 더 중요하다고 생각하기 때문이다. 만일 전쟁기념관이 필요하다면 건축가는 '물질'이나 '장식'이 아니라 공간만으로 어떻게 사람들에게 감동을 줄 수 있는가 하는 점을 역으로 생각해보기 위함이다. 다음에 예로 드는 기념관은 스케일이나 건립 의미는 다르나 진입에서 기념관을 떠나기까지의 시퀀스를 전쟁기념관과 대비해보면 좋은 대비가 될 것이다.

문제의 기념관은 파리의 노트르담 사원 후원(남측)에 위치해 있는 제2차 세계대전 당시 강제수용소에서 죽음을 당한 20만 명의 희생을 추모하는 기념관이다. 프랑스 건

그림 1~12. 파리의 2차대전 희생자 기념관

축가 펭귀송Peinguisson이 설계한 조그만 그러나 감동적인 기념관이다. 파리를 관광하는 관광객들이 비켜 지나가는 이곳에 아마도 가장 기념비적이라고 할 수 있을 공간이 숨어 있다. 그곳에는 건물이 없다. 그것은 위치상으로 노트르담이라는 기념비적 중세 건물의 자태를 훼손할 수도 있는 근거리에 있기 때문만은 아니다. 우리가 남의 죽음을 기억하고자 하는 것은 죽은 자를 위한 것이 아니고 산 사람을 위한 것이며, 그것은 인간의 또 다른 능력이자 힘인 '기억'을 위해서는 거대한 건물인 물질이 아니라 보이지 않는 우리들 '내면' 속에 있는 '감동'의 다이너미즘을 유발시키는 그 무엇이다.

　가까이 다가가면 센 강을 멀리하고 큰 돌이 옆으로 놓여 있고 옆면에 칼로 파낸 것 같은 글씨체로 '1940, 20만 명 강제수용소에서 죽음(그림 1, 2)'이라고 쓰여 있다. 나지막한 철제문을 열면 좁고 가파른 계단과 멀리 까만색의 철제 조각이 어렴풋이 보인다. 계단을 내려가는 동안 사람들은 좁은 통로 속에서 도시를 뒤로 하고 잊게 된다. 그것은 현실세계와의 자연스러운 결별이다. 계단을 내려서면 자연히 방금 전 보이던 예리한 철제 조각 쪽으로 다가가게 되고, 그 하부 철제 그릴을 통해 센 강이 흐르는 것을 보게 된다. 하늘만 보이는 정적 속에서 오직 흐르는 것은 강이다. 그것은 죽음의 예감이자 동시에 현재적인 평화가 중첩되는 공간이다(그림 3, 4, 5). 사람들은 돌아서게 되고 그 순간 좁은 입구 같은 것(?)을 발견하게 된다. 조금 전 내려온 계단 말고는 오직 돌출해

3

4

5

6

7

8

있는 수직의 두 직육면체 사이로 어둠과 함께 죽음이 그 속에 있음을 암시받는다. 다가가서 들어가기 전에 사람들은 그 입구가 너무 좁아서 정말 들어갈 수 있을까 두려움을 느끼며 통과한다(그림 6, 7).

    그렇다. 죽음은 개별적이다. 나의 죽음은 오직 나만의 것이다. 그러므로 그 출입구는 사람이 몰려드는 것을 억제한다. 들어서는 순간 맞은편 정면에 죽은 영령들을 모셔 놓은 불빛 속으로 사람들의 마음은 정지한다. 그것은 죽은 자와의 만남이며 나의 죽음과의 만남이기도 하다. 그다음 상부 벽면에 쓰인 강제수용소의 이름들이 예리한 칼날로 새겨져 있다. '아우슈비츠Auschwitz, 부셴발트Buchenwald...' 그곳은 이유를 모르고 죽어간 20만 명이 마지막으로 거쳐 간 장소이다(그림 8, 9). 그다음 좌우로 조금 지나서 볼 수 있는 것은 쇠창살과 그 안에 텅 빈 감옥이다(그림 10). 그 조그만 빈 공간, 그곳이 바로 죽음을 앞에 둔 인간들의 '절망'의 공간이며, 돌아올 수 없는 채로 마지막으로 이 세상을 느꼈을 곳이다. 아무것도 없는 그 빈 공간과 밖에서 우리는 그 속에 없음에 안도한다. 그러나 모두 다 그 속에 들어 있음을 상상하며 사람들은 다시 한 번 '자유'를 느끼게 된다.

10

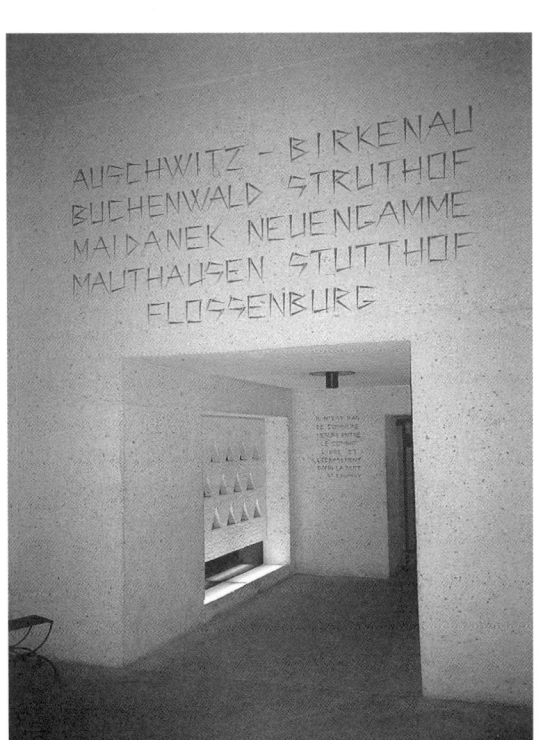

9

11

12

더 '볼거리'가 없다. 사람들은 빛을 향해 한 사람씩 헤아리던 그 좁은 통로를 되돌아 나온다(그림 11, 12). 나오는 순간 사람들은 조금 전 보았던 예리한 철조각과 마주친다. 그것은 바로 전쟁이다. 인간의 억압이며 폭력인 것이다. 다시 한 번 공포를 회상하며 하늘을 보고 입구와 반대편 계단으로 올라오게 된다. 사람들은 도시로 돌아와 노트르담 사원의 뒷모습을 보게 되는 것이다. 조그맣고 한정적인 지하 공간에 숨죽일 수밖에 없는 감동을 마련한 비법은 건축가의 일관된 생각, 즉 '오직 공간과 몇 가지 단어를 통한 죽음의 체험'을 실현하는 것이다. 그리고 그것은 권력의 입김이나 거대한 고전의 참조가 중요했던 것이 아니라 바로 방문하는 사람들 개개인이 보편적으로 갖고 있는 '죽음'과 '공포'와 '자유'에 대한 공간 인식의 해석이다. 그것은 오직 한 가지, 폐쇄된 것과 열려 있음을 사람들의 움직임의 연속성과 결합시켜낸 결과이다.

현대건축은 고전적 의미의 기념비적 건물을 만들어낼 수 있는 능력에 한계를 가지고 있는 듯하다. 그러나 우리들이 만일 기념하고자 하는 의미를 공간의 인식방법과 결부해서 풀어낼 능력만 있다면 불가능한 것도 아니다. 다만 거기에는 건축가의 자유로운 창작의지를 방해하지 않는 조건이 충족되어야 한다. 그리고 건축가는 그 시대가 필요로 하는 건축물의 요청이 있을 때 설계비만 받고 서비스를 제공하는 것이 아니라 '사회적 부富'라는 막대한 공사비를 쓰고 있다는 책임을 느껴야 할 것이다.

맺는말

김영삼 정부가 잠시 거론했던 전쟁기념관의 다른 용도로의 전환을 성사시키지 못한 것은 큰 실수인 듯하다.

송상용 교수는 <전쟁기념관과 자연박물관>에서 다음과 같이 말한다.

> 가. 1753년 영국박물관의 일부로 출발한 자연사박물관은 1881년 지금의 터로 옮겼고, 1963년 독립했다. 자연사박물관은 6천 6백만 점의 표본을 갖고 있으며, 정부로부터 연간 2백 50억 원의 보조를 받아 운영된다. 영국 전체에는 200여 개의 자연사박물관이 있다.... 인도네시아에 8개가 있다지 않은가....

그림 13. 우리가 남의 죽음을 기억하고자 하는 것은 죽은 자를 위한 것이 아니고 산 사람을 위한 것이며, 그것은 인간의 또 다른 능력이자 힘인 '기억'을 위해서는 거대한 건물인 물질이 아니라 바로 보이지 않는 우리들 '내면' 속에 있는 '감동'의 다이너미즘을 유발시키는 그 무엇이다.

송상용 교수는 이렇게 개탄하며 리우환경회의에서 서명한 생물다양성협약으로 인한 교육프로그램 개발에 따른 자연사박물관의 필요성을 역설하고 있다. 소요 예산 1천 6백 53억 원이 드는 계획안 추진을 희망하고 있다고 한다. 그것은 관이 주도하는 것이 아니라 바로 뜻있는 사람들의 염원으로 진행되고 있다고 한다.

정부의 예산에는 한계가 있고, 바로 그렇기 때문에 우선순위가 정해진다. 그 우선순위를 지금까지는 군부 통치권자들이 그들의 필요와 의지대로 정했다면, 이제는 문민정부답게 인간을 위한, 시민을 위한, 이 나라를 자유롭고 평화롭게 문화시민으로 살 수 있는 데에 우선권을 주어야 할 것이다. 전쟁기념관과 같은 기념관은 소규모로 의미 있게 하고, 생존에 직접 관련되는 것들과 시대착오적 발상으로 세계에 부끄럽지 않는 것들에 우선권을 주어야 할 것이다. 어린이들에게 정말 필요한 것은 전쟁기념관보다 또 다른 전쟁, 즉 환경과의 전쟁에서 살아남을 수 있는 지혜를 체험하고 축적시킬 종합적 자연사박물관 같은 것이리라.

이제 지배 이데올로기는 권력의 연장에 목적이 주어져서는 안 되며, 오히려 지구상에 살아남는 것이어야 하기 때문이다.

건축과

소통

반복과 차이로서의 건축

그림 1. 세상에 완전히 새로운 건축은 없다. 모두가 원래 있었던 것으로부터 왔다. 건축은 인간이 말하기 시작하면서부터 탄생한 아주 오래된 것이다. 세월을 가늠할 수 없는 오랜 시절 동안 축적된 인간의 지혜는 사막의 방 한 칸, 최초의 방에서도 여실히 실현된다. 집을 지을 재료라고는 흙밖에 없는 사막에서, 흙으로 벽을 세우고 집을 짓는 것은 위대한 일이다.

가설

건축이란 무엇인가. 그것은 말하는 주체에 따라 다르고 주체가 소속된 시대에 따라 다를 수밖에 없다. 다시 말하면 누가 어떤 관점에서 무엇을 강조하려는가에 따라 달라진다는 것이다. 그리고 '건축'이라는 용어 속에 어디까지를 포함시키고 어떤 것을 배제하느냐에 따라 달라질 것이다. 뒤집어 이야기하자면, 건축에서 배제하는 일람표를 만들면 역으로 건축은 이런 것이라고 정의해볼 수 있을 것이다. 그렇게 되면 문제를 너무 범주화하고 분류의 문제로 귀결시킬 위험이 있다. 그런데 문제는, 건축을 정의내릴 수 있는 수단이 개념화한 언어의 배열에 그칠 수밖에 없는 한계를 넘어설 수 없다는 것이다.

'거주한다는 것'은 언어로 이행되는 것이 아니라 건축화한 공간에서 인간의 삶이 전개되는 일체의 상호관계이기 때문에, 그것을 설명하거나 기술하는 것은 가능할지 몰라도 명쾌한 정의를 문자로 표현하는 것은 불가능해 보인다. 왜냐하면 지금 우리가 사용하고 있는 언어 속에서 '건축建築(architecture)'이란 말이 내포하는, 혹은 내포한다고 가정하는 것에 많은 한계가 보이기 때문이다. 특히 현대사회를 특징짓는 대중문화시대에 건축의 의미는 혼란스러워 보이기 때문이다. 따라서 우리는 건축을 어떤 시대에 어떤 관점에서 바라보든, 지속되며 변치 않을 속성을 가정해볼 수 있겠다. 그래야만 이 시대에 건축이 어떤 변화의 과정에 있는지 가늠해볼 수 있을 것이기 때문이고, 또한 그렇게 바라봄으로써 지속되어 온 건축의 가치를 논의해 볼 수 있기 때문이다.

현상학적 논의

인류의 역사를 관통하며 변치 않는 것 중 하나는 사람들의 거주행위다. 사람들은 다른 곳이 아닌 지표면 위에, 또는 땅 위에 그들의 삶을 지속시키기 위하여 각 지역의 조건에 따라, 혹은 조건을 극복하면서 물질들을 조합하고 적절히 배열하여 공간을 만들어 그 속에 거주했다. 거주한다는 것은 기본적으로 생존을 충족시키는 것만이 아니라 세계 내의 존재로서 우주의 질서까지 동시에 구축하는 것이다. 즉 거주행위는 세계 속에 자신의 출발점으로서의 중심을 잡는 일이다. 자기 자신을 세계와 연관하면서 제일 먼저 떠오르는 점은 어린 시절의 '가정'이나 '주택'과 결부하게 되는 게 사실이며, 그 경계를 넘어서는 것은 시간이 훨씬 지나고 나서다. 중심을 갖는다는 것은 인간의 주변부에 무언가 두려움을 불러일으키는 미지의 세계와는 대조적으로 이미 알려진 것을 밝혀준다. 인간이 생각하는 존재로서 그 공간 속에서 위치를 획득하는 지점인 중심은 인간이 공간 속에서 머무르며 생활하는 점이다. 이럴 때 비교적 안정된 실존적 공간에 대한 이야기야말로 바슐라르나 볼노프Otto Friedrich Bollnow, 그리고 하이데거가 강조하는 것이다. 인간과 공간은 분리할 수 없으며, 공간은 외적인 대상물도 내적인 체험도 아니다. 인간과 공간은 따로따로 생각할 수 없는 것이다.

    곧 하이데거가 말하듯 "살 수 있게 될 때 우리는 비로소 세울 수" 있으며, 건축해야 우리는 그 속에 거주할 수 있는 것이다. "거주할 줄 알아야 건축할 수 있으며, 건축공간을 통해서 인간은 비로소 거주하는 것을 완성한다"라는 말은, 건축의 본래 의미가 건축물의 외적 '형상성'이나 '이미지'에 있지 않음을 강조하는 것이다. 건축은 인간이 거주하고 세계 속에 존재하기 위해서 구축하는 최초의 행위인 셈이다. 즉 인류는 말하기 시작하면서 건축해왔고, 우리는 사실상 '건축'이라는 말보다는 '집짓기'라는 말로부터 온갖 종류의 건축문화를 실현시켜 온 셈이다. 집으로부터 분화된 건축은 신의 집도 짓고 죽은 자의 집도 만들었으며, 궁전과 공장과 사무실과 기차역과 백화점과 비행장도 짓게 되었다.

    모로코의 우아르자자뜨 오아시스 근처에서 만난 자그마한 흙집은 우리가 집이라고 말할 때 떠올릴 수 있는 최소한의 것, 즉 집의 원형 같아 보인다. 작열하는 태양빛 아래 구할 수 있는 것이라고는 모래흙밖에 없는 사막에서, 사람들은 거주하기 위해 사방에 흙벽을 세우고 최초의 방을 만들고 한 귀퉁이를 비워 마당을 만들었다. 빛은 마당으로만 열린 창을 통해 은은히 실내로 들어오고, 밤에는 두툼한 벽체가 냉기를 막아주며, 마당 위로는 별이 쏟아져 내린다. 바깥세상과는 오직 문 하나로만 연결되어 있는 이 집은 거주하는 사람의 우주 속 좌표다. 장식이나 거주자의 부가적인 치장이 절제된 사막 위의 작은 집은 그 자체로 위대해 보인다. 그것은 전통이나 문화나 기술을 이야기하기 전에 마주하는 건축의 순수함이며 거주의 실존적인 모습이기도 하다. 이렇게 최초의 방과 집은 안팎의 경계를 확연하게 구분하기 위해 공간을 분할하고 거주하기 위한 만큼의 속성에 따라 구축하면서 삶을 담는 그릇의 형상을 완성한다. 이것을 우리는 비로소 건축이라고 말할 수 있다. 건축이 필연적으로 삶을 조직하는 최소한의 행위라면 건물은 생존을 위한 수단이나 오브제라고 말할 수 있다. 건축과 건물의 차이는 마치 정신과 물질의 차이만큼이나 크다. 예전에는 스스로 거주하기 위해 건축을 했다면, 더 매력적으로 보여 팔기 위해, 그래서 더 많은 돈을 벌기 위해 건물을 생산하는 시절이다.

문자와 책, 사진과 영화가 발명되면서 이제 본질주의적인 건축은 빛이 바래고 있다. 오직 건축가들만이 외로운 투쟁을 하고 있는 셈이다. 물론 모더니즘 이후 많은 건축가가 변화하는 시대에 맞추어 새로운 건축담론을 탐색하고 건축의 개념을 확장하는 노력을 게을리하지 않고 있으며, 도처에서 흥미로운 시도들을 진행하고 있다. 그러나 기본적으로 정주定住의 개념이 흔들리는 현대사회에서, 인간이 인간이기를 거부하기 시작하는 21세기에도 여전히 우리는 실존적 의미의 건축만을 거론할 수 있을까? 존재가 내맡겨진 광장에는 무엇이 흔들리고 있는가.

매체가 된 건축

위고Victor Hugo의 《노트르담의 꼽추》(*Notre Dame de Paris*, 1831)에는 "이것은 저것을 죽이리라(Ceci tuera cela)"라고 말하는 대목이 나온다. 여기서 '이것'은 문자이며, '저것'은 돌로 된 건축이다. 견고하게 돌로 만들어진 건축이 책 속에 쓰인 문자에 의해 서서히 사라질 것임을 암시하고 있다. 책의 발명 이전과 이후의 건축이 달라질 것을 예언이라도 하듯이 말이다. 앞서 말한 것과 같이 지금 건축이라는 단어로 소통하기 어려운 문제의 핵심에는, 건축을 말할 때 모두가 완벽히 소통할 공통된 이미지의 약속이 깨졌다는 사실이 자리 잡고 있다.

건축가들이 말하는 건축마저 다양해졌고, 사람들은 온갖 매체를 접하고 있는 이 시대에 건축을 정의하기란 어려워졌다. 건축과 건설이 혼란스러운 대중문화시대, 그리고 거주하기 위해서라기보다는 아파트에 당첨되기 위해서 줄을 서는 것이 가족의 행복을 위한 것이 되어버린 시대를 사는 사람들에게 건축은 도대체 어떤 의미를 갖는 것일까. 상품을 고르듯 '모델하우스' 앞에서 자기 집을 꿈꾸며 돈 계산을 하는 우리에게, 집은 더 이상 거주하는 곳이 아니라 복권이 되어버렸다. 사람들은 더 이상 동네에 살지 않으며 현대나 삼성과 같은 대기업 이름 속에 살고 있으며, 자기 삶을 사는 것이 아니라 면적을 살고 있는 것은 아닌가?

건축에 대한 대중의 경험은 광고나 선전에만 의존하고, 온갖 잡지와 영화나 텔레비전에서 마주치는 건축과 관련된 이미지들은 시각에만 호소하고 있다. 이런 현상의 중요성을 콜로미냐Beatriz Colomina는 그의 저서 《프라이버시와 공공성》(Privacy and Publicity: Modern Architecture as Mass Media, 1994)에서 잘 드러내고 있다. '대중매체로서의 근대건축'이라는 부제가 말해주듯, 저자는 근대건축의 두 거장인 르 코르뷔지에와 로스Adolf Loos의 주택 작품들을 통해 근대건축과 매체의 전략적 관계의 흔적을 쫓고 있다. "건축가들 자신의 작품은 거의 대부분 사진이나 인쇄매체를 통해 알려져 왔다. 이는 건축생산 현장의 변형을 전제하는 것으로, 건축의 생산은 건설현장만을 점유하지 않으며 점점 더 건축 출판, 전시, 잡지와 같은 비물질적인 현장으로 옮아가고 있다. 이러한 매체들은 건물보다 훨씬 더 찰나적이라고 추측되지만, 역설적으로 훨씬 더 영구적이다." 다시 말해 건축의 소비는 물리적 공간에서보다는 오히려 비물질적인 매체를 통해 더 많이 수행되고 꿈꾸게 된다는 말이다. 벤야민도 얘기했듯이, 우리는 건축이 현실에서보다는 사진으로 더 쉽게 포착될 수 있다는 사실을 알고 있다. 그러나 실내는 사진으로 쉽게 포착되지 않으며, 신체 오관으로 체험되지 않은 건축은 이해될 수 없다. 그리고 사람들은 건축의 진면목을 감각으로 체험하는 것에 거부감을 갖고 오히려 개별적 취향에 더 관심이 큰 듯하다.

그림 2, 3. 프랑스 파리 교외에 있는 신도시 마른 라 발레에 보필이 '극장'이라고 명명한 아파트다. 서민들에게 궁전과 같은 집을 지어주고 싶었던 건축가의 상상력이 만들어낸 결과물이다. 매일 매일 사는 것을 연극과 같다고 생각한 보필은 서민 아파트에서 사는 사람들이 관객이자 배우처럼 보이도록 연출했다. 이 아파트의 거주자 모두는 삶의 주인공이 되는 것이다.

더욱이 "지금 모든 경계는 변하고 있다. 이 변화는 어느 곳에서나 명백해진다. 도시에서는 물론 도시의 공간을 정의하는 모든 기술, 즉 철도, 신문, 사진, 전기, 광고, 철근 콘크리트, 유리, 전화기, 영화, 라디오, … 전쟁에서도 그렇다. 각각 내부와 외부, 공과 사, 밤과 낮, 깊이와 표면, 여기와 저기, 가로와 실내 등등 사이의 옛 경계를 붕괴시키는 메커니즘"(콜로미냐, «프라이버시와 공공성»)들이 다문화적 양상과 혼재되면서 오직 믿을 수 있는 것은 건축이 아니라 매체 그 자체가 된 것이다. 곧 건축은 매체이면서 동시에 메시지인 셈이다. 이런 현상을 잘 알아차린 건축가들 중 스페인 태생의 건축가 보필Ricardo Bofil은 파리 교외 신도시 마른 라 발레의 서민용 아파트를 '극장(theatre)'이라고 명명하고 주민들을 배우로 등장시켰다. 건축은 배경이고 매체고 밤낮으로 사람들이 등장하는 곳이다. 거주하기보다는 서로 구경하며 건축가가 연출한 무대에 선다. 보필은 거주하는 공간이 특정한 장소가 되기를 바란 것이다. "주거의 구조는 근본적으로 장소의 구조이기 때문이다."

그림 4, 5. 투레트 수도원장은 르 코르뷔지에게 수도원 설계를 의뢰하면서 프랑스 남쪽에 있는 토로네 수도원을 참조하라고 조언했다. 실제로 르 코르뷔지에는 토로네 수도원을 방문하고 이 수도원의 건축미학에 감동하여 투레트 수도원을 설계하는 데 참조하였다.

건축이 매체로 전락했다기보다 중요한 것은 우리가 건축에 무엇을 실어 보내는가 하는 메시지에 있다. 궁극적으로 슐츠Christan Norberg Schulz가 《실존·공간·건축》(Existence, Space & Architecture, 1972)에서 말하고 있듯이, "우리가 직면하고 있는 환경문제는 기술적, 경제적, 사회적, 혹은 정치적인 성질의 것이 아니다. 그것은 인간의 문제이며, 인간의 동일성을 유지하기 위한 문제다." 결국 우리는 다시 거주하는 것의 진정한 의미를 배워야 하는지도 모른다.

장소로의 회귀

거주한다는 것은 머무르는 것이다. 아무리 세상이 질풍노도 같이 휩쓸고 지나간다고 하더라도 '내가 있다', '당신이 있다'는 것은 나와 당신이 거주함을 의미하며 거주한다는 것은 실존의 기본 원리다.

따라서 우리는 거주하기 위해서는 건축이 필요하며, 그때 건축은 우리가 다시 회귀할 장소를 동시에 만들어 준다. 건축은 거주하는 곳이며, 또한 우리가 내면으로 되돌아오는 곳이다. 결과적으로 우리에게 부족한 것은 좋은 건축, 좋은 장소에 대한 직접적인 체험과 교감이며 기억이다. 좋은 건축이란 진정성이 느껴지는 것이며, 그럴 때 우리의 온몸은 전율하고 감동을 느낀다. 그때 한 번쯤이라도 찬찬히 감동의 근원이 어디서부터 비롯되는 것인지를 따져 본다면 우리는 저절로 건축이 외형이나, 스타일, 취향의 문제를 넘어서는 것임을 알게 된다. 건축이 전달하는 흔들림 없는 항성恒性, 유리를 에워싸는 순간의 빛, 그리고 파동 치는 존재의 충만함, 이것이 바로 좋은 건축이 선사하는 건축의 위대함이다. 프랑스 남부의 토로네 수도원(L'Abbaye du Thoronet) 회랑에서 한순간 맞이한 빛은 거친 돌에 숨결을 불어넣고, 나와 공간 사이에 깊은 교감을 준다. 절제와 기도로 삶을 지속하는 수도승들에게 이 빛은 무엇과도 바꿀 수 없는 신의 선물이기도 하다. 거주하는 것의 기쁨이다.

그림 6. 투레트 수도원이 지어지기 700년 전, 수도승들은 구도자의 마음으로 돌 하나하나를 정성스럽게 다듬어 수도원을 축조하였다. 당시 수도승들의 정성스러운 마음이 오늘날 방문자들에게 전달되어 말로 표현하기 힘든 감동을 준다.

그림 7, 8. 유네스코 세계문화유산으로 등록되어 있는 스톡홀름 우드랜드 묘지는 오래된 숲의 풍경을 묘지라는 건축으로 전환한 경우다. 풍경도 건축이 될 수 있다는 것은 이곳을 설계한 레베렌츠의 스케치를 보면 알 수 있다. 우드랜드 묘지는 원래 숲에 있던 길, 나무, 그리고 하늘의 구름 등을 보존하면서 조성되었다. 하늘과 땅을 이어주고 삶과 죽음을 이어주며 방문자에게는 생의 경건함을 느끼게 한다. 우드랜드 묘지는 건축을 풍경적으로 해석(landscape architecture)하는 작업의 시작이기도 하다. 어떤 비평가는 이 묘지에 대해 정신적 풍경이라고 평가했다.

르 코르뷔지에가 투레트 수도원(Couvent de la Tourette)을 설계할 때 수도원장은 그에게 토로네 수도원을 가 보고 참조해 줄 것을 권했다. 르 코르뷔지에는 토로네 수도원을 방문한 후 그 감동을 못 이겨 《진실의 건축》(Architecture of Truth, 1955)이란 책을 써냈다. 그리고 르 코르뷔지에는 투레트 수도원을 위해 중세가 아닌 당시에 할 수 있는 최선의 건축을 했다. 기본적으로 토로네 수도원의 구조를 반복하되 당시에 적합한 차이를 만들어냈다. 토로네 수도원이 돌의 집이라면 콘크리트와 유리만으로 절제와 기도의 집을 만든 것이다. 르 코르뷔지에가 만일 한순간이라도 토로네 수도원에 거주하지 않고 그 장소에 대한 영혼의 교감이 없었다면, 그리고 단순히 모방하는 것이 아니라 시대적 정신으로 이를 승화시키지 않았다면 오늘날 우리가 보는 투레트 수도원은 만들어지지 않았을 것이다.

스웨덴의 건축가 레베렌츠Sigurd Lewerentz는 우드랜드Woodland의 묘지를 오랫동안 설계하면서 망자亡者를 보내는 마지막 장소를 언덕 위에 나무를 심는 것으로 대신했다. 땅과 하늘을 잇고, 땅을 성스러운 풍경으로 다스리는 일, 그래서 우리 내면에 단 한순간이라도 죽음을 삶의 경건한 부분으로 조용히 맞이하게 하는 것, 그것 또한 우리가 죽음을 이 땅에 거주시키는 일이다. 삶과 동시에 죽음까지도 땅 위에 조직하여 지속시키는 일, 그리하여 때로는 우리가 살고 있는 이유를 대신해줄 수도 있는 그것이 건축이며, 우리가 거주하는 행위인 것이다. 그리고 우리가 다시 장소로 귀환하여 거주할 때 우리는 비로소 인간이 되는 것이다.

건축과 기호학

우리는 현재 20세기 후반의 세계적인 문명현상인 도시화 현상을 살고 있다. 그중에서도 서울은 지난 10여 년 동안 50년 내지 100여 년 동안 지어질 건축물을 단축하여 건설하고 일대 변혁기를 마련하였다. 이 시기는 단지 공간상의 변혁만이 아니라 사람들의 사회학적 관계의 전환기를 의미하며 건축생산을 결정하고 분배방식을 마련하는 경제적 측면에서도 중대한 변천을 가져온 시점이기도 하다. 이 중에서도 건축물의 양적 확산은 우리가 일상에서 목격하는 사실이며, 때로는 그 속도에 현기증마저 느낄 정도다. 이런 변화 속에서 공간이 우리에게 어떤 의미를 주고 있으며(또는 의미를 감추고 있는지), 그 의미로부터 파생한 실상과 허상, 그리고 이러한 상像이 가져온 '공간의 언어'는 과연 어떠한 메커니즘으로 형성되어 많은 사람에게 공유되고 있는지를 알아보는 것은 꼭 건축가나 도시계획가가 아니더라도 중요하다. 왜냐하면 건축이란 물리적으로 사용되기 위하여 고안될 뿐 아니라 사용 목적을 포함한 일련의 사회적으로 의도된 표현을 담고 있기 때문이다. 또한 이렇게 형성되어 공유된 언어가 시간을 경과하면서 어떻게 변질되며 본래의 모습을 와전시키고 있는지 등에 대하여 점검한다는 것은 현기증 속에서 자신을 가늠해보고자 하는 욕구이자 건축의 새로운 이해를 위해서도 필요한 작업이다. 특히 세기말에 이르러 건축이 정의와 가치에서 깊은 문제를 안고 있을 뿐 아니라 타 예술 분야처럼 대중과 커다란 괴리 속에 처해 있음을 볼 때 새로운 탈출구로서 1960년대 후반 이후 기호학을 통해 '의미의 재발견'을 시도하려는 유럽의 방법론을 분석하는 것은 의미 있는 일이다.

    1965년 쇼에의 «도시계획, 이상향과 현실»(*L'Urbanisme, utopies et réalités*, 1965)[1]이라는 건축도시 관계의 요약선집 속의 <도시기호학>이라는 발설에서부터 비롯되어, 1967년

---

1. Françoise Choay, *L'Urbanisme, utopies et réalités*, Paris: Seuil, 1965.

6월호 «오늘의 건축»[2]에 <기호학과 도시계획>이라는 기사를 통해, 그리고 같은 해 5월, 바르트가 나폴리프랑스어연구소에서 가졌던 연설을 시작으로 기호학과 도시·건축을 연결해보려는 공식적인 접근이 시도되었다. 바르트는 다음과 같이 이야기하며 도시를 보는 시각을 일반론적으로 재고할 것을 촉구했다.

> 중요한 것은 도시를 기능의 측면에서 설문조사를 하고 연구하는 데에 있지 않고, 도시를 읽는 노력을 거듭하는 데에 있다. 이러한 해독을 통해 도시에 있는 고유한 언어와 법칙을 재현해볼 수 있고 그렇게 해야만 우리는 더욱더 과학적인 방법으로 도시를 이해할 수 있을 것이다. 이를테면 음절의 파악이라든가 또는 통사론의 해석이라는 점 등을 통해서 말이다.[3]

그러나 바르트는 사실상 공간의 기호학에 대해서는 곧바로 흥미를 잃게 되었다. 쇼에의 경우는 중세도시의 집의 배열의 통사론적 형태라든가 보로로 마을,[4] 또는 고대그리스의 광장 등 지극히 의미로 가득한 쉬운 예를 들었을 경우에는 회의적이었으나 어쨌든 표면에 여러 장벽으로 가려져 있는 건축물과 도시의 의미를 드러내는 데는—그것이 기호학이든 역사학이든—그 방법이 중요한 것은 아니라고 하였다.

어쨌든 공간의 해독을 위한 기호학의 가능성을 제시하였던 바르트와 쇼에는 방법론보다는 오히려 기의記意(시니피에signifié)에 관심을 두었던 것으로 파악되고, 이와 반대로 '의미의 문법 체계'를 완성하려는 야심을 갖고 출발한 리투아니아 출생의 그레마스는 그 출발을 전혀 달리한다. 그에게 문제가 된 것은 사전을 정복하는 것으로서 어떻게 해서 한 오브제가 의미 있게 되는가를 규명하려는 데에 있었다. 그리고 그레마스의 목표는 사전에서 해명하는 한 단어의 설명은 의미가 없고(왜냐하면 또 다른 단어로 그 의미를 전가하기 때문에), 한 단어에 대하여 변수와 불변수를 파악하고 가장 작은 의미소意味素로부터 새로이 조립하려는 것이었다. 또한 야콥슨Roman Jacobson의 커뮤니케이션 이론에서, 즉 발신자와 수신자 사이의 매개체 중에서 메시지(내용)만을 분리해 의미의 사전을 만들려 했다. 그리하여 그레마스는 모든 사람들의 연구가 이미 끝나

---

[2] 프랑스에서 발간되는 대표적인 건축 잡지.

[3] *Architecture Mouvement Continuité*, 1975년 5월호, 23쪽. «AMC»는 프랑스 정부공인 건축가협회(Architecte DPLG)에서 발간하는 잡지다. 이 잡지의 1975년 3월호는 1974년 밀라노에서 열렸던 기호학국제회의 내용을 바탕으로 건축·도시와 기호학 관계를 특집으로 싣고 있으며 공간 기호학의 간추린 역사와 인맥을 흥미롭게 엮고 있다.

[4] 클로드 레비 스트로스 지음(1958), 김진욱 옮김, «구조인류학»(*Anthropologie structurale*), 종로서적, 1983. 보로로Bororo 마을의 대각선과 구조적 분석은 인류학적 연구이면서 새로운 방법론의 시작이다.

버린 지점을 출발점으로 삼았다. 그레마스의 연구 특징은 첫째로 러시아 형식주의자들은 전래민요를 언어학의 대상으로 삼아 연구내용에서 문화적 초월성을 발견하였고, 둘째로 인도어 유럽 계통 속에 남아 있는 사제의 기능이나 농민들의 변치 않는 기능과, 셋째로 레비-스트로스Claude Lévi-Strauss의 신화 연구에서 드러난 문화적 초월성에 새로이 착안하고 의미의 보편성(Universalité du Sens)에 도달하는 하나의 법칙을 찾아내기 위한 여러 분야의 공통적 연구작업을 제안하여 1976년, <위상학적 기호학의 정립을 위하여>(Pour une semiotique topologique, 1976)[5]라는 글을 발표하기에 이르렀다. 이 글은 아마도 그레마스에게만이 아니라 도시의 사회적 기호학의 일반적인 방법론의 모델을 위한 중요한 이정표가 될 것이다.

> 위상학적 기호학의 목적인 공간언어의 연구는 공간이라는 기표記標(시니피앙signifiant)와 문화라는 기의記意(시니피에)의 두 가지 상관적 영역에 따라 위상학적 대상물의 성격과 구조를 명시하는 것이다. 추상적이고도 심오한 구조로서 도시의 이데올로기에 모델을 의미론적 범주 두 가지와 주축적 이소토피isotopie 세 가지를 바탕에 세움으로써 우리는 도시의 여러 형태의 의미가 탄생하는 것을 가능하게 할 것이다. 이러한 모델의 공간적 발현은 각 주체, 개인 또는 집단적 주역(actants)들과 위상학적 대상-배경 사이의 상관관계 내지는 상호역동적 관계를 드러내는 문법인 것이다. 하나의 '삶의 모델', 즉 도시생활 양식의 의미론적 재현이란 사용자가 해독한 것을 옮기는 것이다.[6]

이 인용문에서 알 수 있듯이 그레마스는 도시공간의 일반론을 구축하는 데 필요한 두 개의 의미론적 범주 즉 사회 대 개인, 행복 대 불행, 그리고 주축적 이소토피로 미적인 것, 정치적인 것, 이성적인 것을 내세우고 이것들의 일정한 조합을 도시가 생성되는 원래 요인으로서 도시를 읽는 길잡이 내지는 좌표의 역할을 내세웠다. 물론 위상학적 연구란 관찰자의 위치가 고정된 다음에나 가능한 것이라는 점을 그레마스는 잘 명시하고 있지만, 방법론 자체에 있는 논리의 엄밀성에 비하여 일반적인 성격이 짙은 것은 사실이다.

---

5. 같은 글이 *Sémiotique de l'espace* (Denoël Gonthier, 1979)으로 Médiations 시리즈 185호 속에 실려 있다.

6. <위상학적 기호학의 정립을 위하여>(Pour une Sémiotique Topologique, 1976)의 서론에서.

그러나 그레마스는 사회과학고등연구원(École des Hautes Etudes en Sciences Sociales) 기호학 그룹의 세미나를 지도하면서 문학은 물론 공간의 기호학에 대한 커다란 영향을 주었다. 이때 그레마스에게 지도를 받았던 파리 제6건축대학 출신들 중 하마드Manar Hammad가 중심이 되어 결성한 107그룹Group 107(1971년에 창설)은 그레마스와 옐름슬레브L. Hjelmslev의 이론[7]을 바탕으로 건축도면의 기호학적 분석을 시도해 주목을 끌었다.

지금까지 위에서 간단히 조감해본 건축·도시에 대한 두 가지 기호학적 태도, 즉 쇼에나 바르트와 그레마스가 창시적 입장이라면 이를 바탕으로 직접 자신들의 이론을 현실에 응용해 보자는 것이 107그룹의 태도였다. 이들은 파리 시 남쪽 교외 그리니Grigny에 있는 '라 그랑보른La grande Borne'이라는 HLM(서민아파트)의 건축평면도를 연구대상으로 잡았다. 이들의 원래 목적은 건축가 자신이 설계도면에 반영하려는 내용과 사용자들이 수용한 내용을 상호비교하려는 것이었는데, 결국은 기호학적 방법 특히 위상학적 방법을 통해 최소 단위의 건축언어(건축물, 건축도면이 언어체계와 같다는 가정하에)를 추출해내어 재구성하는 데 머물렀다. 그 이유는 보고서 《건축도면에서의 기호학》(Sémiotique des plans en Architecture)[8] I·II권의 결론을 보면 쉽게 알 수 있다. 즉 건축도면의 언어를 읽어내기 위하여 그 중계가 되는 메타언어metalanguage를 찾아내는 작업이라고 할 수 있다. 결국 필자의 견해로는 현실적인 문제보다는 방법론의 점검 정도에 그쳤고, 또한 이런 방법론이 제도화될 수도 있는 형식을 마련하였다고까지 생각한다. 이들이 제1권에서 내린 잠정적 결론 한 구절을 보면 이해할 수 있을 것이다.

> 결국 우리들은 '로제타의 돌'을 찾고 있는데, 이를 2개 국어로 된 텍스트나 주의 깊게 내용에 접근할 수 있도록 도와주는 사전을 구하는 것이나 다름없다고 했다. 여기서 말하는 '내용'이란 우리가 이미 알고 있는 것이 아니라 연구대상물에 내재하는 것으로 내포, 병합, 겹침 등의 작업을 통해 자명하게 드러나는 것이다.[9]

107그룹은 어떤 의미에서는 수학적 방법론을 택하였다면 일련의 건축가들 또는 건축기호학에 관심 있는 몇몇 사람들은 언어학의 방법을 그대로 적용한 예도 있다. 이상에

---

[7] 언어를 표현과 내용으로 나누고 이를 다시 형식과 내용의 차원으로 다시 나누었다. 사실상 그레마스 자신도 옐름슬레브의 언어학적 위계이론을 재사용한 것이다.

[8] 107그룹에서 I권은 1973년, II권은 1976에 출간했다.

[9] Hammad Logicg Provoost, *Sémiotique des plans en Architecture* II, Group 107, 1976, p.184.

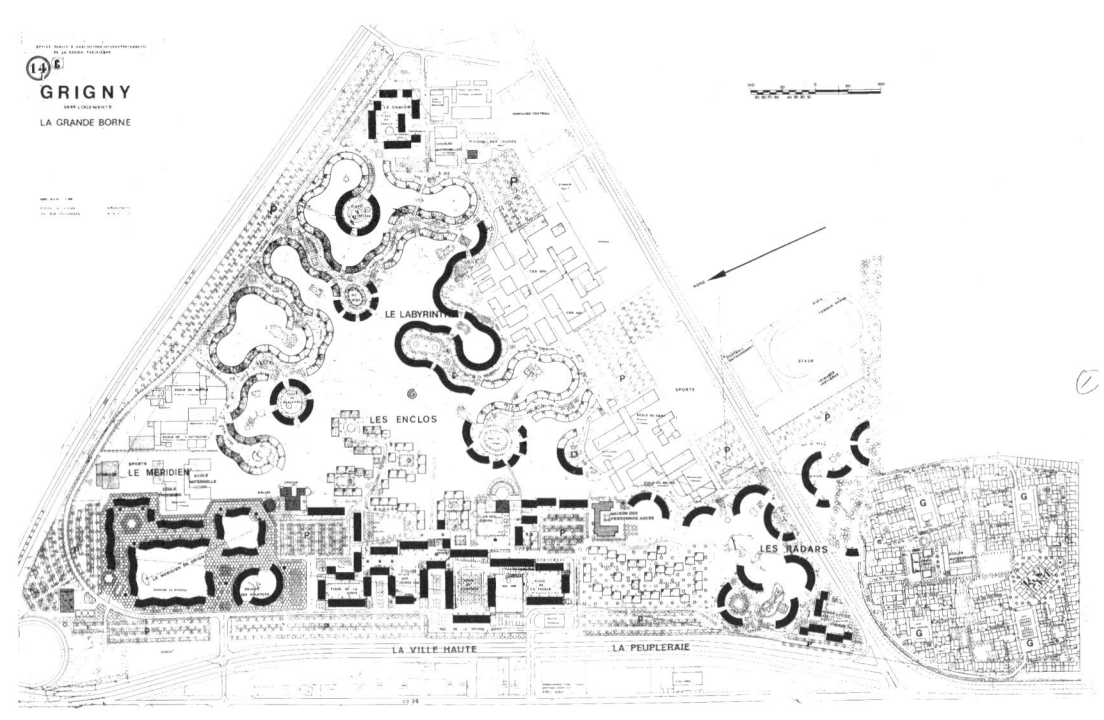

그림 1. 파리 남쪽 그리니의 라 그랑보른의 주택단지는 1970년대에 새로운 유형의 마스터플랜을 시도하였다. 연속된 곡면의 집합주거는 전후 파리 주변에 건설되었던 판상형 아파트의 획일적인 풍경을 극복하기 위한 시도였고, 건축기호학자 하마드는 동료들과 함께 단지의 숨겨진 의미들을 수학적 모델을 동원하여 읽었다.

서 간략히 기호학과 공간 간의 관계의 출발 경위와 적용 방법의 실례를 들어보았는데, 여기에서 우리는 건축기호학이 어떤 것을 대상으로 연구할 것인지, 즉 어떤 분야에 가능성이 있는지를 점검할 필요가 있다.

건축기호학은 건축을 의미체계로 연구하는 것이지만, 그렇다고 해서 건축이 물리적 건설체계에 의뢰하고 있는 것까지 부정하는 것은 아니다. 그러나 물리적인 성격마저도 그 이전에 이미 체계와 밀접한 연관 속에 놓여 있음을 잊어서는 안 된다. 이러한 지적과 관련해 레니에Alain Renier[10] 교수는 건축학교에서 건축시공학은 가르쳐도 시공이 건축에 어떤 의미를 가져오는지에 대해서는 아직도 가르치지 않는다고 분개했다. 이처럼 건축행위 자체는 언뜻 개별적이고 독립적인 것으로 보이지만 건축은 그것이 사용된다는 점과 어딘가 위치해 있다는 이유로 그 연관 대상이 끝없이 많다고 할 수 있다. 건축물 설계를 결정하고 시안을 내고 이를 실현하고, 사용, 유지, 수선하는 시간적 차원에서도 그렇고 이러한 경위를 통해 발생하는 유·무형의 텍스트(또는 기록)들이 그러한 예다.

다음에 레니에 교수가 얘기하는 건축의 특수성에 따른 언어 부문의 구분법을 들어보자.

가) 문학적 텍스트
- 건축비평문(잡지, 신문 등)
- 건축계획안 소개 텍스트

나) 과학적·법률적 텍스트
- 건축물 견적서
- 시방서
- 건축물 설명서
- 시공장비 설명서
- 건물운용 지침서
- 건축법규 및 기술서 설명

---

10. 파리 제6건축대학 교수로 건축기호학을 지도하며, 건축과기호학 연구소의 책임자다.

여기에서 우리는 건축행위에서 자연언어로 직접 소통되는 부분이 대단히 많음을 알 수 있다. 건축허가를 낼 때의 양식, 도면에 적힌 각종 언어들, 건물이 지어진 뒤 건물에 부착되는 각종 간판들을 보아도 그러하다. 이런 점에서 건축의 기호학적 접근은 공간을 위상학적 관점에서 보고 메타언어를 만들어 설명하려는 어려운 태도를 비롯하여 건축행위 중 언어에 관계된 부분의 텍스트를 분석하는 방법도 가능하다는 것을 알 수 있다. 그러나 건축기호학의 대상은 여기에 머무르지 않고, 재료나 공간의 특성을 이용한 정신지체인의 치유법 등의 응용에도 연장되고 있음을 주목해야 할 것이다.[11]

재료의 경우, 우리는 보통 재료가 말한다고 하는데, 이때 과연 재료가 입을 갖고 말하는 것인가? 건축물은 외관상 여러 재료가 일정한 질서에 따라 쓰인 혼합체이며, 재료 자체가 스스로 혼합체에 녹아들어 간 것이 아니라 인간이 설정한 특정한 질서에 따라 특정한 혼합체(형태)의 달성을 위해 쓰인 점을 주목해야 한다. 이때에 '재료'란 한갓 건축가 또는 건축주(또는 둘의 공모로)가 도달하고자 하는 '어떤 의미'를 대신 실현하고 있음을 알 수 있다. '자연적 재료가 자연스럽게 보인다'라고 하는 것은 마치 '자연'이란 단어가 들어간 문장 속에서 자연이란 단어만을 떼어놓고 자연스럽다고 하는 것과 같은 이야기다. 쓰인 재료란 결국 '위임된 주체'인 것이다.

이렇게 우리는 건축이 그 주위에 상관된 경제적, 사회적 관계는 물론 타 예술 분야와 같이 깊이 연관되는 것을 잊어서는 안 될 것이다. 이런 점에 비추어볼 때 건축에 대한 일반적 신화, 즉 유명한 건축가 아니면 과거의 사우디아라비아 공사현장을 연상하게 하는 오늘날의 건축에 대한 정의에 대해 재고해보는 것이 바람직하다 하겠다. 유럽의 건축기호학의 방법이 반드시 한국 실정에 맞는지는 점검해봐야 하겠지만 적어도 우리는 기호학적 접근을 할 기틀은 마련해야 할 것이다.

건축물이 '작품'으로 불리기를 기대하며 생산된 것은 그리 오래되지 않았다. 작품이라면 그것이 미술작품이나 음악작품과도 같이 예술사(아니면 일반 문화사)의 질서에 자동적으로 끼어들기를 갈망하는 무의식적 의식의 표시다. 또한 이런 의식이 집단화되어 있어 더 견고하고 단단할수록, 내가 설계한 건축물, 미술, 또는 음악이 사회적 유용성에 앞서 하나의 '작품'이어야 한다고 간주하게 된다. 다시 말해 좋은 '작품'이란 어떤 유용성에 앞서 문화발전에 이바지한다고 착각하는데 문제가 있다.

11. 강당같이 특정 공간에 스펀지 직육면체를 한구석에 놓고 치료자와 아이 사이에 대화를 통한 공간의 점유형태를 바꿔가는 것으로 치료받는 어린아이 스스로가 능동적으로 공간을 사용하도록 유도하는 것이다.

여기서 다시 한 번 '문화'와 '발전'이라는 말이 접속했을 때 생겨나는 2차적인 의미를 되새겨볼 필요가 있다. 왜냐하면 미술문화라든지 음악문화라는 말보다는 건축문화라고 하면 훨씬 멋들어지고 그럴듯해 보이기 때문이다. 건축이 마치 바우하우스Bauhaus의 명령에서처럼 예술을 종합한다는 사명감으로 해석될 때엔 더욱 그러하다. 그러나 실제로 우리는 이 말의 포로가 되어, 무비판적으로 머릿속에 든 말의 가르침대로 대다수 건축학도와 많은 건축 종사자들이 "야! 이것은 정말 멋진 작품이다"라고 말하는 것을 흔히 볼 수 있다. 이럴 땐 의례적으로 그 건축물이 외국 건축잡지에 소개된 세계적(?) 건축가의 신작인 경우가 대부분이다. 이럴 때 옆에 있던 동료가 "정말 그렇군" 할 때에 생략된 '작품'이란 말은 이미 직업상 상호소통되는 하나의 기호로서 작용하며 많은 의미가 함축되어 있다. 단적으로 말해 어떤 계획안은 작품이 아니고 이것은 작품이라는 구별(차이만이 가치를 주고 있음은 중요하다)은 "작품은 이런 것이다"라는 정의 내지는 어떤 속성을 가정하는 것이다. 그 속성을 쉬운 용어로 뜯어보면, "평면이 기막히다"라든가 "동선처리가 잘되었다"라든가 "전체 구조해석을 뛰어나게 했다"라든가 등의 지극히 단순한 말들로 요약된다. 물론 이 기막히다는 작품을 놓고 '작품' 리포트를 내라고 하면 단어의 수가 늘고 분석의 폭이 넓어지는 것은 당연하지만 일반사람들이 이해하기에는 거리가 있게 마련이다. 이 짧은 글에서 건축이 작품이냐 아니냐를 논하기는 어렵다. 하지만 적어도 작품 창작성의 신화를 만들고 그 속에서 헤어나지 못하는 건축인 자신은 물론 일반 수용자들에게 요청되는 것은 바로 '건축=문화=창작=작품'이란 도식의 악몽을 벗어나는 것이다. 어떤 의미에서 보면 건물을 지어놓고 거기에서 살기보다는 많은 건축가와 일반대중은 거기에서 비롯되는 '말'과 '연설'을 살고 있는 것이다. 이때 "기호학은 건축가나 도시계획가에게 무슨 소용이 있는가?"라고 반문하게 된다.

다시 얘기하지만 중요한 것은 건축문화가 아니라 건축을 사회적·문화적 맥락 속에 놓고 접근하는 데 있다. 왜냐하면 일반인들에게 건축이란 다음의 의미를 넘지 못하기 때문이다. 넘지 못한다기보다 이들에게는 건축이 하나의 문제가 아니라 일상적 삶으로 현실감이 충만하게 사는 공간 이상의 의미가 없기 때문인 듯하다. 이 글을 시작하며 지적한 것처럼 건물의 양적 팽창과 주거양식의 변천이 우리 의식의 많은 부분을 바꿔놓았음을 알게 된다. 단순히 '집'이라는 말을 정의내리기에는 그 개연성이 너무 큰 것을 보아도 알 수 있다. 이제 집은 크게 단독주택이냐 아파트냐로 구분될 뿐만 아니라 단독주택은 양식에 따라 아파트는 평수와 건설회사에 따라 구분된다. 또한 집의 소유 면에서는 내 집인지 세든 것인지, 나아가 가격 면에 이르기까지 옛날 우리가 통상 생각하던 집보다 그 의미가 엄청나게 넓혀져 있음을 알게 된다. 다음과 같은 대화의 내용을 보면 그 변화의 폭을 충분히 짐작할 수 있다.

"너 어디 사니, 요즘?"
"아파트에 살아."
"현대야, 한양이야?"
"한양인데 32평짜리야."

오늘날 우리가 '집'에 살지 않고 아파트에 살며, 어느 '동네'에 살지 않고 기업체의 이름 속에 살고 있음을 위의 간단한 대화에서 알 수 있다. 이렇듯 우리는 일상적인 삶 속에서 간단히 표현된 말이 우리의 환경이 되고 정보가 되고 있음을 본다. 이런 점에서 흔히 건축가나 도시계획가가 공간을 만든다는 말에는 이의를 제기할 여지가 있다. 이렇게 만들어진 사고들은 하나의 기호가 되고 기호가 본질적으로 사회적이란 의미는 여기에 있다.

> 우리에게 언어학의 문제는 무엇보다 기호학적이고 일체의 언어학의 발전은 그 의미를 바로 이 중요한 사실에서 빌려온다. 우리가 언어의 진정한 성격을 발견하려면 이와 동질의 것으로 일체의 다른 체계와 비교하여 공통된 것에서만 취하여야 할 것이다. 그리고 언뜻 보아 대단히 중요한 것처럼 보여도 (이를테면 발성기관의 움직임 같은 것) 언어를 언어 밖의 다른 조직체계로부터 구분하는 데만 사용된다. 일단 2차적이라고 간주해야 할 것이다. 이렇게 해야만 언어학의 문제를 해명하게 될 뿐 아니라 세상의 여러 의식

그림 2, 3. 한국인들은 1970년대 후반부터 어느 동네나 집에 거주한다 말하지 않고 대기업 이름 속에 산다고 말한다.

現代
110
現代
111
110
111

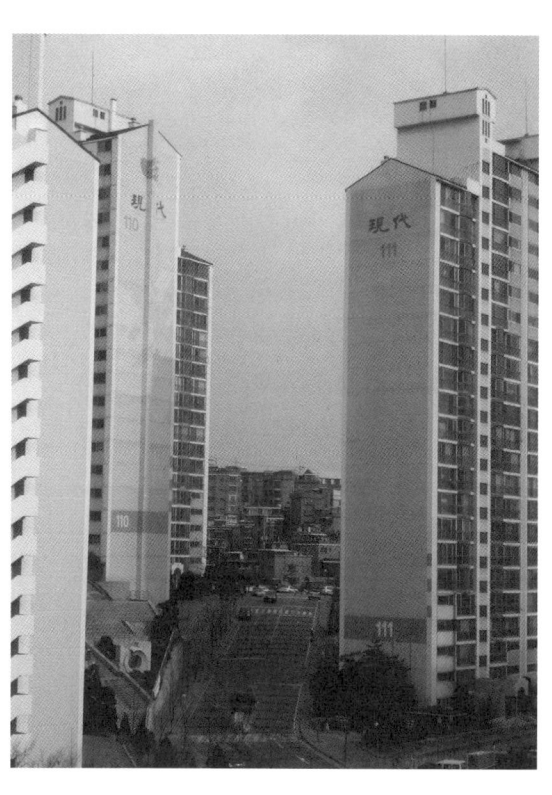

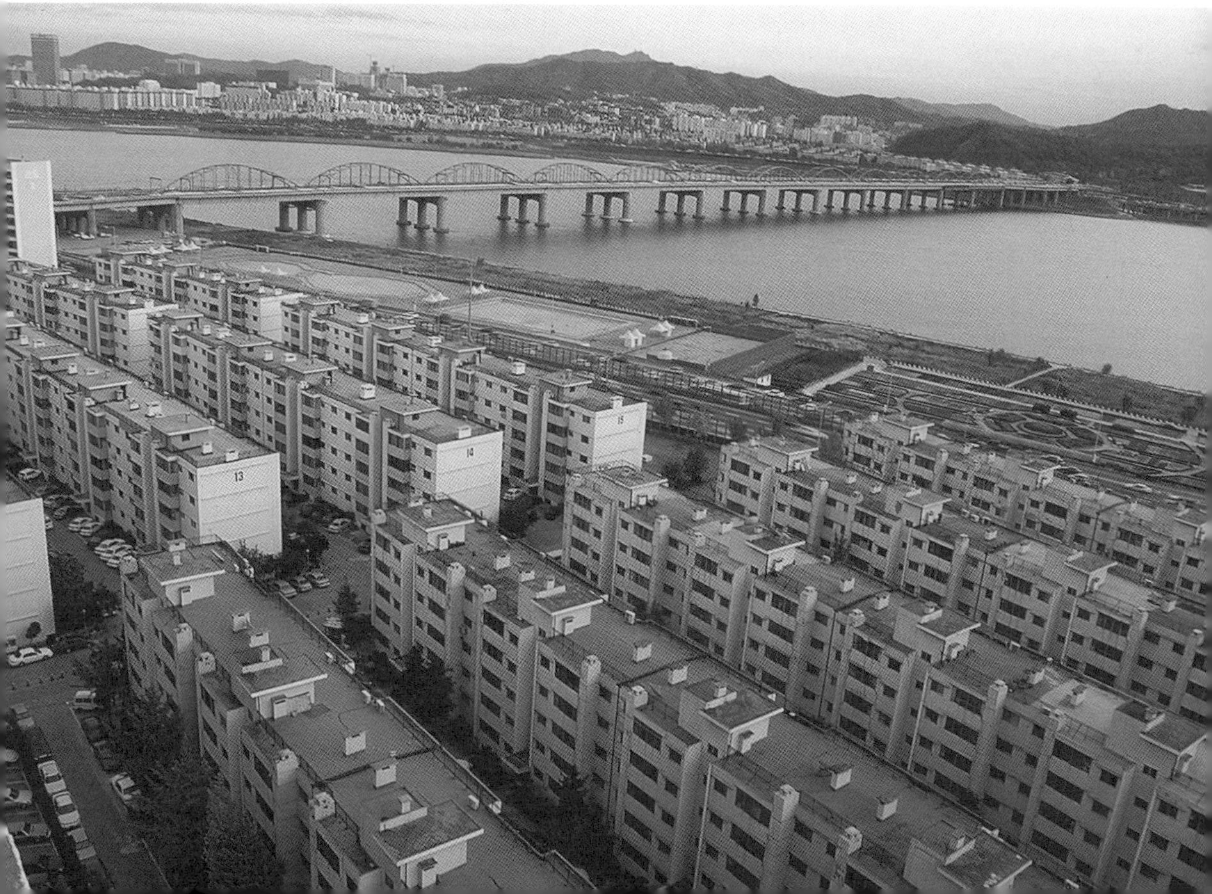
15
14
13

이나 결단마저도 기호로 고려함으로써만 인간사의 새로운 면모를 드러낼 것이다. 또한 기호학에 이 모든 것을 모아야 할 필요성을 느끼게 될 것이고, 바로 이 과학(기호학)의 법칙으로 설명할 수 있을 것이다.[12]

소쉬르의 이 의미심장한 언급은 앞으로 우리가 더욱 연구해야 할 과제를 던져준 예시다. 어쨌든 우리의 관심은 합리주의와 기능주의의 죄를 빨리 벗어나는 길이다. 기호학적 접근이 이를 가능케 한다면 다행스러운 일이다. 합리주의, 기능주의야말로 일반인의 견제의 시각이 차단된 채—왜냐하면 우연의 산물이 아니라 과학적이라는 이유로 사람들의 적극적인 필요에 정확하게 대응한다는 이론에 힘입어—그 난폭성을 드러내고 있기 때문이다. 기능적인 도시는 도시계획에 정확하게 대응한다는 이론에 기대어 그 난폭성을 드러내고 있다. 기능적인 도시란 도시계획가의 것일 뿐 실상 도시는 시민들이 만들고 있다. 서울의 1980년대 초반을 보라. 일반적으로 대도시에서 그러하듯 '낮'이 점점 '밤'으로 잠식당하고 있다. 조각난 밤의 너울이 낮의 도시 여기저기에 떠돌고 있다. 서울에 있는 그 흔한 '여관'은 '밤'을 지내는 곳이다. 그러나 낮에 보이는 여관 간판과 고만고만한 타일 건물은 그것이 유독 밝고 산뜻하게 유행을 따라 처리된 입면인데도 무언가 어색한 채 길가에 웅크리고 있다. 이발소도 그렇다. 이제 이발소는 머리를 깎고 감는 곳이 아니라 커튼으로 가려진 공간에서 특별서비스를 해주는 곳으로 변했다. 특별서비스란 낮에 밤을 느끼게 하는 장소감의 환기다. 그래서 빨간색과 파란색이 나선으로 돌아가는 이발소 표시는 낮에 등을 비추어 밤을 알리는 신호다. 이런 일련의 도시공간은 다방을 포함해서 서울시민의 주거양식이자 생활양식이고 서울의 도시문화인 셈이다. 다시 말해 여관, 이발소, 다방, 골프연습장, 빨간 네온 십자가를 켜고 신도를 부르는 교회 등 세계 어느 도시에서도 찾아보기 어려운 이런 공간의 의미를 시대적 변화의 의미—즉 1950년대의 다방과 1960, 70, 80년대에 따라 달라지는—를 무시하고 '이웃관계'라든가 커뮤니티라든가 하는 경직된 단어로 고상하게 강조하기만 하는 것은 현실과 거리가 있음을 알아야 한다. 도시와 밤 이야기를 좀더 언급해보자. 미국의 보스턴 시는 야간에 도시의 경계가 흔들린다. 밤의 도시가 여러 계

12. Ferdinand de Saussure, et al., *Cours de linguistique générale*, Paris: Payot, 1981, pp.34-35.

층의 시민들에 의해 어떻게 점령되고 있는지에 따라 도시의 경계는 흔들리는 회중전등의 불빛 다발처럼 움직인다. 이는 보스턴 시의 흑인과 백인의 낮과 밤의 도시 점령 패턴을 두고 한 이야기다. 이런 점에서 서울은 '의미의 무한한 창고'임에 틀림없다. 서울이 '의미의 무한한 창고'임에도 우리는 이 보물창고에서 아직 이렇다 할 분석작업을 생산하지 못하고 있다. 이 글의 제목은 '건축과 기호학'이지만 건축이 있어야 하는 공간을 포함하는 도시의 관계는 떼어놓을 수 없는 점에서 기호학적 접근에는 특별한 칸막이가 필요 없다.

의미란 주어진 것이 아니라 하나하나 건축하는 것이다. 또한 의미란 단지 다른 것과의 구별에서만 가능한 것이라고 한다면, 적어도 우리에게는 한 사람 한 사람이 건축을 어떻게 생각하는가가 중요한 것이 아니라 건축에 대해 사회의 생각이 어떻게 변화했는지, 그것이 어떤 이념과 체제를 지향하는지까지도 가늠해보는 데에 기호학이 건축을 새롭게 이해하는 데 도움이 된다고 하겠다. 그렇지 못할 바에는 굳이 기호학의 원조를 기다릴 필요는 없을 것이다.

끝으로 왜 이런 글을 쓰고 있는지 재고해보자. 19세기와 20세기 초에는 도시계획을 생물학에 빗대어서 설명하였고, 보통 건축교육에서 형태의 설명을 생물의 유기적 형태나 생태학의 현상을 빗대어 설명했다. 이렇듯 사회과학은 자체의 부족한 점을 자연과학이나 그에 준하는 다른 학문에서 빌어 해석하려는 병을 안고 있다. 이 점은 한 단어를 일련의 다른 단어로 설명하는 것과도 같다. 이러한 유추는 인문과학이 가진 불확실성에 대한 공포이자 또한 모험이기도 한 것이다.

대학교육 과정의 건축기호학: 파리 제6건축대학 기호학 교과과정

프랑스 파리 제6건축대학[13]에서 레니에 교수의 과목 중 <건축의 기호학과 모의실험>과 아틀리에 작업으로 <건축기호학 아틀리에>[14]가 있다. 이는 건축학교에서 기호학을 본격적으로 건축교육에 적용한 흥미로운 예라고 하겠다. 그리고 건축을 사회의

---

13. 파리에 있는 9개의 건축학교 중 하나. 1968년 학생운동 이후 건축 분야의 획일적인 도제식 교육을 탈피하기 위해 고답적인 보자르미술Beaux-Art대학에서 분화하면서 생겨난 대표적인 건축학교다.

14. 'Sémiotique de l'architecutre et Simulation'과 'Atelier de Sémiotique architecturale'.

생산과 재생산이라는 경제적 측면만이 아니라 상징적 교환의 장場에서 파악해 보려는 것으로 이 같은 분석은 원래 건축을 낳게 하는 목표에 대한 연구를 전제한다. 이러한 관계를 설정하는 것이 건축기호학의 고유한 성격이라 하겠으며, 이는 바로 공간에 능동적으로 참여하기 이전에 의미가 만들어져 있는 것을 가정한다. 교과 프로그램은 세 가지 테마로 구분된다.[15] 첫째는 건축의 모의실험에 관한 해석이다.[16] 판에 박힌 재현(representation)이라고 하는 것은 의미가 없다. 이 방법은 요지부동한 기념적 건축에나 맞을 뿐 주택 변화와 관습의 연속적인 변천을 따라잡기에는 너무나 형식적인 방편일 뿐이다. 그리하여 새로운 안목으로 이러한 제반 문제를 바탕으로 새롭게 물리적·사회적 현상에 상응하고 관습적으로 정적인 방법에서 탈피하는 그런 방식을 찾고자 한다.

둘째로 특수한 기호학의 정립이 요청되는데, 이는 건축이 사회생활이 영위되는 장소로서 포괄적 장치라는 점에서 사회생활의 정보의 교환 현상이 의미체계에 깊게 연루되고 있기 때문이다.

셋째로 오늘날 보수와 개축 내지는 재개발에 처한 많은 주택의 문제를 기존 주택이 들어선 동네와의 관계에서 위 두 가지 차원에서 분석하는 것이다.

참고문헌

Communications, no.27, 'Sémiotique de l'Espace' 특집호, Seuil, 1977. 부동Philipe Boudon의 서문은 공간·건축기호학의 훌륭한 길잡이라 하겠다.

Sémiotique de l'Espace, Denoël Gonthier, 1979. '공간의 기호학'이라는 주제 하에 1972년에 열렸던 세미나의 보고서로 그레마스의 <위상학적 기호학의 정립을 위하여Pour une Semiotique Topologique>를 비롯해 레니에 교수 등의 글에 실려 있음.

Group 107, *Sémiotique des plans en Architecture*, I·II, 1973/1976. '107그룹'은 하마드를 중심으로 1971년에 조직한 건축가 5인의 그룹연구팀을 말한다. 이 연구팀은 건축가가 설계하여 지은 건물에 건축가 자신이 반영하려는 내용과 사용자가 수용

---

15. 'Activités d'enseignement 1979-1980', *Unité Pedagogique d'Architecture*, no.6, 144 Rue de Flandre 75019 Paris.

16. 기호학의 목적은 연구하려는 현상을 인공적으로 모의실험해 보는 것으로 이 점에서 기호학과 모의실험 기술은 특별한 관계가 있다.

한 내용의 비교를 목적으로 한다. 그러나 결국 기호학적 방법을 동원하여 건축가의 도면을 분석하는 것으로 그쳤다.

Espace et représentation, *Penser l'espace*, Paris: Editions de la Villette, 1982. 1981년, 프랑스 남부 알비Albi에서 파리 제6건축대학 제1연구소(건축기호학연구실) 주최로 이 방면에 관심이 있는 여러 전문가, 특히 그레마스가 지도하는 사회학고등연구학교가 참여한 학술회의가 열렸다.

Charles Jencks & George Baird (eds.), *Meaning in Architecture*, London: Barrie and Rockiff, 1969.

도시와 일상건축의 기호학

> 그가 그렇게도 멀쩡하게 미친 역을 잘해내는 것을 보면 그는 정말로 미쳤는지도 모를 일이다. 보드리야르, «시뮬라시옹»(*Simulacres et simulation*, 1981)

유일신이나 전통적 사회가 지녀오던 통합된 가치가 해체된 현대생활에서, 더욱이 후기자본주의사회가 필연적으로 마련하는 일상에서 나타나는 징후의 공통된 특징은 (전통사회에서와 같이) 바로 인간의 '상상력'이며 '꿈(몽상까지도 포함하는)'이고, '놀이'며 '환상'이고 이들의 '연극성'이고, '의식儀式'인 것이다. 다만 이 도시의 모든 현상이 모방된 환영임을 강조한다고 해도 그것은 모방이라는 이름으로 존재하지 않으며, 초월된 현실로 있다. 유행을 파는 상점과 쾌락을 쫓는 록카페와 상점들을 싸잡아 과소비의 대명사로 질타해도, 그것은 사회적·경제적 윤리의 문제일 뿐 이들을 포용하는 건물들에 대해서는 문제를 제기하지 않는다. 서울은 한국의 자본주의가 신식민지적이고 종속적인 장소로 대변되는 진열장만은 아니며 유행과 소비패턴을 한국적으로 국제화하는 장소이기도 하다. 과다한 도로 폭에 의한 어정쩡함에도 불구하고, 소비함으로 품질이 평가되는 자본주의의 메커니즘을 극단적으로 보여주는 곳이기도 하다.

    우리에게는 이런 가정이 필요하다. 언론에서 무수히 문제시하는 이를테면 '압구정동'의 '문화(?)'가 없었다면 하는 식의 가정 말이다. 문제의 핵심은 바로 서울의 한구석에 그것이 존재하는 것이며, 그것을 어떠한 이념이나 원리로 부정하기 시작하는 태도마저 사실은 그 실체를 보는 하나의 관점에 이바지할 뿐이다. 따라서 도시를 들여다보는 눈은 자본주의의 비판적 논리나 종속과 착취와 지배라는 단어로만 판단할 수 없다. 그것은 현대의 소비생활이 공간적으로 드러난 하나의 파편이며, 버려진 것이 아

그림 1, 2. 현대건축가들은 경사진 지붕을 기피하고 기하학적으로 조절 가능한 박스 형태를 선호한다. 일반 시민들과 건축가들 사이에는 한 번도 집의 상징성에 대해 의사소통한 적이 없다. 이런 의사소통의 부재로 인한 결과가 지금 우리의 도시 풍경이다. 주택가에서 흔히 볼 수 있는 다가구주택 풍경은 집장사들이 만들어낸 이 시대의 형식이기도 하다.

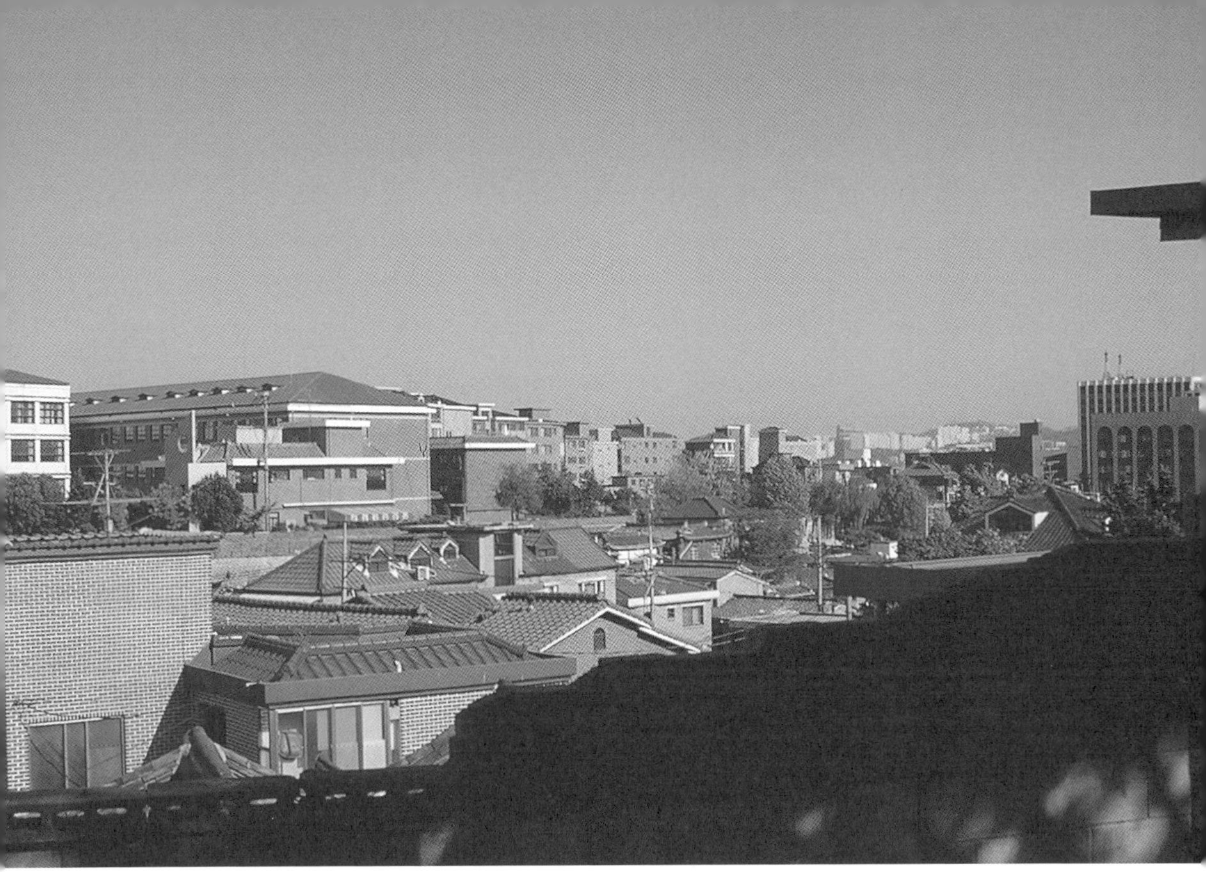

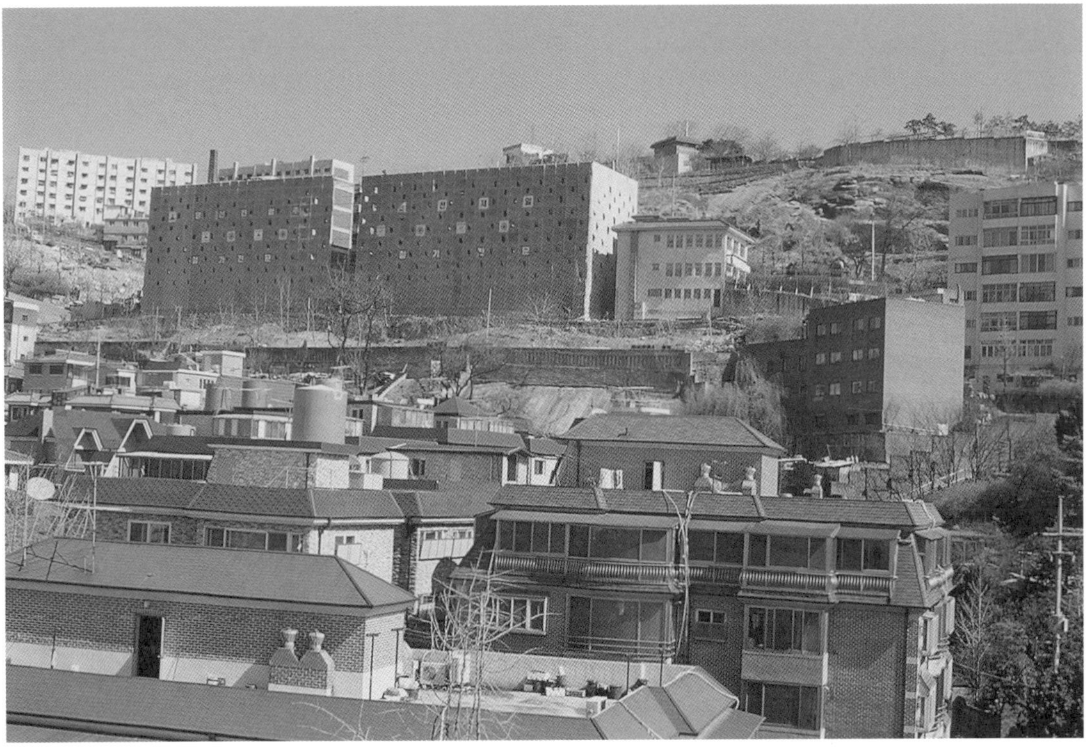

그림 3. 전국 어디에서나 볼 수 있는 '가든'은 우리나라에서는 '정원'이 아니라 '고깃집'을 의미한다. 전 국토는 이제 고기 타는 냄새가 진동한다.

그림 4. 넘치는 간판의 홍수는 건물의 존재를 소멸시킨다. 도시를 아름답게 만들기 위한 첫 번째 문제가 간판이다. 만일 도시 전체에서 간판을 모두 없애버린다면 어떤 풍경이 나올까. 간판은 오늘날 도시미화 작업의 위장술이기도 하며 공간 나누어 쓰기의 합창이다.

니라 파편에 얻어맞은 우리들의 꿈이며, 의식이고 환상이며, 놀이이고 또한 연극이다. 일상사회학(sociologie au quotidien)을 이끌고 있는 프랑스의 사회학자 마페졸리와 그의 동조자들의 견해는 바로 우리들 도시의 파편을 읽어내려는 노력의 단서를 제공할 수도 있을 것이다. 이들은 거시사회학의 이론 틀이나 기존의 정치사회적 이데올로기의 구조로 사회를 들여다본다는 것이 이미 낡은 방식이라고 생각한다. 사회현상을 자가당착적인 추상화의 방향으로 뒤집어 본질에서 멀어지는 위험을 극복하기 위하여, 그들은 일상적 현상을 정직하게 들여다보고 그 속에서 일상의 구조와 메커니즘, 그 근원과 중층적 상호관계를 이해하려 한다. 어떤 사회적 일상을 단정적으로 설명하려 할 때 우리는 과학적 정신의 노예가 될 수도 있음을 상기해야 할 것이다.

더욱이 20세기 말 한국에서, 모방의 유사현실을 살아가는 우리들을 '복제품'으로만 진단한다면 그 진실과 진보는 어디 있는가? 그럴듯한 모조품은 모조품이 아니라 그것이 진실인 것이다. 바로 우리들은 여기에서부터 출발하여 있는 것을 그대로 읽어보려는 노력부터 해야 할 것이다.

보이지 않는 도시들

도시에 관한 이야기 중 이탈로 칼비노의 «보이지 않는 도시들»만큼 우리를 감동시키는 것은 없다. 1972년에 «르 치타 인비지빌리»(*Le citta invisibili*)라는 제목으로 출간된 이 책은 문학계는 물론 도시와 건축에 종사하는 많은 사람들에게 지혜와 상상력의 보고를 제공하고 있다. «보이지 않는 도시들»이 잠언과 같은 명구절들로 구성되어 있기 때문이 아니라 이 세상 어떤 지도에도 존재하지 않는 상상의 도시이야기를 현재, 미래, 과거, 어느 시점에도 속하지 않은 채 들려주는 범상치 않은 글로 이루어져 있기 때문이다.

　45개 도시의 이름은 모두가 여성의 이름으로 되어 있으며, 이야기는 마르코 폴로 Marco Polo가 청나라의 쿠빌라이 칸 Kubilai Khan에게 들려주는 형식으로 중세적 신비로움으로 차 있다. 스메랄딘, 클라리스, 베르사베, 레오니, 이렌느 등 이름만 들어도 시적인 이 도시들은 우리가 현실 속의 도시에서 습관적으로 길들여진 상상력으로는 가볼 수 없는 '새로운 세계'를 너무나 생생하게 보여주기 때문에 정작 우리가 살고 있는 도시를 '보이지 않게' 한다. 가볼 수도 없고 현실에 있지도 않은 이탈로 칼비노의 도시들은 그래서 우리가 늘 살고 있는 도시의 부분들을 새롭게 읽게 한다. 도시의 여러 조각들 속에 감춰져 있는 '미세한 도시'의 내밀한 구조는 예언과 같이 현시되고 있다. 구성은 단순한 은유나 비유 또는 정신착란적인 세계를 통한 상상력의 유희가 아니라 현실보다 더 현실적인 감동을 안겨주고 있다.

　몇 개의 도시를 같이 읽어보자. "아르지Argie라는 도시가 다른 도시와 구별되는 것은 공기대신 흙이 있다는 점이다. 그래서 모든 길은 땅속에 묻혀 있고, 방들은 미세한 흙으로 천정 끝까지 차 있으며 계단은 음각으로 되어 있다" "로도미Laudomie 같은 도시는 바로 가까이에 똑같은 도시가 있는데 양쪽 도시의 가족들은 모두 동일한 이름을 갖고 있다. 그 도시가 바로 죽은 자들이 사는 로도미로 묘지라고 하겠다. 로도미라는 도시의 특징은 이렇게 이중적일 뿐 아니라 삼중으로 되어 있는데 세 번째의 로도미란 바로 아직 출산되지 않은 사람들의 도시인 것이다." "유사피에Eusapie 같은 도시만큼 인생을 즐기고 문제를 회피하는 도시는 없다. 삶으로부터 죽음으로의 진행이 급작스럽지 않게 하려고 주민들은 그들의 도시와 꼭 같은 지하도시를 건설하였다."

이렇게 시작하는 모든 도시들은 우리를 어리둥절하게 하여 결국은 우리를 곤혹스럽게 만든다. 이탈로 칼비노의 책은 다음의 이야기로 끝을 맺는다. 마치 오늘 서울에서와 같이 "살아 있는 자들의 지옥은 앞으로 닥쳐올 것이 아니라 지금 여기 벌써 와 있으며, 바로 우리들이 매일 살고 있다. 그러나 이 지옥에서 고통 받지 않기 위해서는 두 가지 방법이 있다. 첫 번째 방법은 대체로 모두가 쉽게 성취할 수 있는 것으로 지옥을 있는 그대로 수용하는 것이다. 어떻게 보면 스스로가 지옥의 일부가 되어 더 이상 지옥을 보지 않는 것이다. 두 번째 방법은 다소 모험적이긴 하나 계속적으로 각별한 주의와 훈련이 필요하다. 지옥 가운데에서 누가, 무엇이 지옥이 아닌지 알아내는 것이다. 그래서 그것을 지속시키고 지옥의 자리를 그것으로 교체하는 것이다."

기억의 재생

나무를 그릴 때 그리는 사람은 우선 나무를 본다. 그리고 그리는 순간, 즉 연필이 종이 위를 스치는 순간 사람은 종이를 본다. 대상은 시야에서 사라지고 방금 전 보았다고 생각하는 나무를 기억에서 재생시키는 것이다. 따라서 실재하는 나무를 그리는 것이 아니라 자신의 뇌 속에 각인된 그 흔적을 그리는 것이다.

건축가들의 스케치란 바로 실재하지 않는 대상을 가상 속에 만들어내고 그 가상 속의 대상을 종이에 옮기는 행위다. 비유해서 이야기하자면 건축가의 스케치란 자신이 만들어내는 가상적 풍경의 재현이다. 그것은 낭만에 차 있는 정밀묘사가 아니라 무수히 흩어져 혼재해 있는 기억의 새로운 조합(combination)이다. 다만 손이 그 일을 대행할 뿐이다. 물론 때로는 손이 관습적으로 너무 앞서가 스스로를 탓하는 경우도 있다. 그래서 때때로 나는 오른손을 잘라버리고 싶은 충동을 느낄 때가 있다. 대개의 경우는 '습관'이라는 것도 학습된 기억의 끈에 잡혀 있을 뿐이다. 어떤 경우는 기억의 강물의 흐름에서 배어나온 것이 아니라 논리적 사고로 완벽히 결정된 대상을 확인하는 절차로 그려지는 경우가 있다. 강남 신사동에 있는 조그만 빌딩의 경우가 그렇다. 기존 도시의 가로 풍경에 삽입되는 건물의 여러 가능성들을 기호학적으로 타진해보는 일종의 시뮬레이션 놀이다. 기억의 조합이든 논리적 사고의 묘사든 또는 답사여행의 흔적이든 나에게 있어서 스케치란 단순히 설계의 과업을 위한 도구나 표현이 아니라 그것들끼리 만들어내는 또 다른 세계를 들어내는 창이다. 그러나 그것은 열린 것이 아니라 닫혀진 창으로 또다시 나의 상상력을 자극한다.

재생된 기억으로 또 다른 기억을 만들어내어 저장된 '형상'의 원자재다. 간혹 나는 왼손으로 그릴 때 나의 손은 어떤 조합을 기억에서 구해낼지 생각해본다. 스스로 통제받거나 제어되지 않는 자동기술법이란 없는 것이다. 그래서 나는 오늘도 오른손으로 나무 한 그루를 그릴 것이다.

제3의 건축언어

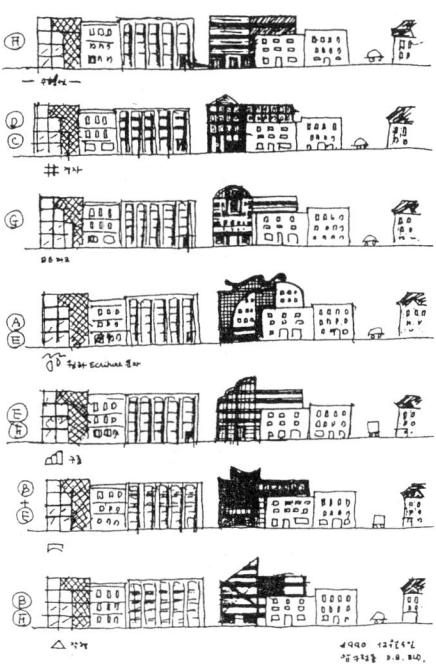

그림 1. 도시의 도로와 건축은 한 문장과 같다. 각각의 지역에 있는 도로 풍경은 서로 다른 언어를 사용하고 있다. 기존의 도로에 한 건물을 설계한다는 것은 기존의 문장에 한 단어를 대입하는 것과 같다. 따라서 어떤 단어를 선택하느냐에 따라 전체 문장의 의미가 달라진다. 길을 걷는 것은 도로에 나열되어 있는 건축이라는 영화를 보는 것이다. 영화가 장면과 장면이 연결되듯 도로는 건물과 건물이 연결되어 한 이미지가 된다.

> 우리나라 말소리가 중국과 달라 한자와는 서로 통하지 않으므로 일반 백성은 말하고자 하는 바가 있어도 마침내 제 뜻을 펼 수 없는 사람이 많다. 그래서 내가 딱하게 여기고 새로 스물여덟 글자를 만들었는데, 이는 사람들로 하여금 쉽게 익혀 나날이 쓰기에 편하도록 하고자 할 따름이다. ‹훈민정음›

우리는 서양식 건축교육을 전수받고 한국의 풍토 위에서 현대 산업사회의 세계주의적 생산관계에 종속된 채 한국적 모더니즘에 빠져 있다. 다시 말해 현대건축의 시원을 이룬 유럽이나 미국의 건축인들이 고뇌하지도 이의를 제기하지도 않는 갈등구조 속에 있다고 하겠다. 20세기를 전후한 현대 건축언어의 탄생이 조형미술의 모험과 밀착된 관계에 있던 점이 아마도 현대건축의 뿌리 깊은 모순이었는지도 모른다. 건축문화가 역사적으로 '통일된 총체적 시대의 가치관'이었다면 현대건축은 그 시발점부터 소수 전위건축인들의 개인주의적 개혁의지의 집합이라고 할 수 있다. 그럼에도 현대 산업사회는 경제 제일주의와 합리주의를 고수하며 그러한 건축의 '조형미술화'를 애호하게 된 것이다.

즉, 건축은 마치 추상회화처럼 엷어져 추상적이 되고 수식어를 삭제하기 시작했다. 일반인이 건축인에게 기대하는 것은 의미 있고 실용적인 보편적 공간이 아니라 난해하더라도 보기 좋은 외관인 것이다. 이는 환경을 전제로 한 소통의 건축이 아니라 오직 다른 건물보다 다르거나 돋보이고 또는 새롭게 보이기 위한 쇼윈도식 건축으로 전락한 것을 의미한다. 바로 이러한 건축행위의 누적된 현상이 우리의 일상 환경으로 등장했다. 우리의 이러한 일상 환경을 숙독하는 것이야말로 우리가 추구해야 할 제3의 건축언어를 찾아내는 지름길이 될 것이다. 왜냐하면 소설가들은 많은 책을 읽은 후에야 비로소 의미 있는 창작을 할 수 있기 때문이다. 남의 글, 또는 자신이 쓴 소설이 무슨 뜻인지 모르며 어떻게 좋은 글을 기대할 수 있겠는가?

제1의 건축언어

대체로 20세기 이전 서구와 한국의 전통 건축언어는 문화적으로 통일된 총체적 시대의 가치관을 반영했고, 이는 현대건축의 모델이 되었으며, 일정한 법칙을 갖는다. 서양의 비트루비우스의 건축론이나 중국 송宋대의 조형법식들은 동서양 건축법칙의 근간을 이루며 유동성이나 견고성과 균제의 미를 건축의 목적으로 삼았다. 현대건축의 끊임없는 도전에도 불구하고 아직 이 지구상에는 여러 세기를 지탱해온 전통건축이 다수를 점유하고 있다. 이는 건축이 근본적으로 보수적이어서가 아니라 본질적으로 생태적이기 때문이다. 한국의 전통건축이 현대생활에서 대대적으로 소멸하고 있으면서도 생태적인 것이 남은 것은 이 때문이다. 따라서 우리는 전통건축에서 바로 이 생태적인 것과 더불어 한국건축의 척도와 비례를 되돌아보아야 할 것이다. 전통건축의 '모델'과 '법식'을 제2의 건축언어로 동화시키는 일은 그것의 발전적 의미로서보다는 재창조의 의지로 탐색해야 할 것이다.

제2의 건축언어

우리가 지칭하는 현대 건축언어는 국제주의적 양상을 띠고 우리 속에 깊이 자리 잡고 있다. 이를 간편하게 모더니즘이라고 칭한다면 아직도 우리는 모더니즘의 무한한 잠재력의 주변에 있다고 말할 수밖에 없다. 포스트모더니즘과 해체주의가 모두 모더니즘의 한 단편이라고 말할 수 있다면 한국 현대건축은 무궁무진한 가능성의 실현을 숙제로 안고 있다. 아직 모더니즘의 출발점에 있는 한국의 현대건축은 서양의 모더니즘을 모델로 그 명맥을 유지하고 있다.

로시Ando Rossi 식의 서구식 건축전통에 뿌리를 둔 중후함이나 벤투리 식의 미국식 팝 건축, 또는 다다오의 일본식 지역주의와 현대 건축언어의 만남 같은 특징과는 별개로 보타Mario Botta나 페이I. M. Pei 또는 시리아니Henri Ciriani와 같이 모더니즘의 충직한 일꾼들을 보면 아직도 모더니즘은 그 부존자원이 무한대에 있다고 해도 과언이 아니겠다. 이렇게 열거한 작가들의 건축이 우리에게 주는 교훈은 건축행위의 전형으로서의 가치가 아니라, 모더니즘의 다양한 가능성의 면모인 것이다. 특히 보타, 페이, 시리아니 등은 모더니즘의 가장 보편적인 성취를 통해 가장 국제적인 가치를 창출한 사람들이다. 그들은 아직도 르 코르뷔지에가 못다한 꿈을 실현하고 있는 것이다. 그러나 한국의 현대건축은 바로 모더니즘의 혹독한 논의보다는 건축을 위한 건축, 또는 막연한 문화주의적 관망 자세를 벗어나지 못하고 있는 것은 아닌가? 그것은 고집스러운 자기개발 의지의 결여보다는 모더니즘의 또 다른 엄밀성을 유보하는 편이 현실적으로 편리하기 때문인지도 모른다. 또는 올바로 보는 시각을 잃어버렸는지도 모른다. 현대 건축언어를 우리는 서툰 영어하듯 구사하고 있다. 건축의 의미가 유용성에 있다는 뜻이 내부공간의 활용성에서만이 아니라 당대 가치관의 전달이라는 소통의 역할을 잊어서는 안 될 것이다. 그러나 현대 건축언어의 문제는 그것이 집단의 언어가 되기보다는 '마치 그림에 자기 이름을 서명하듯' 개인이나 소그룹 암호같이 사용하기가 더 용이하다는 데 있다. 그것은 현대건축의 자율성이 갖는 함정이기도 하다.

제3의 건축언어

건축은 공간을 창조하지만 공간을 초월할 수는 없다. 건축행위에는 건축되는 땅이 있고 바로 그 위의 하늘을 이게 된다. 우리가 흔히 현실적 의미의 축軸의 개념이나 방향성 같은 원론적 대지분석의 개념이 아니라 건축되는 대지와 내재적·외연적 개념, 필요하다면 그 지역 전체까지도 연루되는 맥락의 정확한 파악이야말로 진정한 대지분석 행위일 것이다. 분석 후의 답은 항상 조화를 전제로 하지는 않는다. 그것은 주변과의 충돌이라는 해답을 가져올지도 모른다. 다만 우리는 그 땅이 요청하는 건축을 뒤로 하고서야 비로소 출발할 수 있다. 수식어가 필요하면 수식어를, 접속사가 필요하면 접속사를, 구상적이길 요구하면 구체적인 표현을 담아야 할 것이다. 물리적 공간의 포로망을 탈출하고 관습적 조형언어를 탈피한 후에 우리는 새로운 언어, 제3의 건축언어에 접근할 수 있다. 그것은 외래어가 아니라 진정한 토착 언어인 것이다.

예술과 생활: 현상과 본질

모든 사물이 현상(phenomenon)으로 나타날 때 항상 본질(substance)까지 보여주지는 않는다. 그렇기 때문에 사람들은 본질을 찾아 연구하고 학문을 만들고 여러 이론과 담론들을 토해낸다. 그것이 한 사회의 시대현상이든 예술의 한 사조든 간에 우리가 늘 알고자 하고 가까이 가보고자 하는 것은 감춰진 본질의 얼굴이다.

이를테면 탈무드에 나오는 일화를 들어보자. 굴뚝 청소를 하고 나온 두 사람 중 한 사람은 얼굴이 비교적 깨끗하고 한 사람은 완전히 까만 얼굴이었다. 두 사람 중 누가 먼저 세수를 할 것인가? 그야 당연히 얼굴이 더 깨끗한 사람 쪽이다. 왜냐하면 두 사람은 서로 얼굴을 마주보고 자신이 얼마나 더러워졌는지를 판단하기 때문이다. 이 이야기를 가만히 생각해보면 우리는 어떤 사물의 현상을 판단할 때 항상 어떤 종류의 거울이든 하나의 매개를 통한다는 사실을 알 수 있다. 이때 거울은 지식일 수도 있고 남의 이론일 수도 자신의 체험일 수도 있다. 그러나 지식, 이론, 체험 모두가 현상을 제대로 읽고 본질에 도달하도록 한다는 보장은 없다. 그래서 우리는 사물이나 작품(문학이든 공예품이든 간에)을 두고 분석할 때 미분법적인 태도를 지양하고 훨씬 폭넓게 자신의 판단을 검증하는 도구를 소지하는 것이 유용할 때가 많다.

그런 비슷한 생각에서 프랑스의 언어학자 그레마스는 '의미론의 사각형'을 고안했다. 이를테면 우리는 대개 '미美'의 반대 개념을 '추醜'라고 여기지만, 사실은 '미'의 역개념으로 '비미非美'를 내세울 수도 있다. 따라서 '추'의 역개념인 '비추非醜'도 생각할 수 있다. 이렇게 해서 생긴 개념들을 상호 비교함으로써 우리는 이분법적인 미, 추의 세계로부터 '미, 추, 비미, 비추'의 세계로 확장해서 사고할 수 있다. 그리고 존재에 대해서도 '존재'와 '무', '비존재'와 '비무'에 대해 생각할 수 있을 것이다. 물론 이러한 도구가 모든 문제를 해결하는 만능열쇠는 아니다. 다만 우리가 속단하는 사물이나 현상에 대한 의미에 폭넓게 접근할 가능성을 키워준다고 하겠다. 본질에 이르는 것은 늘 어렵다. 그러나 때로는 거꾸로 거슬러 올라가면 또 다른 진리에 쉽게 도달할 수도 있을 것이다.

지금 이 시대에 거세게 몰아치는 폭풍은 19세기 말엽 우리나라가 처했던 역사적 상황과 비슷하다. 이 시기를 또 다른 우리의 본질을 찾아내는 기회로 삼으려 한다면 우리는 '세계화'라는 획일성에 얽매일 것이 아니라 '다양화'할 수 있는 능력을 개발해야 할 것이다. '엉덩이에 뿔 난 놈'을 죽이지 말고 '등에도 뿔이 나게 하는' 기꺼움을 갖는 일이다.

건축기호학에 대하여

전제

기호학은 언어학의 한 분야이고 건축기호학은 20여 년 전 막 출발한 기호학의 응용학문이다. 필자는 사실 건축기호학자도 아니고 언어학자는 더욱 아니다. 그럼에도 건축기호학에 대하여 일반적인 관심의 수준에서 몇 가지를 이야기해보고자 한다. 1982년 6월, 프랑스 아르브렐의 라 투레트 La Tourette 수도원에서 열렸던 제2차 건축기호학 모임에 닷새간 참가한 경험과 거기에서 하마드를 만나 지금까지 교류해온 내용은 건축기호학을 이해하는 데 각별한 도움이 되었다. 현재 그는 국제건축기호학회에서 주목받는 기호학자로서 최근에는 시리아의 팔미라 신전에 대한 기호학적 분석을 발표하기도 하였다.

어쨌든 필자의 짧은 안목으로 태동기에 있는 건축기호학에 대하여 언급한다는 것은 쉽지 않다. 그동안 건축기호학에 관련된 글들이 단편적으로 발표되었으나 심도 있는 연구 결과물이라기보다는 항상 기호학을 공부하고 싶다는 의지의 표현 수준이었다. 따라서 모든 글들은 언어학자 소쉬르에 대한 소개와 함께 그가 언어구조의 이분법으로 제시한 기표와 기의에 대한 해설을 덧붙이다가 결국은 언어학 이론의 주변을 서성거리는 정도에 머물렀다고 해도 과언이 아니다. 따라서 이 짧은 글은 그런 설익은 대열에 동참하기보다는 적어도 왜 기호학이 인문사회과학도들에게 매력적인 모델로 사용되며 건축에서는 어떤 효용이 있는지 알아보려고 한다. 다만 언어학의 용어들을 나열하기 시작하면서부터 한 발자국도 앞으로 나가지 못하는 악습을 극복하면서 말이다. 건축기호학은 언어의 구조를 드러내는 것이 아니라 공간의 의미를 찾아나서는 것이 목적이기 때문이다. 그러나 여전히 기호학에 대한 다양한 견해들과, 언어학으로 출발하면서도 비언어적인 대상들에 대한 기호학자들의 관심사를 간단히 개괄해보는 것은 의미가 있다.

소통, 기호, 기호체계

기호학의 창시자라고 할 소쉬르는 그의 일반언어학 강의에서 기호학이란 사람들끼리 소통을 가능케 하는 일체의 기호(또는 상징) 체계를 연구하는 과학이라고 정의 내렸다. 최근 소쉬르 연구에 중요한 공헌을 한 김성도 교수의 글 <소쉬르 기호학 서설>[1]은 소쉬르 기호학의 성립과 그 외연, 그리고 소쉬르 기호의 존재론적 속성 등을 밝혀내고 있다.

소쉬르는 랑그란 영속적인 이원성을 보여주며 한 측면은 반드시 다른 한 측면을 통해서만 가치를 갖게 되므로 어느 한쪽을 추상화시킬 수 없고 반드시 총체성을 간파해야 한다고 말했다. 그리고 소쉬르는 랑그가 하나의 기호체계이며 궁극적으로는 기호의 생성 및 법칙을 밝혀줄 수 있는 기호과학으로 귀결될 수 없음을 말했다. 소쉬르의 연구노트를 들여다보자.

> 사람들은 오랫동안 언어과학이 자연과학 차원에 속하는지 역사과학에 속하는지 토론했다. 언어학은 그 둘 중 어느 하나에도 속하지 않는다. 그것은—지금은 비록 존재하지 않지만—기호학(Sémiologie)이란 이름 아래 존재하게 될 과학들 중 하나다. 곧 기호의 과학, 혹은 인간이 자신이 필요한 계약을 수단으로 전달할 때 발생하는 것을 연구하는 분야다.[2]

이 점에서 김성도 교수는 언어학과 기호학도 숙명적으로 상호 공존 관계에서 전개될 수밖에 없고 언어가 기호체계라는 점에서 언어학은 다른 사회제도들을 연구대상으로

---

1. 김성도, <소쉬르 기호학 서설>, 한국기호학회 엮음, «문화와 기호», 문학과 지성사, 1995.

2. 김성도, 위의 글.

삼기보다 상위의 학문인 기호학에 포함된다고 말하고 있다. 소쉬르는 기호학이 심리학의 한 분과인 사회심리학에 속한다고 진술했다. 여기에서 주목할 것은 소쉬르 기호학이 출발점에서부터 인문사회과학 쪽으로 확장될 조짐이 있었다는 점이다. 김성도 교수는 소쉬르 기호학의 존재론적 속성을 12가지로 거론하고 있다.

1) 기호는 무엇인가를 의미한다.
2) 기호는 이원적이다. 기호에는 상호 종속적인 이원적 속성들이 내재한다.
3) 기호는 비개성적이다. 즉 랑그에 속해야 하며 초개인적이다. 다시 말하자면 기호의 궁극적 사회성 혹은 제도성을 의미한다.
4) 기호는 개인에 의해서 혹은 소수의 무리에 의해서 변경될 수 없고, 영속적으로 그들을 벗어나 존재한다. 따라서 언어는 개인이나 사회의 의지에 따라서 변경될 수 없다.
5) 기호는 숙명적으로 시간 속에서 운동한다. 즉 기호의 영속적 운동성을 말한다.
6) 기호는 전달 및 양도가 가능하다. 즉 기호는 계약적 본질로 이루어져 있으며, 공동체의 일치이자 계약으로서 집단적 타성에 뿌리를 둔다.
7) 기호는 유통 혹은 전파한다.
8) 기호는 자의적이다. 기호학은 "자의적으로 고정된 가치를 연구하는 과학이다." 이것은 모두가 알고 있는 언어기호의 자의성이다. 기호의 자의성으로부터 다음 세 가지 하위범주의 속성들이 파생한다.
9) 모든 자의적 기호는 부정적 혹은 차이적 가치를 갖는다. 이것을 우리는 기호의 네거티브적 차이성이라고 부른다.
10) 모든 자의적 기호는 규정된 체계 속에서 대립적 가치를 갖는다. 이것은 기호체계의 대립성을 말한다.
11) 기호의 생성수단은 무관하다.
12) 청각적인 부분인 기호의 기표는 하나의 공간 길이를 표상하고 이 길이는 오직 하나의 차원에서만 측정될 수 있다. 이것은 기표의 선도성에 해당한다. 소쉬르는 다만 공간성이라는 술어를 사용하고 있다. 이 속성들의 총합은 언어기호의 실질을 정의한다.

하지만 소쉬르는 여러 차례에 걸쳐 위에서 나열한 모든 속성들을 갖추고 있지 않은 기호도 존재할 수 있음을 강조한 바 있다. 예컨대, "시각기호들은 여러 차원에서 복잡성을 가져오며, 바로 이 점에서 기표의 선도성의 조건에 위배된다"라고 말하고 있다. 그리고 길게 인용된 소쉬르 기호의 속성들에는 많은 해석이 따를 수 있겠다. 그중 제1, 2, 3속성으로서 "기호는 무엇인가를 의미한다"와 "기호는 이원적이다"라는 것, 그리고 "기호는 비개성적이다"라는 말은 결국 사회현상은 의미의 현상이고 이해의 대상이라는 점이다. 사회현상에는 의미와 가치의 문제가 개입되고 특정인의 경험(파롤)의 조화가 이 세상을 만들어간다고 할 수 있다. 소쉬르로부터 출발한 바르트의 경우는 모든 기호체계를 문제 삼는다. 실체가 어떤 모습이든 한계가 어디까지이든 이미지, 몸짓, 멜로디, 음, 오브제 등이 실현되는 의식과 스펙터클까지도 의미체를 형성하는 언어로 정의한다. 바르트는 기능적 언어학 이외의 부분들인 오브제나 이미지 체계의 기의가 언어 밖에서 존재한다고 생각하는 것이 점점 더 어려워지기 때문에, 하나의 실체가 의미하는 것을 감지하는 것은 언어를 통해서만 가능한 것 같다고 생각한다. 오직 명명命名함으로써만 의미가 있으며 기의의 세계는 언어의 세계일뿐이라고 강조한다. 기호학적 분석은 결국 이데올로기의 분석이라고 바르트는 생각한 것이다. 바르트로 대표되는 "전기 기호학의 주요 관심사는 커뮤니케이션 텍스트와 대중문화 텍스트에 내재한 이념의 정체를 밝혀내는 것이었다. 전기 기호학이 이념학이라고 불렸던 이유가 여기에 있다"라는 박명진 교수의 언급도 바로 이러한 이유에서였다. 바르트는 《신화론》에서 의상이나 자동차와 같은 유행의 관습들을 대중문화의 속성들로 분석했다.

  바르트는 이 책을 통해서 비로소 구조주의를 단순한 사조가 아니라 사회과학적, 그리고 인문과학적 대상의 기능이나 존재의 규칙을 드러내 보이기 위해 사용할 수 있는 방법론으로서 정립해주었다고 할 수 있다.

  또한 같은 글에서 박명진 교수는 바르트가 소쉬르의 기호학을 기표/기의, 형태/본질, 랑그/파롤, 공시적/통시적 등 이분법적으로 설명했다고 밝히고 있다. 이와 달리 에코Umberto Eco의 기호학은 퍼스Charles Sanders Peirce의 삼분법적 기호학[3]을 계승하는 데서 근본적 차이점이 있다고 설명한다. 기호와 대상에 이들을 연결하는 해석체라는 새

---

3. 기호를 기호sign, 대상reference, 해석체interpretant의 삼각체제로 설명하는 이론.

로운 항을 삽입시킴으로써 기호에 시간의 개념을 도입할 가능성을 열어주었다. 또한 소쉬르의 기호학이 기호의 분석을 정태적인 것으로 제한할 위험을 제거하고 시간의 축이 중요한 요소인 사회과학, 특히 커뮤니케이션 연구에서는 순수한 바르트식의 연구방법보다 에코의 방법이 더 선호되었다는 것이다.

바르트와 에코 등 이탈리아 계열의 기호학 방법론과는 또 다른 계열로는 서사체 이론(narratoloty)이 있다. 프랑스, 이탈리아 구조주의자들은 러시아 형식주의자인 프로프 Vladimir Propp의 러시아 민담분석 모델에 구조주의 방법론적 요소들을 결합시켜 서사체 분석방법들을 개발해냈고 그 대표적인 것이 레비 스트로스와 그레마스의 분석모델이다. 특히 행위자 모델이라고 불리는 그레마스 모델은 프로프와 레비 스트로스를 결합, 발전시킨 것이다. 박명진 교수는 서사체이론가들은 서사체가 사회적 삶의 모순을 표상해주며, 그 모순을 해석하는 방식을 보여주고 있어 문화적 해석의 근거가 될 수 있다고 요약했다. 그밖에 비판적 언어모델이 있으나 여기서는 논의하지 않기로 한다. 다만 그레마스가 기호학에 대해서 관심을 갖기 시작한 이야기는 흥미롭다. 본래 그는 번역가로 출발하였고 번역 과정에서 참고한 사전에 대한 의구심을 표시하기 시작했다고 한다. 처음에는 한 단어를 찾으면 그 단어 고유의 변치않는 의미가 표기되어 있는 것이 아니라 한 단어의 의미는 모두 다른 단어들에 그 의미를 전가하고 있는 것에 착안했다. 이때 한 단어의 변치 않는 의미의 최소 단위가 무엇인지, 그리고 한 문장에서 의미가 생성되는 것은 문자에서라기보다는 오히려 문장의 배열과 그것을 해독하는 독자의 생각의 공모 현상임을 깨닫게 되었다. 결국 그레마스는 자신의 저술을 올바로 이해시키기 위해서 독자적인 사전을 만들어야만 했다. 그가 한 단어의 의미의 최대치를 얻기 위해 고안해낸 의미의 사각형은 서사구조를 드러내는 모델로도 활용되고 있다. 앞서 언급한대로 그의 제자이기도 한 하마드의 건축기호학의 출발점이자 방법들도 결국은 그레마스의 '행위자'와 의미의 사각형 구도를 크게 벗어나는 것은 아닌 듯하다.

개괄적으로 섭렵해볼 기호학 창시자들의 공통점은 사람들 사이의 소통을 가능케 하는 매개로서 기호를 상정하는 것이고, 그것이 작동하는 방식인 기호체계를 연구하

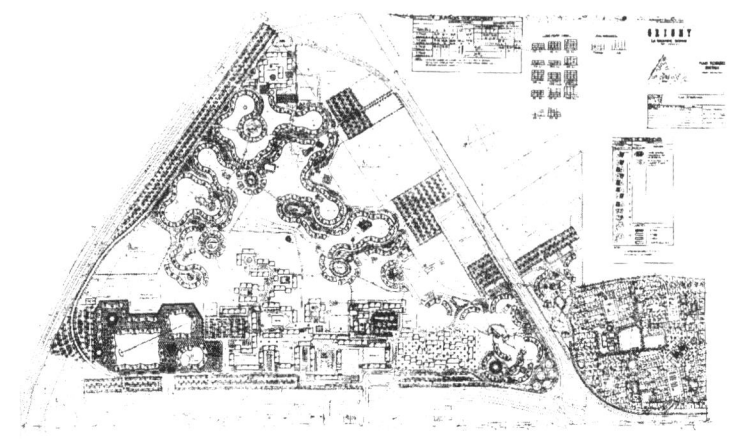
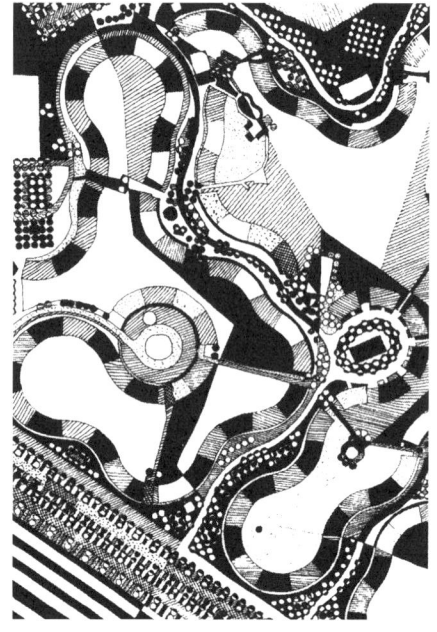
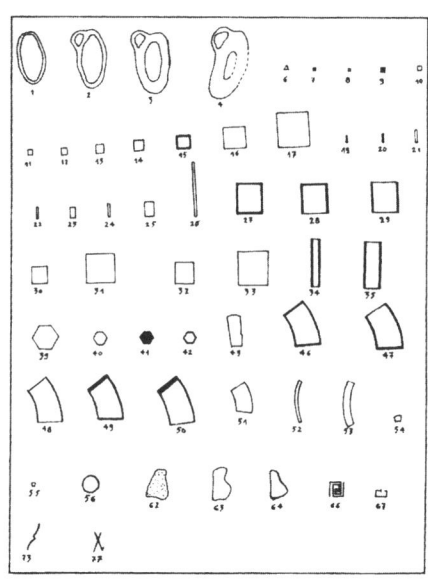
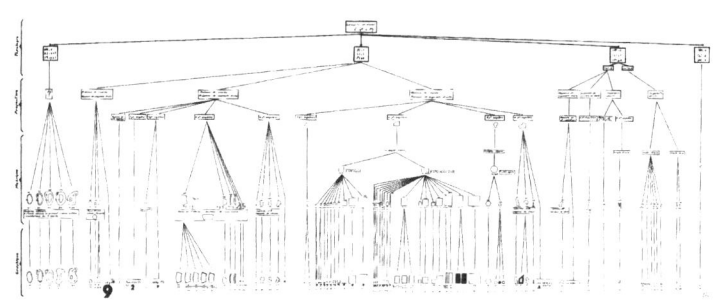

는 것이다. 따라서 건축기호학에서의 문제는 비언어적인 공간에서 무엇을 기호와 체계로 보느냐 하는 것과, 사회적 현상으로서의 건축현상을 어떻게 해석하느냐 하는 문제로 대별될 수 있다. 즉 건축기호학의 효용이 있다면 그것은 건축을 생산해내는 도구로서 보다는 현상을 읽어내고 이해하는 쪽에 더 큰 비중이 있는 듯하다. 다시 말하자면 건축기호학의 대상을 건축작품에 국한하기보다는 건축생산 전반에 걸친 것과 그에 뒤따르는 건축의 여러 담론들(언어화된), 그리고 건축의 집합체인 도시로까지 확대시킬 수 있는 것이다. 이를테면 거대한 건축물을 꿈꾸는 한 재벌회사의 회장과 건축가의 대화나 그런 작업 진행에 따른 회의록들은 건축기호학의 또 다른 대상이 될 수도 있을 것이다. 이 짧은 글에서는 몇 가지 사례를 들어 방법론의 실체를 가늠해보고자 한다.

기호에서 행위자까지

하마드는 동료들과 함께 건축가 아이요 Emile Aillaud가 파리 남쪽에 설계한 그리니의 '라 그랑드보른'이라는 집합 주거단지의 마스터플랜을 분석했다. 하마드와 동료들은 건축공간이 언어처럼 기능하며 따라서 건축가의 도면은 메타언어의 서술로 가정하면서 출발했다. 또한 그들은 단순히 도면 그 자체만이 아니라 도면과 함께 표기된 언어에 대해서도 관심을 기울였다. 결국 하나의 집합 주거단지 전체를 부분으로 나누어 의미소들을 가정하고 그것이 하나의 문장(마스터플랜)으로 통합되는가, 즉 어떤 의미의 표상체계를 갖는가에 대해 통사론적 분석을 시도했다. 결국 그들은 기호학적 모델로 건축공간의 부분 단위를 추출하고 그들의 상관관계를 수학방식으로 풀면서 궁극적으로는 위상수학과 기호학의 접목을 시도했다. 결론에서 밝힌 것처럼 하마드와 동료들은 건축도면의 감춰진 논리와 의미를 발견하기 위해서―건축가 자신도 분석해본 적이 없는―기하학적 형태가 만든 마스터플랜의 궤적을 읽어낼 수 있는 또 다른 언어를 만들고자 시도했다. 그것은 일반언어가 아닌 또 다른 체계의 언어를 만드는 작업으로서 대단히 복잡한 노정이었다. 비수학적 결과물을 수학언어로 치환한다고 해서 모든 것이

그림 1, 2, 3, 4. 건축기호학자 하마드는 라 그랑보른의 주택단지를 기호학적으로 분석하였다. 내·외공간의 영역과 위상학적 공간을 검증하고 계열화하여 궁극적으로 주택단지 내에 내재되어 있는 건축의미를 섬세하게 분석하였다. 그러나 건축기호학은 건물을 새로운 시각으로 읽어 내는 데 도움을 줄 수도 있지만 또 다른 형이언어(meta-language)를 도입하여서 의미를 복잡화하는 경향이 있다.

읽히는 것은 아니다. 그들은 분석과정에서 문제에 봉착했을 때 또 다른 도구를 도입했고, 그것으로 부족하면 역시 새로운 방법론들을 가져왔다. 하지만 새로운 방법론도 결국 기대하는 만큼의 목적을 달성할 수 없는 채로 의역의 켜만 부풀리는 꼴이 되었다. 다만 긍정적인 점이 있다면 아마도 그들이 말한 것처럼 '로제타의 돌'로 간주하는 영역으로서 새로운 도면읽기의 제안일 것이다. 그것은 모험으로 끝났지만 하마드는 그 이유를 잘 알게 된 듯하다. 모든 과학은 대상에 문제가 있는 것이 아니라 주체에 문제가 있다는 것을 깨달았고 그레마스가 바로 그 도움을 준 것임이 틀림없을 것이다.

10년 뒤 1982년 투레트 수도원에서 그가 시도한 세미나의 주제는 바로 '주체'의 문제를 심도 있게 실험했기 때문이다. 그는 자신의 두 번째 시도라 할 수 있는 세미나 결과의 저술(«공간의 사유화» *La Privatization de l'espace*, 1989)에서 공간과 행위자가 만들어내는 공간의 사유화를 분석하였다. 세미나 참석자들은 모두 수도승들의 방 하나를 골라서 여러 가지 방법으로 사유화의 영역을 관찰하고 기록했다. 의도적으로 방문객을 부른 경우, 우연히 방문한 경우에 따라 조그만 방에서 앞쪽으로 난 테라스에 이르기까지 들어오는 방법과 머무는 태도, 자리 잡는 방식들을 세밀하게 관찰하고 기록하였다. 그리하여 결국 공간의 사유화의 핵심은 '통제'하는 경계선의 유무에 따른 것과 누가 '통제'하는가를 질문하게 되었다.

체험은 수도원 식당(공적인 공간)의 식탁에 착석하는 방법과 위치에 대한 비교에서도 지속되었다. 그리하여 공간의 사유화는 건축공간의 속성에 비롯하기보다는 우리 내면에 내재화된 행위 규범들에 비롯하고 있음을 밝히고 있다. 물론 각 상황들을 기호화하고 이들을 관계로서 풀어나가는 과정들이 병행해서 이루어진 것이 사실이다. 그리고 내면화된 '통제'의 규범은 일상적으로 사회화된 제의적 의미를 지닌다. 어떤 공간이 방이 되고, 식당이 되고, 회담장이 되고, 교실이 되는 것은 그곳에 놓인 사물들을 제외한다면 결국 사람들이 서로 공유하는 제의적 행위 없이는 무의미한 공간이 되는 셈이다. 행위를 전제로 건축공간이 제공되지만 그것은 목적을 갖는 행위자가 출현함으로써만 완결된다. 건축공간 자체에 대한 분석은 행위자의 분석을 통해서 비로소 완결된다는 것이다. 다만 사유화 과정에서 행위자로서의 사람이 아닌 부분에 대해서 건축가는 어떻게 한 공간, 또는 방을 사유화의 범주에 소속시키는가 하는 문제가 남는다. 즉, 인간이 아닌 자연의 역할까지 분석의 대상이 된다.

 하마드는 그래서 수도원 방의 파사드 쪽을 분석했다. 방 속에는 발코니 쪽으로 창문이 있는 면이 보인다. 오른쪽에 목재 문이 있고 왼쪽에는 15센티미터 정도 되는 인섹트 스크린(방충망)이 있다. 이것은 반대편 출입문 옆에도 마주 설치되어 있다. 중앙은 둘로 나뉘어 상부는 고정창이 있고 하부는 벽감으로 막혀 있고 방열기가 자리 잡고 있다. 이 설정은 바로 자연과 방의 관계를 설정하는 중요한 요소가 된다. 첫째로 모든 벽면의 판(유리, 나무, 벽체)은 일단 외부기후의—공격적일 수 있는—바람과 같은 요소들을 격리시킨다. 둘째로, 유리는 빛을 통과시키나 공기와 그 이외 것들을 차단한다. 왼쪽의 틈(방충망)은 열린 상태에서 공기를 통과시키지만 사람과 모기 같은 곤충들은 들어올 수가 없다. 오른편의 문은 열려 있는 경우 사람들과 빛과 공기와 모기, 기후 인자들을 들어오게 한다. 끝으로 창문 하단의 콘크리트 벽은 열, 빛, 공기, 사람 등 그 어느 것도 통과시키지 못한다. 이런 류의 분석 목록은 모든 차단막이 선택적이라고 하는 점을 가리키고 있다. 이 명약관화한 선별 방식은 바로 어떤 류의 행위자는 통과시킬 수도 있고 막을 수도 있다는 점이 바로 공간의 질을 '조절'하는 중요한 장치인 것이다. 그래서 중요한 것은 통과에 부여하는 조건들이다. 즉 하나의 오브제는 그 자체로 어떤 가치를 부여받는 것이 아니라 주어진 프로그램에 따라 유발되는 다른 오브제와의 관계 속에서만 의미가 있는 것이다. 공간의 사유화에서 하마드가 추구하는 것은 1970년대와는 달리 건축기호학에서 일상적 행위 속에 숨어 있는 사람들의 감춰진 차원과 조응시키는 일이다.

 몇 년 전 한국민족예술인총연합 문예아카데미 건축강연에서 하마드를 만났을 때 한국에서 꼭 해보고 싶은 일이 종묘를 기호학적으로 분석하는 것이라고 했다. 하마드가 최근에 시리아의 신전 영역을 분석한 것도 아마 그런 관심사의 일환일 것이다. 아직까지 분석하기 편리하고 기호학 논리를 입증하는 대상으로 신전이나 성소들이 그럴듯한지는 모르겠다. 그러나 소위 사람들의 행위를 단순히 움직임으로 보는 것이 아니라 이벤트의 주체로 보는 것은 공간 생성의 의미를 폭넓게 드러낼 수도 있을 것이다.

정교하고 세밀한 기호학적 분석들은 감춰진 의미들을 드러내주는 수단임이 틀림없다. 인간만이 전제되고 그 행위가 전제되지 않는 건축이 있을 수 없듯이 건축공간 자체만의 독해는 중요한 또 하나의 축을 이을 수 있는데, 그것은 바로 한 시대의 삶의 의미는 일상성 속에 내재해 있고 따라서 모든 존재는 의미가 있다는 점이다. 이것을 드러내는 것은 한 시대의 상징체계를 드러내는 것일 수도 있을 것이다.

반복 속의 차이

엘리아데 Mircea Eliade는 상징체계가 공동의 질서를 만드는 것이며, 그것을 문화라고 말했다. 한 문화에 동참한다는 것은 상징을 사용할 줄 알게 되는 것이며 그것을 재현(표현)하거나 지각(경험)하는 것이다. 상징행위는 개인의 성장과정에서 발전하고 일반적으로 인류 역사를 통해 나타나는 의미란 사회현상이며, 개체에서 상징의 발전은 일반적으로 인류가 도달한 수준을 넘어설 수 없다. 즉 이미지, 상징, 신화는 마음대로 아무렇게나 만들어놓은 창조물이 아니다. 이것들은 어떤 필요성에 응하고 있으며, 어떤 기능을 다하고 있다. 그 기능은 존재의 가장 내밀한 양상을 숨김없이 드러내주는 데에 있다. 따라서 이미지, 상징, 신화에 대한 연구는 우리로 하여금 역사의 여러 조건과 아직 타협하지 않은 '생긴 그대로의 인간'을 한층 잘 이해할 수 있게 해준다.[3]

중요한 것은 건축 자체의 의미가 아니라 이 시대의 의미와 상징과 신화를 드러내는 것이다. 건축을 커다란 틀로 보아서 언어(랑그)라면 개별 건물은 발화(파롤)다. 결국은 끊임없는 발화의 반복 속에서 드러나는 차이가 어떤 이미지와 상징과 신화를 만들어내는가 하는 것을 추적하는 일이다. 그것이 아마도 건축기호학이 설계하는 원리를 찾기 전에 필요로 하는 효용인지 모른다. 또한 우리는 이렇게도 이야기할 수 있다. 현재 이 나라에 팽배하고 있는 취향(발화-파롤)은 아직 문화(언어-랑그)의 모태가 없는 것은 아닌가 하는 것이다. 이것은 언어학으로 보면 성립 불가능한 것이지만 지금 우리는 바로 개별적 취향의 집합으로 한 시대의 문화(언어)를 투사하고 있는지도 모른다. 일산 여

그림 5. 투레트 수도원의 수도승 방의 창가는 4종류의 면으로 구분되어 있다. 책상 위에 빛이 들어오는 고정된 창, 오른쪽의 바깥 테라스로 나가는 문, 왼쪽의 모기장이 쳐진 환기구, 고정된 창 밑의 라디에이터가 달린 작은 벽채 등이다.

3. 박명진, 〈기호학과 커뮤니케이션 연구〉, 한국기호학회 엮음, 《문화와 기호》, 문학과지성사, 1995.

기저기에 유행처럼 건설되고 있는 전원주택이 미국식 주택 외관(벌룬 프레임에 널판자를 붙임)을 모방한 것은 선진국에서 검증된 주택의 차용이라는 점에서 기호(sign)의 사용으로도 볼 수 있다. 주택문화라는 부분에 국한해 봐도 건축문제 이전에 사회심리학적인 문제가 더 중요해지는 이유 또한 취향이나 상징의 조작에 있음을 알게 해 준다. 그것은 텔레비전에 비친 연속극에서 보여주는 일산 단독주택들의 배경설정에서 주택의 대중적 상징조작을 목격하게 된다. 통나무집이나 황토방, 또는 황토집이란 것도 결국은 주택을 보조건강식품이나 한약재로 전락시키는 단어다. 집의 항생제화다. 우리 눈앞에 널려 있는 도시와 건축 텍스트들은 기호학자들에게는 널려 있는 의미의 창고들이다. 이런 사회현상은 의미의 현상이고 이것을 읽어내는 것이 아마도 건축도시 기호학자들의 몫이 될 것이다. 바르트가 일본문화에 대해서 언급한 책, 《기호의 제국》(*L'Empire des signes*, 1970)은 바로 우리가 기호학에 전문적 지식을 갖지 않더라도 직관력으로 감춰진 문화의 얼굴을 읽을 수 있음을 암시한다. 바르트가 도쿄를 패러독스로 표현한 것은 큰 시사를 던져준다. 바르트는 도쿄가 중심을 갖고 있긴 하나 그 중심이 비어 있음을 패러독스라 일컬었다. 서양 도시의 중심과는 달리 도쿄 중심의 황궁은 나무로 덮이고, 물길로 격리되어 사람들은 "거기에 황제가 있다"라고만 떠올릴 뿐이라는 것이다. 서양 도시의 중심에 있는 성당이나 권력기관, 은행, 언어(아고라) 상품들로 채워져 있음에 비추어 그러하다는 것이다. 즉, 도시의 중심은 사회적 진실이 드러나는 곳이지만, 도쿄의 중심은 황실이 중심이면서도 거기에 없는 것처럼 보인다는 것이다. 그래서 사람들은 중심에 와서 빙빙 도는 것 외에 달리할 일이 없는, 중심이 있으나 없는 것이나 마찬가지라고 말하고 있다. 물론 《기호의 제국》에서 바르트는 얼굴, 표정, 눈꺼풀, 스모 선수들과 같이 인체에 대해서도 흥미로운 지적들을 하고 있다. 신체야말로, 아니 얼굴이야말로 한 종족이 역사 이래 보여주는 가장 정확한 반복된 차이일 것이기 때문이다. 또한 한국언어학의 발전이 없다면 한국의 기호학은 늘 서양의 학문적 결과를 모델로 삼을 것이다. 최근에 홍재성 교수가 동료와 펴낸 《현대 한국어 동사 구문 사전》(1997)은 중요한 언어학적 업적 중의 하나임을 밝혀둔다.

현대건축에서 건축기호학이 기여할 여지가 있다면 바로 끊임없이 생성되는 건축의 얼굴들 속에서 바로 무엇이 반복으로부터 비롯된 차이이며, 무엇이 근거 없는 차이 만들기인지 알아내는 일일 것이다. 왜냐하면 올바른 소통 속에서만 기호들이 의미 있기 때문이며, 그것이 만일 이 시대를 긍정적으로 만드는 이미지이고 상징이며 신화라면 우리도 거기에 기꺼이 동참할 것이기 때문이다.

참고문헌

롤랑 바르트 지음, 김주환·한은경 옮김, «기호의 제국», 민음사, 1997.
미르치아 엘리아데 지음(1952), 이재실 옮김, «이미지와 상징», 까치, 1998.
한국기호학회 엮음, «문화와 기호», 문학과지성사, 1995.
홍재성 외, «현대 한국어 동사 구문 사전», 두산동아, 1997.
Choay, Francoise (éd.), *La Régle et le modèle*, Seuil, 1980.
Choay, Francoise (éd.), *Le Sens de la ville*, Seuil, 1972.
Greimas, A. J., *Sémiotique de l'Espace*, Denoël Gonthier, 1979.
Manar Hammad, *La Privatisation de l'espace*, Limoges: Nouveaux Actes Semiotiques, 1989, pp.4~5.
Hammad Logicg Provoost, *Sémiotique des plans en architecture II*, Group 107, 1976, p.184.

반복과 차이

허위의식

하늘 아래 새로운 것은 없다. 모든 것이 새롭게 보일 뿐이다. 새롭게 보도록 길들어 있을 뿐이다. 건축역사에서의 큰 혼돈은 바로 외부로 드러난 형상의 차이가 너무나 크고 압도적인 나머지 그 밖의 부분들이 상대적으로 약화되는 데에 있다. 사실은 바로 형상 자체보다도 정형을 이루어내던 내재적 질서, 그리고 바로 그러한 질서에 가치를 부여하고 힘을 실어주려던 시대정신이 더 중요한데도 말이다. 특히 지금과 같이 다원주의 문화시대를 살아가고 있는 이 시대에, 그리고 온갖 종류의 탐색과 창의력이 넘쳐나고 있는 시절에 건축이 마땅히 의지해야 할 최후의 보루 같은 것이 있다면 그것은 무엇인가?

모더니즘의 고전적 의미의 중요성은 사실상 외형으로 드러난 도형적 형식이나 시각적인 새로움에 있는 것이 아니라 각기 다른 이념이나 삶의 방식을 담지해낼 수 있는 탄력적인 랑그(언어)의 발견이었다. 그럼에도 몇몇 대가들의 개별적 파롤에 보내준 갈채는 위대한 업적의 당위성에도 모더니즘의 신화로 전환되었고 결과적으로는 건축을 건축인들만의 전유물이나 암호처럼 축소시키고 말았다. 특히 현대건축의 흐름 속에서 변방에 밀려나 있는 한국과 같은 나라들에서 건축이 사회와 관계를 맺는 탐색들은 전무하다 싶었다.

건축이 사회와 관계 맺는다는 말은 건축언어가 특정인들 간의 암호로서가 아니라 일반인들과 소통을 이루어낼 자연언어가 된다는 의미다. 그러면 왜 언어를 암호로 만드는 것을 선호했을까? 누가 모더니즘을 신화로 만드는 것에 더 적극적이고 호감을 가져왔을 것인가? 그것은 당연히 건축을 가르치고 배우는 학교에서부터 시작된 일이다. 암호놀이는 건축 밖의 사람들에게 그럴듯하게 보이기 때문이다. 모더니즘이 무엇이고, 거장들의 건축이 무엇인지를 가르치고 배우기 전에 왜 건축이 존재해왔으며, 어떻게 건축을 하기보다 왜 건축을 하는가에 대한 고민과 생각들을 깊이 하지 못했다. 곧 건축을 읽고 생각하기 전에, 언어를 자신의 모국어처럼 이해하기도 전에 쓰는 법만 가르치고 배워왔기 때문이다. 그래서 학생들은 암호를 해독할 능력과 함께 건축을 '작품'으로 포장하는 기술만 배운 것이다. 거기에 덧붙여서 외국의 신종 유행어를 식별하고 모방할 '눈치'를 배운 정도가 될 것이다.

우리는 모두 허위의식을 주고받은 공범자들인 셈이다. 이 땅에 새겨진 온갖 추악한 환경을 방치한 책임은 사실상 건축과 도시공간 생산에 종사하는 도시인, 건축인 모두의 몫이다. 만일 우리가 허위의식으로서가 아니라 윤리적 의식으로 무장된 건축인을 키워내었다면, 대가들의 건축 예찬보다 일상환경에서 빚어지는 모순들의 구조를 읽어주고, 새로움보다 낡은 것으로 폐기처분한 생각들을 일깨워주고, 건축(부분)만 중요한 것이 아니라 도시(전체)도 똑같이 중요함을 역설해주고, 인간을 위해 건축하는 것이란 추상적 개념보다 구체적이고 실재하며 의식 있는 개개인을 위해 건축을 한다는 것의 어려움을 일깨워주고, 루이스 칸의 빛만큼 안마당과 대청마루에 떨어지는 은은한 빛의 이야기를 더 들려주었다면 그래도 우리는 개판만도 못한 이 땅의 축조된 환경을 외면하고만 있었겠냐고 묻지 않을 수 없다.

건축행위가 아무리 개인의 사고에 의존해서 탄생한다 하더라도 그것은 '작품'이기 이전에 하나의 공공적 표현이다. 왜냐하면 재산은 사유화할 수 있지만 건축과 도시의 존재 자체를 사유화할 방도는 없기 때문이다. 사유지 안에 세워지는 건축은 동시에 지구 위에 구축되는 건축임을 피할 수 없기 때문에 건축은 그 태생이 공공적이다. 우리가 건축을 그토록 윤리적 범주 안에 넣어야 하는 까닭이 바로 이 때문이며 건축을 개인의 작품으로서가 아니라 윤리적 실천으로 다뤄야 하는 까닭이 여기에 있는 것이다. 설사 건축을 작품으로 만든다고 하여도 공공성의 그물망을 빠져나갈 수는 없다. 작가적인 의식에서든 건축가로서 윤리적인 실천이든 건축행위는 그 자체가 사회적 실천이기도 하다. 그렇기 때문에 건축인은 우리를 향해 언어를 구사하는 것이 아니라 궁극적으로 세상에 말을 건네는 것이다. 그래서 건축인은 개인이면서 동시에 공인이다. 이런 사회적 위치의 중요성과 건축행위의 공공성을 외면하면 할수록 위대한 건축가가 될 것 같은 착각은 바로 위에서 말한 '허위의식'의 전수 과정에서 비롯된 것이다. 그것이 이렇게 이 땅에서 오래 지속되는 동안 건축은 문화로서가 아니라 오직 하나의 궤도 안에서만 형식적으로 그 명맥을 유지하고 있는 셈이다.

　　이제 의식 있는 건축인이라면 의미의 물줄기를 만들어나가야 할 때가 되었다. 더 이상 지연시킬 명분이 없다. 어느 누구도 건축이 문화의 큰 물줄기로 흐르는 것을 비난할 사람도 없고 그렇다고 물꼬를 틀 생각을 건축인들 밖에서 준비하는 사람도 없다. 작은 지류들을 만들어 의미의 큰 물줄기를 만들어갈 사람들은 건축인 자신들밖에 없다. 사회적 발언이 필요할 때 발언하고, 실천이 필요한 곳에 힘을 모으고, 감시와 비판이 필요한 곳에 시선을 모아서 그 물줄기가 있음을 세상에 알게 하여야만 한다. 다만 우리 모두는 허위의식으로부터 탈출하여 현실세계로 상륙하여야만 한다. 우리는 진화하여야만 살아남을 것이다.

이시오시테가

진화론자들은 악어보다 덜 흉측한 네 발 달린 물고기 이시오시테가가 물 속에서 뭍으로 올라온 이유를 미지의 땅에 대한 욕망 때문이라고 설명한다. 이 욕망은 이시오시테가의 지느러미를 발로 진화시켰으며, 발을 이용하여 육지로 상륙하였고, 그다음 중력을 견뎌내기 위해 튼튼한 뼈가 발달하였다고 한다. 만일 생명이 물 속에만 있었다면 지구상에 이렇게 많은 생명의 종이 탄생하지는 않았을 것이다. 그래서 바다는 생명을 길러낸 고향이다. 어린아이의 탄생 과정은 동물의 탄생과 진화의 역사를 반복한다. 자궁 속의 물은 바다이고 어린이의 탄생은 땅 위로의 상륙이다. 이시오시테가의 진화는 우리에게 많은 것을 시사한다. 수중 속에서 갇혀 있던 건축인들은 이제 뭍으로 상륙할 때가 온 것이다. 온갖 허위의식의 바다를 벗어나 무거운 현실의 중력을 이겨낼 튼튼한 골격을 만들어나가야 한다. 종의 다양성만큼 다양한 생명력이 넘치는 건축을 할 때가 다가온 것이다. 이때의 건축이란 땅 위에 일으켜 세우는 개별적 건축만이 아니라 삶의 질을 높이고 우리가 공유해야 마땅한 문화적 가치를 일으켜 세우는 일이다.

역설들

지난 반세기 동안 우리가 산업사회와 관료주의사회, 군사독재사회, 천민자본주의시대에 배운 교훈들은 역설의 진리들이다. 전통이 사라져야 전통이 살고, 건축가가 죽어야 건축이 살고, 정치가가 죽어야 정치가 살며, 학교가 죽어야 교육이 살아나고, 교수가 사라져야 학문이 산다. 농업정책이 사라져야 농민이 살고, 기업이 망해야 경제가 살며, 역사가 죽어야 참다운 역사가 살아난다.

허위의식은 역설을 낳는다. 역설을 풍자로서가 아니라 처절한 고통의 눈물로 받아들일 때만 진리가 된다. 전통을 말하고 민족주의를 말해야만 한국인이 되는 것은 아니다. 이를 앞세우는 사람들일수록 배타적이고 전통과 민족의 잣대로 서열 매기기를 즐긴다. 건축을 기념비적으로 해내야만 건축이 되고, 건축만이 열악한 환경을 구원할 가장 강력한 힘이라고 믿는 건축가들이 많아지는 한 건축은 언어로서가 아니라 폭력으로 작동할 것이다.

정치개혁을 부르짖고 새로운 정당이라고 표방한 정당일수록 똑같은 정치꾼들의 이합집산임은 누구나 다 알고 있는 사실이다. '신新' 자가 붙을수록 가장 구태의연하다. 교육이 제도로만 남을 때 교육은 개혁될 조짐을 보이지 않는다. 이 땅에서 교육의 개혁이란 불가능해 보이기까지 한다. 왜냐하면 교육을 사회의 여타 제도의 틀을 유지하면서 개혁하려 하기 때문이다. 교수가 사라져야 학문이 산다는 뜻은 자질을 갖추지 못한 사람들이 그들의 지위를 빌어 권위는 누리되 사회적 책임을 다하지 못한다는 말이다. 결론적으로 역사가 죽어야 역사가 살아난다는 말은 역사에서 객관적 사실만을 확인하려던 종래의 과학적 역사의 서사구조를 버리고 사람들이 "어떻게 살았는가 뿐만 아니라 어떻게 생각했는가"[1]를 통해 역사의 방향을 결정짓는 중요한 요인들을 찾아내려는 '신문화사'적인 관점들이 중요하기 때문이다. 아주 작은 것도 '두껍게 읽고' '다르게 읽으며' 결과적으로 기존의 잘못된 고정관념들을 '깨뜨리기'로 통합시키려는 태도는 역사를 보는 관점의 이동을 의미한다. 정치사에서 사회사로 넘어간 물줄기를 문화사로 새롭게 읽어 역사를 재해석하려는 방법은 역사를 살아남게 하려는 단순한 전략이 아니라 역사의 주인공들을 소수의 정치지배자들로부터 이름 없이 사라진 절대다수의 정신세계로 돌려놓고자 함이다.

맺는말

건축가들은 지난 시대의 미적 가치로부터 출발하여 동시대적 요구에 따라 그들의 언어를 재구축한 것을 강요받는다. 하늘 아래 새로운 것이 없다는 말은 모든 것은 결과적으로 있는 것으로부터 유래한다는 말이다. 기존의 아주 작고 미세한 것이지만 두껍고 풍부하게 읽어내는 힘으로 반복된 차이를 만들어나간다는 것은 피할 수 없는 숙명이다. 우리는 새로운 건축의 탄생을 위해 건축적 진화의 전 과정을 반복할 수밖에 없다. 동일한 것의 영원한 반복이 아니라 반복 속에서만 발견되는 차이를 만들어내기 위해서 말이다.

---

1. 조한욱, 《문화로 보면 역사가 달라진다》, 책세상, 2000, 14쪽.

감응의 건축과 정기용: 정기용 전집 출간에 관해
홍성태

1

정기용 선생은 1945년에 태어난 '해방둥이'입니다. 선생은 2005년에 환갑을 맞았습니다. 그래서 나는 2005년에 선생의 정기용 전집이 출간되리라고 기대하고 기다렸습니다. 그런데 그렇게 되지 않았습니다. 정기용 전집도 출간되지 않았고, 선생의 환갑연도 열리지 않았습니다. 이상하다고 생각했습니다.

2005년 10월 말에 한양주택을 지키기 위한 토론회에서 오랜만에 정기용 선생을 만났습니다. 한양주택은 서울 은평구 구파발에 자리 잡고 있던 아름다운 주택단지입니다. 이곳은 1996년에 서울시로부터 '아름다운 마을 제1호'로 지정되었습니다. 그러나 10년 뒤인 2006년에 이곳은 서울시의 '뉴타운 사업' 때문에 완전히 사라지게 되고 말았습니다. 토론회가 끝나고 정기용 선생은 요즘 몸이 조금 안 좋아서 병원에 다니고 있기는 하지만 큰 문제는 없다며 떠나셨습니다. 그러나 그 말씀은 사실이 아니었습니다.

한양주택지키기 토론회로부터 두 달이 지난 2005년 말에 정기용 선생이 큰 병으로 고비를 맞으셨다는 얘기를 전해 들었습니다. 깜짝 놀랐습니다. 해가 바뀌고 2006년 1월 초에 정기용 선생을 찾아가 뵈었습니다. 사무실을 옮기신 줄도 모르고 명륜동으로 갔습니다. 한참 뒤에야 알았습니다만 '서울건축학교'에 내 이메일 주소가 잘못 기재되어 사무실 이전에 관한 연락을 받지 못했던 겁니다. 아무튼 조성룡 선생과 함께 연 대학로 사무실에서 정기용 선생과 오랜만에 얘기를 나눴습니다.

2

당연히 정기용 선생의 건강에 관한 얘기를 주로 나눴습니다. 한국 사회학의 큰 스승이신 김진균 선생께서 2004년 2월에 대장암으로 세상을 떠나셨습니다. 선생의 제자인 나는 우리 제자들이 좀더 주의했더라면 선생께서 아직 살아 계시지 않을까 하는 생각을 여전히 떨치지 못합니다. 김진균 선생이 돌아가셨을 때는 정기용 선생께서 베니스 비엔날레의 한국 커미셔너를 맡아서 준비에 한창 바쁘실 때였는데,

선생은 베니스에서 돌아오는 길에 신문기사를 보고 공항에서 바로 문상을 오시기도 했습니다.

건강에 관한 얘기가 자연스레 선생의 '전집'을 정리하는 쪽으로 옮아갔습니다. 정기용 선생은 1986년에 프랑스 유학에서 돌아왔습니다. 마침 올해가 유학에서 돌아온 지 20년이 되는 해입니다. 그동안 선생은 많은 글을 썼고, 많은 건물을 지었으며, 또한 많은 학생들을 가르쳤습니다. 선생은 어느덧 한국의 건축문화, 나아가 한국의 문화를 대표하는 인물이 되었습니다. 그러므로 이제 지난 20여 년을 정리하고 성찰해볼 때가 되었습니다.

사실 나는 정기용 선생이 대장암을 너무 늦게 발견한 것 같다는 얘기를 듣고 걱정이 많이 되었습니다. 그래서 서둘러 선생의 전집을 발간해야겠다고 생각했습니다. 선생의 글과 작품은 길이 물려줘야 할 우리의 소중한 문화유산이기 때문입니다. 그런데 다행히 선생은 치료가 잘되었고 건강하셔서 – 많이 조심하시기는 해야겠습니다만 – 앞으로도 오랫동안 더 많은 문화유산을 남기실 것 같습니다.

그렇기는 하지만 정기용 선생의 20년은 일단 정리하는 게 좋겠다고 생각했습니다. 무엇보다 척박한 공간문화로 고통 받고 있는 이 나라의 발전에 큰 도움이 되리라고 생각했기 때문입니다. 물론 선생의 전집 한 권으로 이 나라의 공간문화가 확 바뀌지는 않을 것입니다. 투기꾼과 개발업자가 이 나라의 공간을 지배하고 있기 때문입니다. 그러나 정기용 선생의 전집은 이런 현실을 기록하고 분석하고 비판하고, 대안을 제시한다고 생각합니다.

정기용 선생은 우리가 다르게 생각하고, 다르게 살 수 있는 길을 섬세하게, 그러나 꾸준하게 탐색해왔습니다. 우리가 그 길을 꼼꼼히 살펴보고 찾아간다면, 분명 우리의 삶은 크게 달라질 것입니다. 정기용 선생은 사람과 사람이 어울리고, 사람과 자연이 어울리는 공간문화의 삶을 제시해주고 있기 때문입니다.

3

2006년 초, 정기용 선생이 내게 전집의 출간을 추진해 달라고 했을 때, 나는 당연히 적잖은 부담을 느꼈습니다. 우선 나는 건축을 공부한 사람이 아니라 사회학을 공부한 사람이기 때문입니다. 그리고 나보다 더 오래 정기용 선생과 활동해온 분들이 있기 때문입니다. 그러나 나는 출판에 관해 조금 알고 있고, 또 정기용 선생과 1999년 말부터 공간문화의 개혁을 위해 활동해온 사람이어서 선생의 전집을 출간하는 책임을 맡게 되었습니다.

정기용 선생의 전집을 출간하는 일을 내가 처음 시작한 것은 아닙니다. 2005년 초부터 추진되기는 했으나, 여러 사정으로 결실을 맺지 못했습니다. 그것을 내가 이어받아 결실을 맺는 작업을 하게 되었던 것입니다. 건축가 이종호 선생, 후학 심한별, 권숙희 등이 이미 상당한 작업을 해놓은 상태였습니다. 이 성과를 내가 이어받아서 올해 정기용 선생의 저작·작품집을 발간하기로 새롭게 계획했습니다.

이 부담스러운 작업을 진행하기 위해 우선 기존에 진행된 작업을 정리해야 했습니다. 그리고 실무를 진행할 사람과 출판사를 찾아야 했습니다. 정기용 선생과 함께 문화연대에서 활동했던 서정일 박사에게 연락했습니다. 2006년 2월에 서울대 건축학과에서 김광현 교수의 지도로 박사학위를 받은 건축학도인 서정일 박사는 기꺼이 실무를 책임지기로 했습니다. 그리고 현실문화에서 흔쾌히 정기용 선생의 전집을 출간하겠다고 나섰습니다.

이렇게 해서 선생의 전집을 출간하기 위한 틀을 갖추게 되었습니다. 우리는 한 달에 한두 번 꼴로 모임을 갖고 논의를 거듭했습니다. 그 결과 모두 세 권으로 정기용 선생의 전집을 매듭짓기로 결정했습니다. 그것은 다음과 같습니다.

제1권 《사람·건축·도시》: 정기용 선생이 건축과 도시에 대해 쓴 여러 글들을 모았습니다. 이 책에서 우리는 정기용 선생의 삶과 건축에 대해 많은 것을 즐겁게 배울 수 있을 것입니다.

제2권 «서울 이야기»: 정기용 선생이 서울에 대해 쓴 여러 글들을 모은 책입니다. 서울이라는 거대도시에 대한 다양한 글들을 통해 정기용 선생은 좋은 도시에 대한 생각을 우리에게 전합니다.

제3권 «정기용의 건축»: 정기용 선생의 작품들 중에서 주요 작품들을 추려서 모은 책입니다. 정기용 선생의 아이디어와 스케치를 중심으로 '정기용 건축'의 과정을 보여줄 수 있도록 구상했습니다. 이 책은 정기용 전집의 고갱이입니다.

그리고 정기용 선생의 전집과 연관된 두 권의 책을 2008년에 더 출간할 계획입니다. 한 권은 정기용 선생의 무주 프로젝트에 관한 것이고, 다른 한 권은 기적의 도서관 프로젝트에 관한 것입니다.

«무주 프로젝트»(가제): 정기용 선생은 무주에서 1996년부터 지속적으로 건축활동을 할 수 있었습니다. 그 결과를 한 권의 책으로 묶기로 했습니다. 이 책은 단순히 작품을 모으는 것이 아니라 여러 이용자들의 다양한 이야기를 모으는 방식으로 만들어집니다. 한겨레신문의 이주현 기자가 이 책의 '저자'입니다.

«기적의 도서관»(가제): 정기용 선생은 도서관 운동의 새 장을 연 '기적의 도서관'을 설계했습니다. 선생의 작품은 순천, 진해, 서귀포, 제주에 있습니다. 이 도서관에 관한 여러 이야기를 '무주 프로젝트'와 같은 방식으로 모아서 출간하기로 했습니다. 정기용 선생은 이 책을 내게 쓰도록 했습니다.

4

정기용 전집의 출간은 정기용의 삶과 건축을 널리 알리기 위한 또 다른 실천이기도 합니다. 정기용 선생은 자신의 건축을 무엇보다 '감응感應'이라는 말로 설명합니다. 건축 자체가 아니라 그것이 들어앉는 장소가 더 중요하고, 자신의 건축은 그 장소와 '감응'한 결과라는 것입니다. 배려와 상생의 시대를 이끄는 참으로 멋진 건축철학입니다.

정기용 선생은 '감응의 건축가'입니다. 정기용 선생은 자신의 건축이 행해지는 장소에 대해 미안해하는 희귀한 건축가입니다. 우리의 척박한 공간문화는 모두가 자신을 가장 중요하다고 주장하는 데서 비롯되었습니다. 모두가 자신을 가장 중요하다고 주장한다면, 사회는 결국 '상호가해적 상태'가 될 수밖에 없습니다. 그것은 '만인은 만인의 적'인 야만의 사회입니다. 정기용 선생은 사람들이 서로 배려하고, 사람들이 자연을 존중하는 건축을 추구합니다. 그렇게 해서 정기용 선생은 야만의 사회를 진정한 문화의 사회로 바꾸는 작업을 꾸준히 펼쳐왔습니다.

정기용 선생이 추구하는 '감응의 미학'은 그 자체로 선생의 '존재미학'이 되어 있습니다. 바로 그렇기 때문에 그것은 어디서나 깊은 '감응'을 불러일으킵니다. 정기용 선생이 한국건축계에서 참으로 보기 드문 '사회적 건축가'가 될 수 있었던 것도 이 때문입니다. 정기용 선생은 건축을 사회적 실천으로 파악하고, 따라서 건축가의 사회적 책임을 강조합니다. 이런 점에서 정기용 선생이 사람과 도시와 건축 사이의 적극적 조정자 역할을 해온 것은 자연스러운 결과였습니다. 정기용 선생의 삶은 건축의 울타리를 뛰어넘어 이 사회 전체에 깊은 울림을 주고 있습니다.

정기용 전집은 정기용 선생의 삶과 건축을 살펴보는 귀중한 자료집이 될 것입니다. 그러나 그것은 반드시 단순한 건축의 차원을 뛰어넘어 이 사회 전체의 변화와 발전이라는 관점에서 깊이 연구되어야만 합니다. '감응의 미학'은 그 자체로 대단히 귀중한 사회적 가치를 지니고 있습니다. 한국의 건축은 '감응의 미학'을 깊이 받아들여 척박한 공간문화를 바로잡고 이 사회의 참된 발전을 추구하는 길로 나아가야 합니다.

5

나는 정기용 선생을 1996년 여름에 열린 '문화과학 포럼'에서 처음 만났습니다. 《문화과학》은 강내희 선생이 발행인을 맡고 있는 문화이론 및 문화운동 관련 계간지입니다. 그때 선생이 무슨 말씀을 하셨는지는 기억나지 않습니다만, 그 모습은 아주 인상적이어서 아직도 기억에 생생합니다.

1999년 9월에 문화연대가 발족하고 나는 선생과 본격적으로 인연을 맺게 되었습니다. 정기용 선생께서 '공간환경위원회'의 위원장을 맡았는데, 내가 어쩌다 보니 부위원장을 맡게 되었던 것입니다. 그렇게 해서 1999년 말부터 2002년 초까지 우리는 이 나라의 공간문화를 개혁하기 위한 '새로운 공간문화운동'을 펼치게 되었습니다. 그것은 건축과 도시를 넘어서 공간에 대한 새로운 문화적 관점을 세우고 정책적 과제를 제시한 초유의 사회운동이었습니다. 공간의 개혁이 갖는 사회적 의미와 문화적 가치를 이 나라에서 새롭게 밝히고 추구한 이 운동의 가치와 의의는 앞으로 더욱더 깊이 연구되어야 할 것입니다.

귀한 일일수록 많은 인연의 산물이라는 생각이 듭니다. 정기용 전집의 발간을 책임지고 추진하면서 다시 '공간환경위원회' 활동을 하던 때를 떠올리지 않을 수 없었습니다. 나로서는 전혀 새로운 분야에서 많은 사람들과 일을 만났던 흥미로운 시간이었습니다. 그 인연이 새로운 인연으로 발전하여 정기용 전집을 발간하게 되었습니다. 그동안 도움을 준 많은 사람들에게 이 자리를 빌려 감사드립니다. 그리고 정기용 전집을 통해 또 다른 귀한 인연들이 많이 맺어지기를, 그렇게 해서 우리의 건축과 공간문화가 크게 진작되기를 바랍니다.

정기용 선생의 '도반道伴'이신 조성룡 선생께 깊은 경의와 감사의 뜻을 전합니다. 실무를 맡아 고생한 서정일 박사, 신혜숙, 심한별, 권숙희, 이황 등에게 깊은 감사의 뜻을 전합니다. 문화연대 공간환경위원회에서 함께 활동했던 조명래 선생, 이상헌 선생, 그리고 간사로서 고생했던 김태현 씨에게 감사의 뜻을 전합니다. 그리고 정기용 전집의 출간을 선뜻 받아들인 현실문화의 김수기 대표에게 깊은 감사의 뜻을 전합니다.

2008년 1월 월계동에서

'공간의 시인' 정기용
강내희

건축가 정기용을 알고 지낸 지도 어언 15년이 되었다. 처음 그를 만난 것은 《문화과학》 창간 과정에서 도움을 얻기 위해 심광현과 함께 서울 구기동 사무실로 찾아간 1992년 봄 무렵이다. 당시 정기용은 새 잡지의 자문위원이 되어달라는 요청에 대해서는 사양하면서 실제 도움이 되는 일을 찾아보자고 했고 이후 3호에 〈도시공간의 정치학〉, 5호에 〈광화문에서 남대문까지〉 등의 글을 보태주며 그 약속을 지켰다. 2004년 여름, 우리가 다시 한 부탁을 받아들여 결국 《문화과학》의 자문위원이 된 것은 창간 이후 정기용이 우리와 함께 이런저런 일을 벌여오면서 누구보다도 많은 도움을 준 사실의 반영이라 할 수 있다.

나에게 정기용은 '공간'의 다양한 의미를 가르쳐준 선배다. 1990년대 중반, 그는 '공간의 정의'라는 개념으로써 새로운 사회운동이 필요함을 일깨워준다. 그때는 공간의 정의운동을 바로 전개할 수가 없었지만 1999년에 출범한 문화연대 안에 '공간환경위원회'를 둔 것은 정기용이 제기한 문제의식이 발전한 결과다. 정기용은 늘 공간의 문제는 삶의 문제, 그 삶을 살아내는 몸의 문제임을 강조한다. 언젠가 그는 공간을 주제로 한 강의에서 산길은 '당나귀길'이라고 하여 나를 감탄케 한 적이 있다. 산길의 '갈 지之'자 형태는 짐을 실은 당나귀가 산을 올라갈 때 곧바로 위로 향해 올라갈 수 없어서 생겼다는 설명을 통해 정기용은 길과 몸을 연관지어 생각하게 만들었고, 공간이 사람들의 구체적인 삶과 동떨어진 것이 아님을 깨닫게 했다. 건축가로서는 당연한 것이겠지만 그는 공간의 문제를 무척이나 중요하게 여긴다. 한국에는 건축비평을 하는 인문학자들이 너무 적다며 내게 그 일을 할 것을 강요하다시피 했고, 1996년 겨울에는 이제는 가고 없는 이성욱과 나를 기어코 '국토순례'라는 이름의 현지조사 길에 나서게 하기도 했다.

나는 이런 정기용을 '공간의 시인'으로 이해한다. 공간을 두고 그가 시를 쓴다고 처음 느낀 것은 두 번째이자 마지막으로 '국토순례'를 했었던 1997년 2월 무주의 안성을 들렀을 때다. 지금도 크게 바뀌진 않았지만, 덕유산을 한쪽에 두고 형성된 고지대 분지에 자리한 안성은 당시 지방도시라도 그렇게 너른 자리를 차지한 다른 곳이라면 벌써 여기저기 들어섰을 고층건물이 전혀 없는 미개발의 상태였다. 생각지도 않던 곳에서 명당을 발견한 것일까, 아니면 시상이 연속적으로 떠오른 것일까. 아직 산비탈 여기저기 눈이 쌓인 덕유산 자락에서 안성 벌을 내려다보는 정기용은 무척이나 달뜬 모습이었다. 오래전에 헤어진 첫사랑의 아름다움에 다시 매료되기라도 한 듯 자리를 옮겨가며 안성의 '얼굴'을 보고 또 보며 가져간 스케치북에다 그림을 그리기 시작했다.

내가 그 스케치를 다시 본 것은 1997년 가을, 평창동으로 옮겨간 그의 기용건축 사무실에서 있었던 한 모임에서였다. 한편으로 그해 초 덕유산에서 유니버시아드 대회가 열린 것을 계기로 골프장을 지으려는 움직임이 생기자 이를 막기 위해 환경운동을 시작한 안성청년회의 대표들, 다른 한편으로 차라리 골프장이라도 유치해서 개발을 도모하는 것이 갈수록 인구가 줄어드는 안성을 위한 길이라고 믿는 지역 유지들이 함께 모여 정기용으로부터 대안적인 안성 발전전략을 듣는 자리였다. 사실 처음 안성에 가서 그가 스케치하는 것을 봤을 때에는 저 양반은 건축가니까 좋은 생각이 떠오르면 저렇게 작업을 하는가보다 하는 정도의 생각밖에는 없었다. 그러나 정기용의 작업실 벽에 붙어 있는 그 스케치를 다시 본 것은 감동이었다. 거기에는 안성이 해발 400미터 이상의 고지라는 점을 고려하고 또 안성 벌판과 주변 고지대의 여러 지형을 살펴서 약초를 재배할 곳, 한우를 키울 곳, 영화 촬영지로 활용할 곳, 농촌 체험장으로 쓸 곳 등 시골 사람들의 삶을 이해하지 않고서는, 또 그들을 마음 깊이 배려하는 마음이 없어서는 생기지 않을 아이디어들이 만발해 있었다. 특히 감동적인 것은 새로 등장할 공간들이 앞으로 안성이 발전하기 위해서 필요한 것들이면서도 우리가 현지에서 살펴본 시가지, 촌락, 폐교, 돌담, 언덕, 숲 등 원래 모습을 그대로 간직하도록 구상되어 있다는 점이었다. 그 스케치는 '생태적으로 지속 가능한 안성'에 대한 밑그림이자 건축가 정기용이 품고 있던 시적 상상력의 시각적 표현이었다.

'공간의 시인'이라면 공간에 시를 쓰는 사람일 것이다. 시인은 창조자다. 서양 전통에서 '시'는 창조를 의미하는 희랍어 '포이에시스poiesis'에 그 어원을 두는 것으로 알려져 있다. 시작詩作 또는 시적 창조는 그래서 현실에서 존재하지 않는 것을 만들어내는 행위다. 알다시피 건축가 또한 그 전에 없던 구조물을 있게 하는 사람, 공간에서 창조적 행위를 하는 사람이다. 하지만 건축가라고 해서 누구나 '공간의 시인'이란 칭호를 받을 수는 없다고 본다. 가령 나는 서울 우면산 기슭에 들어선 '예술의 전당' 건물을 보면 도대체 누가 저기에다 저런 건물을 지었을까 생각하며 고개를 저을 뿐, 그 사람에게 '시인'의 이름을 붙이고 싶은 생각은 추호도 없다. '시인'은 이때 언어를 최대한 벼려서 그것 아니면 어울리지 않는 하나의 표현을 얻으려고 애쓰는 사람에게만 허용되는 명칭이다. 내가 정기용을 '공간의 시인'으로 부르는 것은 그에게서는 '예술의 전당'을 있게 만든 건축가와는 다른 면모를 봤기 때문이다.

2002년 5월 어느 날, 정기용의 초대를 받아 그가 무주에서 진행한 건축물들을 둘러볼 기회가 있었다. 이때에 이르러 그의 안성 구상은 더 확대된 형태로 실행에 옮겨져 무주군 전체의 프로젝트로 발전한 상태였다. 처음은 안성 신도리의 구름샘 마을 설계를 하려던 일이 잘 진척되지 않아서 진도리의 마을회관 건립을 먼저 하게 되었는데, 이 회관 준공식에 참석한 무주군수가 정기용의 건축에 감동하여 무주의 공공건물 개축이나 신축을 연속으로 맡겼던 것이다. 공공 프로젝트를 계속 수주한 셈이니 혹자는 특혜를 받았을 것이라고 넘겨짚을지 모르나 그의 기용건축은 무주에서 큰 손실을 입었다고 들었다. 동일 계약자가 프로젝트 수주를 계속 받는 방식은 수의계약밖에는 없는데 이런 계약은 소규모 예산을 배정한 경우에만 이루어진다. 그의 기용건축은 수의계약으로 작업은 계속할 수 있었지만 예산 배정을 제대로 받지 못했던 모양이다. 하지만 건축가 정기용으로서는 덕분에 무주 지역 공공건물 전반의 모습을 바꿀 수 있는 일생일대의 기회를 얻은 셈이다.

그림 1. 진도리 마을회관.

그림 2. 안성면민의 집.

그날 본 정기용의 작업은 아홉 점이다. 그밖에도 더 많은 건축물이 있었지만 살펴본 것만으로도 그가 어떤 건축가인지 확인하는 데에는 충분했다. 그날의 '참여 관찰'을 바탕으로 《이상건축》에 실은 한 글에서 언급한 대로 정기용은 '사회적' 건축가다. 건축가로서 정기용은 자신이 설계한 건축물을 그것을 이용하는 사람들이 어떻게 사용할 것인가라는 문제에 가장 큰 관심을 둔다. '안성면민의 집'에 주민들을 위한 목욕시설을 넣은 것이 두드러진 예다. 직접 사람들을 만나서 실제로 원하는 바가 무엇인지 알아내는 노력을 기울이지 않았다면 공공건물 안에 목욕탕을 배치하겠다는 생각은 나오지 않았을 게다. 건축물과 그 사용자의 관계를 강조하는 것은 '무주군청'을 개축한 방식에서도 드러난다. 정기용은 자동차로 즐비하던 군청 앞뜰에 지하 주차장을 만들어 넣고, 뜰은 사람들만 다닐 수 있게 함으로써 군청 건물과 그곳을 찾아오는 주민들이 새로운 방식의 교류를 할 수 있게 했다.

건축가라면 모두 자신이 설계한 건축물과 그 사용자의 관계에 영향을 미칠 것이다. 문제는 그 영향의 종류나 방향이겠다. 나는 정기용이 개축한 무주의 '적상면민의 집' 건물을 지금도 잊을 수 없다. 원래 있던 성냥갑 모습의 2층 건물에 3층을 덧씌우는 방식으로 증축한 이 건물은 '안성면민의 집'처럼 주민들이 활용할 수 있는 공간들을 많이 제공하고 있다. 그중 특히 기억에 나는 것이 원래의 2층 건물을 덧씌우며 첨가한 벽이나 기둥을 적절하게 배치하여 생겨난 공간 외벽에 액자 창들을 설치하여 외부 자연경관을 새롭게 볼 수 있게 만든 점이다. 《이상건축》의 글에서는 대강 다음과 같이 썼다. "액자 창에 들어오는 풍경은 원래 있던 것이라 하더라도 이 건물에 들어왔을 때만 볼 수 있는 모습을 드러낸다. 따라서 거기서 사람들은 외부를 바라보는 새로운 시각, 그리고 공간과 자신의 관계를 성찰하는 계기를 얻게 된다. 순간순간 액자 속에 잡히는 적상산과 다른 산들, 좁은 계곡, 들판의 풍경은 액자 바깥을 내다보는 관찰자의 위치, 즉 주민의 입지를 자꾸만 환기하기 때문이다." 정기용의 액자 창들은 그것들이 존재하기 이전에 구성된 주변환경과 주민의 무반성적 관계를

그림 3. 무주군청.

그림 4. 적상면민의 집.

그림 5. 부남면민의 집.
그림 6. 무주 부남면 버스정거장.

깨뜨려 버린다. 새로운 설계를 통해 공공건물에서 자연과 인간, 인간과 인간, 그리고 건물과 그 사용자 간의 새로운 관계 맺기를 가능하게 한 것이다.

당연한 말이지만 정기용이 공간의 시인인 것은 건축가이기 때문이다. 건축은 그 서양어원이 말해주듯 '으뜸(arche-)' '기술(-techne)'이다. 한국에서 가장 오래된 집의 이름인 '움집'도 비슷한 생각을 드러낸다. '움'은 엄마의 '엄'과 연관되어 있고, 자궁을 가리키는 영어의 '움womb' 등과 어원적으로 연결되어 있다는 말이 있다. '움'은 산스크리트어의 '옴마니반메훔'의 '옴'과도 통한다. 다른 한편 건축물의 우리말인 '집'은 '짓다'와 연관되어 있다고 추측되는데, 이렇게 보면 '움집'과 '아키텍처architecture'는 서로 뜻이 통하는 말이라고 할 수 있다. 건축이 '시'와 연결될 수 있는 것은 '집 짓는' 일이 시를 짓는 일처럼 창조를 하는 일, '포이에시스'에 해당하기 때문이다. 시작과 건축은 모두 빈 공간 또는 무의 상태에 새로운 표현의 성을 쌓는다. 시가 없는 것을 있게 만드는 의미가 있다면 그것은 상상을 활용한 언어적 표현을 통해서 새로운 이차원 異次元의 세계를 구축하기 때문이다. 이차원으로서의 건축 또한 새로운 존재의 창출이다. 더구나 그것은 '움집' 또는 으뜸 집으로서 짓기의 표본이 된다.

사회적 건축가로서 정기용은 이 이차원이 결코 사회적 책임을 면제받는 공간이라고 보지는 않지만 그의 특장은 사회적 책임을 다하려는 일이 재미있고 아름답다고 보여준다는 데 있다. 정기용이 만든 축조물은 들어가면 재미를 선사하고, 건축가를 생각하며 미소 짓게 만든다. 그 단적인 예가 무주 부남면을 들어가는 곳의 버스정거장이다. 시골의 한갓진 곳에 세워졌지만 나는 간이 버스정거장으로서 그것만큼 튼실한 모습을 본 적이 없다. 'ㄴ' 자로 세우고 위에 지붕을 얹은 이 정거장의 특징은 콘크리트 벽이 아주 두껍다는 것, 그래서 간단한 건물인데도 무게감을 준다는 것이었다. 더 중요한 것이 있다. 그 안에 들어가면 도란도란 이야기를 하게 만드는 구조라는 것이다. 이곳은 버스를 기다리는 동안 서로 아는 사람들은 물론이고 안면이 없는 사람들도 인사말을 주고받게 만들만큼 아늑해 보인다. 잘 지은 집에 가면 대목大木 생각이 나듯 이런 축조물은 그것을 만든 사람을 생각하게 만든다.

정기용은 나에게 '시적 정의'의 의미를 새롭게 일깨워줬다. '시적 정의'의 가장 고전적 형태는 전근대 소설에서 등장하는 권선징악의 이야기일 것이다. 전근대 소설 안에서 선인은 보상을 받고 악인은 징벌을 받는다. 물론 시적 정의가 구현되는 방식은 다양하다. 김지하의 〈오적〉과 같은 작품에서 그것은 거의 직설적으로 혹은 분노의 형태로 나타난다면 "군중 속 이 얼굴들의 환영, 검은 젖은 가지 위의 꽃잎들"의 단 두 행으로 이루어진 엘리엇T. S. Eliot의 〈지하철 정거장에서〉라는 시에서는 시적 정의가 오히려 부정된 듯 보인다. 그러나 문학작품 가운데 시적 정의를 완전히 부정하는 경우는 찾기 힘들다. 엘리엇의 시도 파리의 메트로역 앞에서 본 군중의 몰골을 '환영'으로 포착함으로써 20세기 초에 만연한 도회적 삶에 대한 비판적 의식을 드러낸다. 이때 시적 정의는 부정적 방식으로 등장한다고 하겠다. 현대인의 삶을 비판적으로 그림으로써 이 시는 좀더 나은 삶에 대한 동경을 독자의 마음에서 불러일으킬 수 있는 것이다. 엘리엇은 그의 대표작 〈황무지〉(The Waste Land, 1922)에서도 현대적 삶의 황량함을 더 노골적으로 묘사함으로써 대안적 삶을 생각하게 만든다.

정기용이 공간의 시인인 것은 그가 나름의 '시적 정의'를 추구하기 때문이기도 하다. 그러나 나는 그가 엘리엇과는 다른 종류의 시인임도 안다. 엘리엇은 기본적으로 보수적인 시인이다. 정기용은 진보적이다. 진보적인 사람들은 현재의 삶의 판도를 문제라고 보는 데서는 보수와 비슷할 수도 있지만 그 해결책을 찾는 데서는 다른 태도를 취한다. 엘리엇은 20세기 초 서구의 자본주의적 삶을 문제라고 봤지만 더 나은 삶의 형태를 늘 신화적 과거에서 찾았다. 정기용의 '시적 상상력'은 그런 경우와는 달리 민중적이고 현실적인 경향을 띤다. 그리고 그의 '시적 정의'는 사사로운 개인의 품위를 위해서라기보다는 공공적 이득을 위해 호출된다.

2005년 5월, 오랜만에 만난 한 저녁 모임에서 정기용은 '의림' 개념으로 다시 나를 감탄하게 만들었다. 어느 책에서 읽었다며 과거 선비들 일부는 숲과 정원을 꾸밀 때 사사롭게 즐기려고만 한 것이 아니라 의림義林과 의원義園으로 만들고자 했다고 하고, 그들이야말로 공간 구축의 진수를 터득했다고 한 것이다. 의림 이야기를 듣는 순간 어린 시절 고향 마을이 생각났다. 내가 자란 마을 어귀에는 소나무들이 줄지어 서 있다. 사실 열두어 그루밖에 없어서 숲이라고 부르기엔 초라한 규모였으나 그래도 어릴 적 우리는 그것을 '숲'이라 불렀다. 의림 이야기를 들은 뒤 다시 생각해보니 고향의 '숲' 역시 규모는 작아도 경남 안의의 상림, 남해 물건리의 방풍림, 전남 담양의 관방제림과 닮은꼴이 분명하다. 이들 숲은 모두 홍수나 태풍을 막아주는 역할을 하며 인근 주민의 삶을 보호해주는 의미에서 의림이다. 의림 이야기를 듣고 정기용이 진정 '공간의 시인'이며, 건축가가 시인이 되는 조건을 깊이 이해하고 있구나 하는 생각을 갖게 되었음은 물론이다.

'의림'의 중요한 점은 현실에서 실현된 이상이라는 것이다. 문학작품에서 '시적 정의'가 구현되는 것은 이차원의 세계에서 가능한 일이고, 이 이차원은 어디까지나 상상의 세계에 속한다. 반면에 '의림'은 정의가 현실로 나타난 모습이다. 공간의 시인으로서 정기용은 건축을 본업으로 하고, 건축가이기 때문에 그는 부남면의 간이정거장이든 안성면민의 집이든 전에 없던 건물을 실제로 있게, 물성을 띠고 현실에서 존재하게 만든다. 이때 현존하는 건물은 '예술의 전당'처럼 (적어도 내가 볼 때는) 애물단지가 될 수도 있고, 상림이나 관방제림처럼 '의림'이 될 수도 있다. 이것은 건축물이 '시적 정의'를 상상이 아닌 현실에서 실현할 수도 있음을 뜻한다. 정기용을 '공간의 시인'으로 부르는 것은 그가 현실 공간에서 '시적 정의'를 실현하고자, 오늘 우리 사회에서 가능한 한 많은 의림들을 조성하고자 하기 때문이다. 의림 조성이 시적 정의를 실현하는 일인 것은 그것이 아름답기도 한 일이기 때문이다. 현존하는 모든 의림들, 안의 상림, 물건리의 방풍림, 담양의 관방제림, 그리고 내 고향 마을 작은 숲의 특징은 이로우면서도 아름답다는 것이다. 나는 정기용의 건물들이 이런 범주에 속한다고 본다.

정기용은 지팡이로 꽂을 땅 한 뼘 없는 가난뱅이로 알려져 있다. 하지만 복도 많은 사람이다. 한국의 많은 공간을 통해 시를 쓰고, 시적 정의를 현실로 만들어가고 있지 않은가.

2008년 1월

출원

12~19
지구 위에 사는 인간들, 우주에서 부엌까지
── 《행복이 가득한 집》, 1997년 3월

20~23
당신은 대합실에 사는가
── 《한겨레21》, 2006년 8월 17일

24~31
꾸밈없는 삶의 흔적이 살아 있는 공간
── 《아름다운 방》, 1991년 1월

32~41
삶을 위한 영역 회복
── 《문화과학》, 1997년 가을

42~49
근대유적과 파괴사회
── 《건축과 환경》, 2001년 6월

50~59
위기의 거주와 거주의 위기
── (주)원도시 건축 세미나, 2002년 9월 5일

60~65
방의 도시
── 《2004 베니스 비엔날레 도록》 서문

66~67
휴대전화
── 《에세이》, 1997년 3월

70~73
외가, 사라진 천국의 기억이여
── 《한겨레21》, 2006년 2월 23일

74~77
가장 실존적이며 넉넉한 집, 너와집
—— 한국감정원, 《재미있는 부동산 여행 / 집 이야기》, 1992년 11월

78~82
산을 닮고 내음을 풍기며 맛을 내던 우리네 초가집
—— 《한국감정원사보》, 1992년 9월

83~88
잊혀진 한국의 전통민가, (토)담집
—— 《한국감정원사보》, 1992년 10월

89~91
풍경 끌어들이기: 병산서원 만대루
—— 《Art and Craft》, 1994년 4월

92~93
제3의 문명과 동양사상
—— 《Art and Craft》, 1994년 10월

94~95
흙건축과 공동성
—— 《구르나마을 이야기》 출판기념회를 위한 글, 1988년

96~102
흙과 건축: 잊혀진 정신
—— 대한건축학회지 《건축》, 1992년 5월

103~116
우아르자자뜨의 아이트벤하두에서 만난 흙건축, 그리고 슬픈 구르나 마을
—— 연도 및 출전 미상

117~121
사라져가는 소금밭: 네거티브 필름의 이미지
—— 《플러스》, 1998년 5월

122~129
도시건축의 미래와 땅의 재발견
—— 《건축문화》, 1996년 1월

132~153
도시공간의 정치학
—— 《문화과학》, 1993년 4월

154~158
공간의 정치학
—— 《C3》, 2007년 1월

159~174
파리의 대형 건축물: 대통령의 프로젝트
—— 《공간》, 1987년 9월

175~179
도시와 기억: 개발과 보존
—— 《건축과 환경》, 2005년 5월

180~210
도시 읽기, 건설과 파괴의 이미지
—— 《중등 우리교육》, 1999년 8월

211~215
'길'은 도로가 아니다
—— 《한겨레21》, 2006년 1월 10일

216~217
두 명의 왕과 두 개의 미로
—— 《Art and Craft》, 1994년 11월

220~222
도시·공간·정의
—— 출전 미상, 2001년 5월 7일

223~227
공적 공간과 시민의 경관권
── 《월간 문화연대》, 2000년 8월

228~238
현대 도시공간과 환경미술의 과제
── 《월간미술》, 1996년 7월

239~242
공간·문화정의실천협의회를 상정하며: 가칭 '공정협'
결성 제안서
── 미발표, 2007년

243~245
공공성의 회복과 지역 공간문화의 활성화
── 《교수신문》, 69호

248~255
느끼는 건축
── 미발표

256~263
현실과 신화
── 《건축과 환경》, 2000년 6월

264~268
읽혀지지 않는 소설: 한국의 현대건축
── 《플러스》, 1991년 8월

269~273
종합과 해체의 변증법
── 《가나아트》, 1991년 3·4월

274~278
보이는 것과 보이지 않는 것
── 《민족미술》, 1993년 6월

279~285
건축이론의 종말: 신경제와 건축 디자인
── 《건축과환경》 2001년 1월

286~291
파리의 아랍세계문화원: 빛과 공간이 만들어내는 음향
── 《현대건설사보》, 1996년 5·6월

294~302
건축, 건축가, 그리고 사회: 부동산시대의 건축과
복제시대의 건축가
── 《플러스》, 1992년 10월

303~313
건축의 도구화: 1990년대 한국의 건축과 사회
── 《플러스》, 1992년 1월

314~315
건축, 사회, 행위자
── 연도 및 출전 미상

316~321
큰바위 얼굴, 그 우상과 허상: 독립운동 인물조각
자연공원 설립계획에 부치는 글
── 《월간 미술》, 1990년 4월

322~323
선묘낭자와 이교도
── 《Art and Craft》, 1994년 5월

324~329
날마다 기적, 나는 행복했노라
── 《한겨레21》, 2006년 1월 26일

330~337
대학 캠퍼스와 난개발
── 《대학교육》, 2001년 11·12월

338~342
화해와 협력시대의 개발을 위하여: DMZ를 손대지 마라
── 《건축과 환경》, 2000년 7월

343~346
건축계의 불행한 침묵
── 《한겨레21》, 2006년 8월 1일

347~357
전쟁기념관: 권력과 물신주의
── 연도 및 출전 미상

360~369
반복과 차이로서의 건축
── 《건축이란 무엇인가》, 열화당, 2005년

370~383
건축과 기호학
── 《예술과 비평》, 1984년 겨울

384~387
도시와 일상건축의 기호학
── 한국기호학회 월례발표회, 1996년 10월 26일

388~389
보이지 않는 도시들
── 《Art and Craft》, 1994년 7월

390
기억의 재생
── 《건축문화》, 1998년 5월

391~394
제3의 건축언어
── 《플러스》, 1992년 5월

395~396
예술과 생활: 현상과 본질
── 《미술공예》, 1994년 12월

397~409
건축기호학에 대하여
── 《이상건축》, 1999년 8월

410~415
반복과 차이
── 《건축과 환경》, 2001년 12월

사람·건축·도시

1판 1쇄	2008년 2월 25일
1판 6쇄	2018년 8월 25일
지은이	정기용
기획	홍성태·서정일
자료정리	신혜숙·김유경·이황·권숙희·심한별·김진철
펴낸곳	현실문화
펴낸이	김수기
등록번호	제25100-2015-000091호
등록일자	1999년 4월 23일
주소	서울시 은평구 통일로 684 서울혁신파크 1동 403호
전화	02-393-1125
팩스	02-393-1128
전자우편	hyunsilbook@daum.net
ISBN	978-89-92214-42-1 04610
	978-89-92214-41-4 (세트)
값	28,000원